21 世纪高等院校计算机基础教育规划教材

新编中文 Photoshop CS3 实用教程

刘广瑞　张　瑜　编

西北工業大學出版社

【内容提要】本书为 21 世纪高等院校计算机基础教育规划教材。在详细剖析 Photoshop CS3 的功能和特点后，通过一系列典型的实例帮助读者学习和掌握 Photoshop CS3 的使用方法。本书内容安排由浅入深，突出最为常用的实际操作，结构清楚，易学易懂，便于读者学习和上机操作。

本书思路全新、图文并茂、实例丰富，既可作为高等院校 Photoshop 课程教材，也可作为高职高专院校的 Photoshop 课程教材，还可供平面设计专业人员参考。

图书在版编目（CIP）数据

新编中文 Photoshop CS3 实用教程/刘广瑞，张瑜编. —西安：西北工业大学出版社，2008.6

（2011.1 重印）

（21 世纪高等院校计算机基础教育规划教材）

ISBN 978-7-5612-2372-7

Ⅰ. 新…　Ⅱ.①刘…　②张…　Ⅲ. 图形软件，Photoshop CS3—高等学校—教材　Ⅳ. TP391.41

中国版本图书馆 CIP 数据核字（2008）第 052983 号

出版发行：西北工业大学出版社
通信地址：西安市友谊西路 127 号　邮编：710072
电　　话：(029) 88493844　　88491757
网　　址：www.nwpup.com
电子邮箱：computer@nwpup.com
印 刷 者：陕西向阳印务有限公司
开　　本：787 mm×1 092 mm　1/16
印　　张：17.75
字　　数：471 千字
版　　次：2008 年 6 月第 1 版　　2011 年 1 月第 2 次印刷
定　　价：28.00 元

序　言

在“科教兴国”方针的指引下，高等教育进入了一个新的历史发展时期，招生规模和毕业生人数有了大幅度的增长。与此同时，高等院校计算机基础教育的研究工作不断深化，并已取得许多重要成果。

多年来，全国高校从事计算机基础教育的老师们，始终不渝地在为高等院校计算机教育工作辛勤劳作，深入探索，努力开拓，积累了丰富的教学经验，初步形成了一套行之有效的课程体系和教学理念。其发展经历了3个阶段：20世纪80年代的初级阶段、20世纪90年代的规范阶段以及21世纪以来的深化与提高阶段。当然，在进入计算机基础教育新阶段的同时，我们也充分认识到所面临的挑战：高等院校计算机基础教育必须跟上信息技术发展的潮流，大力更新教学内容，用信息技术的新成就武装当代大学生，为我国国民经济与社会信息化的进程，培养一大批能熟练使用计算机，并能将信息技术应用于本领域的新型专业人才。因此，大力提高我国高等学校计算机基础教育的水平，培养造就出符合21世纪信息时代要求的专业人才，已成为广大计算机教育工作者的神圣使命和光荣职责。

在“九五”和“十五”期间，两届计算机基础课程教学指导委员会都把计算机教材建设列入重点工作。为此，各院校在计算机教学改革过程中，把如何实现自己的培养目标以及如何选择适用的教材作为首要任务。掌握先进的计算机知识，无疑是培养新型人才的一个重要环节。计算机知识不仅是现代科学技术的结晶，还将成为大众化的智能工具。学习计算机知识不仅能掌握一种技能，实现其应用价值，更重要的是能启发人们对先进科技的向往，激发创新意识，培养动手能力，锻炼实践本领。

在西北工业大学出版社的大力支持和配合下，汇集众多高校名师于2003年成立的高等院校计算机基础教育规划教材研究与编审委员会，多年来一直致力于研究在新形势下，如何编写出版适应教学需要的教材；集中讨论了教育部计算机基础课程的许多重大的教学改革举措、新的课程体系框架、教学内容组织和课程设置等；经过与各高校老师、专家反复研讨，取得许多共识。在此基础之上，整体规划，设计开发出了编委会组织推荐的新的“21世纪高等院校计算机基础教育规划教材”。

本系列教材有以下特点：

（1）内容上严格把关，并与“面向21世纪课程教材”“普通高等教育‘十一五’国家级规划教材”有机衔接，符合教育部高等学校计算机科学与技术教学指导委员会、非计算机专业计算机基础课程教学指导分委员会“关于进一步加强高等学校计算机基础教学的几点意见”（白皮书）的精神。

（2）吸收了国内外众多同类教材的优点，并充分考虑到教材面向不同办学层次、学科、地域和人才培养模式的差异性，以满足各种层次和类型的教学急需。本系列教材既有供理工科类专业用的，也有供文科和经济类专业用的；既有必修课的教材，也包括一些选修课教材。

（3）立足创新，以“新颖、清晰、实用、通俗、配套”为原则，全面考虑广大读者及各高校在新形势下的实际教学需求，有较好的可读性和可用性。

本系列教材统一规划，分批组织，陆续出版，希望能对培养信息技术人才，推动国民经济和社会发展作出一定的贡献。

2001—2005 年教育部高等学校计算机科学与技术教学指导委员会副主任
非计算机专业计算机基础课程教学指导分委员会主任委员

冯博琴

前　言

Photoshop CS3 是 Adobe 公司推出的专业的计算机图像处理软件，广泛应用于平面广告设计、海报设计、封面设计、包装设计制作等领域。它以简洁的界面语言、灵活变通的处理命令、得心应手的操作工具、随意的浮动面板、强大的图像处理功能，得到了用户的青睐，它可以满足用户在图像处理领域中的绝大多数要求，使用户制作出高品质的图像作品。

本书对 Photoshop CS3 软件由浅入深地进行讲解，通过大量的操作指导与具有代表性的行业实例，使读者能快速直观地了解和掌握 Photoshop CS3 的基本使用方法、操作技巧和行业实际应用。

为了编写好本书，编者进行了广泛的调研，走访了许多具有代表性的高等院校，在广泛了解情况、探讨课程设置、研究课程体系的基础上，确定了本书的编写大纲。

【本书内容】

全书共分 12 章。第一章主要对 Photoshop CS3 进行简单的介绍；第二章介绍了图像的基础操作；第三章介绍了图像的选区；第四章介绍了图像色彩的调整；第五章讲解了绘图与修图；第六章介绍了图层的使用；第七章介绍了文本的处理；第八章介绍了通道与蒙版；第九章介绍了路径的应用；第十章介绍了滤镜的应用；第十一章具体讲解了行业实例的应用；第十二章列出了上机实验。

【本书特点】

（1）**结合高等院校培养学生的特点，具有鲜明的课程教材特色**。本书的编者是长期在第一线从事计算机教育的行家，对高等院校学生的基本情况、特点和学习规律有着深入的了解，因此可以说，本书是编者多年从事计算机专业教学的经验总结。

（2）**内容全面，结构合理，文字简练，实用性强**。在编写过程中，编者严格遵循高等院校计算机教材的编写要求，力求从实际应用出发，尽量减少枯燥死板的理论概念，加强了应用性和可操作性。

（3）**编写思路与传统教材的编写思路不同**。本书的思路是引出让读者思考的问题，然后介绍解决问题的方法，最后总结出一般规律或概念，这样便能激发读者的学习兴趣。另外，本书的每一个章节都尽量用典型实例开头，然后分步介绍，将知识点融入到实例操作中，这样便增强了本书的实用性和可操作性。

（4）**实例经典、练习丰富，以理论为导向，以实验为手段**。本书在主要知识点后都附有实例，且每章后都编写了大量的练习题，书后还附有经典实例和上机实验。为学生提供了全方位的一流服务，让学生能迅速地将所学知识应用到社会实践中。

【读者对象】

本书是为高等院校 Photoshop 课程而编写的教材，也可作为高职高专院校的 Photoshop 课程教材，同时也适合于平面设计专业人员。

由于编者水平有限，不足之处在所难免，欢迎广大读者批评指正。

编　者

目　录

第一章 走进 Photoshop CS3

Adobe 公司于 2007 年 3 月 27 日正式发布了 Photoshop CS3 新版本，这是 Adobe 公司史上最大规模的一次软件更新行动。不仅仅是它能完美兼容 Vista，更重要的是更新了几十个全新特性，诸如支持宽屏显示器的新式版面、集 20 多个窗口于一身的 dock、占用面积更小的工具栏、多张照片自动生成全景、灵活的黑白转换、更易调节的选择工具、智能的滤镜、改进的消失点特性、更好的 32 位 HDR 图像支持等，从而使 Photoshop 的功能进一步增强。本章将对 Photoshop CS3 进行初步的介绍。

本章主要内容:

- 功能简介
- 启动与退出 Photoshop CS3
- Photoshop CS3 界面
- 基本概念

第一节 功能简介

Photoshop CS3 是一款与摄影师联系最为密切的图像处理软件。利用它可以绘制简单的几何图形、给黑白照片上色、进行图像格式和颜色模式的转换，改变图像的尺寸、改变图像的分辨率，也可创作出所能想象出来的超现实的图像作品。

一、Photoshop 的基本功能

Photoshop 的功能十分强大。它可以支持多种图像格式，也可以对图像进行修复、调整以及绘制。综合使用 Photoshop 的各种图像处理技术，如各种工具、图层、通道、蒙版与滤镜等，可以制作出各种特殊的图像效果。

1. 丰富的图像格式

作为强大的图像处理软件，Photoshop 支持大量的图像格式与颜色模式的文件。这些图像格式包括 PSD，EPS，TIFF，JPEG，BMP，PCX 和 PDF 等 20 多种，利用 Photoshop 可以将某种图像格式另存为其他图像格式。

2. 选取功能

Photoshop 可以在图像内对某区域进行选择，并对所选区域进行移动、复制、删除、改变大小等操作。选择区域时，利用矩形选框工具或椭圆选框工具可以实现规则区域的选取；利用套索工具可以实现不规则区域的选取；利用魔棒工具或色彩范围命令则可以对相似或相同颜色的区域进行选取，并结合“Shift”键或“Alt”键，增加或减少某区域的选取。

3. 图案生成器

图案生成器滤镜可以通过选取简单的图像区域来创建现实或抽象的图案。由于采用了随机模拟和复杂分析技术，因此可以得到无重复并且无缝拼接的图案，也可以调整图案的尺寸、拼接平滑度、偏移位置等。

4. 修饰图像功能

利用 Photoshop 提供的加深工具、减淡工具与海绵工具可以有选择地调整图像的颜色饱和度或曝光度；利用锐化工具、模糊工具与涂抹工具可以使图像产生特殊的效果；利用图章工具可以将图像中某区域的内容复制到其他位置；修复画笔工具可以轻松地消除图像中的划痕或蒙尘区域，并保留其纹理、阴影等效果。

5. 多种颜色模式

Photoshop 支持多种图像的颜色模式，包括位图模式、灰度模式、双色调、RGB 模式、CMYK 模式、索引颜色模式、Lab 模式、多通道模式等，同时还可以灵活地进行各种模式之间的转换。

6. 色调与色彩功能

在 Photoshop 中，利用色调与色彩功能可以很容易地调整图像的明亮度、饱和度、对比度和色相。

7. 旋转与变形

利用 Photoshop 中的旋转与变形功能可以对选择区域中的图像、图层中的图像或路径对象进行旋转与翻转，也可对其进行缩放、倾斜、自由变形与拉伸等操作。

8. 滤镜功能

利用 Photoshop 提供的多种不同类型的内置滤镜，可以对图像制作各种特殊的效果。例如，打开一幅图像，为其应用水彩画笔滤镜，效果如图 1.1.1 所示。

图 1.1.1 应用水彩画笔滤镜前后效果对比

9. 图层、通道与蒙版

利用 Photoshop 提供的图层、通道与蒙版功能可以使图像的处理更为方便。通过对图层进行编辑，如合并、复制、移动、合成和翻转，可以产生出许多特殊效果。利用通道可以更加方便地调整图像的颜色。而使用蒙版，则可以精确地创建选择区域，并进行存储或载入选区等操作。

二、Photoshop CS3 的新增功能

Photoshop CS3 同以前的版本相比，新增了许多功能。Photoshop CS3 的窗口有了改进，特别是对文件浏览器与 ImageReady 做了较大的调整，同时在保持原来风格的基础上，对工作界面和菜单命令也做了新的调整，使结构更加合理，使用起来更加方便。

1. 改进的界面

在打开 Photoshop CS3 时，可以看到外观上有了一些重要的改变，让软件能够更为高效地使用。原来的面板可缩为精美的图标，有点像 CorelDRAW 中的泊坞窗，也有点像 Flash 的面板收缩状态，并且可以进行任意的组合。如果按“Shift+Tab”键则可以隐藏所有的面板，这样可以给用户提供更大的工作区，如图 1.1.2 所示。

图 1.1.2 改进的界面

2. 智慧滤镜

Photoshop 中最不灵活的一项功能就是使用滤镜，一旦滤镜被应用，文档就会被保存，没有任何方法回头。但新增了智慧滤镜功能，滤镜也能够成为调节层和层遮罩操作时最为灵活的工作方式。在将一个层转换为一个智慧对象之后，可以任意应用滤镜，此时所应用的滤镜效果都会出现在智慧对象之上。任何时候，甚至在保存之后，都可以在滤镜上双击来编辑它的设置，也可以隐藏滤镜或是删除它，如图 1.1.3 所示。

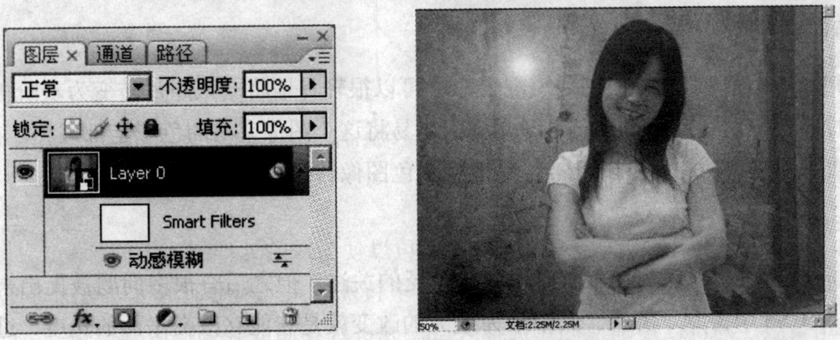

图 1.1.3 转换层为智慧对象并应用其他滤镜的状态

3. 快速选取/优化边缘

在 Photoshop CS3 中新增了两项选取功能，可以自己决定选择组或者单独的图层。一项是快速选择工具，只需选择一个画笔的大小，将鼠标移至图像中需要选择的区域，拖动鼠标即可快速选择颜色差异大的图像，如图 1.1.4 所示。它的效果非常好，比起使用魔棒工具，花费的精力少了许多。

图 1.1.4　快速选取

另外一项是，所有选择工具都在属性栏中添加了非常重要的一个功能，即优化边缘。在图像中创建选区后，单击属性栏中的“优化边缘”按钮，可弹出“优化边缘”对话框。通过该对话框可对选区的大小、羽化效果进行设置，也可以以快速遮罩的形式来查看选区，可以在白色的背景下，也可以在黑色的背景下，或是一个灰阶的遮罩。

4. “仿制源”面板

新增的“仿制源”面板，是与仿制图章工具配合使用的，允许定义多个克隆源（采样点），就像 Word 中有多个剪贴板一样，克隆源可以进行重叠预览，提供具体的采样坐标，也可以对克隆源进行移位、缩放、旋转、混合等操作。克隆源不仅可以针对一个图层，也可以针对上下两层，还可以针对所有图层。

5. 自动混合

在 Photoshop CS3 中，使用自动校准层能够轻松地将两张或是多张照片进行混合。例如，有两张不同的照片，在第一张中，有一个人看起来似乎在走神，而第二张照片中，他又对着照相机笑了。要将照片混合在一起，只需要将两个层都选中，并在“编辑”菜单中选择“自动校准层”命令。此时，两个层就会被自动连接，所有需要完成的事情就能够被添加到一个遮罩层上，并隐藏顶层中走神的那个主体，这样，我们就能够看见他的笑了。

6. 黑与白

在使用 Photoshop 时，一般使用通道混合命令可以很轻易地将一张照片转变为灰阶色彩。由于在移动滑动条时很容易朝着错误的方向，因此就很容易将这个图像突出的色彩全部破坏。在 Photoshop CS3 中，新增的黑与白功能就可以非常容易地将彩色图像转换为灰阶。

7. 消失点

Photoshop CS2 中引入消失点工具时引起了广泛的关注，但之后有很多问题被提出来，而这些问题在 Photoshop CS3 中得到了解决。其中最为重大的改变就是它能够改变平面的角度，过去会完全受限于消失点工具所决定应该使用的角度，而现在，只需要按住“Alt”键，就可以任意拖动到所需要的角度；另一项重大的改进就是能够将围绕多个平面效果粘贴到一张照片中。

8. 增强的 Bridge

在 Bridge 中查看文件的速度是明显加快了，主要取决于为缩略图显示而进行的新设置，你可以在快速缩略图、高质量缩略图或是当预览时转换为高质量之间进行切换选择，如图 1.1.5 所示。

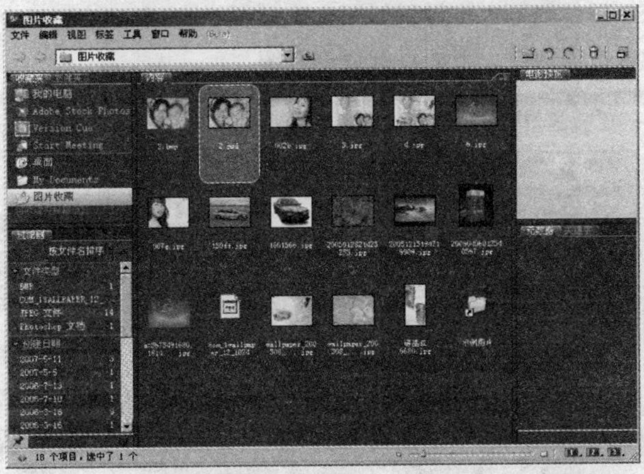

图 1.1.5 浏览器窗口

第二节 启动与退出 Photoshop CS3

安装 Photoshop CS3 后，就会在 Windows XP 的 开始 → 程序(P) → Adobe 子菜单中建立 Adobe Photoshop CS3 程序快捷方式，如图 1.2.1 所示。

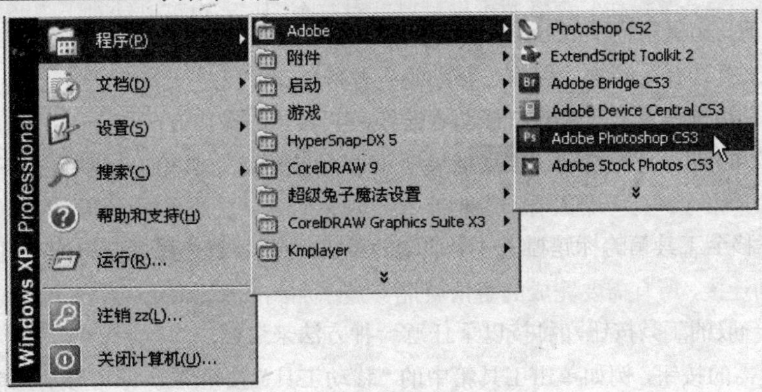

图 1.2.1 启动 Photoshop CS3

要启动 Photoshop CS3 应用程序，其方法有以下几种：

（1）双击子菜单中的 Adobe Photoshop CS3 程序快捷方式，即可启动 Photoshop CS3，此时屏幕上将出现 Photoshop CS3 程序界面。

（2）双击桌面 Photoshop CS3 快捷方式图标。

要退出 Photoshop CS3 应用程序的方法有以下几种：

（1）单击程序窗口右上角的“关闭”按钮 ✕。

（2）选择菜单栏中的 文件(F) → 退出(X) 命令。

（3）按“Ctrl+Q”键或“Alt+F4”键。

第三节　Photoshop CS3 界面

运行 Photoshop CS3 后，屏幕上将显示如图 1.3.1 所示的窗口，该窗口中包括菜单栏、工具箱、属性栏、面板以及图像窗口等部件，下面进行详细介绍。

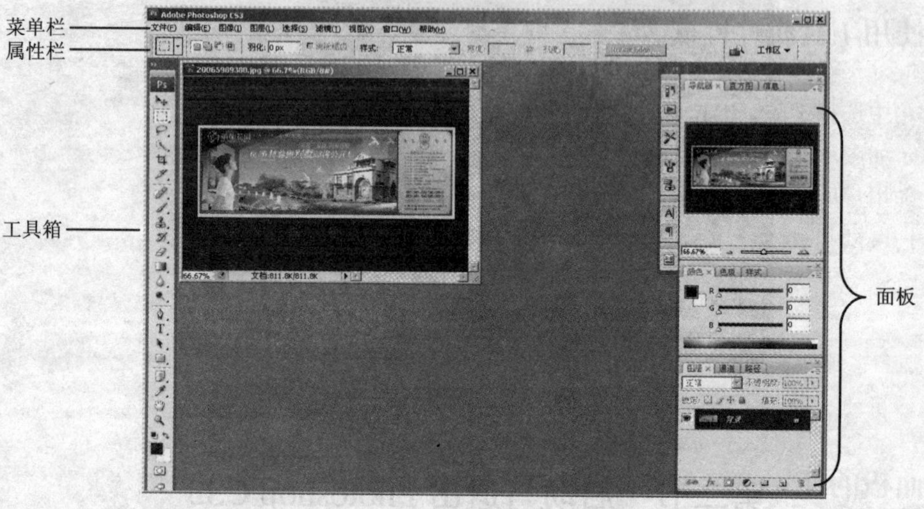

图 1.3.1　Photoshop CS3 程序窗口

一、工具箱的使用

在默认情况下，工具箱位于 Photoshop CS3 窗口的左侧，其中包括常用的各种工具按钮，使用这些工具按钮可以进行选择、绘画、编辑、移动等各种操作。

如果要对工具箱进行显示、隐藏、移动等操作，其具体的操作方法如下：

（1）选择菜单栏中的 窗口(W) → 工具 命令，可显示或隐藏工具箱，显示状态下，此命令前有一个“√”符号。

（2）将鼠标移至工具箱的标题栏上（即顶端的蓝色部分），按住鼠标左键拖动可在窗口中移动工具箱。

如果要使用一般的工具按钮，可按以下任意一种方法来进行：

（1）单击所需的按钮，例如单击工具箱中的“移动工具”按钮，即可移动当前图层中的图像。

（2）在键盘上按工具按钮对应的快捷键，可以对图像进行相应的操作，例如按“V”键即可切换为移动工具来选择图像。

在工具箱中有许多工具按钮的右下角都有一个小三角形，这个小三角表示这是一个按钮组，其中包含多个相似的工具按钮。如果用户要使用按钮组中的其他按钮，则可按以下几种操作方法来完成：

（1）将鼠标移至按钮上，按住鼠标左键不放即可出现工具列表，并在列表中选择需要的工具。

（2）用鼠标右键单击按钮，系统会弹出工具列表，可在列表中选择需要的工具。

（3）按住“Shift”键不放，然后按按钮对应的快捷键，可在工具列表中的各个工具间切换。

例如，用鼠标右键单击工具箱中的“橡皮擦工具”按钮，可显示该工具列表，在列表中单击背景橡皮擦工具即可使用该工具，而在工具箱中原来显示的按钮会自动切换为按钮，如图 1.3.2 所示。

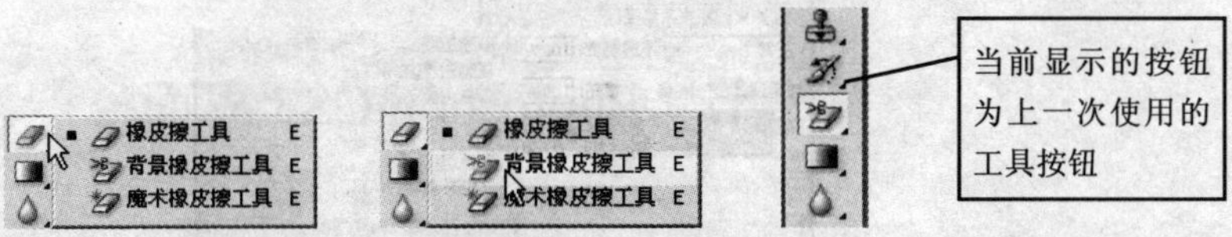

图 1.3.2 选择工具箱中的工具

二、使用工具属性栏

在工具箱中选择了某个工具后，使用前可以对该工具的属性进行设置。例如选择了画笔工具后，其属性栏显示如图 1.3.3 所示，用户可以在其中设置画笔的样式。每一个工具属性栏中的选项都是不定的，它会随用户所选工具的不同而变化。

图 1.3.3 画笔工具属性栏

注意：虽然属性栏中的选项是不定的，但其中的某些选项（如模式与不透明度等）对于许多工具都是通用的。

三、面板的使用

面板是在 Photoshop 中经常使用的工具，一般用于修改显示图像的信息。Photoshop CS3 包括图层、通道、路径、字符、段落、信息、导航器、颜色、色板、样式、历史记录、动作、画笔等多种面板。

在系统默认的情况下，这些面板以图标的形式显示在一起，如图 1.3.4（a）所示。单击相应的图标可打开相应的面板，如图 1.3.4（b）所示。

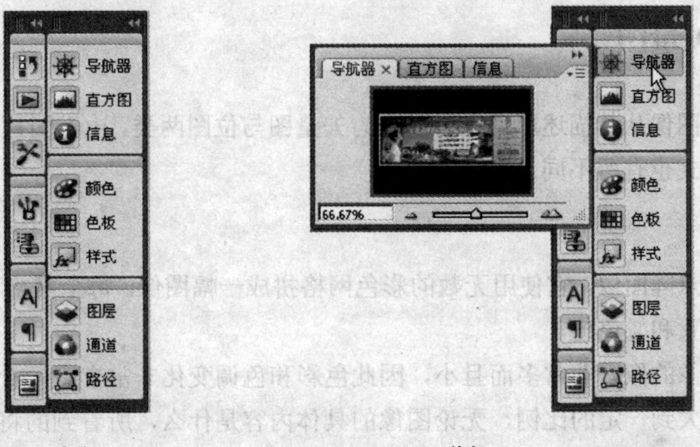

(a) (b)

图 1.3.4 面板

在 Photoshop 中也可将某个面板显示或隐藏，要显示某个面板，选择窗口(W)菜单中的面板名称，即可显示该面板；要隐藏某个面板窗口，单击面板窗口右上角的按钮即可。

单击面板右上角的三角形按钮，可显示面板菜单，如图 1.3.5 所示，从中选择相应的命令可编辑图像。

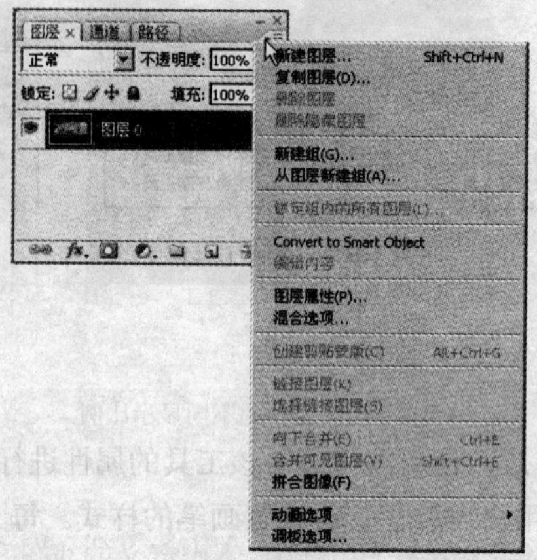

图 1.3.5　显示面板菜单

此外，按“Shift+Tab”键可同时显示或隐藏所有打开的面板，按“Tab”键可以同时显示或隐藏所有打开的面板以及工具箱和属性栏。使用这两种方法可以快速地增大屏幕显示空间。

四、图像窗口

图像窗口是显示图像的区域，也是编辑或处理图像的区域。在图像窗口中可以实现 Photoshop 中的所有功能，也可以对图像窗口进行多种操作，如改变窗口的位置和大小。

第四节　基本概念

要真正掌握并使用一个图像处理软件，不仅要掌握软件的操作，还需要掌握图像与图形方面的基本知识，如矢量图与位图的概念、像素、图像格式和分辨率等。

一、位图和矢量图

计算机所处理的图像从其描述原理上可以分为矢量图与位图两类。由于图片描述原理的不同，对这两种图像的处理方式也有所不同。

1．位图图像

位图图像也称为点阵图像，它使用无数的彩色网格拼成一幅图像，每个网格称为一个像素，每个像素都具有特定的位置和颜色值。

由于一般位图图像的像素非常多而且小，因此色彩和色调变化非常丰富，看起来是细腻的图像，但如果将位图图像放大到一定的比例，无论图像的具体内容是什么，所看到的将会像马赛克一样。

如图 1.4.1（a）所示为以正常比例显示的一幅位图；将图像的下部分放大 4 倍后，效果如图 1.4.1（b）所示，此时可以看到图片很粗糙；如果再将图像放大几倍后，效果如图 1.4.1（c）所示。用户可以看到，图像是由一个个各种颜色的小方块拼出来的，这些小方块就是像素。

位图图像的缺点在于放大显示时图像比较粗糙，并且图像文件比较大，它的特点在于表现颜色的细微层次。

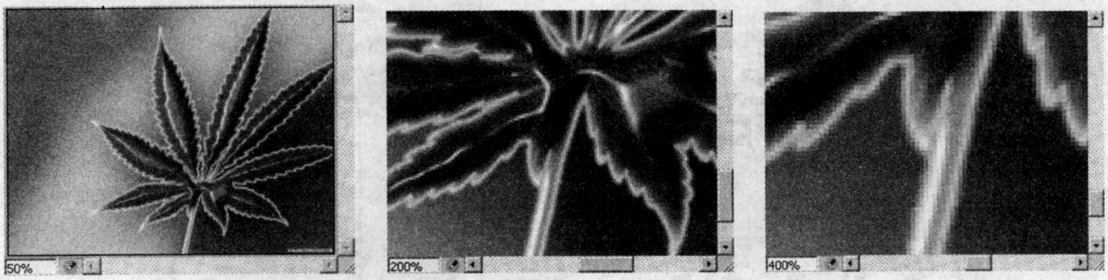

（a）　（b）　（c）

图 1.4.1　位图图像的不同显示比例

2. 矢量图形

矢量图也可以称为向量式图像，它是一些由数学公式定义的线条和曲线，数学公式根据图像的几何特性来描绘图像。矢量图适于表现清晰的轮廓，常用于绘制一些标志图形或简单的卡通图片。其文件所占的容量较小，也可以很容易地将其随意放大或缩小，而且不会失真，但矢量图不能描绘色调丰富的图像细节，绘制出的图形不是很逼真，同时也不易在不同的软件间交换文件。

如图 1.4.2（a）所示为正常比例显示的矢量图，将其中的某部分放大后，效果如图 1.4.2（b）所示。可以看到，放大后的图片依然很精细，并没有因为显示比例的改变而失真。

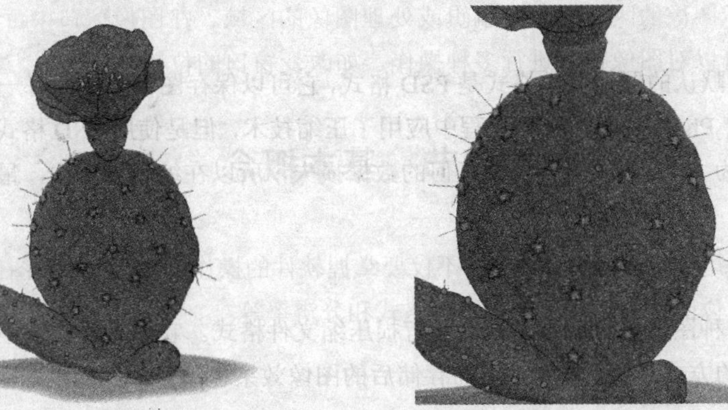

（a）　（b）

图 1.4.2　矢量图的不同显示比例

二、像素

像素是一个带有数据信息的正方形小方块。图像由许多的像素组成，每个像素都具有特定的位置和颜色值，因此可以很精确地记录下图像的色调，逼真地表现出自然的图像。像素是以行和列的方式排列的，如图 1.4.3 所示，将某区域放大后就会看到一个个的小方格，每个小方格里都存放着不同的颜色，也就是像素。

一幅位图图像的每一个像素都含有一个明确的位置和色彩数值，从而就决定了整体图像所显示出来的样子。一幅图像中包含的像素越多，所包含的信息也就越多，因此文件越大，图像的品质也会越好。

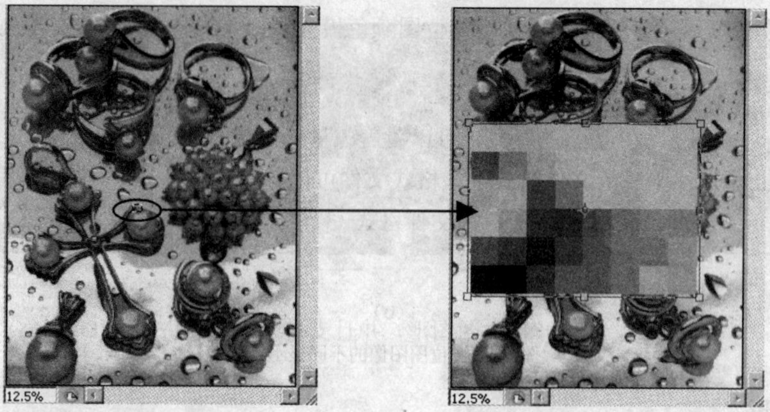

图 1.4.3 像素

三、图像格式

根据记录图像信息的方式（位图或矢量）和压缩图像数据的方式的不同，图像文件可以分为多种格式，每种格式的文件都有相应的扩展名。Photoshop 可以处理大多数格式的图像文件，但是不同格式的文件可以使用的功能不同。常见的图像文件格式有以下几种：

1. PSD 格式

Photoshop 软件默认的图像文件格式是 PSD 格式，它可以保存图像数据的每一个细小部分，如层、蒙版、通道等。尽管 Photoshop 在计算过程中应用了压缩技术，但是使用 PSD 格式存储的图像文件仍然很大。不过，因为 PSD 格式不会造成任何的数据损失，所以在编辑过程中，最好还是选择将图像存储为该文件格式，以便于修改。

2. JPEG 格式

JPEG 格式是一种图像文件压缩率很高的有损压缩文件格式。它的文件比较小，但用这种格式存储时会以失真最小的方式丢掉一些数据，而存储后的图像效果也没有原图像的效果好，因此印刷品很少用这种格式。

3. GIF 格式

GIF 格式是各种图形图像软件都能够处理的一种经过压缩的图像文件格式。正因为它是一种压缩的文件格式，所以在网络上传输时，比其他格式的图像文件快很多。但此格式最多只能支持 256 种色彩，因此不能存储真彩色的图像文件。

4. TIFF 格式

TIFF 格式是由 Aldus 为 Macintosh 开发的一种文件格式。目前，它是 Macintosh 和 PC 机上使用最广泛的位图文件格式。在 Photoshop 中 TIFF 格式能够支持 24 位通道，它是除 Photoshop 自身格式（即 PSD 与 PDD）外唯一能够存储多于 4 个通道的图像格式。

5. BMP 格式

BMP 格式是 Windows 中的标准图像文件格式，将图像进行压缩后不会丢失数据。但是，用此种压缩方式压缩文件，将需要很多的时间，而且一些兼容性不好的应用程序可能会打不开 BMP 格式的文件。此格式支持 RGB、索引颜色、灰度与位图颜色模式，而不支持 CMYK 模式的图像。

6. PDF 格式

PDF 以 PostScript Level 2 语言为基础，可以覆盖矢量式图像和点阵式图像，并且支持超链接。它是由 Adobe Acrobat 软件生成的文件格式，该格式文件可以存储多页信息，其中包含图形和文件的查找和导航功能，因此是网络下载经常使用的文件格式。

7. EPS 格式

EPS 格式可以同时包含矢量图形和位图图形，并且支持 Lab、CMYK、RGB、索引颜色、双色调、灰度和位图颜色模式，但不支持 Alpha 通道。

四、分辨率

分辨率是图像中一个非常重要的概念，一般分辨率有 3 种，分别为显示器分辨率、图像分辨率和专业印刷的分辨率。

1. 显示器分辨率

显示器屏幕是由一个个极小的荧光粉发光单元排列而成的，每个单元可以独立地发出不同颜色、不同亮度的光，其作用类似于位图中的像素。一般在屏幕上所看到的各种文本和图像正是由这些像素组成的。由于显示器的尺寸不一，因此习惯于用显示器横向和纵向上的像素数量来表示所显示的分辨率。常用的显示器分辨率有 800×600 和 1 024×768，前者表示显示器在横向上分布 800 个像素，在纵向上分布 600 个像素，后者表示显示器在横向上分布 1 024 个像素，在纵向上分布 768 个像素。

2. 图像分辨率

图像分辨率是指位图图像在每英寸上所包含的像素数量。图像的分辨率与图像的精细度和图像文件的大小有关。如图 1.4.4 所示为不同分辨率的两幅相同的图，其中图 1.4.4（a）的分辨率为 100 ppi（点/英寸），图 1.4.4（b）的分辨率为 10 ppi，可以非常清楚地看到两种不同分辨率图像的区别。

（a）　　（b）

图 1.4.4　不同分辨率的图像

虽然提高图像的分辨率可以显著地提高图像的清晰度，但也会使图像文件的大小以几何级数增长，因为文件中要记录更多的像素信息。在实际应用中我们应合理地确定图像的分辨率，例如可以将需要打印图像的分辨率设置高一些（因为打印机有较高的打印分辨率）；用于网络上传输的图像，可以将其分辨率设置低一些（以确保传输速度）；用于在屏幕上显示的图像，可以将其分辨率设置低一些（因为显示器本身的分辨率不高）。

只有位图才可以设置其分辨率，而矢量图与分辨率无关，因为它并不是由像素组成的。

3．专业印刷的分辨率

专业印刷的分辨率是以每英寸线数来确定的，决定分辨率的主要因素是每英寸内网点的数量，即挂网线数。挂网线数的单位是 Line/Inch（线/英寸），简称 LPI。例如，150 LPI 是指每英寸加有 150 条网线。给图像添加网线，挂网数目越大，网数越多，网点就越密集，层次表现力就越丰富。

本章小结

本章介绍了 Photoshop CS3 的新增功能、工作界面，以及图像处理的基本概念等。通过本章的学习，读者可以了解 Photoshop CS3 的一些图像处理的概念。只有掌握了这些知识，才能为以后的学习奠定良好的基础。

习 题 一

一、填空题

1．Adobe 公司于________年________月________日正式发布了 Photoshop CS3 新版本。
2．新增的________滤镜功能，可以转换层为智慧对象。
3．按________键或________键，可以退出 Photoshop CS3 应用程序。
4．新增的________功能就可以非常容易使用将彩色图像转换为灰阶。
5．Photoshop 默认的图像存储格式是________。
6．图像的________与图像的精细度和图像文件的大小有关。
7．计算机所处理的图像从其描述原理上可以分为两类，即________图与________图。
8．________图放大后依然很精细，并没有失真。

二、简答题

1．简述 Photoshop CS3 软件的应用范围。
2．简述图像的分辨率与图像之间的关系。

第二章　基础操作

本章学习 Photoshop CS3 的基础操作，如新建、打开和保存图像以及如何从外部导入图像，扫描输入图像窗口的显示，辅助工具的使用和系统参数的设置等。只有先掌握图像处理的基础操作，才能更快、更好地绘制和处理图像。

本章主要内容：

- 文件的操作
- 图像的查看
- 辅助设置
- 图像尺寸的调整

第一节　文件的操作

文件是一个常用的计算机术语，简单地说，文件是软件在计算机中的存储形式。在 Photoshop CS3 的文件(F)菜单中提供了新建、打开以及保存等操作命令，通过这些命令可以对图像文件进行基本的编辑和操作。

一、新建文件

启动 Photoshop CS3 后，如果想要建立一个新图像文件，可按以下操作进行：

选择菜单栏中的文件(F)→新建(N)...命令，或按“Ctrl+N”键，弹出新建对话框，如图 2.1.1 所示。

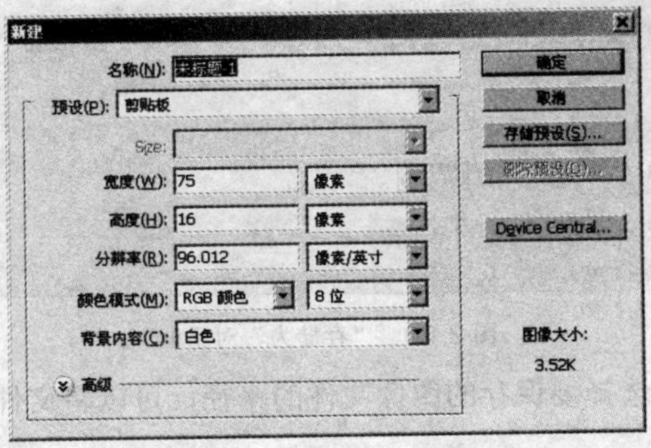

图 2.1.1　“新建”对话框

在名称(N):输入框中输入新文件的名称。若不输入，Photoshop 默认的新建文件名为“未标题-1”，如连续新建多个，则文件按顺序默认为“未标题-2”、“未标题-3”……，依此类推。

在宽度(W):与高度(H):输入框中输入数值，可设置图像的宽度与高度值。但在设置前需要确定文件尺寸的单位，即在其后面的下拉列表中选择需要的单位，有像素、英寸、厘米、毫米、点、派卡与列。

在分辨率(R):输入框中输入数值，可设置图像的分辨率，也可在其后面的下拉列表中选择分辨率的单位，有像素/英寸与像素/厘米两种，通常使用的单位为像素/英寸。

在颜色模式(M):下拉列表中选择图像的色彩模式，同时可在该列表框后面设置色彩模式的位数，有1位、8位与16位。

在背景内容(C):下拉列表中设置新图像的背景层颜色，有白色、背景色与透明 3 种。如果选择背景色选项，则背景层的颜色与工具箱中的背景色颜色框中的颜色相同。

设置好参数后，单击确定按钮，即可新建一个空白图像文件，如图 2.1.2 所示。

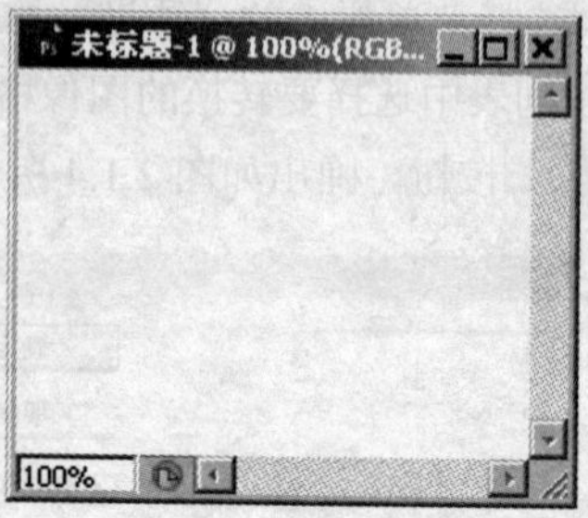

图 2.1.2 新建的空白图像文件

二、保存新建的图像

如果是一幅从未保存过的图像文件，可以选择菜单栏中的文件(F)→存储(S)命令，或按“Ctrl+S”键，弹出存储为对话框，如图 2.1.3 所示。

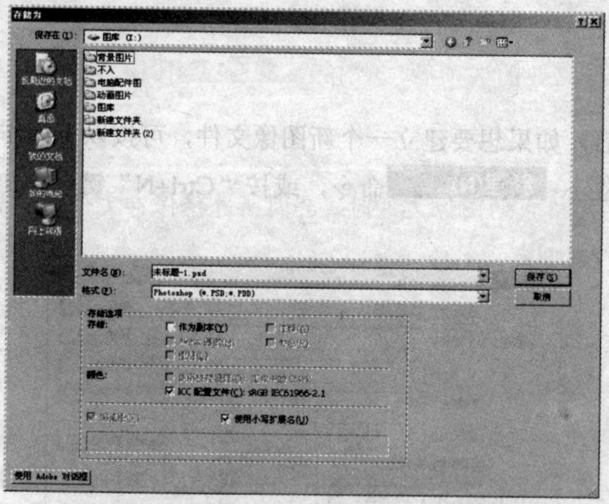

图 2.1.3 “存储为”对话框

在保存在(I):下拉列表中选择要保存的图像文件的路径，可以将文件保存在硬盘、软盘或网络驱动器上。

在文件名(N):下拉列表中输入需要保存的文件名称。

单击格式(F):下拉列表，可从弹出的下拉列表中选择图像文件保存的格式。Photoshop 默认的保存格式为 PSD 或 PDD，此格式也可以保存图层，若以其他格式保存，则在保存时自动合并图层。

设置好各项参数后，单击保存(S)按钮，即可按照所设置的路径及格式保存图像。

提示：如果图像以前已经保存过，再需要对所做的修改进行保存时，直接选择菜单栏中的文件(F)→存储(S)命令或按“Ctrl+S”键即可。

三、保存为其他格式文件

有时需要将 Photoshop CS3 中编辑的图像插入到图形文件中，如 Word 或 WPS，但它却受图像格式的限制，就需要将图像保存为 Word 或 WPS 支持的文件格式。Photoshop CS3 支持的图片格式有 20 多种，其存储操作如下：

（1）打开需要转换格式的图像，选择菜单栏中的文件(F)→存储为(V)...命令，弹出存储为对话框，单击格式(F):下拉列表，从弹出的下拉列表中选择要转换的图像格式，如 TIFF，JPGE 和 BMP 格式。

（2）设置好参数后，单击保存(S)按钮，弹出如图 2.1.4 所示的JPEG 选项对话框。

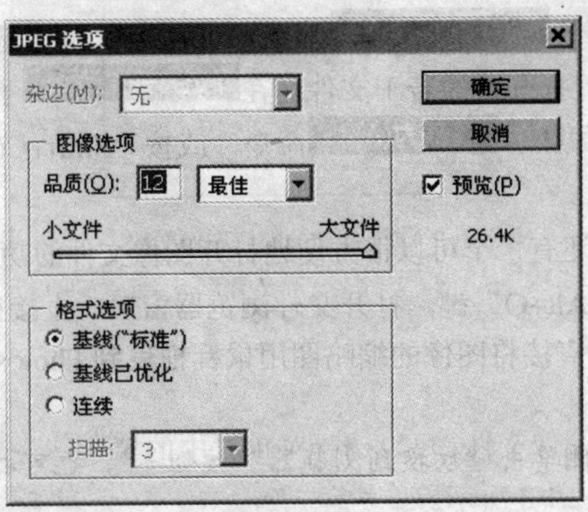

图 2.1.4　“JPEG 选项”对话框

（3）在此对话框中选择需要的选项后，单击确定按钮，即可将图像以另一种格式或文件名称进行存储。

注意：在保存不同格式的图像文件时，会因所选择保存文件格式的不同而打开不同的对话框，从中设置相应的保存内容即可。

四、打开图像

如果需要对已存在的图像进行修改，必须先打开图像。打开图像的方法有以下几种：

（1）选择菜单栏中的文件(F)→打开(O)...命令，或按“Ctrl+O”组合键，弹出打开对话框，如图 2.1.5 所示。

在该对话框中，单击查找范围(I):栏右侧的三角按钮，在下拉列表中选择图像文件的路径。在对话框中双击鼠标左键，打开图像文件所在文件夹，并选中需要打开的图像文件。单击打开(O)按钮，在工作区中打开所选中的图像文件。

提示：在 Photoshop CS3 中也可以一次打开多个同一目录下的文件。单击需要打开的第一个文件后，按住“Shift”键的同时单击最后一个需要打开的文件，可以同时打开选择的连续多个图像文件；按住“Ctrl”键，依次单击需要打开的图像文件，可选择打开不连续的文件。

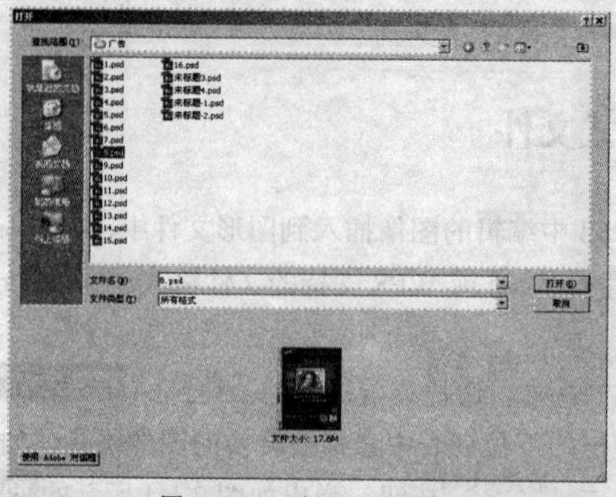

图 2.1.5　“打开”对话框

（2）选择文件(F)菜单中的最近打开文件(R)命令，可从子菜单中选择最近打开过的图像文件。Photoshop CS3 会自动保存最近打开过的若干文件名在最近打开文件(R)子菜单中，默认最多包含 10 个。

（3）选择菜单栏中的文件(F)→打开为(A)...命令，或按“Shift+Ctrl+Alt+O”键，可打开特定类型的文件。

（4）在 Photoshop CS3 中还有一个可以很方便地打开图像文件的功能，选择菜单栏中的文件(F)→浏览(B)...命令，或按“Ctrl+Alt+O”键，打开文件浏览器窗口，直接在图像的缩略图上双击鼠标左键，即可打开图像文件，也可直接将图像的缩略图用鼠标拖曳到 Photoshop CS3 的工作界面中打开。

提示：在属性栏右侧单击“切换到浏览器”按钮，也可打开文件浏览器窗口。

五、关闭图像

图像文件编辑完成后，对于不再需要的图像文件可以将其关闭。关闭图像的方法有以下几种：

（1）选择菜单栏中的文件(F)→关闭(C)命令。

（2）单击图像窗口右上角的“关闭”按钮。

（3）按“Ctrl+W”键或“Ctrl+F4”键。

如果要关闭 Photoshop CS3 中打开的多个文件，可选择菜单栏中的文件(F)→关闭全部命令或按“Ctrl+Alt+W”键。

注意：若被关闭的图像文件进行过编辑和处理又没有即时保存，则会在关闭图像时弹出提示框，提示用户关闭前是否保存对图像文件的修改。单击是(Y)按钮，图像被修改的部分也将被存储在关闭后的文件中；单击否(N)按钮，图像的修改部分将不被保存；单击取消按钮，图像文件将不会被关闭，维持现状。

六、置入图像

Photoshop CS3 是一个位图处理软件，同时也具备了处理矢量图的功能，可以将矢量图插入到 Photoshop 中使用。其操作步骤如下：

（1）新建或打开一个需要向其中插入图形的图像文件，选择菜单栏中的文件(F)→置入(L)...命令，弹出置入对话框，如图 2.1.6 所示。

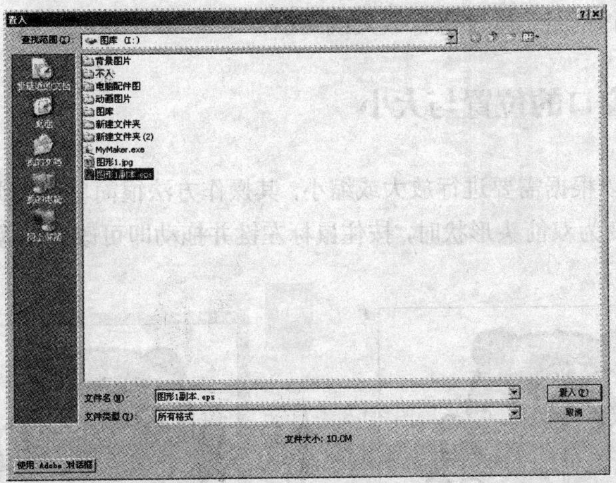

图 2.1.6 “置入”对话框

（2）选择需要置入的文件名称，单击置入(P)按钮，此时置入的 EPS 图像将被包围在一个控制框，如图 2.1.7 所示，可以拖动控制框调整图像的大小、位置和方向。

图 2.1.7 置入 EPS 文件

（3）调整完成后，按回车键确认置入图像，此时在“图层”面板中也会增加相应的新图层，如图 2.1.8 所示。

图 2.1.8 置入 EPS 图像后的效果

第二节 图像的查看

在 Photoshop CS3 中处理图像时，为了更清晰地观看图像或处理图像，需要对图像窗口的显示方式进行设置或对整个图像的某一局部进行放大或缩小。

一、改变图像窗口的位置与大小

图像窗口的大小可以根据需要进行放大或缩小，其操作方法很简单，只须将鼠标移到图像窗口的边框或四角上，当光标变为双箭头形状时，按住鼠标左键并拖动即可改变图像窗口的大小，如图 2.2.1 所示。

图 2.2.1　改变图像窗口大小

要把一个图像窗口摆放到工作界面的合适位置，就需要对图像窗口进行移动。将光标移到窗口的标题栏，按住鼠标左键拖动，即可随意将图像窗口摆放到合适位置。

二、图像窗口的叠放

在处理图像时，为了方便操作，需要将图像窗口最小化或最大化显示，这时只需要单击图像窗口右上角的“最小化”按钮 – 与“最大化”按钮 □ 即可。

如果在 Photoshop CS3 中打开了多个图像窗口，屏幕显示会很乱，为了方便查看，可对多个窗口进行排列。

1. 层叠

选择菜单栏中的 窗口(W) → 排列(A) → 层叠(D) 命令，即可以层叠方式排列多个打开的图像窗口，效果如图 2.2.2 所示。

图 2.2.2　层叠方式

2. 拼贴

选择菜单栏中的 窗口(W) → 排列(A) → 水平平铺(H) 或 垂直平铺(V) 命令，将会以拼贴的方式重新排列多个打开的图像窗口。

三、切换屏幕显示模式

为了方便操作，Photoshop CS3 提供了 3 种不同的屏幕显示模式，分别为标准屏幕模式、带有菜单栏的全屏模式和全屏模式。

单击工具箱中的“标准屏幕模式”按钮，可切换至标准屏幕模式的显示窗口，如图 2.2.3 所示。此模式下的窗口可显示 Photoshop 的所有组件，如菜单栏、工具箱、标题栏、状态栏与属性栏等。

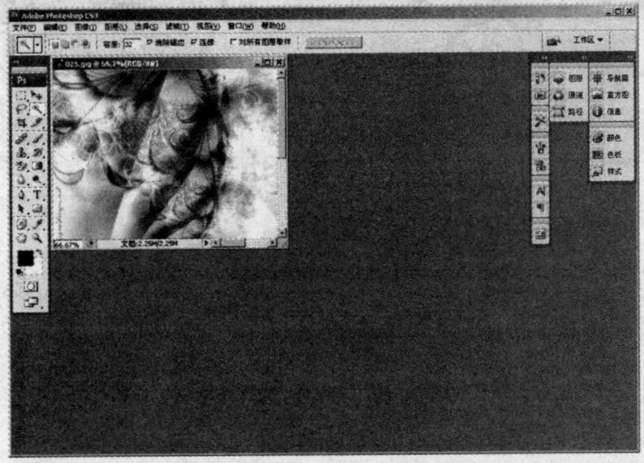

图 2.2.3　标准屏幕模式

单击工具箱中的“带有菜单栏的全屏模式”按钮，可切换至带有菜单栏的全屏模式显示，如图 2.2.4 所示。此模式下，不显示标题栏，只显示菜单栏，以使图像充满整个屏幕。

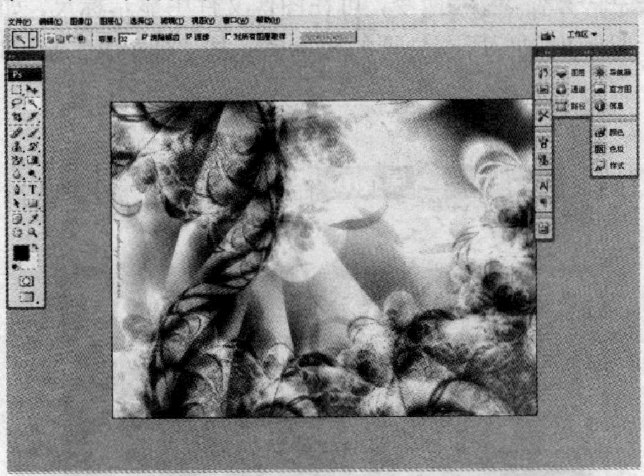

图 2.2.4　带有菜单栏的全屏模式

单击工具箱中的“全屏模式”按钮，可切换至全屏模式，如图 2.2.5 所示。

提示：连续按“F”键多次，可以在 3 种屏幕模式之间切换，也可以按“Tab”键或“Shift+Tab”键，显示或隐藏工具箱与控制面板。

图 2.2.5　全屏模式

第三节　辅助设置

在制作一幅图像作品时，可以通过使用 Photoshop 提供的标尺、参考线、网格、辅助工具、图像显示比例控制工具以及移动图像窗口的抓手工具的协助完成图像的制作。

一、标尺

使用标尺可以准确地显示出当前光标所在的位置和图像的尺寸，还可以让用户更准确地对齐对象和选取范围。

选择菜单栏中的 视图(V) → 标尺(R) 命令，可在图像文件中显示标尺，如图 2.3.1 所示。在图像中移动鼠标，可以在标尺上显示出鼠标所在位置的坐标值。按“Ctrl+R”键可以隐藏或显示标尺。

图 2.3.1　显示标尺

二、参考线

参考线可用于对齐物体，并且可以任意设置其位置。在使用参考线之前，必须先显示标尺，然后从标尺上按住鼠标左键拖至窗口中，松开鼠标可显示参考线，如图 2.3.2 所示。

图 2.3.2　显示参考线

可继续沿标尺的水平或垂直方向创建多条参考线，也可对其进行移动、删除、锁定、显示或隐藏。

移动参考线：将鼠标指针移至参考线上，按住鼠标左键拖动即可移动参考线。

隐藏或显示参考线：按“Ctrl+H”键或按“Ctrl+;”键可显示或隐藏参考线。

锁定参考线：选择菜单栏中的视图(V)→锁定参考线(K)命令，即可锁定参考线。

清除参考线：选择菜单栏中的视图(V)→清除参考线(S)命令，可清除图像中所有的参考线。如果需要删除某一条参考线，可将光标移至需要删除的参考线上，按住鼠标左键将其拖至窗口外即可。

三、网格

网格可用来对齐参考线，也可在制作图像的过程中对齐物体。要显示网格，可选择菜单栏中的视图(V)→显示(H)→网格(G)命令，此时会在图像文件中显示出网格，如图 2.3.3 所示。

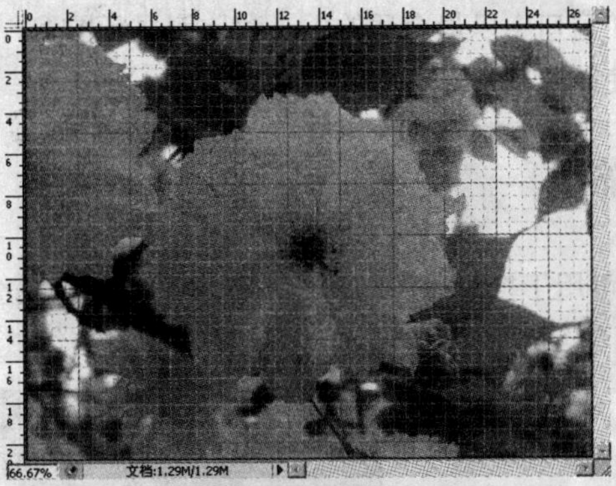

图 2.3.3　显示网格

显示网格后，就可以沿网格线创建图像的选取范围、移动或对齐图像。在不需要显示网格时，也可隐藏网格。选择菜单栏中的视图(V)→显示额外内容(X)命令，或按“Ctrl+H”键来隐藏网格。

四、图像显示比例

缩放图像的显示比例是 Photoshop CS3 处理图像的一大功能。使用此功能可以对图像局部细节进行缩放显示，以便于修改。图像的显示比例是图像中的每个像素和屏幕上一个光点的比例关系，而不是与图像实际尺寸的比例，因此改变图像的显示比例不会改变图像的尺寸大小与分辨率。

五、使用缩放工具

单击工具箱中的“缩放工具”按钮，再将鼠标移至图像中，光标会变成放大镜形状，如图 2.3.4 所示，在图像中单击即可放大图像的显示比例；按住“Alt”键，光标将显示为形状，如图 2.3.5 所示，单击图像则缩小图像显示比例。

图 2.3.4　放大显示

图 2.3.5　缩小显示

当选择了缩放工具后，其对应的属性栏将显示缩放工具的相关参数，如图 2.3.6 所示。

图 2.3.6　缩放工具属性栏

选中“☑ 调整窗口大小以满屏显示”复选框，Photoshop 会在调整显示比例的同时自动调整图像窗口大小，使图像以最合适的窗口大小显示。

单击“实际像素”按钮，图像将以 100%的比例显示，与双击缩放工具的作用相同。

单击“适合屏幕”按钮，可在窗口中以最合适的大小和比例显示图像。

单击“打印尺寸”按钮，可使图像以实际打印的尺寸显示。

六、使用菜单命令缩放

在“视图(V)”菜单中有 5 个可用于控制图像显示比例的命令，也可在选择缩放工具后，在图像窗口中单击鼠标右键，弹出快捷菜单，如图 2.3.7 所示，其中的命令都与缩放工具属性栏中的选项相对应。

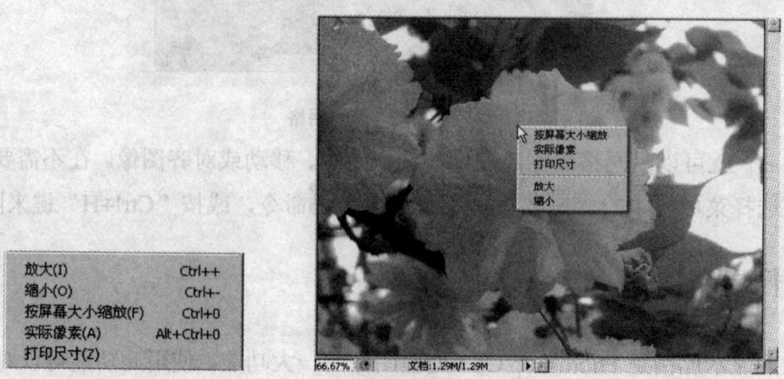

图 2.3.7　缩放菜单

七、在区域内移动图像

图像显示比例放大数倍后，在图像窗口中就只能显示某一区域的内容，此时可以拖动滚动条来查看图像的全部。但有时在全屏显示模式下，图像窗口不显示滚动条，因此，就需要单击工具箱中的抓手工具来移动图像的显示，如图 2.3.8 所示。

图 2.3.8 使用抓手工具移动显示图像

第四节 图像尺寸的调整

一般情况下，当需要对扫描的图像或当前图像的大小进行调整时，可以对相关的参数进行设置。

一、调整图像大小

利用图像大小(I)...命令，可以调整图像的大小、打印尺寸以及图像的分辨率。具体操作方法如下：

（1）打开一幅需要改变大小的图像。

（2）选择菜单栏中的图像(I)→图像大小(I)...命令，弹出图像大小对话框，如图 2.4.1 所示。

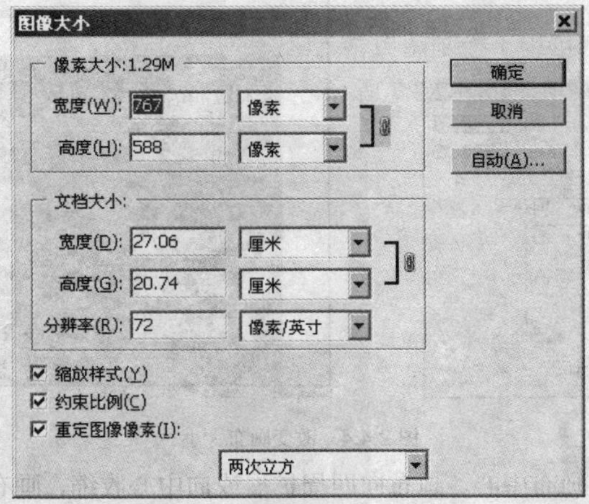

图 2.4.1 “图像大小”对话框

（3）在像素大小:选项区中的宽度(W):与高度(H):输入框中可设置图像的宽度与高度。改变像素大小后，会直接影响图像的品质、屏幕图像的大小以及打印结果。

（4）在文档大小:选项区中可设置图像的打印尺寸与分辨率。默认状态下，宽度(D):与高度(G):被锁定，即改变宽度(D):与高度(G):中的任何一项，另一项都会按相应的比例改变。

（5）设置好参数后，单击确定按钮，即可改变图像的大小。

二、调整画布大小

更改画布的大小的具体操作方法如下：

（1）打开一幅需要改变画布大小的图像文件，如图 2.4.2 所示。

（2）选择菜单栏中的图像(I)→画布大小(S)...命令，弹出画布大小对话框，如图 2.4.3 所示。

图 2.4.2　打开的图像

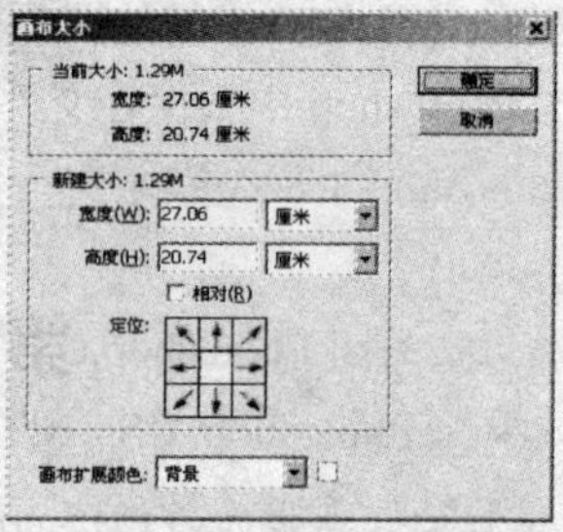

图 2.4.3　“画布大小”对话框

（3）在新建大小:选项区中的宽度(W):与高度(H):输入框中输入数值，可重新设置图像的画布大小；在定位:选项中可选择画布的扩展或收缩方向，单击框中的任何一个方向箭头，该箭头的位置可变为白色，图像就会以该位置为中心进行设置。

（4）单击确定按钮，可以按所设置的参数改变画布大小，如图 2.4.4 所示。

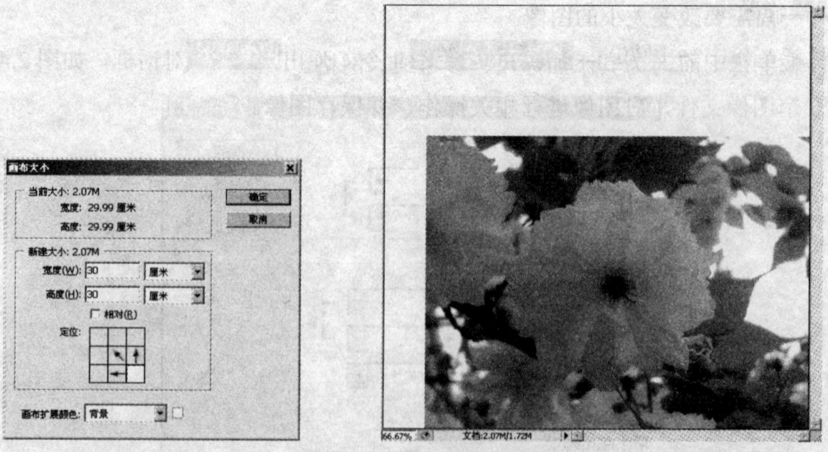

图 2.4.4　改变画布大小

默认状态下，图像位于画布中心，画布向四周扩展或向中心收缩，画布颜色为背景色。如果希望图像位于其他位置，只需单击定位:选项区中相应位置的小方块即可。

本章小结

本章介绍了Photoshop CS3中文件的操作、图像的查看，并讲解了在Photoshop CS3中辅助工具的设置方法与技巧。通过本章的学习，希望读者能够熟练掌握Photoshop CS3文件的打开、文件的保存、图像窗口大小的改变等操作，为以后进一步学习Photoshop CS3奠定基础。

习 题 二

一、填空题

1. ________是一个常用的计算机术语，简单地说，文件是软件在计算机中的存储形式。

2. Photoshop默认的保存格式为________或________，此格式也可以保存________。

3. Photoshop CS3支持的图片格式有________多种。

4. 在Photoshop中要保存文件，其快捷键是________。

5. Photoshop CS3提供了________种不同的屏幕显示模式，分别为________、________和________。

6. 如果要关闭Photoshop CS3中打开的多个文件，可按________键。

7. 如果在Photoshop CS3中打开了多个图像窗口，屏幕显示会很乱，为了方便查看，可对多个窗口进行________。

8. 使用________工具在图像中单击即可改变图像的显示比例。

二、简答题

1. 打开文件的方法有几种？简述其具体的操作步骤。

2. 如何更改图像画布的大小？

三、上机操作题

1. 打开一幅图像，练习为其添加标尺、参考线、网格。

2. 新建一个图像文件，对图像进行相关操作，并保存图像。

第三章　图像的选区

在 Photoshop CS3 中进行图像处理时，离不开选区。通过选区对图像进行操作不影响选区外的图像。多种选取工具结合使用为精确创建选区提供了极大的方便。本章将具体介绍选区的各种创建与编辑技巧。

本章主要内容：

- 选区的创建
- 选区的调整
- 柔化选区边缘
- 选区的存储和载入

第一节　选区的创建

选区是指图像中由用户指定的一个特定的图像区域。创建选区后，绝大多数操作都只能针对选区内的图像进行。Photoshop CS3 中提供了多种创建选区的工具，如选框工具、套索工具、魔棒工具等。用户应熟练掌握这些工具和命令的使用方法。

一、用选框工具创建选区

选框工具包括矩形选框工具、椭圆选框工具、单行选框工具和单列选框工具。选框工具组位于工具箱中的左上角，默认为矩形选框工具。要选择选框工具组中的其他选框工具，可通过以下几种方法来实现：

（1）在矩形选框工具按钮上单击并按住鼠标不放，可弹出如图 3.1.1 所示的隐藏工具组。单击工具组中所需的选框工具即可选择该工具。

（2）用鼠标右键单击矩形选框工具按钮，也可弹出如图 3.1.1 所示的选框工具组。

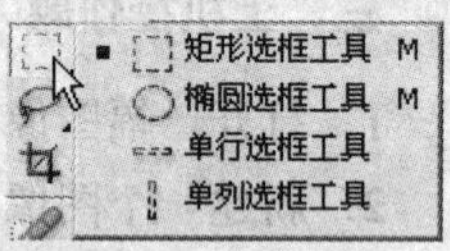

图 3.1.1　选框工具组

（3）按住“Alt”键，连续单击选框工具按钮，直至所需形状的选框工具显示出来。

下面分别介绍各种选框工具的使用方法。

1．矩形选框工具

如图 3.1.2 所示为使用矩形选框工具创建的 4 种选区。

创建这些选区的方法如下：

（1）选择矩形选框工具后，在其属性栏中单击“新选区”按钮，在图像中按住鼠标左键并拖动，即可创建一个新选区，如图 3.1.2（a）所示。

（2）保持创建的新选区，然后在矩形选框工具属性栏中单击“添加到选区”按钮，在新选区上拖动鼠标添加新的选区，此时创建的选区即会被添加到原选区上，如图 3.1.2（b）所示。通过添加到选区功能也可在图像中创建无数个不相交的选区。

（3）按“Ctrl+Z”键恢复到新选区状态，然后在矩形选框工具属性栏中单击“从选区中减去”按钮，在图像中创建选区时，即可从已有的选区中减去新创建的选区，如图 3.1.2（c）所示。

（4）在属性栏中单击“与选区交叉”按钮，在图像中创建选区，即可将已有选区与新创建选区相交（重合）部分的选区保留，得到如图 3.1.2（d）中的选区效果。

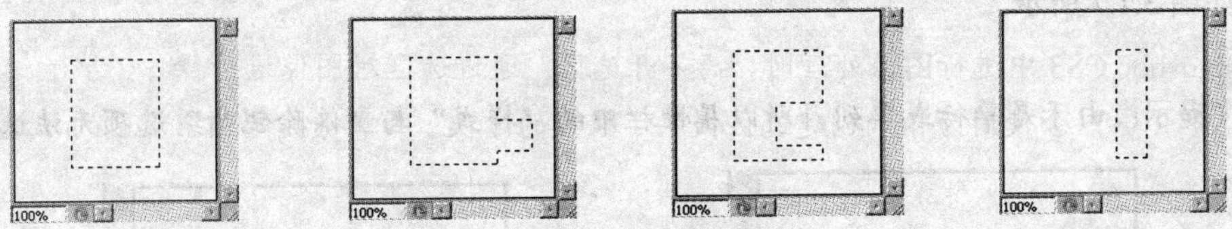

（a） （b） （c） （d）

图 3.1.2 使用矩形选框工具创建的选区

（a）新选区；（b）添加到选区；（c）从选区中减去；（d）与选区交叉

使用矩形工具可以创建矩形选区和正方形选区。创建矩形选区时，将鼠标移至图像上需要选择的区域，按住鼠标左键并拖动，至该选区的右下角松开鼠标即可。

按住“Shift”键的同时使用矩形选框工具，在图像中可创建一个正方形选区；按住“Shift+Alt”键，将会以单击处为中心向周围扩展绘制一个正方形选区。

在矩形选框工具属性栏中单击 样式: 下拉列表，弹出如图 3.1.3 所示的下拉列表。

图 3.1.3 “样式”下拉列表

选择 固定长宽比 与 固定大小 选项后，可在其属性栏中的 宽度: 与 高度: 输入框中输入设定值。

2. 椭圆选框工具

单击工具箱中的“椭圆选框工具”按钮，其属性栏如图 3.1.4 所示。

图 3.1.4 椭圆选框工具属性栏

此属性栏与矩形选框工具属性栏的用法相同，只是椭圆选框工具多了一个 ☑消除锯齿 复选框，选中此复选框，在图像中选取的图像边缘会更平滑。

单击椭圆选框工具，在图像中按住鼠标左键并拖动即可绘制椭圆选区，按住“Shift”键可绘制正圆选区，如图 3.1.5 所示。

图 3.1.5 使用椭圆工具绘制选区

3. 单行选框工具

单击工具箱中的“单行选框工具”按钮，在图像中单击鼠标左键，可创建一个 1 像素高的单行选区，如图 3.1.6 所示。

4. 单列选框工具

单击工具箱中的“单列选框工具”按钮，在图像中单击鼠标左键，可创建一个 1 像素宽的单列选区，如图 3.1.7 所示。

提示：由于是单行或单列，所以属性栏中的“样式”与“消除锯齿”选项无法选择。

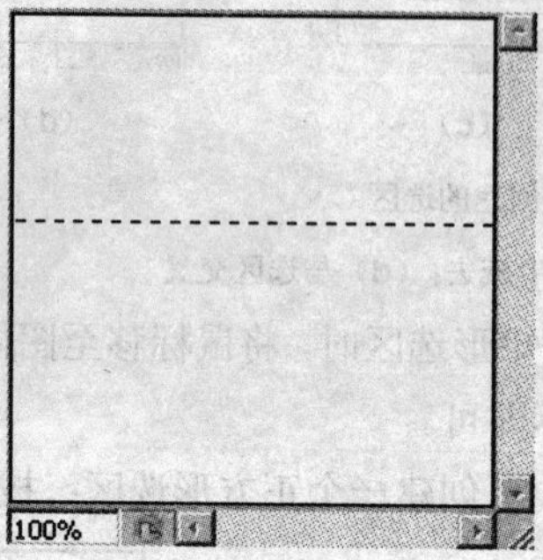

图 3.1.6 单行选区

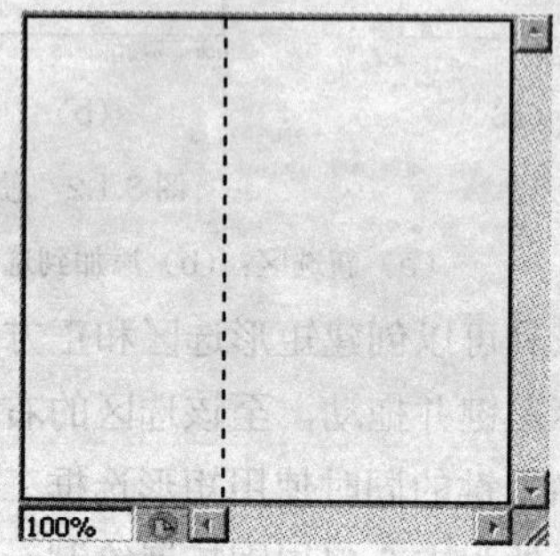

图 3.1.7 单列选区

二、用套索工具创建选区

套索工具是一种常用的范围选取工具，主要用于选择不规则的区域。套索工具包括套索工具、多边形套索工具和磁性套索工具，如图 3.1.8 所示。

1. 套索工具

套索工具可以创建不规则选区，也可以创建手绘的选区边框，这个区域可以是任意形状的，如图 3.1.9 所示。

图 3.1.8 套索工具

图 3.1.9 使用套索工具创建的选区

要使用套索工具创建不规则选区，其具体的操作方法如下：

（1）单击工具箱中的“套索工具”按钮，此时可显示出该工具的属性栏，如图 3.1.10 所示。

图 3.1.10 套索工具属性栏

（2）在此属性栏中设置消除锯齿与选区边缘的羽化程度。

（3）将鼠标移至图像中，按住鼠标左键并拖动，即可以创建不规则选区，释放鼠标后，选区首尾会自动连接形成一个闭合的不规则选区。

2. 多边形套索工具

利用多边形套索工具可以创建不规则形状的多边形选区，如五角形、三角形、梯形等。如图 3.1.11 所示是使用多边形套索工具创建的选区。

图 3.1.11 使用多边形套索工具创建的选区

使用多边形套索工具创建不规则选区的具体操作方法如下：

(1) 单击工具箱中的“多边形套索工具”按钮，将鼠标移至图像中，此时鼠标光标会变成多边形套索形状。

(2) 在起始位置单击鼠标左键，移动鼠标拖出一条线。

(3) 再次单击鼠标左键，可以继续绘制需要选择的区域。

(4) 连续单击鼠标左键，当鼠标拖移至起点附近时，鼠标将变成形状，单击鼠标左键，形成闭合选区。

使用多边形套索工具创建选区时，按住“Shift”键可以按水平、垂直或 45° 的方向绘制选区，如图 3.1.12 所示。

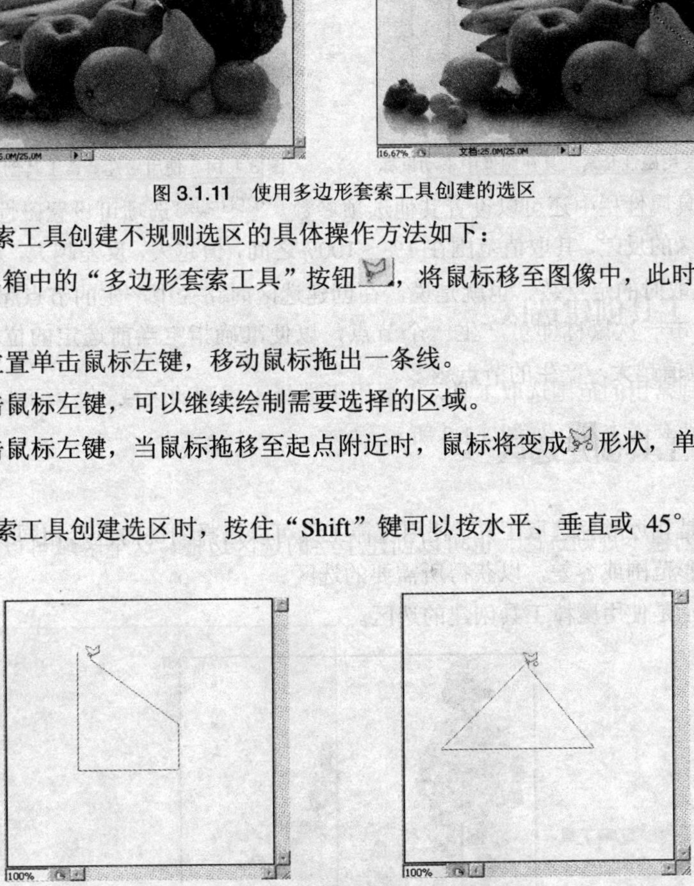

图 3.1.12 使用多边形套索工具按方向绘制选区

提示：使用多边形套索工具创建选区时，终点没有回到起点，双击鼠标左键可自动连接起点与终点，从而形成一个封闭的不规则选区。

3. 磁性套索工具

磁性套索工具是一种具有可识别边缘的套索工具。此工具常用于图像与背景反差较大、形状较复杂的图像选取。

使用磁性套索工具创建选区的具体操作方法如下：

（1）单击工具箱中的“磁性套索工具”按钮，将鼠标光标移至图像上，单击确定起点。

（2）沿图像边缘移动鼠标，如图 3.1.13 所示。

（3）当鼠标光标回到起点处时，光标右下角会出现一个小圆圈，表示选择区域已经封闭，单击即可完成选取的操作，如图 3.1.14 所示。

图 3.1.13 使用磁性套索工具在图像中移动鼠标

图 3.1.14 使用磁性套索工具创建的选区

在磁性套索工具属性栏中还可以设置其他选项参数。边对比度:选项可设置磁性套索工具在选取图像时选区与图像边缘的反差，其取值范围在 1%～100%之间，值越大，反差越大，选取的范围越精确；频率:选项可设置选取时的定点数。也就是说，在创建选区时路径中产生的节点起到了定位选取的作用。在选取时每单击一次鼠标即可产生一个节点，以便准确指定当前选定的位置。它的取值范围在 0～100 之间，数值越大，产生的节点越多。

三、用魔棒工具创建选区

魔棒工具也就是相近颜色选取工具。使用魔棒工具可以选择图像内色彩相同或相近的区域，还可以设置该工具的色彩范围或容差，以获得所需要的选区。

如图 3.1.15 所示是使用魔棒工具创建的选区。

图 3.1.15 使用魔棒工具创建的选区

要使用魔棒工具创建图像的选区，其具体的操作方法如下：

（1）单击工具箱中的“魔棒工具”按钮，可显示出其属性栏，如图 3.1.16 所示。

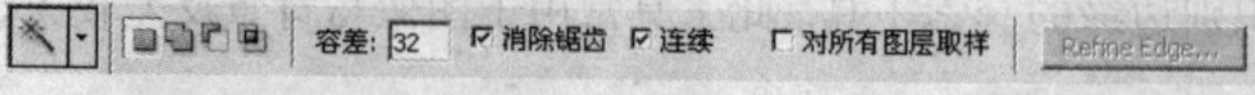

图 3.1.16 魔棒工具属性栏

1）在容差:输入框中可设置颜色范围的大小，数值越小，选择范围的颜色与选择像素颜色越相近。如图 3.1.17 所示是不同容差情况下选择的区域。

（a）

（b）

图 3.1.17　不同容差的选区

（a）容差为 20；（b）容差为 80

2）在属性栏中选中 ☑连续 复选框，表示只能选择与鼠标单击处颜色相连的区域；取消此复选框的选中，表示可选择图像中与单击处颜色相同的区域，如图 3.1.18 所示。

（a）

（b）

图 3.1.18　连续选项的作用

（a）不选中连续；（b）选中连续

（2）在图像中需要创建选区的颜色处单击鼠标左键，此时该颜色范围内的区域即会被选中。

四、创建特定颜色范围的选区

魔棒工具可以选择相同颜色的区域，但是它有时候不容易控制。在 Photoshop CS3 中提供了一种可以随心所欲地控制选区的命令，即“色彩范围”命令，利用此命令可以一边预览一边调整，方便了用户的操作。

例如，打开如图 3.1.19 所示的图像，要创建花朵的选区，其具体的操作方法如下：

（1）用椭圆选框工具在图像中拖动鼠标，创建稍大一些的选区，如图 3.1.20 所示。

图 3.1.19　打开的图像

图 3.1.20　使用椭圆工具创建选区

（2）选择菜单栏中的 选择(S) → 色彩范围(C)... 命令，弹出 色彩范围 对话框。在此对话框中使用三个吸管工具选择所有花朵区域，如图 3.1.21 所示。

（3）单击 确定 按钮，可得到花朵选区，如图 3.1.22 所示。

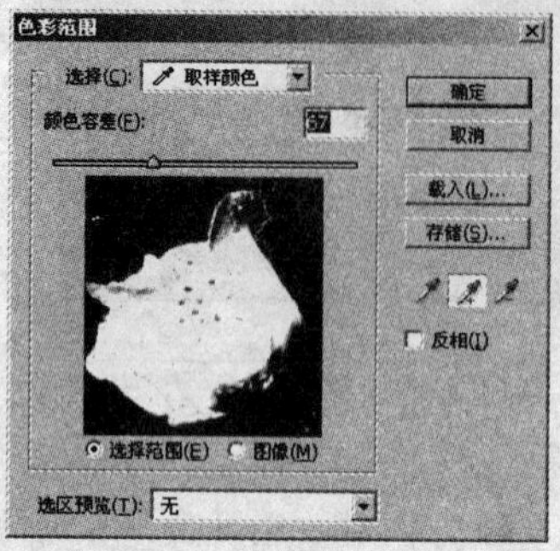

图 3.1.21　“色彩范围”对话框

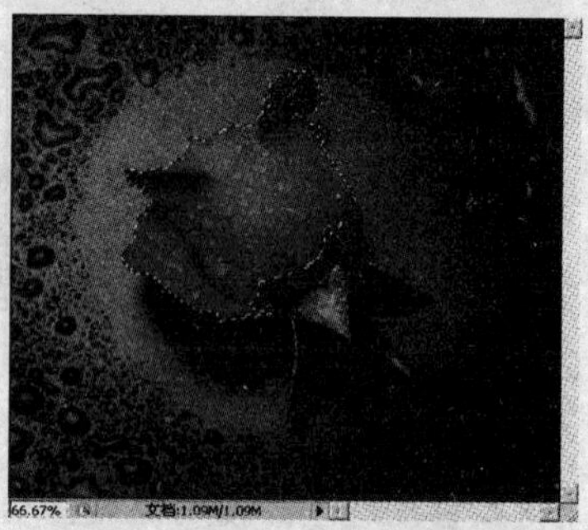

图 3.1.22　使用“色彩范围”命令创建选区

在 色彩范围 对话框中有一个预览框，可以显示出当前已选择图像的范围。如果尚未进行任何选择，则显示整个图像。在此预览框下面有两个单选按钮，选中 选择范围(E) 单选按钮，预览框中显示的是选择的范围，其中白色表示选择区域，黑色表示未选择区域，默认情况下，选择此选项；选中 图像(M) 单选按钮，预览框中显示原始的整个图像。

单击 选择(C): 列表框右侧的 按钮，从弹出的下拉列表中选择一种选取颜色范围的方式。选择 取样颜色 选项时，可用吸管工具吸取颜色。当鼠标指针移向图像窗口或预览框中时，会变成吸管形状，单击即可选取当前颜色。同时也可以在 颜色容差(F): 输入框中输入数值或拖动滑块来调整颜色选区，值越大，所包含的近似颜色越多，选取的范围越大。

单击 选区预览(T): 列表框右侧的 按钮，可从弹出的下拉列表中选择一种选区在图像窗口中显示的方式。

如果对已经选择的区域不满意，可在 色彩范围 对话框中利用三个吸管按钮增加或减少选取的颜色范围。单击“添加到取样”按钮，可以增加选区；单击“减少到取样”按钮，可以减少选区，然后移动鼠标指针至预览框中单击即可。

选中 ☑ 反相(I) 复选框，可在选区与非选区之间互换。

提示：利用“色彩范围”命令在图像中选取颜色范围时，需要配合其他选取工具进行操作，才能更方便、准确、快速地选取所需的颜色范围。

第二节　选区的调整

创建选区时，很难一次就达到满意的效果，因此就需要对选区进行调整，如移动、变换、扩展、收缩等，下面将对此进行详细介绍。

一、移动与隐藏选区

创建选区后，有时需要将选区进行移动，可通过以下两种方法来完成。

（1）使用鼠标移动选区。选择任意一个选取工具并确认其属性栏中创建选区的方式为创建新选区，将鼠标移至选区内，鼠标显示为状态，按住鼠标左键拖动即可移动选区，如图 3.2.1 所示。

图 3.2.1　移动选区

（2）使用键盘移动选区。使用键盘移动选区时，每按一下方向键，选区会沿相应方向移动 1 个像素，按住“Shift”键的同时按方向键，选区会以 10 个像素为单位移动。

如果不希望看到选区，但又不想取消选区，此时就可以使用隐藏功能将选区隐藏起来。选择菜单栏中的视图(V)→显示(H)→选区边缘(S)命令，即可隐藏选区，需要显示时再次选择此命令即可。

二、扩大选取与选取相似

可以使用“扩大选取”与“选取相似”命令来实现扩展选区操作。这两个命令所扩展的选区是与原选区颜色相近的区域。

例如，对如图 3.2.2 所示选区分别应用“扩大选取”命令与“选取相似”命令，所产生的选区效果分别如图 3.2.3 和图 3.2.4 所示。

图 3.2.2　原选区

图 3.2.3　扩大选取

图 3.2.4　选取相似

要使用“扩大选取”与“选取相似”命令，选择菜单栏中的选择(S)→扩大选取(G)或选取相似(R)命令即可。

“扩大选取”命令可以在原有选区的基础上使选区在图像上延伸，将连续的、色彩相似的图像一起扩充到选区内，还可以更灵活地控制选区。

“选取相似”命令与“扩大选取”命令都可用于扩大选取。“选取相似”命令可以将选择的区域在图像上延伸，把图像中所有不连续的且与原选区颜色相近的区域选取。

提示：扩大选取与选取相似命令不能应用在位图模式的图像中。

三、精确调整选区

通过使用 选择(S) → 修改(M) 命令子菜单中的相关命令，可以精确地增加或减少当前选区的范围。其中包括边界、平滑、扩展、收缩等命令。

1．"边界"命令

如图 3.2.5 所示是使用"边界"命令前后的效果对比。

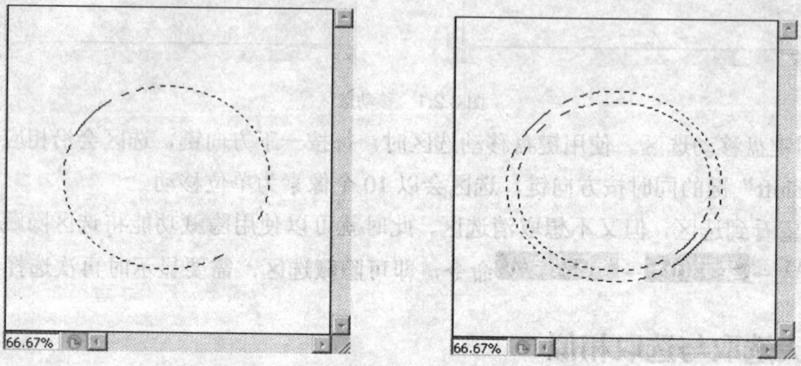

图 3.2.5　选区扩边

使用"边界"命令可以在当前选区的基础上创建一个环状的选区，也就是说，给选区的边缘加上一定宽度。选择菜单栏中的 选择(S) → 修改(M) → 边界(B)... 命令，弹出 边界选区 对话框，如图 3.2.6 所示。在 宽度(W): 输入框中可设置原选区边缘与扩边后选区边缘之间的距离。

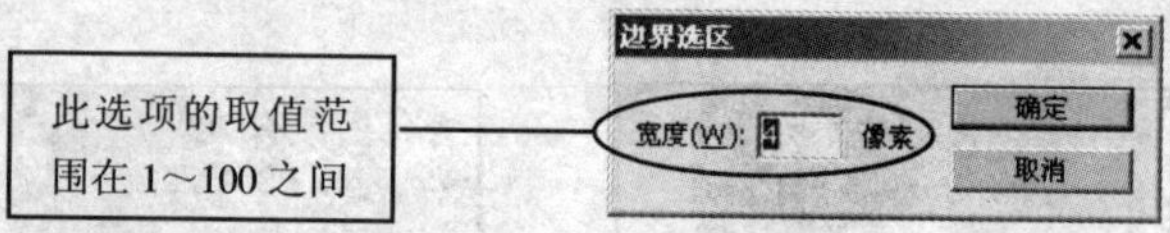

图 3.2.6　"边界选区"对话框

2．"平滑"命令

使用"平滑"命令可以对当前选区的边角进行圆滑处理，使选区变得平滑且连续，如图 3.2.7 所示。

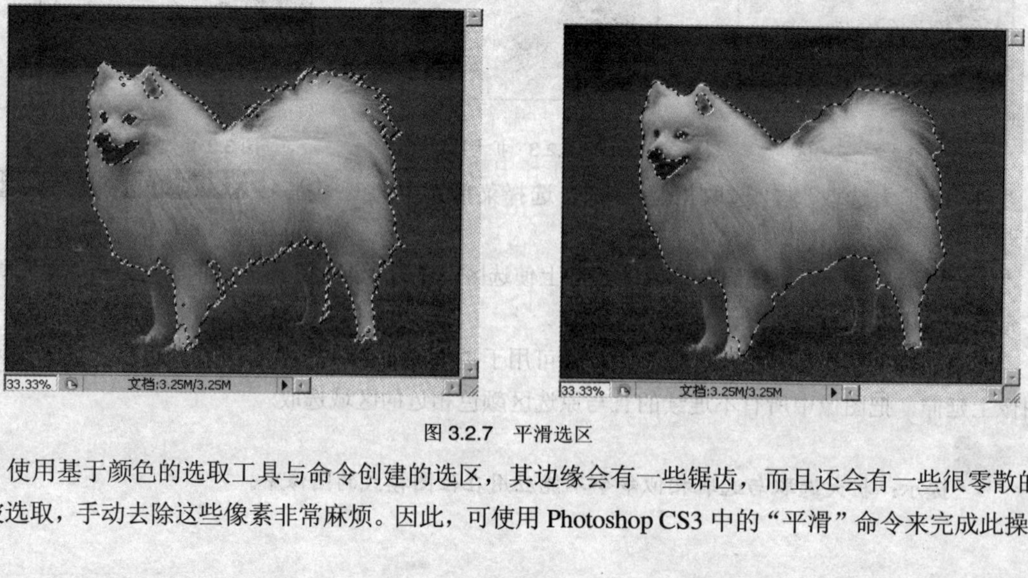

图 3.2.7　平滑选区

使用基于颜色的选取工具与命令创建的选区，其边缘会有一些锯齿，而且还会有一些很零散的像素被选取，手动去除这些像素非常麻烦。因此，可使用 Photoshop CS3 中的"平滑"命令来完成此操作。

3. “扩展”命令

使用“扩展”命令可以将当前选区向外扩大指定的像素，如图 3.2.8 所示。

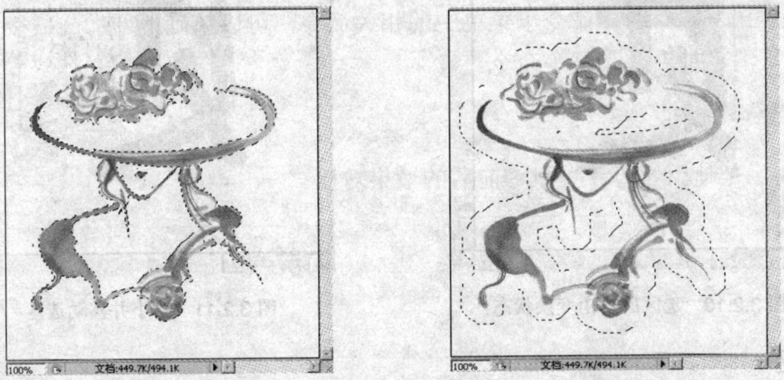

图 3.2.8　扩展选区

4. “收缩”命令

使用“收缩”命令可以使当前选区向内收缩指定的像素，如图 3.2.9 所示。

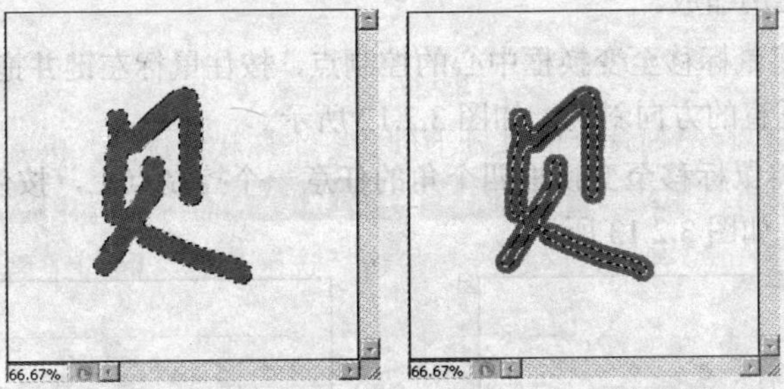

图 3.2.9　收缩选区

四、选区的变换

在 Photoshop CS3 中不仅可以对选区进行平滑处理以及增减选区等操作，还可以对选区进行翻转、旋转以及自由变形。

1. 变换选区

要实现选区的变换操作，其具体的操作方法如下：

（1）在图像中创建一个选区后，选择菜单栏中的 选择(S) → 变换选区(T) 命令。

（2）此时选区进入自由变换状态，如图 3.2.10 所示。从图中可以看出有一个方形区域的控制框，通过该控制框可以任意地改变选区的大小、位置以及角度，如图 3.2.11 所示。

1）要移动选区，将鼠标光标移至控制框上，当鼠标光标变为 ▶ 形状时，按住鼠标左键并拖动即可。

2）要自由变换选区大小，将鼠标光标移至选区的控制柄上，当鼠标光标变成 ⤢，⤡，↔，↕ 形状时按住鼠标左键并拖动即可。

3）要自由旋转选区，将鼠标移至选区的变换框周围，当光标变成 ↷ 形状时，按住鼠标左键并拖动即可。

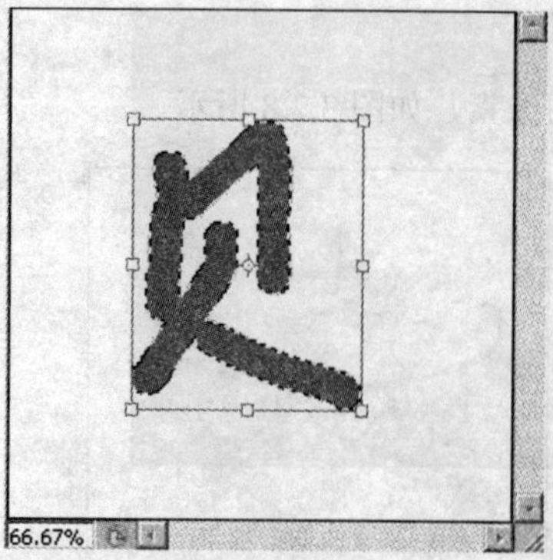

图 3.2.10　选区的自由变换状态

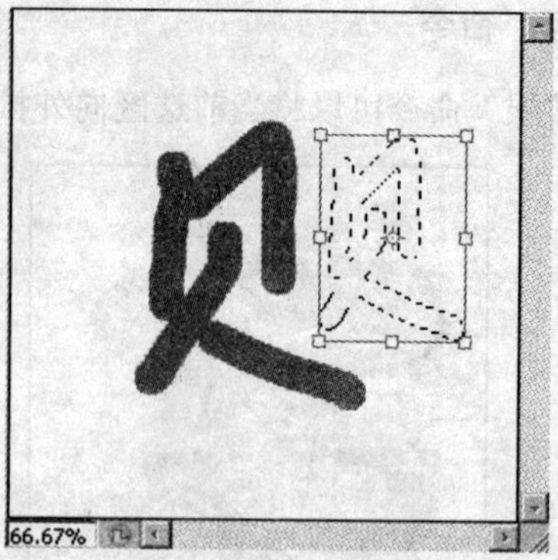

图 3.2.11　缩小并移动选区

2．变形选区

当选区在自由变换状态下时，选择菜单栏中的编辑(E)→变换命令，弹出其子菜单，从中选择相应的命令可对选区进行变形操作。

选择缩放(S)命令，可使变换框在保持原矩形的情况下，调整选区的尺寸和长宽比例。按住“Shift”键拖动变换框，则可按比例缩放。

选择斜切(K)命令，将鼠标移至变换框中心的控制点，按住鼠标左键并拖动，可将选区倾斜变换，也就是说可以按水平或垂直的方向斜切，如图 3.2.12 所示。

选择扭曲(D)命令，将鼠标移至变换框四个角的任意一个控制点上，按住鼠标左键并拖动，可将选区任意拉伸进行扭曲，如图 3.2.13 所示。

图 3.2.12　斜切变换选区

图 3.2.13　扭曲变换选区

选择透视(P)命令，可以对选区进行透视变换，用鼠标拖动控制点，可显现对称的梯形。

选择变形(W)命令，在其相应的属性栏中的自定下拉列表中可选择预设的几种变形样式，对选区进行变形处理，如图 3.2.14 所示。选择波浪选项，可将选区变换为如图 3.2.15 所示的效果。

确定好选区的变换后，在变换框内双击鼠标或按回车键，即可确认变换设置。

3．旋转与翻转选区

在选区的自由变换状态下，选择菜单栏中的编辑(E)→变换命令子菜单中的相应命令，可旋转与翻转选区。

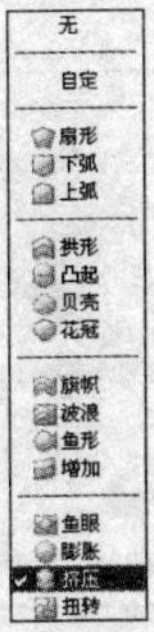

图 3.2.14　预设的变形下拉列表

图 3.2.15　使用预设的变形效果

在选区的自由变换状态下，选择菜单栏中的编辑(E)→变换→旋转 180 度(1)命令，可将当前选区旋转 180°；选择菜单栏中的编辑(E)→变换→旋转 90 度(顺时针)(9)命令，可将选区顺时针旋转 90°；选择旋转 90 度(逆时针)(0)命令，可将选区逆时针旋转 90°。

如果要将选区进行翻转，选择菜单栏中的编辑(E)→变换→水平翻转(H)或垂直翻转(V)命令即可。

在选区的自由变换状态下，可将选区的中心点移至另一位置，然后将鼠标移至变换框上，按住鼠标左键并拖动，可按指定的中心点进行旋转，如图 3.2.16 所示即为将中心点移到另一位置后进行旋转的结果。

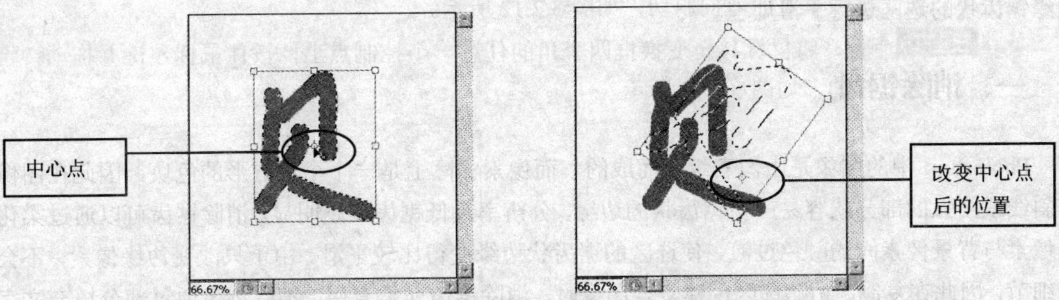

图 3.2.16　改变旋转中心点后旋转选区的结果

五、反选与取消选区

在 Photoshop CS3 中创建选区后，可以对选区进行反选，也可以将选区取消。

1. 反选选区

反选选区就是将图像中未被选择的区域变为所选区域，而使原来选择的区域变为未被选择的区域。此操作一般适用于需要选择的区域比较复杂，而其他区域比较单调的情况，因此，可以先选择其他区域，然后再使用反选命令来选择需要的区域。

在图像中创建选区后，选择菜单栏中的选择(S)→反向(I)命令或按“Ctrl+Shift+I”键，可对选区进行反选。

例如，要将如图 3.2.17 所示的图像中的花选中，其具体的操作方法如下：

（1）单击工具箱中的“魔棒工具”按钮。

（2）在打开的图像中的背景色（即白色）区域单击，即可创建白色区域的选区。

（3）选择菜单栏中的选择(S)→反向(I)命令或按“Ctrl+Shift+I”键，反选选区，即选中图像中的花部分，如图 3.2.18 所示。

图 3.2.17　打开的图像

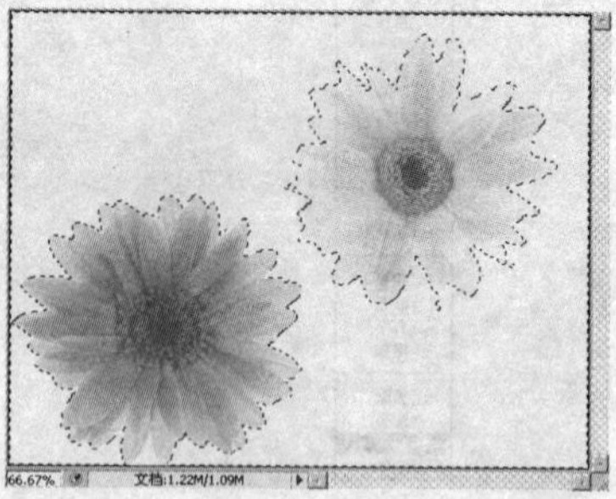

图 3.2.18　使用魔棒工具创建选区

2．取消选区

在图像中创建选区后，执行 选择(S) → 取消选择(D) 命令，或按“Ctrl+D”组合键即可取消选区。

第三节　柔化选区边缘

创建不规则选区，其边界处会出现许多锯齿，为了使这些不规则选区平滑并尽可能地消除选区边界的锯齿以产生柔和的效果，可使用 Photoshop CS3 提供的羽化边界功能。通过设置羽化半径，可对边缘锯齿状的选区进行平滑处理。

一、消除锯齿

Photoshop 中的图像是由像素组合而成的，而像素实际上是一个个正方形的色块，因此在图像中有斜线或圆弧的部分就容易产生锯齿状的边缘，分辨率越低锯齿就越明显。消除锯齿可以通过柔化每个像素与背景像素间的颜色过渡，使选区的锯齿状边缘变得比较平滑。由于只改变边缘像素，不会丢失细节，因此在复制、粘贴选区创建复合图像时，消除锯齿非常有用。消除锯齿通过部分填充文字的边缘像素，可以产生边缘光滑的文字，文字的边缘会混合到背景中。要使用消除锯齿功能，只需要在各种创建选区的工具属性栏中选中 ☑ 消除锯齿 复选框即可。

二、羽化

羽化是通过创建选区与其周边像素的过渡边界，使边缘模糊，产生融合的效果。此模糊会造成选区边缘上一些细节的丢失。要使用羽化功能，在魔棒工具、矩形选框工具、套索工具属性栏中的 羽化: 输入框中输入一个羽化数值即可，其取值范围在 1～250 之间。

三、设置现有选区的羽化边缘

如图 3.3.1 所示的羽化效果是通过羽化选区功能来完成的。其具体的操作方法如下：

（1）打开一幅需要处理的图像，如图 3.3.2 所示。

（2）单击工具箱中的“椭圆选框工具”按钮 ，在图像中拖动鼠标创建椭圆选区，如图 3.3.3 所示。

图 3.3.1　羽化选区效果

图 3.3.2　打开的图像

（3）选择菜单栏中的 选择(S) → 修改(M) → 羽化(F)... 命令，或按“Ctrl+Alt+D”键，弹出 羽化选区 对话框，在此对话框中设置羽化半径，如图 3.3.4 所示。

图 3.3.3　创建的椭圆选区

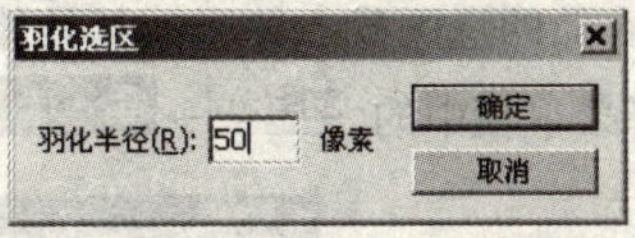

图 3.3.4　“羽化选区”对话框

（4）单击 确定 按钮，可将选区羽化 50 个像素。

（5）按“Ctrl+Shift+I”键反选选区，再按“Delete”键删除反选区域中的图像。

（6）按“Ctrl+D”键取消选区，即得到如图 3.3.1 所示的效果。

第四节　选区的存储和载入

使用完选区之后，可以将它保存起来，以备以后重复使用。保存后的选区将会作为一个蒙版显示在通道面板中，当需要使用时可以从通道面板中载入。

一、存储选区

存储选区是将当前图像中的选区以 Alpha 通道的形式保存起来，具体的操作方法如下：

（1）使用选取工具创建选区，如图 3.4.1 所示。

（2）选择菜单栏中的 选择(S) → 存储选区(V)... 命令，弹出 存储选区 对话框，如图 3.4.2 所示。

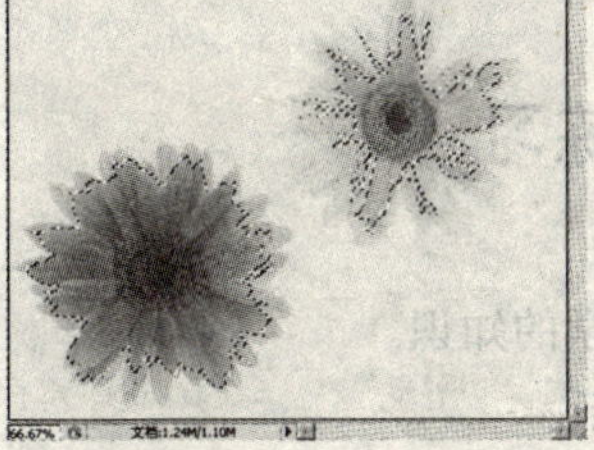

图 3.4.1　创建的选区

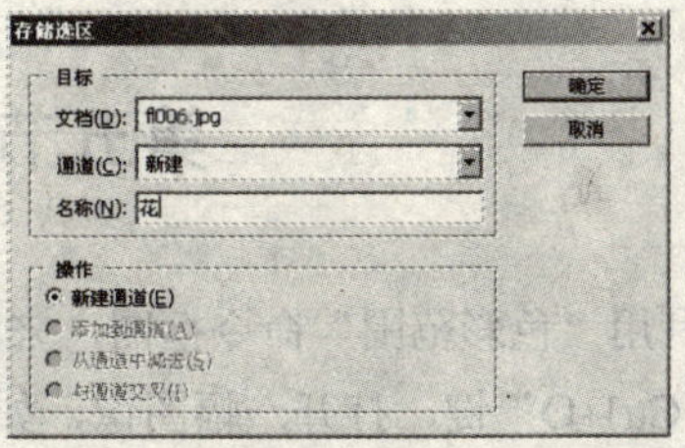

图 3.4.2　“存储选区”对话框

（3）在该对话框中设置各项参数，在名称(N):输入框中输入新通道的名称“花”。

（4）单击确定按钮，即可保存选区（见图 3.4.3）。

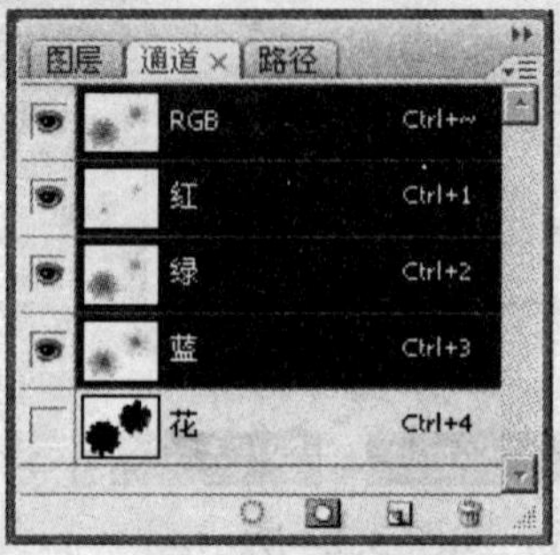

图 3.4.3　保存选区

二、载入选区

如果要将存储的选区载入使用，其具体操作步骤如下：

（1）选择菜单栏中的选择(S)→载入选区(L)...命令，弹出载入选区对话框，如图 3.4.4 所示。

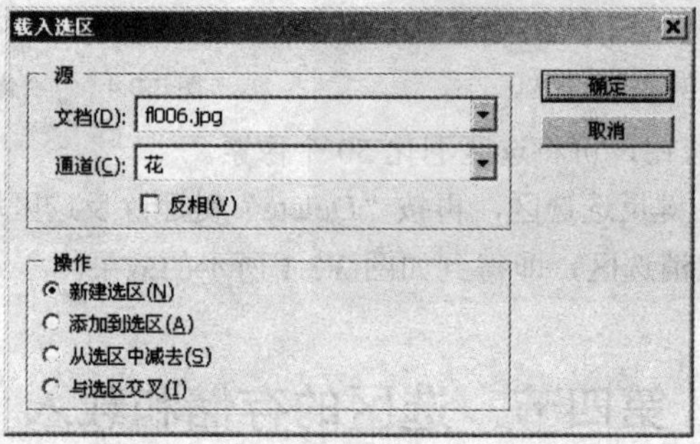

图 3.4.4　“载入选区”对话框

（2）在该对话框中设置各参数，其含义如下：

1）在文档(D):下拉列表中可选择图像的文件名，即从哪一个图像中载入的。

2）在通道(C):下拉列表中可选择通道的名称，即载入哪一个通道中的选区。

3）在操作选项区中，选中新建选区(N)单选按钮，可将所选的通道作为新的选区载入到当前图像中；选中添加到选区(A)单选按钮，可将载入的选区与原有选区相加；选中从选区中减去(S)单选按钮，可将载入的选区从原有选区中减去；选中与选区交叉(I)单选按钮，可使载入的选区与原有选区交叉重叠在一起。

（3）设置好参数后，单击确定按钮，即可载入选区。

第五节　上机练习

下面通过利用“色彩范围”命令抠图，来巩固本章所学的知识。

（1）按“Ctrl+O”键，打开一幅图像，如图 3.5.1 所示。

（2）打开通道面板，复制红色通道为红副本通道，如图 3.5.2 所示。

图 3.5.1　打开的图像

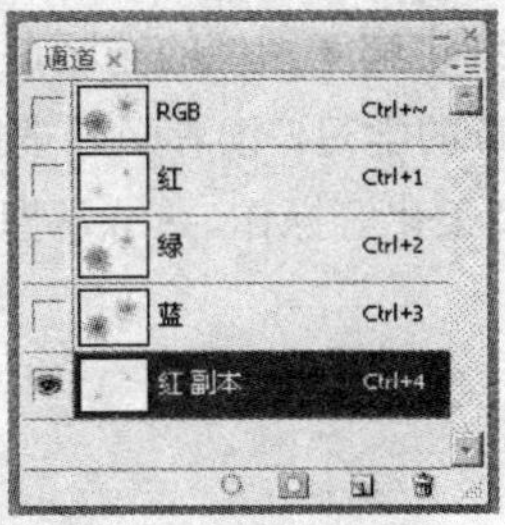

图 3.5.2　复制通道

（3）按“Ctrl+I”键将图像反相处理，得到如图 3.5.3 所示的效果。

（4）选择菜单栏中的 选择(S) → 色彩范围(C)... 命令，弹出 色彩范围 对话框，设置如图 3.5.4 所示。

图 3.5.3　反相后的效果

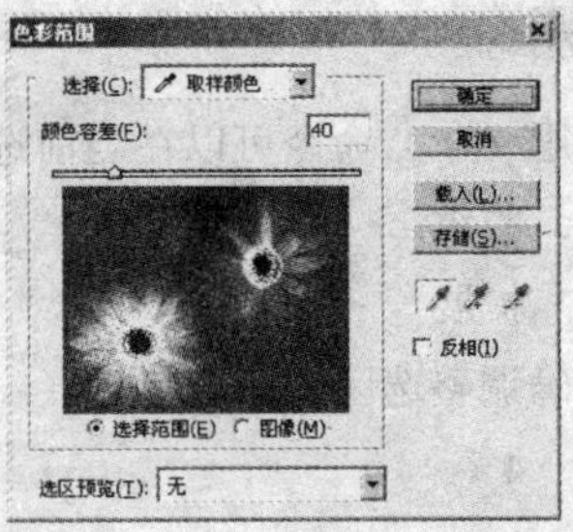

图 3.5.4　“色彩范围”对话框

（5）单击 确定 按钮，可创建该区域的选区。

（6）返回到 图层 面板，设置前景色为红色，按“Alt+Delete”键填充选区为红色，然后按“Ctrl+Shift+I”键反选选区，设置背景色为白色，按“Ctrl+Delete”键填充反选的区域，再按“Ctrl+D”键取消选区，得到的图像效果如图 3.5.5 所示。

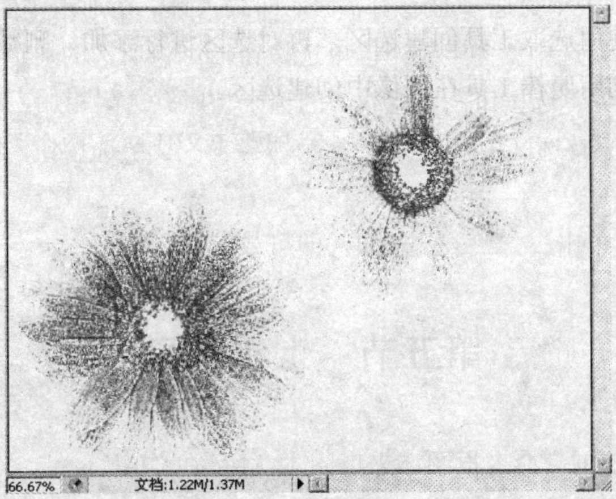

图 3.5.5　抠图后的效果

本章小结

本章详细讲解了图像的选区，主要包括创建选区、选区的调整、柔化选区边缘以及存储和载入选区。通过本章的学习，读者必须掌握各种选取工具的使用方法，各种范围的选取方法，对选区进行缩放、旋转以及柔化等操作。熟练掌握选区的创建与编辑可以在处理图像的过程中更加快速地完成任务。

习 题 三

一、填空题

1．使用_________命令可以对当前选区的边角进行圆滑处理，使选区变得平滑且连续。

2．_________工具也就是相近颜色选取工具。

3．套索工具包括_________、_________和_________。

4．选框工具包括_________、_________、_________和_________。

二、选择题

1．使用（　）命令可以在当前选区的基础上创建一个环状的选区。

A．收缩　　B．反选

C．扩展　　D．边界

2．精确调整选区的命令包括（　）种。

A．4　　B．3

C．2　　D．1

三、简答题

1．如何对选区进行羽化操作？

2．如何使用魔棒工具创建选区？

四、上机操作题

1．打开一幅图像，使用选取工具创建选区，再对选区进行添加、删减、反选与取消等操作。

2．打开一幅图像，利用魔棒工具在图像中创建选区。

第四章　调整图像色彩

图像的色彩是吸引人视觉的第一要素，任何图像的处理都离不开色彩。合理使用个性化的色彩，就能抓住观众的视线，使观众产生不同的生理反应和心理联想。Photoshop CS3 中提供了丰富的色彩处理功能，使用这些功能可以调整图像的色彩、亮度、对比度等，从而使图像生动、逼真，更具魅力。

本章主要内容：

- 色彩理论基础
- 粗略调整
- 精确色彩调整
- 特殊色彩调整

第一节　色彩理论基础

色彩不仅仅是点缀生活的重要角色，同时也是一门学问。要在设计作品中灵活、巧妙地运用色彩，使作品达到各种精彩效果，就必须学习一些色彩的相关知识。

一、色彩的构成

色彩一般分为无彩色和有彩色两大类。无彩色是指黑色、灰色、白色，如图 4.1.1 所示。

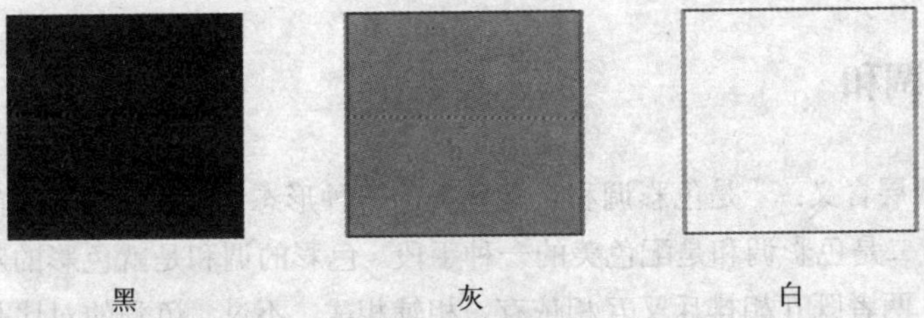

图 4.1.1　无彩色

有彩色则包括红色、黄色、蓝色、绿色等常见的颜色，如图 4.1.2 所示。从原理上讲，有彩色就是具备光谱上的某种或某些色相，统称为彩调；与此相反，无彩色就没有彩调。

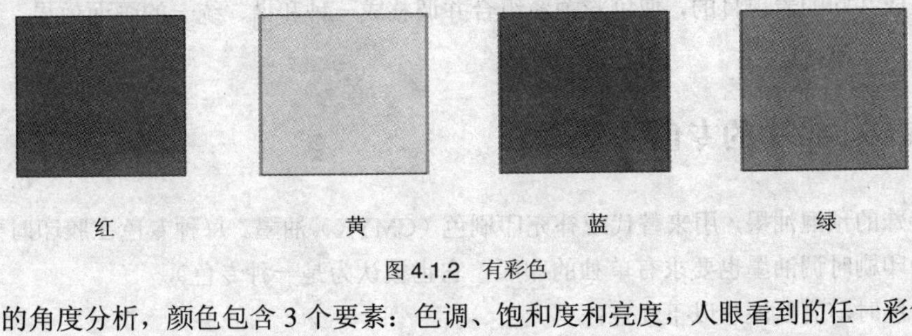

图 4.1.2　有彩色

从视觉的角度分析，颜色包含 3 个要素：色调、饱和度和亮度，人眼看到的任一彩色光都是这 3

个特性的综合效果。其中色调与光波的波长有直接关系，亮度和饱和度则与光波的幅度有关。

1．色相

色相又称为色调，是指色彩的相貌，或是区别色彩的名称或色彩的种类，而色相与色彩明暗无关。苹果是红色的，红色便是一种色相。色相的种类很多，普通色彩专业人士可辨认出 300～400 种，但假如要仔细分析，可有一千万种之多。

2．彩度

彩度指色彩的强弱，也可以说是色彩的饱和度，调整图像的饱和度也就是调整图像的彩度。将一个彩色图像的饱和度降低为 0 时，它就会变成一个灰色的图像，增加饱和度就会增加其彩度。例如，调整彩色电视机的饱和度，就可调整其彩度。

3．明度

明度是指色彩的明暗程度。明度的高低，要根据其接近白色或灰色的程度而定，越接近白色，明度越高，越接近灰色或黑色，其明度越低。如红色有明亮的红和深暗的红，蓝色有浅蓝和深蓝。在彩色中，黄色明度最高，紫色明度最低。

二、色彩的对比

在同一环境下，人对同一色彩有不同的感受，而在不同的环境下，多色彩给人另一种印象。色彩之间这种相互作用的关系称为色彩对比。

色彩对比包括两方面：一，时间隔序，即同时发生的对比；二，空间位置，即连贯性的对比。对比本来是指性质对立的双方相互作用、相互排斥，但在某种条件下，对立的双方也会相互融合、相互协调。

三、色彩的调和

色彩的调和有两层含义：一是色彩调和是配色美的一种形态，一般认为好看的配色，能使人产生愉快、舒适的感觉；二是色彩调和是配色美的一种手段。色彩的调和是就色彩的对比而言的，没有对比也就无所谓调和，两者既互相排斥又互相依存，相辅相成。不过，色彩的对比是绝对的，因为两种以上的色彩在构成中总会在色相、纯度、明度、面积等方面或多或少的有所差别，这种差别必然会导致不同程度的对比。对比过强的配色需要加强共性来调和；对比过于暧昧的配色需要加强对比来进行协调。色彩的调和就是在各色的统一与变化中表现出来的，也就是说，当两个或两个以上的色彩搭配组合时，为了达成共同的表现目的，使色彩关系组合并调整成一种和谐、统一的画面效果，这就是色彩调和。

四、Photoshop 中的专色

专色是特殊的预混油墨，用来替代或补充印刷色（CMYK）油墨。每种专色在胶印时要求有专用的印版（因为印刷时调油墨也要求有单独的印版，它也被认为是一种专色）。

在处理专色时，需要注意以下几点：

（1）要将专色作为一种色调应用于整个图像，将图像转换为双色调模式，并在其中一个双色调印版上应用专色。可以使用多达四个专色，每个印版一个。

（2）要将专色用于图像的特定区域，必须创建专色通道。专色通道可以在图像中增加和预览。

（3）可以创建新专色通道或将现有 Alpha 通道转换为专色通道。

（4）专色通道像 Alpha 通道一样，任何时候都可以编辑或删除。

（5）专色不能应用于单个图层。

专色印刷有以下几个特点：

（1）准确性。每一种套色都有其本身固定的色相，所以它能够保证印刷中颜色的准确性，从而在很大程度上解决了颜色传递准确性的问题。

（2）实地性。专色一般用实地色定义颜色，而无论这种颜色有多浅。当然，也可以给专色加网，以呈现专色的任意深浅色调。

（3）不透明性。专色油墨是一种覆盖性质的油墨，它是不透明的，可以进行实地的覆盖。

（4）表现色域宽。套色色库中的颜色色域很宽，超过了 RGB 的表现色域，更不用说 CMYK 颜色空间了，所以，有很大一部分颜色是用 CMYK 四色印刷油墨无法呈现的。

五、颜色模式

颜色模式是图像在显示或打印输出时定义颜色的不同方式。在 Photoshop 中，经常会看到 RGB，CMYK，HSB，Lab 等颜色模式，不同的色彩模式都有自己的适用范围，下面将详细介绍这些色彩模式。

1. RGB 模式

RGB 是色光的色彩模式。R 代表红色，G 代表绿色，B 代表蓝色，3 种色彩叠加形成了其他的色彩。因为 3 种颜色都有 256 个亮度水平级，所以 3 种色彩叠加就形成了 1 670 万种颜色。

在 RGB 模式中，由红、绿、蓝相叠加可以产生其他颜色，因此该模式也叫加色模式。所有显示器、投影设备以及电视机等都是依赖于这种加色模式来实现的。

编辑图像时，RGB 色彩模式也是最佳的色彩模式，因为它可以提供全屏幕的 24 位的色彩范围，即真彩色显示。但是，如果将 RGB 模式用于打印就不是最佳的了，因为 RGB 模式所提供的有些色彩已经超出了打印的范围，因此在打印一幅真彩色的图像时，就必然会损失一部分亮度，并且比较鲜艳的色彩会失真。这主要因为打印所用的是 CMYK 模式，而 CMYK 模式所定义的色彩要比 RGB 模式定义的色彩少很多，打印时，系统自动将 RGB 模式转换为 CMYK 模式，这样就会损失一部分颜色，出现打印失真的现象。

2. CMYK 模式

当阳光照射到一个物体上时，这个物体将吸收一部分光线，并将剩下的光线进行反射，反射的光线就是我们所看见的物体颜色。这是一种减色色彩模式，同时也是与 RGB 模式的根本不同之处。

CMYK 代表印刷中常用的 4 种颜色，C 代表青色，M 代表洋红色，Y 代表黄色，K 代表黑色。因为在实际应用中，青色、洋红色和黄色很难叠加形成真正的黑色，最多不过是褐色而已，所以才引入了黑色（K）。黑色的作用是强化暗调，加深暗部色彩。

CMYK 模式是最佳的打印模式，RGB 模式尽管色彩多，但不能完全打印出来，所以在编辑的时候采用 RGB 模式，编辑完成后再转换为 CMYK 模式。

用 CMYK 模式编辑虽然能够避免色彩的损失，但运算速度很慢。其主要原因是：一方面，即使在 CMYK 模式下工作，Photoshop 也必须将 CMYK 模式转变为显示器所使用的 RGB 模式；另一方面，对于同样的图像，RGB 模式只需要处理 3 个通道即可，而 CMYK 模式则需要处理 4 个通道。

3．HSB 模式

HSB 模式是基于人的视觉的颜色模式，其中 H 为色相，S 为饱和度，B 为亮度。利用此模式可以轻松自然地选择各种不同明亮度的颜色。Photoshop 不直接支持这种模式，只能在“颜色”面板与 拾色器 对话框中定义一种颜色。

4．Lab 模式

Lab 模式是由 3 种分量来表示颜色的，即一个亮度分量 L 和两个颜色分量 a 与 b。通常情况下不会用到此模式，但使用 Photoshop CS3 编辑图像时，就已经使用了 Lab 模式，因为 Lab 模式是 Photoshop CS3 内部的颜色模式。例如，要将 CMYK 模式的图像转换成 RGB 模式的图像时，Photoshop CS3 会先将 CMYK 模式转换成 Lab 模式，然后由 Lab 模式转换成 RGB 模式。

Lab 模式的最大特点是弥补了 RGB 与 CMYK 模式颜色的不足，通过 Lab 颜色模式将 RGB 颜色模式转换成 CMYK 颜色模式。因此，L，a，b 三个通道合在一起，其颜色范围包括了 RGB 与 CMYK 颜色模式所有的颜色。

5．索引颜色模式

索引颜色模式的图像占用磁盘空间较少，在缩减图像文件大小时，很容易保持图像文件的颜色质量。但因为索引颜色图像是单通道图像，即 8 位/像素，所以在此模式下许多图像处理的操作都不能应用。

6．灰度模式

灰度模式的图像共有 256 个等级，看起来类似传统的黑白照片，除黑、白两色之外，还有 254 种深浅不同的灰色，计算机中必须以 8 位二进制数来显示这 256 种色调。灰度模式中只存在灰度，当一个彩色文件被转换为灰度文件时，所有的颜色信息都将从文件中丢失。

在灰度文件中，图像的色彩饱和度为 0，亮度成为唯一影响灰度图像的因素。亮度是光强的度量，0 代表黑色，100%代表白色。而在调色板中的 K 值是用于衡量黑色油墨用量的。

Photoshop 的色彩调整功能非常强大，选择菜单栏中的 图像(I) → 调整(A) 命令，在弹出的子菜单中可以选择色彩调整的相关命令。

第二节　粗略调整

使用自动色阶、自动颜色、亮度/对比度和变化命令可以快速更改图像中的色彩值，但它们是一种简单的方式，只能对图像进行粗略的调整。

一、自动色阶

自动色阶命令可用于处理对比度不强的图像，使用此命令可自动增强图像的对比度。

二、自动颜色

自动颜色命令可以自动调整图像颜色，其主要针对图像的亮度和颜色之间的对比度。

三、自动对比度

自动对比度可以自动调整图像亮部和暗部的对比度。它会将图像中最暗的像素转换为黑色，将最亮的像素转换为白色，使原图像中亮的区域更亮，暗的区域更暗，从而加大图像的对比度。

四、亮度/对比度

利用亮度/对比度命令可以对图像的色调范围进行简单的调整。与曲线和色阶不同，亮度/对比度会对每个像素进行相同程度的调整。但对于高端输出，不能使用亮度/对比度命令，因为它可能会导致图像细节丢失。

要使用亮度/对比度命令调整图像，其具体的操作方法如下：

（1）打开一幅需要进行简单调整色调的图像。

（2）选择菜单栏中的 图像(I) → 调整(A) → 亮度/对比度(C)... 命令，弹出 亮度/对比度 对话框，如图 4.2.1 所示。

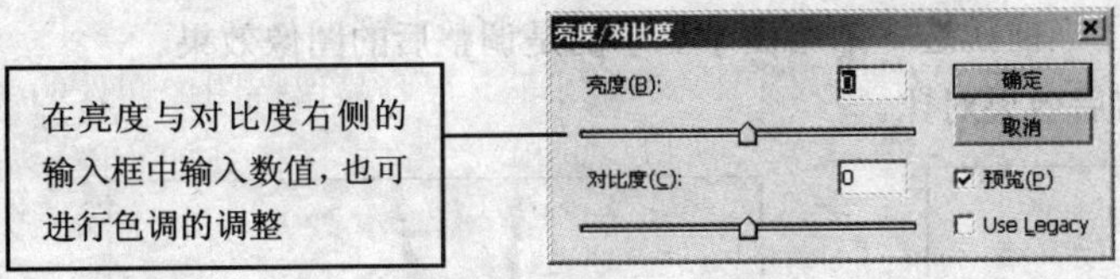

图 4.2.1　“亮度/对比度”对话框

（3）将鼠标移至对话框中的滑块上，按住鼠标左键拖动，即可调整亮度和对比度。向左拖动，图像的亮度和对比度降低；向右拖动，则亮度和对比度增加（每个滑块的数值框显示有亮度或对比度的值，范围在-100～100）。调整完后，单击 确定 按钮，效果如图 4.2.2 所示。

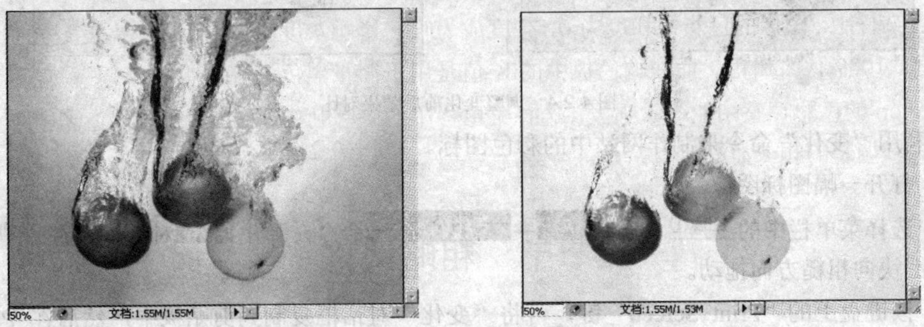

图 4.2.2　调整亮度/对比度前后效果对比

五、变化

变化命令通过显示替代物的缩览图来综合调整图像的色彩平衡、对比度和饱和度。此命令对于不需要精确调整颜色的平均色调图像最为有用，但不适用于索引颜色图像或 16 位/通道的图像。

选择菜单栏中的 图像(I) → 调整(A) → 变化(N)... 命令，弹出 变化 对话框，如图 4.2.3 所示。

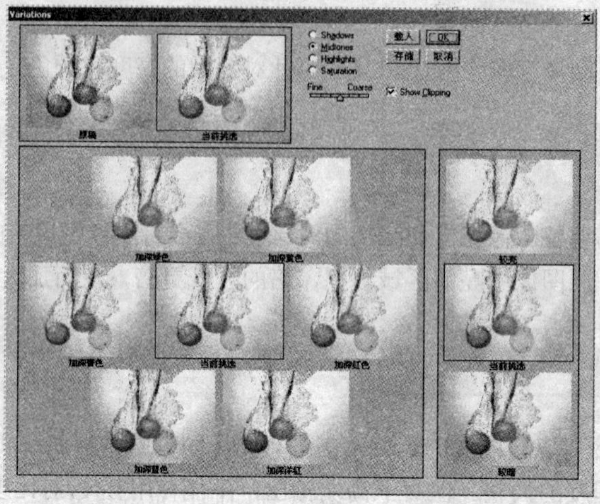

图 4.2.3 “变化”对话框

在此对话框的左下方有 7 个缩略图，这 7 个缩略图中间的“当前挑选”缩略图与左上角的“当前挑选”缩略图作用相同，用于显示调整后的图像效果。其他的缩略图分别用于改变图像的 RGB 与 CMY 六种颜色，单击其中任一缩略图，均可增加与该缩略图相对应的颜色。

在此对话框的右下方有 3 个缩略图，可用于调节图像的明暗度，单击较亮的缩略图，图像变亮；单击较暗的缩略图，图像变暗，在“当前挑选”缩略图中显示的是调整后的图像效果。

如图 4.2.4 所示的是调整变化前后效果对比。

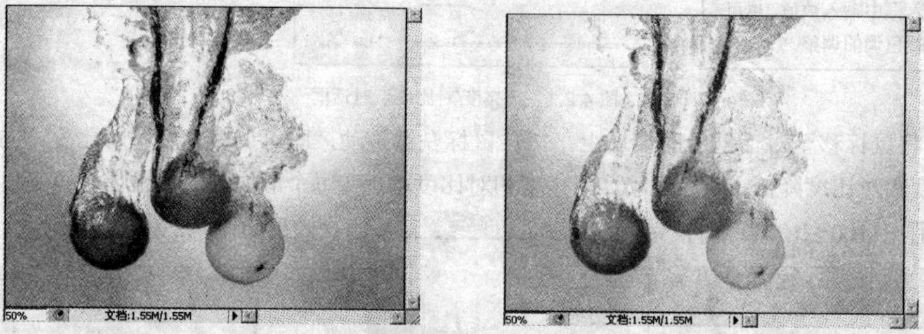

图 4.2.4 调整变化前后效果对比

下面利用“变化”命令来制作网站中的彩色图标。

（1）打开一幅图标图像。

（2）选择菜单栏中的 图像(I) → 调整(A) → 变化(N)... 命令，弹出 变化 对话框，在 精细/粗糙 选项中，将滑块向粗糙方向拖动。

（3）按键盘上的“Print Screen”键，可将“变化”对话框复制到剪贴板中，然后在 Photoshop 中新建一个图像文件，所有设置按默认值，再按“Ctrl+V”键粘贴复制的图像到新建文件中。

（4）使用裁切工具将图像中多余的部分裁切，如图 4.2.5 所示。

（5）使用魔棒工具在图像中灰色区域单击，用白色填充选区，再用矩形工具在图像中的文字部分创建选区，并将选区填充为白色，效果如图 4.2.6 所示。

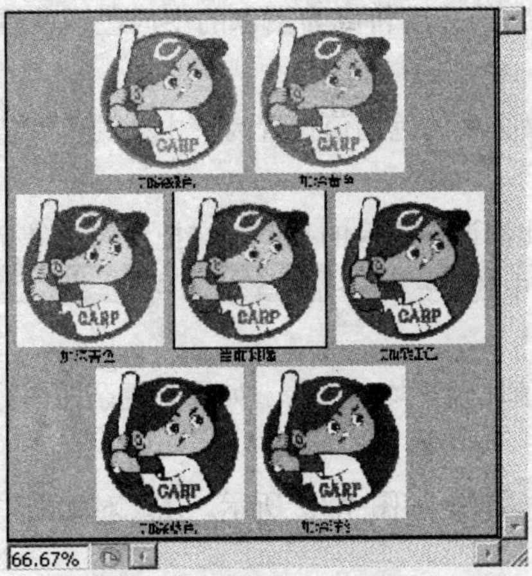

图 4.2.5　裁切后的图像

图 4.2.6　彩色图标

（6）按“Ctrl+S”键将结果进行保存，彩色图标即制作完成。

第三节　精确色彩调整

使用精确色彩调整命令可以对图像进行精细的调整。精确调整命令包括色阶、曲线、阴影/高光、色彩平衡、替换颜色、匹配颜色、可选颜色、照片滤镜和通道混合器等。

一、色阶

色阶命令可以调整图像的明暗度，色调的范围和色彩平衡。选择菜单栏中的 图像(I) → 调整(A) → 色阶(L)... 命令，可弹出如图 4.3.1 所示的 色阶 对话框。

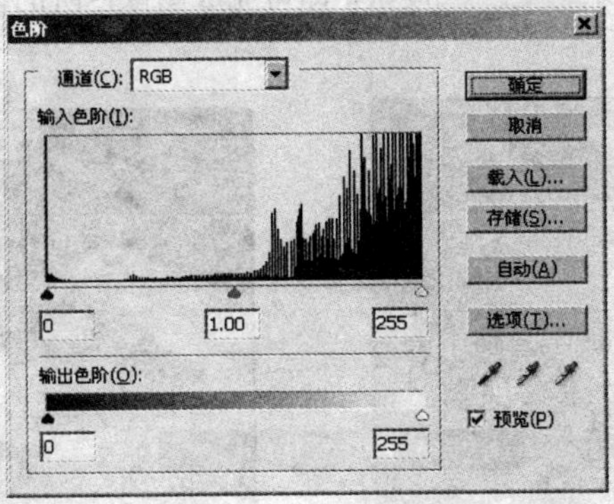

图 4.3.1　“色阶”对话框

在 通道(C): 下拉列表中可选择一种通道来进行调整。此下拉列表中的选项会随图像的模式而变化。

在 输入色阶(I): 后面有 3 个输入框，可用于设置图像的最暗调、中间调和最亮调，也可通过移动相对应的滑块来对图像的色调进行调整。

在 输出色阶(O): 后面的两个输入框中输入数值，可以限定图像的亮度范围。

在图像中单击“设置黑场”按钮，则会将图像中最暗处的色调设置为单击处的色调值，所有比它更暗的像素都将成为黑色。

在图像中单击“设置灰点”按钮，则单击处颜色的亮度将成为图像的中间色调范围的平均亮度。

单击“设置白场”按钮，在图像中单击，可将最亮处的色调值设置为单击处的色调值，所有比它更亮的像素都将成为白色。

单击 自动(A) 按钮，Photoshop CS3 将以 0.5%的比例调整图像的亮度。它把图像中最亮的像素变成白色，最暗的像素变成黑色。其作用与选择菜单栏中的 图像(I) → 调整(A) → 自动色阶(A) 命令相同。

一般来说，自动色阶适用于简单的灰度图像和像素值比较平均的图像。如果是复杂的图像，则只有手动调整才能得到更为精确的效果。

单击 选项(T)... 按钮，即可弹出 自动颜色校正选项 对话框，如图 4.3.2 所示。在此对话框中可设置各种颜色校正选项。

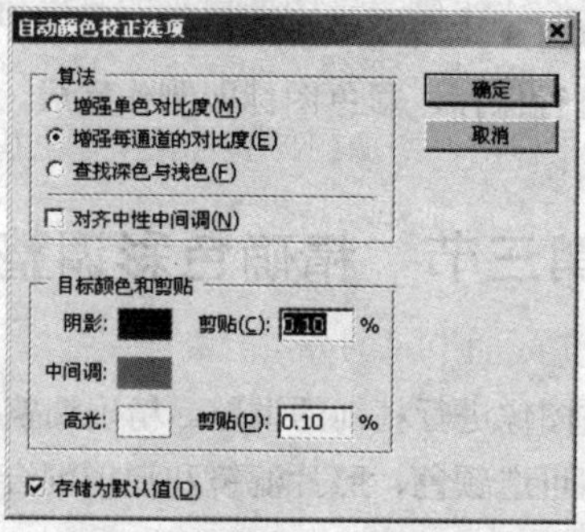

图 4.3.2　“自动颜色校正选项”对话框

在 算法 选项区中可选择颜色校正的算法。

在 目标颜色和剪贴 选项区中可设置暗调、中间调与高光 3 种色调的颜色。

选中 ☑ 存储为默认值(D) 复选框，则可以将在此对话框中设置的参数保存为默认值。

设置好各项参数后，单击 确定 按钮，即可完成图像色阶的调整。如图 4.3.3 所示为调整色阶前后效果对比。

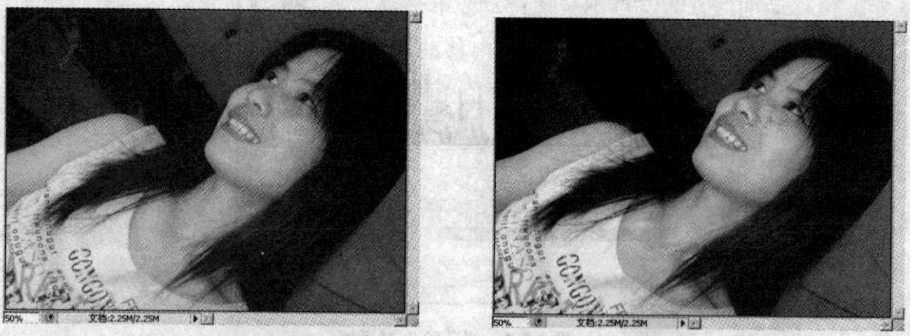

图 4.3.3　调整色阶前后效果对比

二、曲线

曲线命令与色阶命令相同，也可以用来调整图像的色调范围。曲线命令不是通过定义暗调、中间区和高亮区三个变量来进行色调调整的，它可以对图像的红色（R）、绿色（G）、蓝色（B）、RGB 四个通道中的 0～255 范围内的任意点进行色彩调节，从而创造出更多种色调和色彩效果。

打开一幅需要调整曲线的图像，选择菜单栏中的 图像(I) → 调整(A) → 曲线(V)... 命令，弹出 曲线 对话框，如图 4.3.4 所示。

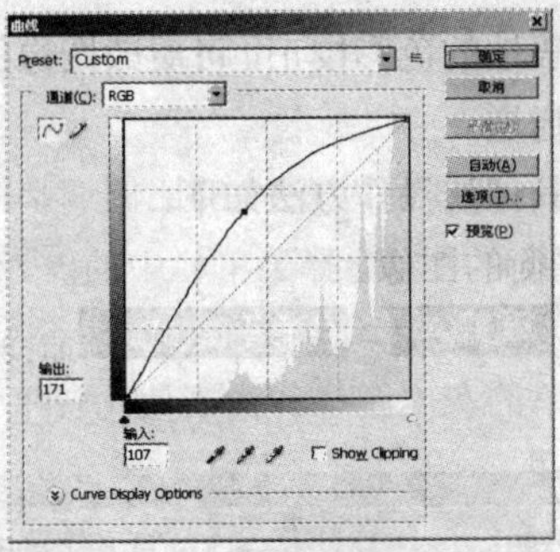

图 4.3.4　“曲线”对话框

曲线图有水平轴和垂直轴之分，水平轴表示图像原来的亮度值；垂直轴表示新的亮度值。水平轴和垂直轴之间的关系可以通过调节对角线（曲线）来控制。

（1）曲线右上角的控制点向左移动，增加图像亮部的对比度，并使图像变亮（控制点向下移动，所得效果相反）。曲线左下角的控制点向左移动，增加图像暗部的对比度，使图像变暗（控制点向上移动，所得效果相反）。

（2）使用调节点可以控制对角线的中间部分（用鼠标在曲线上单击，可以增加节点）。曲线斜度即表示灰度系数，此外，也可以通过在 输入: 和 输出: 输入框中输入数值来控制。

（3）要调整图像的中间调，且在调节时不影响图像亮部和暗部的效果，可先用鼠标在曲线的 1/4 和 3/4 处增加调节点，然后对中间调进行调整。

（4）要得到图像中某个区域的像素值，可以先选择某个颜色通道，将鼠标放在图像中要调节的区域，按住鼠标左键稍微移动鼠标，这时曲线图上会出现一个圆圈，在 输入: 和 输出: 输入框中就会显示出鼠标所在区域的像素值。

调节曲线形状的按钮有两个：“曲线工具”按钮和“铅笔工具”按钮。选择曲线工具后，将鼠标移至曲线上，指针会变成一个十字形，此时按住鼠标左键并拖动即可改变曲线，释放鼠标，该点将会被锁定，再移动曲线，锁定点不会被移动。单击锁定点并按住鼠标左键将其拖至曲线框范围外即可删除锁定点。选择铅笔工具后，在曲线框内移动鼠标就可以绘制曲线，即改变曲线的形状。

对于 RGB 模式的图像，其曲线显示的亮度值范围在 0～255 之间，左面代表图像的暗部（最左边值为 0，即黑色）；右面代表图像的亮部（最右边值为 255，即白色）。曲线图中的方格相当于坐标，每个方格代表 64 个像素。

如图 4.3.5 所示的是调整曲线前后的效果对比。

图 4.3.5　调整曲线前后效果对比

三、色彩平衡

利用色彩平衡命令可以进行一般性的色彩校正，可更改图像的总体混合颜色，但不能精确控制单个颜色成分，只能作用于复合颜色通道。

使用色彩平衡命令调整图像，具体的操作方法如下：

（1）打开一幅需要调整色彩平衡的图像。

（2）选择菜单栏中的 图像(I) → 调整(A) → 色彩平衡(B)... 命令，弹出 色彩平衡 对话框，如图 4.3.6 所示。

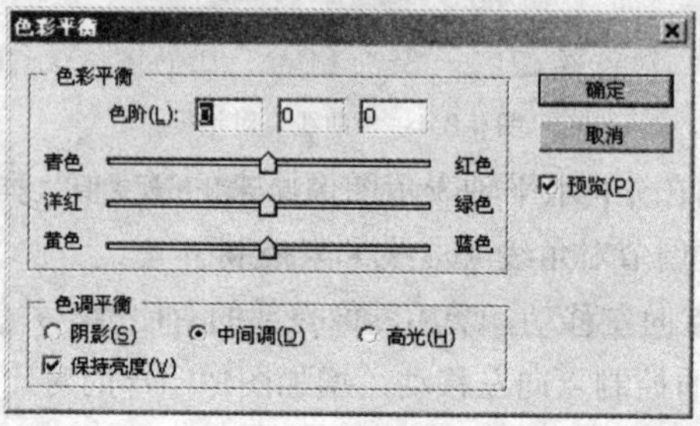

图 4.3.6　“色彩平衡”对话框

（3）在 色彩平衡 选项区中选择需要更改的色调范围，其中包括阴影、中间调和高光选项。

（4）选中 保持亮度(V) 复选框，可保持图像中的色彩平衡。

（5）在 色彩平衡 选项区中通过调整数值或拖动滑块，便可对图像色彩进行调整。同时，色阶(L): 3 个输入框中的数值将在-100～100 之间变化。将色彩调整到满意效果后，单击 确定 按钮即可。如图 4.3.7 所示的是调整色彩平衡前后效果对比。

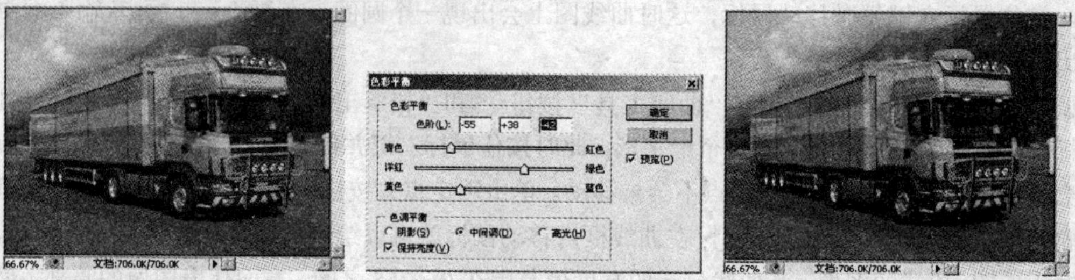

图 4.3.7　调整色彩平衡前后效果对比

四、匹配颜色

匹配颜色命令通过匹配一幅图像与另一幅图像的色彩模式，使更多图像之间达到一致外观。下面举例说明匹配颜色命令的使用方法。

（1）打开如图 4.3.8 所示的两幅图像，其中图（a）为源图像，即需要调整颜色的图像，图（b）为目标图像。

（2）使图 4.3.8（a）的图像成为当前可编辑图像，然后选择菜单栏中的 图像(I) → 调整(A) → 匹配颜色(M)... 命令，弹出 匹配颜色 对话框，从 源(S): 下拉列表中选择“人物”图像，如图 4.3.9 所示。

（3）调整 图像选项 选项区中的亮度、颜色强度、渐隐参数。

1）亮度(L)：用于增加或减小目标图像的亮度，其最大值为 200，最小值为 1。

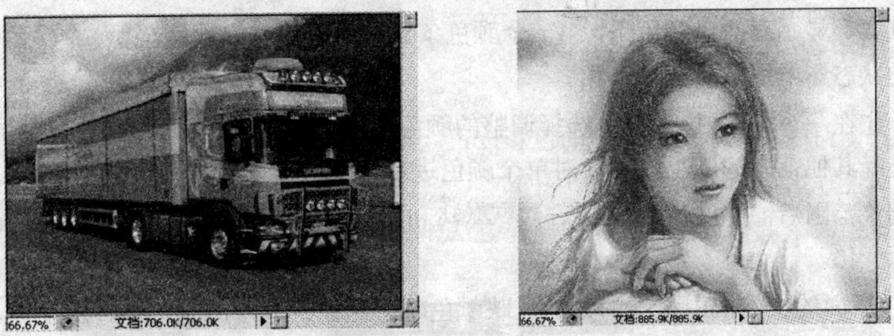

（a）　　　　（b）

图 4.3.8　源图像与目标图像

2）颜色强度(C)：用于调整目标图像的色彩饱和度，其最大值为 200，最小值为 1（灰度图像），默认值为 100。

3）渐隐(F)：用于控制应用于图像的调整量，向右移动滑块可减小调整量。

4）选中☑中和(N)复选框，可以自动移去目标图像的色痕。

（4）设置好参数后，单击 确定 按钮，即可按指定的参数使源图像和目标图像的颜色匹配，效果如图 4.3.10 所示。

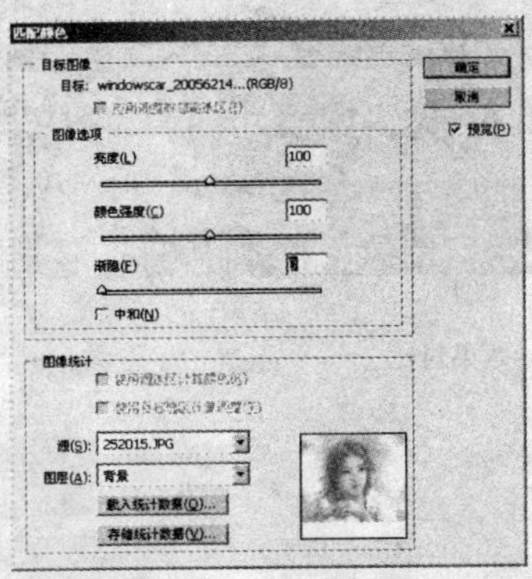

图 4.3.9　选择源图像

图 4.3.10　匹配效果

五、色相/饱和度

对色相的调整表现为在色轮中旋转，也就是颜色的变化；对饱和度的调整表现为在色轮半径上移动，也就是颜色浓淡的变化。

选择菜单栏中的 图像(I) → 调整(A) → 色相/饱和度(H)... 命令，弹出 色相/饱和度 对话框，如图 4.3.11 所示。在该对话框中可以调整图像的色相、饱和度和明度。

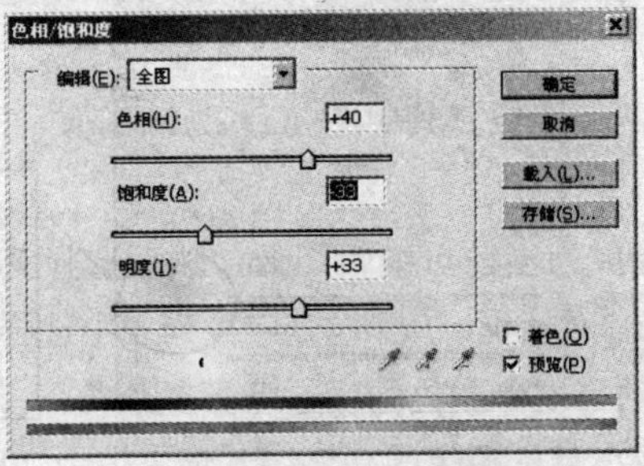

图 4.3.11　“色相/饱和度”对话框

在对话框底部显示有两个颜色条，第一个颜色条显示了调整前的颜色，第二个颜色条则显示了如何以全饱和的状态影响图像所有的色相。

调整时，先在编辑(E):下拉列表中选择调整的颜色范围。如果选择全图选项，则可一次调整所有颜色；如果选择其他范围的选项，则针对单个颜色进行调整。

确定好调整范围后，便可对色相(H):、饱和度(A):和明度(I):的数值进行调整，这些图像的色彩会随数值的调整而变化。

色相(H):：后面的文本框中显示的数值反映颜色轮中从像素原来的颜色旋转的度数，正值表示顺时针旋转，负值表示逆时针旋转。其取值范围在-180～180之间。

饱和度(A):：可调整图像颜色的饱和度，数值越大饱和度越高。其取值范围在-100～100之间。

明度(I):：数值越大明度越高。其取值范围在-100～100之间。

选中☑着色(O)复选框，可为灰度图像上色，或创建单色调图像效果。

如图4.3.12所示的是调整色相/饱和度前后效果对比。

图4.3.12　调整色相/饱和度前后效果对比

六、替换颜色

替换颜色命令可将要替换的颜色创建为一个临时蒙版，并用其他的颜色替换原有颜色，同时还可以替换色彩的色相、饱和度和亮度。

选择菜单栏中的图像(I)→调整(A)→替换颜色(R)...命令，弹出替换颜色对话框，如图4.3.13所示。

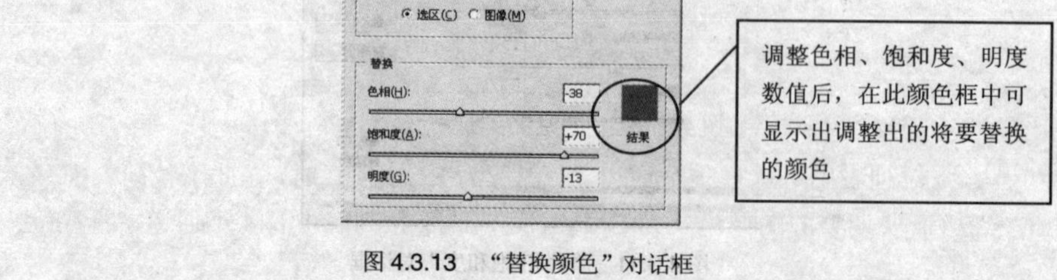

图4.3.13　“替换颜色”对话框

调整图像时，先选中预览框下方的 ⊙ 选区(C) 单选按钮，利用对话框左上方的 3 个吸管单击图像，可得到蒙版所表现的选区：蒙版区域（非选区）为黑色，非蒙版区域为（选区）白色，灰色区域为不同程度的选区。

"选区"选项的用法是：先设置 颜色容差(F): 值，数值越大，可被替换颜色的图像区域越大，然后使用对话框中的吸管工具在图像中选择需要替换的颜色。用吸管工具 连续取色表示增加选择区域，用吸管工具 连续取色表示减少选择区域。

设置好需要替换的颜色区域后，将 替换 选项区中 色相(H):、饱和度(A):、明度(G): 数值进行替换。

单击 确定 按钮，可替换图像中选取的颜色。如图 4.3.14 所示为替换颜色前后效果对比。

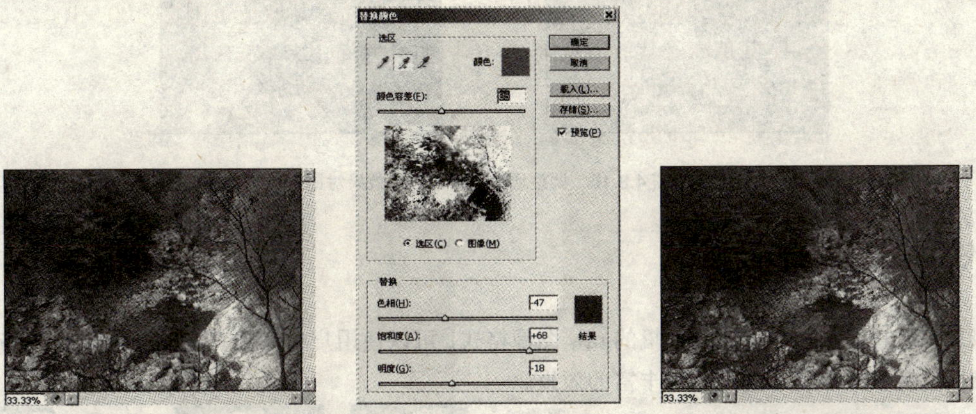

图 4.3.14　替换颜色前后效果对比

七、通道混合器

使用通道混合器命令可以调整某一个通道中的颜色成分，可以将每一个通道的颜色理解成是由青色、洋红、黄色、黑色 4 种颜色调配出来的。而且默认情况下每一个通道中添加的颜色只有一种，即通道所对应的颜色。

选择菜单栏中的 图像(I) → 调整(A) → 通道混合器(X)... 命令，弹出 通道混和器 对话框，如图 4.3.15 所示。

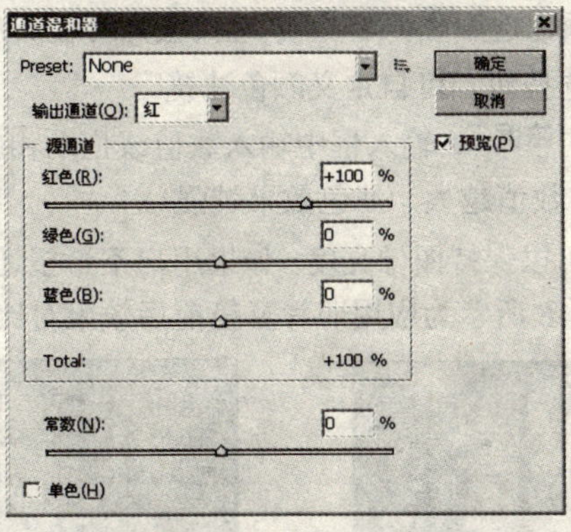

图 4.3.15　"通道混合器"对话框

在 输出通道(O): 下拉列表中可选择一个通道。当图像为 RGB 模式时，在此下拉列表中有 3 个通道，即红、绿、蓝；当所需要调整的图像模式为 CMYK 时，此下拉列表中有 4 个通道，即青色、洋红色、黄色、黑色。

在源通道选项区中可设置其中一个通道的参数，向左拖动滑块，可减少源通道在输出通道中所占的百分比，向右拖动滑块，效果则相反。

拖动常数(N):滑块，改变常量值，可在输出通道中加入一个透明的通道。当然，透明度可以通过滑块或数值调整，负值时为黑色通道，正值时为白色通道。

若选中☑单色(H)复选框，则可对所有输出通道应用相同的设置，创建出灰阶的图像。

单击确定按钮，调整通道混合器前后效果对比如图 4.3.16 所示。

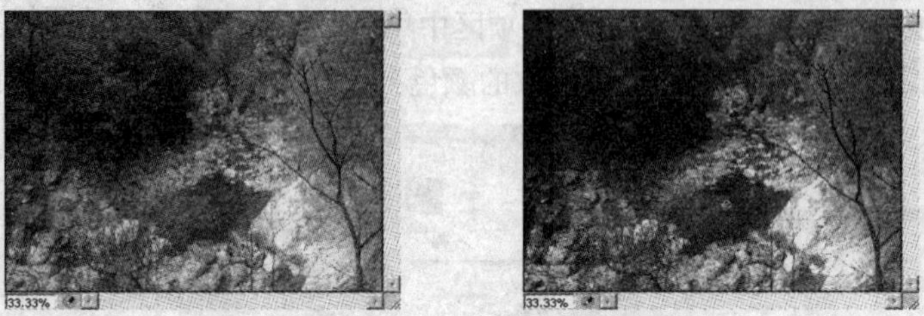

图 4.3.16　调整通道混合器前后效果对比

八、照片滤镜

照片滤镜功能支持多款数码相机的 raw 图像格式，可以使用户得到更真实的图像输入。通过模仿传统相机滤镜效果处理，获得各种丰富的效果。

打开需要调整的照片，选择菜单栏中的图像(I)→调整(A)→照片滤镜(F)...命令，弹出照片滤镜对话框，如图 4.3.17 所示。

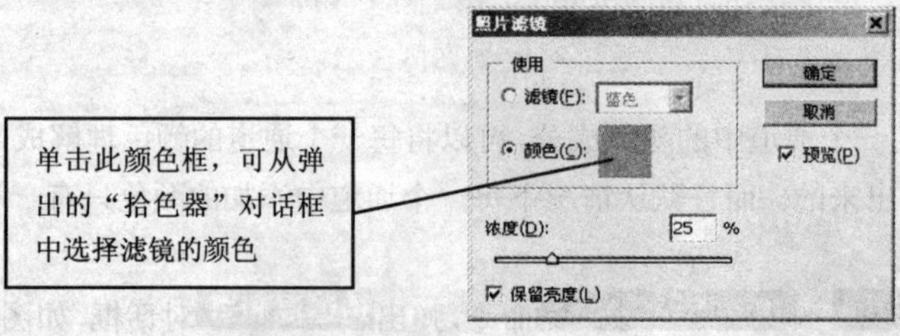

图 4.3.17　“照片滤镜”对话框

在使用选项区中有两个选项，选中⊙滤镜(F):单选按钮，可在其后面的下拉列表中选择多种预设的滤镜效果；选中⊙颜色(C):单选按钮，可自定义颜色滤镜。

设置好“使用”选项后，在浓度(D):输入框中输入数值或拖动相应的滑块，可调整着色的强度。其取值范围在 1%～100%之间，数值越大，滤色效果越强。

选中☑保留亮度(L)复选框，可以保持图像亮度。如果用户不希望通过添加颜色滤镜来使图像变暗，则可不选中此复选框。如图 4.3.18 所示为应用照片滤镜前后效果对比。

图 4.3.18　应用照片滤镜前后效果对比

九、可选颜色

可选颜色的颜色校正实际上是通过控制原色中的各种印刷油墨的数量来实现的，因而可在不影响其他原色的情况下，修改图像中某种原色中印刷色的数量。

调整可选颜色的具体操作方法如下：

（1）打开一幅需要调整可选颜色的图像文件。

（2）选择菜单栏中的图像(I)→调整(A)→可选颜色(S)...命令，弹出可选颜色对话框，如图 4.3.19 所示。

（3）在颜色(O):下拉列表中选择需要调整的颜色，如图 4.3.20 所示。

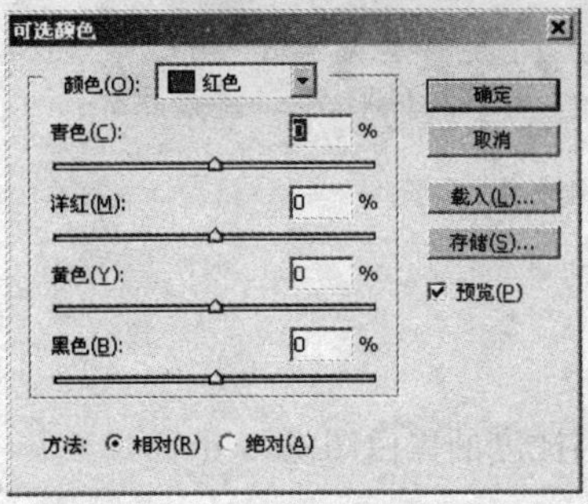

图 4.3.19　“可选颜色”对话框

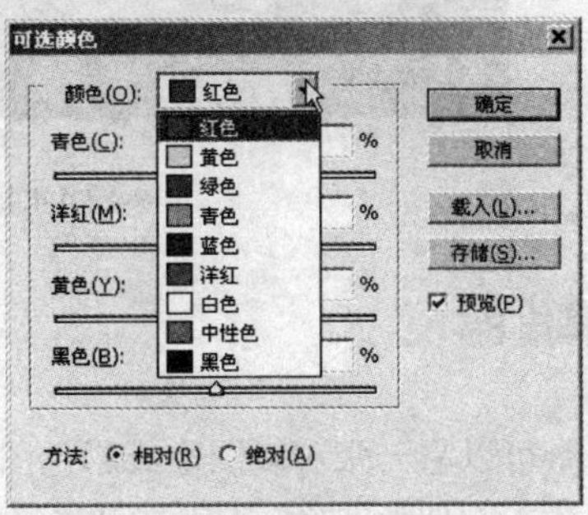

图 4.3.20　选择颜色下拉列表

（4）在方法:选项区中选中相对(R)单选按钮，Photoshop 将按照总量的百分比更改现有的青色、洋红、黄色和黑色的量；选中绝对(A)单选按钮，Photoshop 会按绝对值调整颜色。然后调整所选颜色的成分，单击确定按钮，调整可选颜色前后效果对比如图 4.3.21 所示。

图 4.3.21　调整可选颜色前后效果对比

第四节　特殊色彩调整

在 Photoshop CS3 中除了普通的色彩与色调调整功能外，还提供了一些用于调整特殊颜色的命令。下面来学习这些命令的功能与使用方法。

一、反相

反相命令能将图像进行反转，即转化图像为负片，或将负片转化为图像。

打开一幅需要调整的图像后，选择菜单栏中的图像(I)→调整(A)→反相(I)命令，也可按

“Ctrl+I”键，通道中每个像素的亮度值会被直接转换为当前图像中颜色的相反值，即白色变为黑色。应用反向前后效果对比如图 4.4.1 所示。

提示：在实际的图像处理过程中，可以使用反相命令创建边缘蒙版，以便向图像中选定的区域应用锐化滤镜或进行其他调整。

图 4.4.1　应用反相前后效果对比

二、阈值

阈值命令可以将一张灰度图像或彩色图像转换为高对比度的黑白图像。

应用阈值命令调整图像，具体的操作方法如下：

（1）打开一幅灰度或彩色图像。

（2）选择菜单栏中的 图像(I) → 调整(A) → 阈值(T)... 命令，弹出 阈值 对话框，如图 4.4.2 所示。

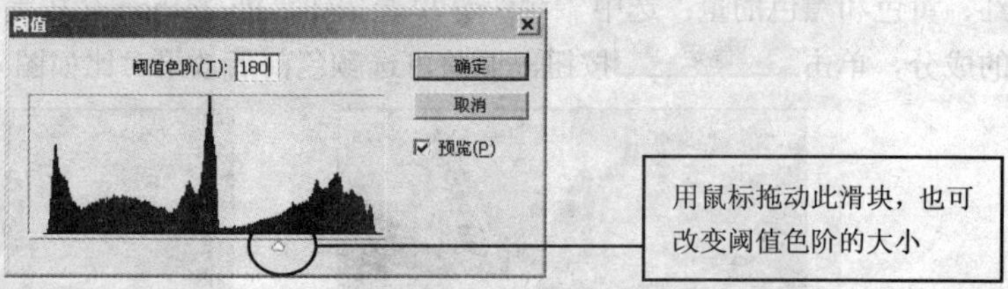

图 4.4.2　“阈值”对话框

（3）在 阈值色阶(T): 输入框中输入数值，可改变阈值色阶的大小，其范围在 1～255 之间。输入的数值越大，黑色像素分布越广；输入的数值越小，白色像素分布越广。

（4）设置好参数后，单击 确定 按钮。

如图 4.4.3 所示为应用阈值前后效果对比。

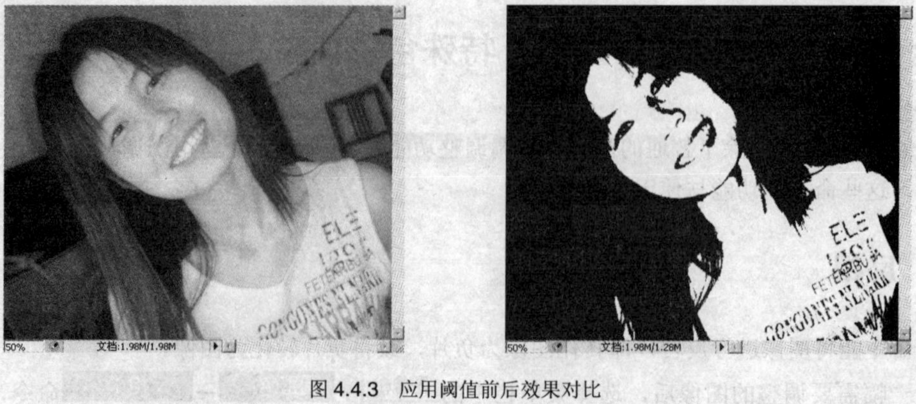

图 4.4.3　应用阈值前后效果对比

三、色调均化

利用色调均化命令可以重新分布图像中像素的亮度值，使其更均匀地表现所有范围的亮度级别，即在整个灰度范围内均匀分布中间像素值。色调均化的操作步骤如下：

（1）打开一幅需要处理的图像，可以是整个图像，也可以是图像的某一部分。

（2）选择菜单栏中的 图像(I) → 调整(A) → 色调均化(Q) 命令，即可对整体图像进行色调均化处理。

（3）如果要对图像的某一部分进行处理，可先创建某区域的选区，然后选择菜单栏中的 图像(I) → 调整(A) → 色调均化(Q)... 命令，弹出 色调均化 对话框，如图 4.4.4 所示。

图 4.4.4　“色调均化”对话框

1）选中 仅色调均化所选区域(S) 单选按钮，对图像进行处理时，仅对选区内的图像起作用。

2）选中 基于所选区域色调均化整个图像(E) 单选按钮，将以选区内图像的最亮和最暗像素为基准使整幅图像色调平均化。

（4）单击 确定 按钮，即可对选区中的图像进行色调均化处理。

如图 4.4.5 所示为应用色调均化前后效果对比。

图 4.4.5　应用色调均化前后效果对比

四、色调分离

色调分离命令可指定图像每个通道的亮度值的数目，并将指定亮度的像素映射为最接近的匹配色调。此命令的功能与阈值命令功能类似，阈值命令在任何情况下都只考虑两种色调，而色调分离命令的色调可以指定 2～255 之间的任何一个值。如果要使用自己指定的颜色数，则先将该图像转换为灰度图像，然后指定色阶数，用指定的颜色替换灰色色调即可。

选择菜单栏中的 图像(I) → 调整(A) → 色调分离(P)... 命令，弹出 色调分离 对话框，如图 4.4.6 所示。

图 4.4.6　“色调分离”对话框

色阶(L)：可控制图像色调分离的程度。输入的数值越小，图像色调分离程度越明显；数值越大，色调变化得越轻微。

五、去色

去色命令可将彩色图像转换为灰度图像，但图像的颜色模式保持不变。例如，它为 RGB 图像中的每个像素指定相等的红色、绿色和蓝色值，而每个像素的明度值不改变。

此命令与在“色相/饱和度”对话框中将“饱和度”设置为-100 的效果相同。

打开需要转换颜色的图像后，选择菜单栏中的 图像(I) → 调整(A) → 去色(D) 命令即可将图像转换为灰阶。

第五节　上机练习

下面通过调整数码照片偏色，即将发黄小猫还原为白色，来巩固本章所学的知识。

（1）按“Ctrl+O”键，打开一幅偏色的小猫图像，如图 4.5.1 所示。

（2）选择菜单栏中的 图像(I) → 调整(A) → 照片滤镜(F)... 命令，弹出 照片滤镜 对话框，设置参数如图 4.5.2 所示。

图 4.5.1　打开的偏色小猫图像

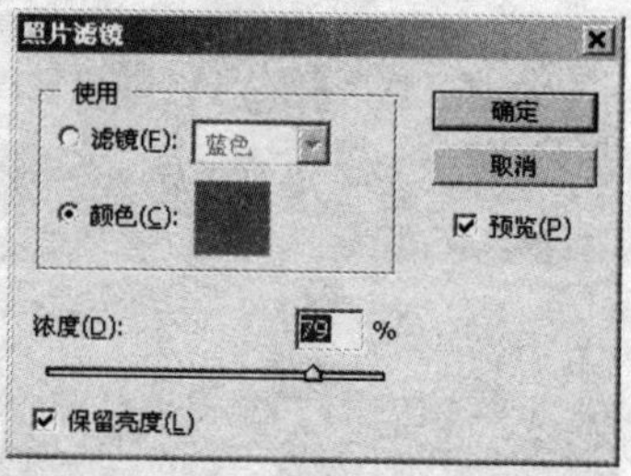

图 4.5.2　“照片滤镜”对话框

（3）单击 确定 按钮，再单击工具箱中的“套索工具”按钮，在属性栏中单击“添加到选区”按钮，在图像中创建小猫的五官部位的选区，如图 4.5.3 所示。

（4）按“Ctrl+J”键将选区中的图像复制并粘贴到一个新图层中，即自动生成图层 1，如图 4.5.4 所示。

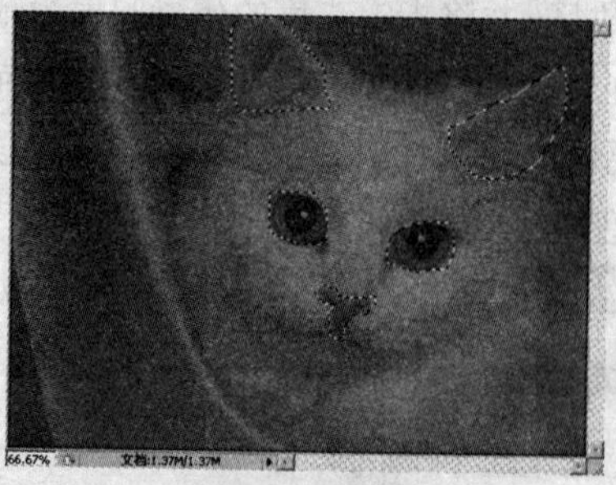

图 4.5.3　选择小猫的五官

图 4.5.4　拷贝创建的新图层

（5）选择背景图层，然后选择菜单栏中的 图像(I) → 调整(A) → 色阶(L)... 命令，弹出 色阶 对话框，设置参数如图 4.5.5 所示。

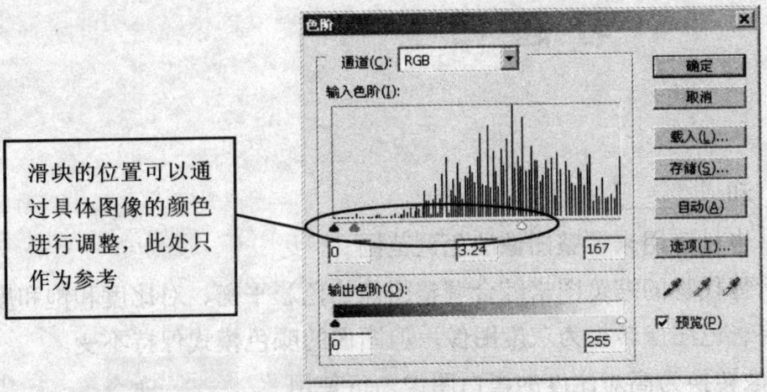

图 4.5.5　“色阶”对话框

（6）单击 确定 按钮，效果如图 4.5.6 所示。

（7）选择图层 1，将该层的混合模式设置为柔光，选择菜单栏中的 图像(I) → 调整(A) → 色相/饱和度(H)... 命令，弹出 色相/饱和度 对话框，设置参数如图 4.5.7 所示。

（8）单击 确定 按钮，图像效果如图 4.5.8 所示。

图 4.5.6　调整色阶后的效果

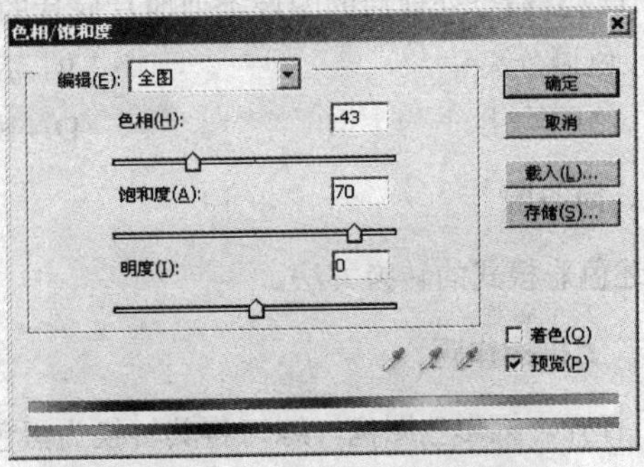

图 4.5.7　“色相/饱和度”对话框

（9）单击工具箱中的“橡皮擦工具”按钮，在属性栏中设置好画笔大小和其他选项参数，将图层 1 中小猫五官多余的部分擦除，最终效果如图 4.5.9 所示。

图 4.5.8　调整色相/饱和度后的效果

图 4.5.9　最终效果

本章小结

本章主要介绍了 Photoshop CS3 中图像颜色的处理与选取，包括颜色的基本概念、色彩与色调的调整、颜色的选择方法等。通过本章的学习，读者可以在同一图像中调配出不同颜色的效果。

习 题 四

一、填空题

1．色彩一般分为________和________两大类。

2．曲线与________相同，也可以用来调整图像的色调范围。

3．________命令通过显示替代物的缩览图来综合调整图像的色彩平衡、对比度和饱和度。

4．使用________命令可将彩色图像转换为灰度图像，但图像的颜色模式保持不变。

5．要将灰度图像或彩色图像转换为高对比度的黑白图像，可使用________命令。

二、选择题

1．（　）模式是 Photoshop CS3 中最常用的一种颜色模式。

A．CMYK　　B．灰度

C．RGB　　D．Lab

2．（　）命令处理后的图像类似照片底片的效果，并且不损失图像色彩信息。

A．色调分离　　B．反相

C．色调均化　　D．阈值

三、简答题

简述色彩模式的转换方法。

四、上机操作题

1．打开一幅彩色图像，练习将其转换为黑色图像，且不改变色彩模式。

2．打开一幅照片，对其使用各种色彩的调整命令进行调整。

第五章　绘图与修图

在 Photoshop CS3 中创作一幅作品时，需要绘制一些图像或对图像进行一些适当的编辑与修饰等操作，以达到所需的效果。本章主要介绍 Photoshop CS3 中绘制工具、编辑与修饰图像工具的使用方法和技巧。

本章主要内容:

- 绘制图像
- 图像的编辑技巧
- 修饰图像
- 修复与修补图像

第一节　绘制图像

在 Photoshop CS3 中可以使用画笔工具、铅笔工具以及历史记录画笔工具来绘制图像。只有了解并掌握了各种绘图工具的功能与操作方法，才能更好地绘制出所需的图像效果。

一、用画笔工具绘制

使用画笔工具可以绘制出比较柔和的图像、彩色线条以及黑白线条等，其效果如同用毛笔画出的线条。如图 5.1.1 所示就是使用画笔工具选择不同的画笔样式所绘制的图像。

图 5.1.1　使用画笔工具绘制图像

1．画笔工具属性栏

单击工具箱中的“画笔工具”按钮，其属性栏如图 5.1.2 所示。

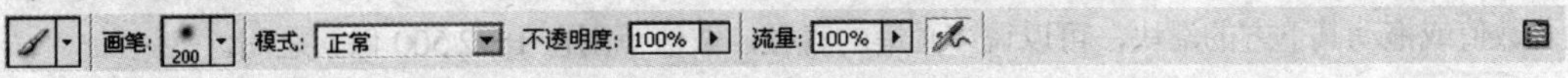

图 5.1.2　画笔工具属性栏

在属性栏中单击画笔:右侧的下拉按钮，可打开预设的画笔面板，如图 5.1.3 所示。从中可选择合适的画笔大小，并提供了多种不同类型的画笔，如尖角、柔角、喷枪硬边、喷枪软边、粉笔、星形、干画笔、草以及叶片等。

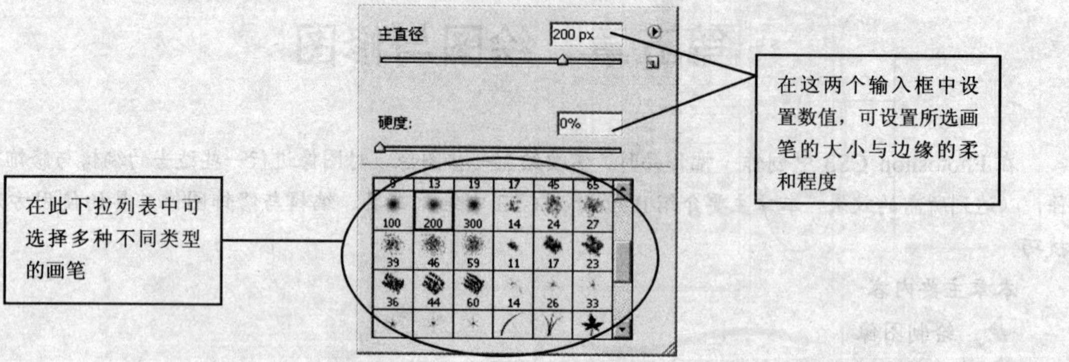

图 5.1.3　画笔面板

在属性栏中的模式:下拉列表中可选择不同的混合模式，用于设置绘图的前景色与背景色之间的混合效果。

在不透明度:输入框中输入数值，可设置绘图时绘图颜色的不透明度，输入的数值越大，绘制的效果越明显，反之越不明显，如图 5.1.4 所示。

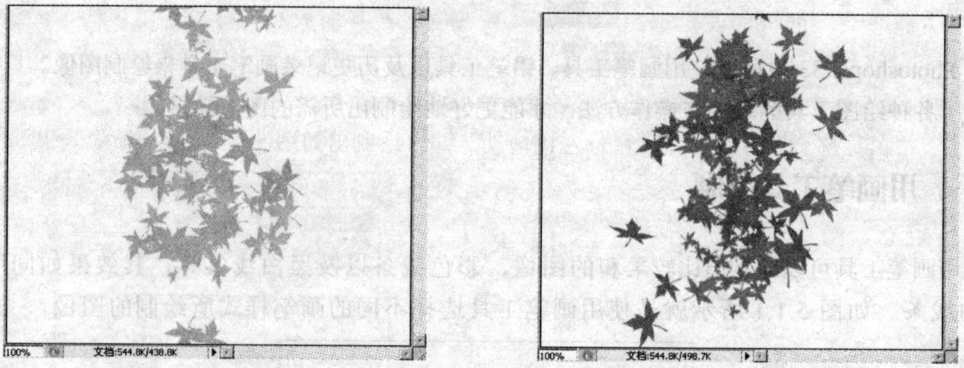

(a)　　(b)

图 5.1.4　设置不透明度

(a)不透明度为 45%；(b) 不透明度为 100%

在流量:输入框中输入数值，可设置画笔工具绘图时笔墨扩散的速度，数值越小，越不清晰。

在画笔工具属性栏中单击“喷枪工具”按钮，可设置画笔为喷枪工具，在此状态下绘制时所得到的笔画边缘更柔和。

2. 使用画笔面板

在 Photoshop 中，可以使用画笔面板查看、选择以及载入预设画笔。

在画笔工具属性栏中单击“切换画笔面板”按钮，即可打开画笔面板，也可选择菜单栏中的窗口(W)→画笔命令来打开此面板，如图 5.1.5 所示。

在绘制图像之前，首先要根据需要在画笔面板中选择一种预设的笔刷样式，然后在直径输入框中输入数值或拖动其下方的滑块，可以调节画笔的直径，取值范围在 1～2 500 像素之间。

在画笔面板右上角单击按钮，可弹出其面板菜单，在此菜单中提供了几种画笔的显示方式命令，如图 5.1.6 所示，从中可选择一种画笔显示方式。如选择小缩览图命令，就会在面板右侧显示每个画笔的缩览图。

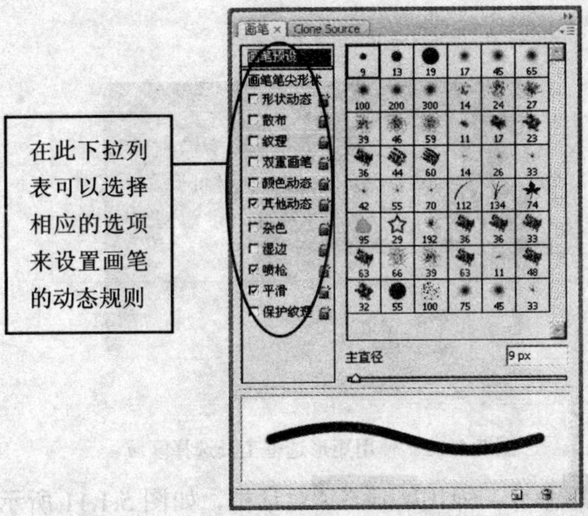

图 5.1.5 画笔面板

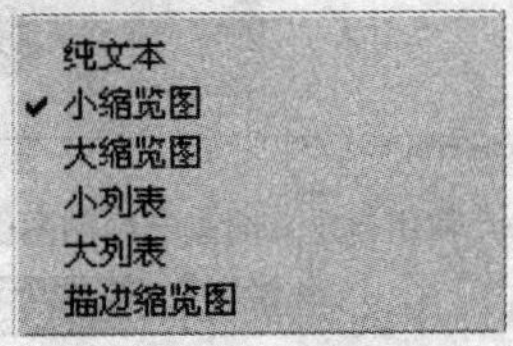

图 5.1.6 画笔显示方式菜单

例如，要设置如图 5.1.7 所示的画笔的渐隐效果，其具体的操作方法如下：

（1）在 画笔× 面板的左侧选择 画笔笔尖形状 选项，然后在其右侧可显示出该选项的参数，设置好画笔的直径。

（2）在 画笔× 面板的左侧选中 ☑形状动态 复选框，在其面板右侧可显示出该选项的参数，在 大小抖动 下方的 控制: 下拉列表中选择 渐隐 选项，并在其右侧的输入框中输入数值为 70，可在 画笔× 面板下方的预览框中显示出设置好的渐隐效果，如图 5.1.8 所示。

（3）将鼠标移至图像中，按住鼠标左键拖动，即可绘制出如图 5.1.7 所示的渐隐效果。

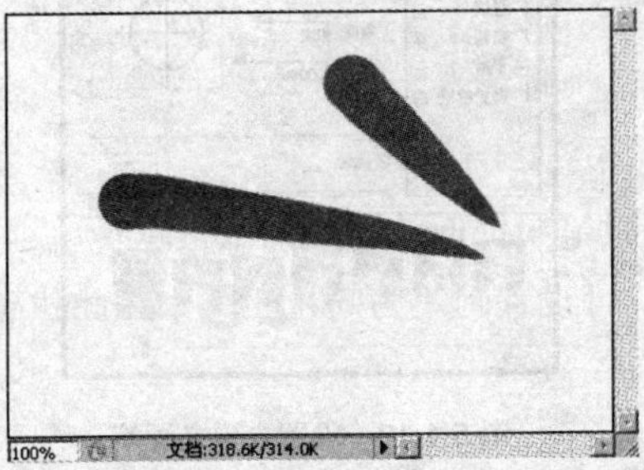

图 5.1.7 画笔的渐隐效果

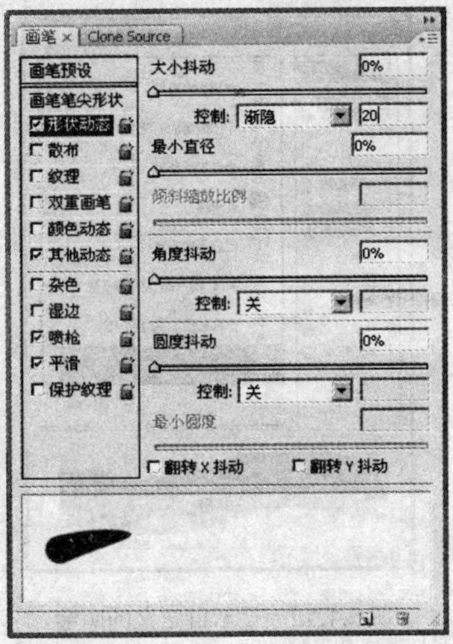

图 5.1.8 设置渐隐效果

3. 自定义画笔

在 Photoshop CS3 中，如果对预设的画笔不满意，可以根据自己的需要重新定义一些特殊形状的画笔。如图 5.1.9 所示的效果就是自定义画笔后所绘制出来的效果。

如果需要将图像中的某个区域或一个文字定义成为一个画笔，其具体的操作方法如下：

（1）打开一幅图像，使用矩形选框工具在图像中框选需要定义画笔的区域，如图 5.1.10 所示。

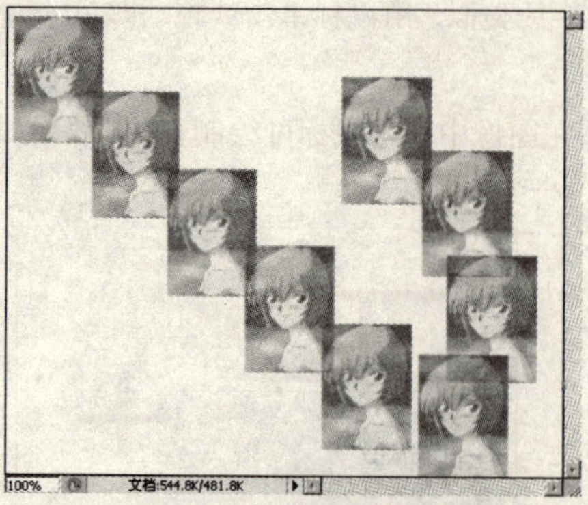

图 5.1.9　使用自定义的画笔绘制图像

图 5.1.10　使用矩形选框工具选择区域

（2）选择菜单栏中的 编辑(E) → 定义画笔预设(B)... 命令，弹出 画笔名称 对话框，如图 5.1.11 所示，在 名称: 输入框中输入画笔名称，单击 确定 按钮。

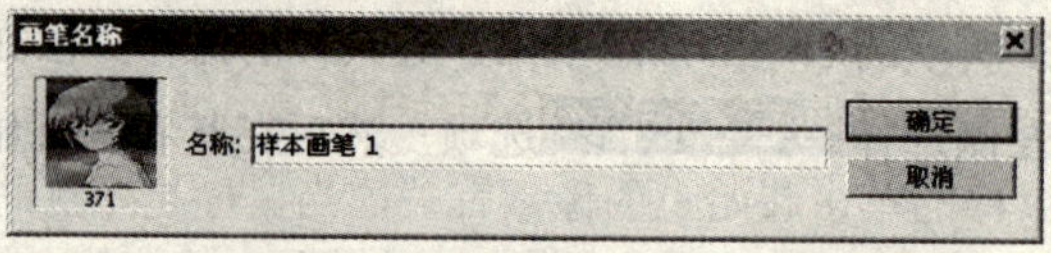

图 5.1.11　“画笔名称”对话框

（3）此时，可在 画笔× 面板中显示出自定义的新画笔，如图 5.1.12 所示。

（4）在 画笔× 面板的左侧选择 画笔笔尖形状 选项，可在右侧显示该选项参数，如设置自定义画笔的直径、间距、旋转以及角度等，如图 5.1.13 所示。

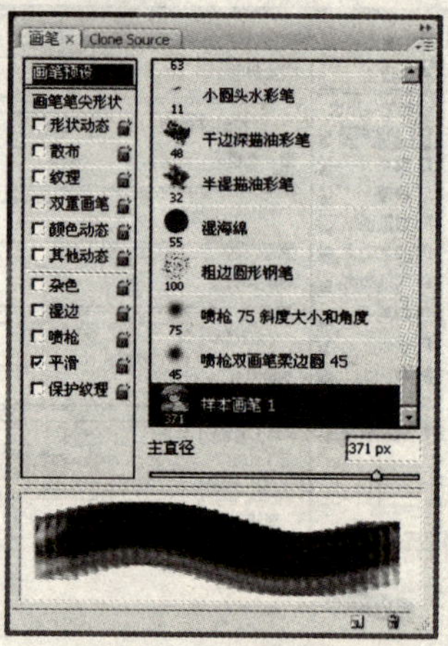

图 5.1.12　显示自定义的画笔

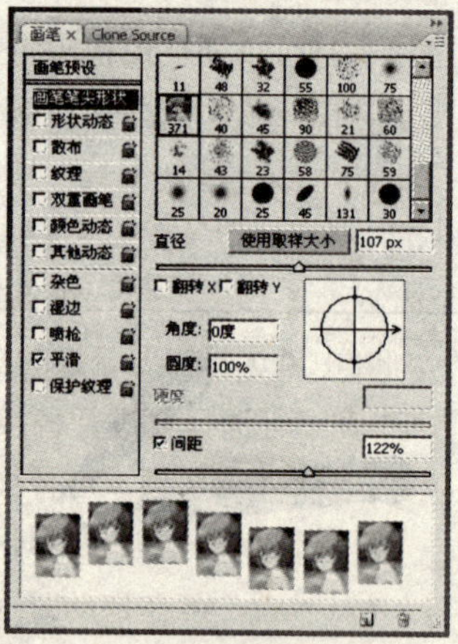

图 5.1.13　设置自定义画笔

（5）设置好自定义的画笔后，使用画笔工具在图像中拖动鼠标绘制，即可得到如图 5.1.9 所示的效果。

提示：定义特殊画笔时，只能定义画笔形状，而不能定义画笔颜色。这是因为用画笔绘图时的颜色都是由前景色来决定的。

二、用铅笔工具绘制

铅笔工具属于实体画笔，主要用于绘制硬边画笔的笔触，类似于铅笔。用铅笔工具绘制图像就像钢笔画出的直线，线条比较尖锐。其使用方法与画笔工具类似，用鼠标单击或拖动即可绘制图像，如图 5.1.14 所示。

按住“Shift”键的同时单击“铅笔工具”按钮，在图像中拖动鼠标可绘制直线，效果如图 5.1.15 所示。

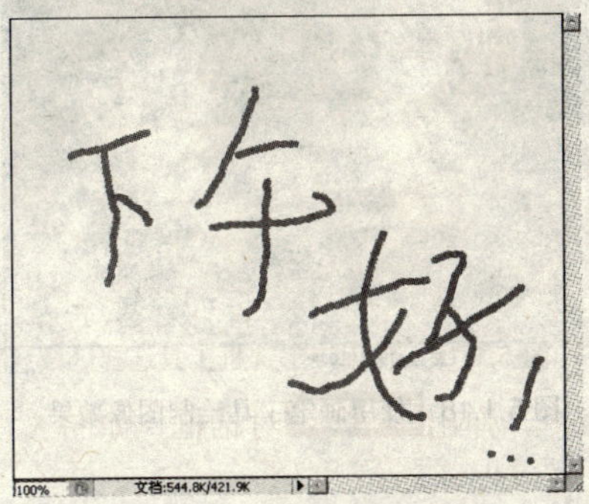

图 5.1.14　使用铅笔工具绘制图像

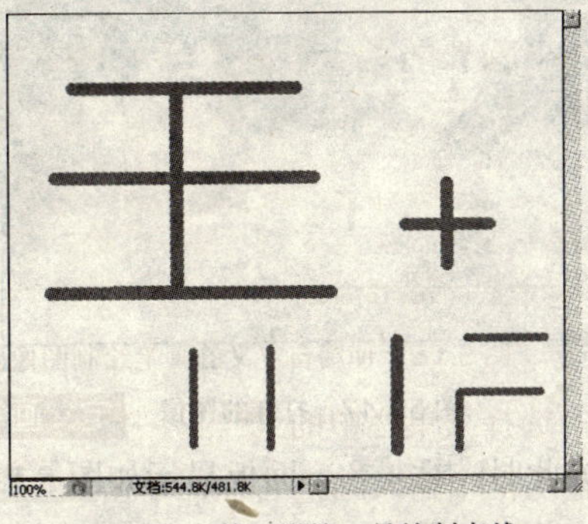

图 5.1.15　使用铅笔工具绘制直线

铅笔工具属性栏和画笔工具相比，多了一个☑自动抹除复选框，此功能是铅笔的特殊功能。选中此复选框，所绘制效果与鼠标的单击起始点的像素有关，当鼠标起始点的像素颜色与前景色相同时，铅笔工具可表现出橡皮擦功能，并以背景色绘图；如果绘制时鼠标起始点的像素颜色不是前景色，则所绘制的颜色是前景色。

三、用颜色替换工具

使用颜色替换工具可以简化图像中特定颜色的替换。可以使用校正颜色在目标颜色上绘画。颜色替换工具不适用于位图、索引或多通道颜色模式的图像。

单击工具箱中的“颜色替换工具”按钮，属性栏显示如图 5.1.16 所示。

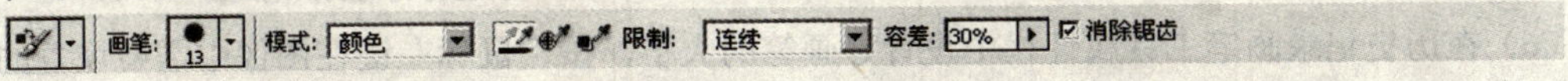

图 5.1.16　颜色替换工具属性栏

在模式:下拉列表中可选择需要替换的模式，包括色相、饱和度、颜色和亮度，一般选择颜色选项。

在限制:下拉列表中可选择要进行替换颜色的方式。选择不连续选项，可替换出现在指针下任何位置的样本颜色；选择连续选项，可替换与鼠标单击处颜色相近的颜色；选择查找边缘选项，可替换包含样本颜色的相连区域，同时更好地保留形状边缘的锐化程度。

单击“连续”按钮，可在拖动时连续对颜色取样。

单击“一次”按钮，只替换包含第一次单击的颜色区域中的颜色。

单击“背景色板”按钮，只替换包含当前背景色的区域。

在容差:输入框中输入数值，可替换与所选点像素非常相似的颜色。增加该百分比，可替换范围更广的颜色。

四、用历史记录画笔工具

下面通过一个实例来具体说明历史记录画笔工具的使用方法。

（1）打开一幅图像，如图 5.1.17 所示。

（2）设置前景色与背景色都为绿色，单击工具箱中的“画笔工具”按钮。

（3）在属性栏中设置画笔的大小、样式、不透明度以及流量，然后将鼠标移至图像中按住鼠标左键拖动，绘制草图像，效果如图 5.1.18 所示。

图 5.1.17　打开的图像

图 5.1.18　使用画笔工具绘制图像效果

（4）此时「历史记录」面板显示如图 5.1.19 所示。

（5）单击工具箱中的“历史记录画笔”按钮，在「历史记录」面板中的“打开”列表前单击，可设置历史记录画笔的源，此时小方块内会出现一个历史画笔图标，如图 5.1.20 所示。

图 5.1.19　历史记录面板

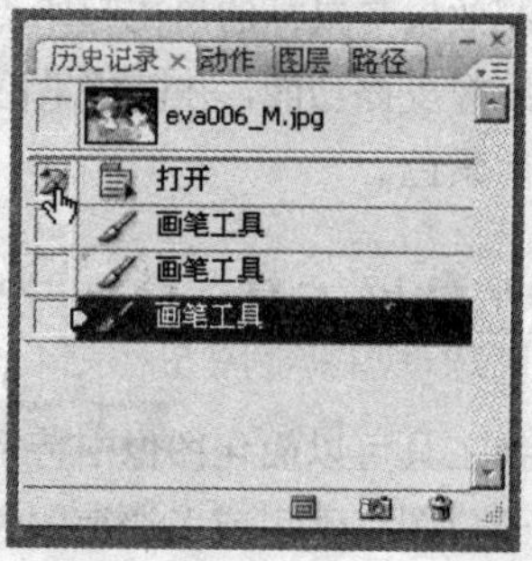

图 5.1.20　设置历史记录画笔的源

（6）在历史记录画笔工具属性栏中设置好画笔的大小，按住鼠标左键在图像中需要恢复的区域来回拖动，此时可看到图像将回到打开状态时所显示的图像，效果如图 5.1.21 所示。

图 5.1.21　使用历史记录画笔工具恢复的图像

历史记录画笔工具和画笔工具一样，都是绘图工具，但它们又有其独特的作用。历史记录画笔工具不仅可以非常方便地恢复图像至任意操作，而且还可以结合属性栏中的笔刷形状、不透明度和色彩混合模式等选项制作出特殊的效果。使用此工具必须结合历史记录面板，此工具比历史记录面板更具灵活性，可以有选择地恢复到图像的某一部分。

第二节　图像的编辑技巧

Photoshop CS3 中的图像编辑命令包括剪切、粘贴、还原、拷贝以及贴入等，利用这些编辑命令可以快速地制作一些特殊的图像效果。

一、剪切、复制与粘贴图像

对当前的图像进行剪切、复制或粘贴，其具体的操作如下：

（1）打开需要进行编辑的图像，如图 5.2.1 所示。

（a）　　（b）

图 5.2.1　打开的两个图像

（2）使用椭圆选框工具在图 5.2.1（a）创建选区，如图 5.2.2 所示。

（3）选择菜单栏中的 编辑(E) → 拷贝(C) 命令，或按“Ctrl+C”键将选区内的图像复制到剪贴板上。

（4）单击图 5.2.1（b），然后选择菜单栏中的 编辑(E) → 粘贴(P) 命令，或按“Ctrl+V”键，即可将剪贴板中的图像粘贴到该图像中，效果如图 5.2.3 所示。

图 5.2.2　创建选区

图 5.2.3　粘贴选区中的图像到另一幅图像中

在 Photoshop CS3 中剪切图像同复制图像一样简单，只需要选中该图像后，选择菜单栏中的 编辑(E) → 剪切(T) 命令，或按“Ctrl+X”键即可，如图 5.2.4 所示。

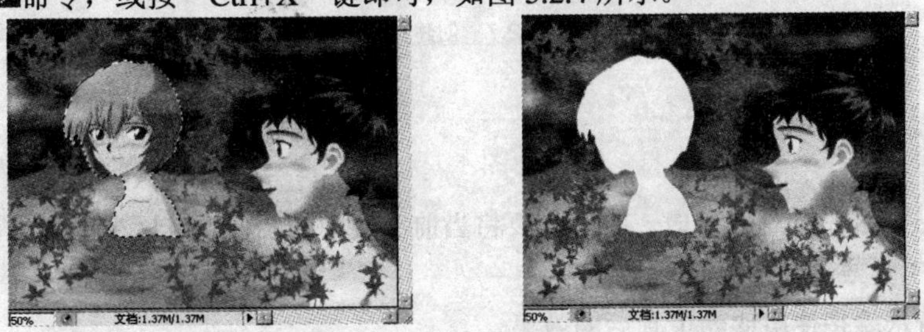

图 5.2.4　剪切前后的图像对比

二、合并拷贝和贴入图像

选择菜单栏中的编辑(E)→合并拷贝(Y)与贴入(I)命令，可实现复制与粘贴图像操作。

选择合并拷贝(Y)命令可用于复制图像中的所有图层，即在不影响原图像的情况下，将选区内的所有图层均复制并放入剪贴板中。

选择贴入(I)命令之前，先在图像中创建一个选区，并且该图像必须要有除背景图层以外的其他图层，否则此命令不可用。

如图 5.2.5 所示的图像就是使用贴入命令后的效果，其具体的操作方法如下：

（1）打开一幅图像，按“Ctrl+A”键全选整幅图像，如图 5.2.6 所示。

（2）按“Ctrl+C”键复制所选择的整幅图像到剪贴板上，再打开一幅图像，并在图像中创建选区，如图 5.2.7 所示。

图 5.2.5　使用贴入命令后的效果

图 5.2.6　全选图像

（3）选择菜单栏中的编辑(E)→贴入(I)命令，或按“Ctrl+Shift+V”键，可将剪贴板上的图像粘贴到如图 5.2.7 所示的选区中，效果如图 5.2.5 所示。

图 5.2.7　创建选区

三、移动与清除图像

在 Photoshop CS3 中处理图像时，有时需要将当前图层中的图像、选区中的图像移动或清除，这时可以使用移动工具或清除图像功能来完成。

如图 5.2.8 所示就是使用移动工具后的效果。

图 5.2.8　使用移动工具移动图像

使用移动工具移动图像，其具体的操作方法如下：

（1）打开一幅图像，使用选取工具在图像中需要移动的区域创建选区。

（2）单击工具箱中的“移动工具”按钮，将鼠标移至选区内按住鼠标左键拖动，即可将选区内的图像移至需要的位置。

使用移动工具除了可以移动选区内的图像外，还可以移动图层中的图像，方法是：选择要移动的图层，然后选择移动工具，在要移动的图像上按住鼠标左键拖动即可。

清除图像的方法是：先使用选取工具在图像中选择需要删除的区域，然后选择菜单栏中的 编辑(E) → 清除(E) 命令，或按“Delete”键即可，删除后的图像区域会以背景色填充。

四、图像的变换操作

在 Photoshop CS3 中，可以对整个图层、选区中的图像、路径以及形状进行变换操作，包括缩放、旋转、扭曲、斜切以及透视等。

1．旋转与翻转图像

选择菜单栏中的 图像(I) → 旋转画布(E) 命令，弹出如图 5.2.9 所示的子菜单，从中选择相应的命令可对整个图像进行旋转与翻转操作。

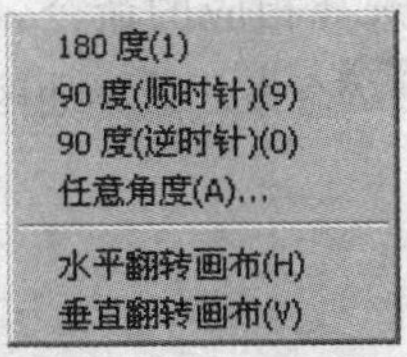

图 5.2.9　旋转画布子菜单

选择 180 度(1) 命令，可将整个图像旋转半圈，即旋转 180°。

选择 90 度(顺时针)(9) 命令，可将整个图像按顺时针方向旋转 90°。

选择 90 度(逆时针)(0) 命令，可将整个图像按逆时针方向旋转 90°。

选择 水平翻转画布(H) 或 垂直翻转画布(V) 命令，将整个图像沿垂直轴水平翻转或沿水平轴垂直翻转，如图 5.2.10 所示。

选择 任意角度(A)... 命令，按指定的角度旋转图像。

（a）　　（b）　　（c）

图 5.2.10　翻转图像

（a）原图像；（b）水平翻转；（c）垂直翻转

提示：使用旋转画布子菜单中的命令之前，不需要选取任何范围，它是针对整个图像的。所以，即使在图像中选取了范围，使用各种旋转与翻转命令时仍然是对整个图像进行。

2．旋转与翻转局部图像

对局部图像的旋转与翻转就是对选区范围内的图像或一个普通图层中的图像进行操作。

选择菜单栏中的 编辑(E) → 变换 命令，弹出其子菜单，从中选择相应的命令可对局部图像进行旋转与翻转操作。例如，选择一个选区后，选择菜单栏中的 编辑(E) → 变换 → 水平翻转(H) 命令，可将选区内的图像水平翻转，效果如图 5.2.11 所示。

图 5.2.11　水平翻转选区内的图像

3．变换图像

要对图像进行自由变换，可选择菜单栏中的 编辑(E) → 变换 命令，弹出如图 5.2.12 所示的子菜单。从中选择相应的命令，可对选区中的图像或普通图层中的图像进行相应的变换操作，此处选择 扭曲(D) 命令，效果如图 5.2.13 所示。

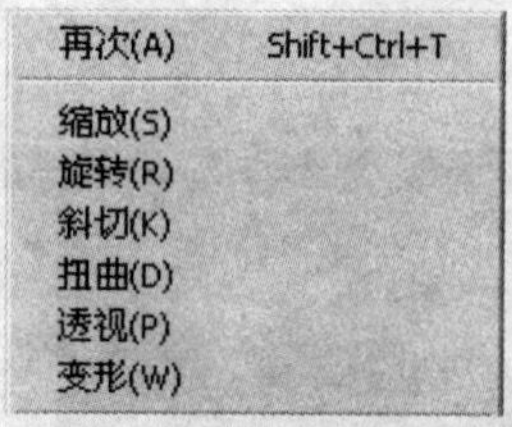

图 5.2.12　变换子菜单

图 5.2.13　变换图像

五、裁切图像

裁切图像是移去整个图像中的部分图像以形成突出或加强构图效果的过程。

可以使用工具箱中的裁切工具来完成裁切图像，其具体的操作如下：

（1）打开一幅需要裁切的图像。

（2）单击工具箱中的“裁切工具”按钮，在需要裁切的图像中拖动鼠标，创建带有控制点的裁切框，如图 5.2.14 所示。

（3）当鼠标移至控制点，鼠标将变成、形状时，按住鼠标左键并拖动对裁切框进行旋转、缩放等调节，如图 5.2.15 所示。

图 5.2.14 裁剪图像

图 5.2.15 旋转裁切框

（4）将鼠标移至裁切框内，鼠标将变成形状时，按住鼠标左键并拖动，即可将裁切框移动至其他位置。在裁切框内双击鼠标左键，即可裁切图像，如图 5.2.16 所示。

创建裁切框之后，可在其属性栏中选中☑透视复选框，然后用鼠标拖动裁切框上的控制点，将裁切框进行透视变形，如图 5.2.17 所示。

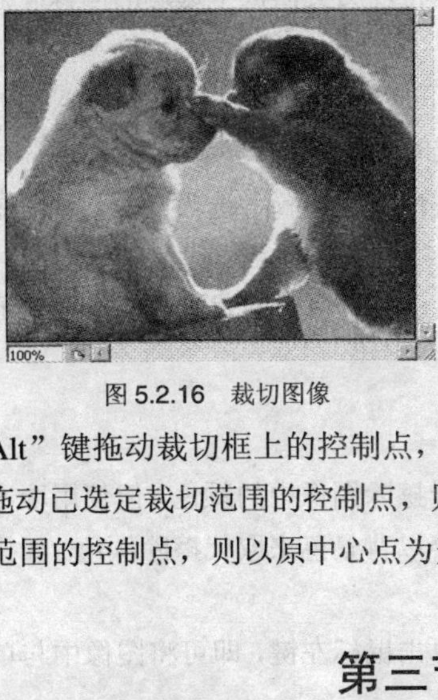
图 5.2.16 裁切图像

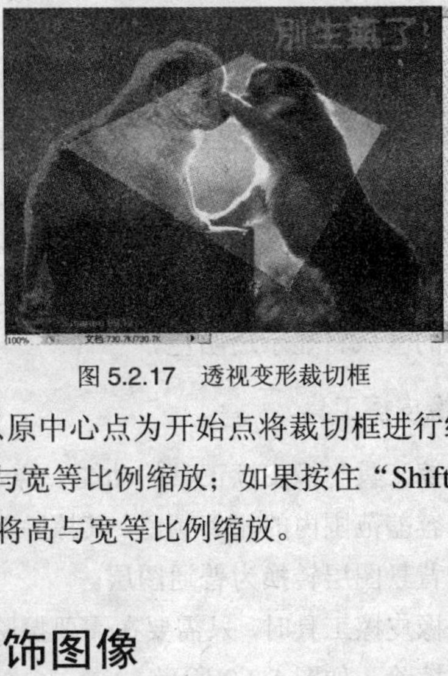
图 5.2.17 透视变形裁切框

按住“Alt”键拖动裁切框上的控制点，则可以以原中心点为开始点将裁切框进行缩放；若按住“Shift”键拖动已选定裁切范围的控制点，则可将高与宽等比例缩放；如果按住“Shift+Alt”键拖动已选定裁切范围的控制点，则以原中心点为开始点，将高与宽等比例缩放。

第三节 修饰图像

在 Photoshop CS3 中，可以对一些效果不满意的图像进行修饰，此时就可以使用工具箱中的橡皮擦、涂抹、锐化、加深、减淡等工具。

一、图像的擦除

使用工具箱中的橡皮擦工具、魔术橡皮擦工具和背景色橡皮擦工具，可将图像区域变成透明或背景色。

1. 橡皮擦工具

如图 5.3.1 所示的图像效果是使用橡皮擦工具擦除后的效果。

图 5.3.1　使用橡皮擦工具擦除的图像效果

使用橡皮擦工具可以对图像中的颜色、图像以及图形进行直接擦除。它主要用于擦除图像的颜色，在使用此工具时，可以结合属性栏中的各项设置来进行。

单击工具箱中的“橡皮擦工具”按钮，其属性栏如图 5.3.2 所示。

图 5.3.2　橡皮擦工具属性栏

在 模式: 下拉列表中可选择橡皮擦擦除的笔触模式。

选中 ☑ 抹到历史记录 复选框，橡皮擦就具有了历史记录画笔工具的功能。在历史记录面板中首先要确定擦除的状态，然后选中此复选框，在进行擦除时，将以历史面板中选定的图像状态覆盖当前的图像。

要使用橡皮擦工具擦除图像，其具体的操作方法如下：

（1）打开一幅图像（或在图像中创建需要擦除区域的选区）。

（2）单击工具箱中的“橡皮擦工具”按钮，在属性栏中设置各选项参数，移动鼠标至图像中或选区中，按住鼠标左键并拖动即可擦除图像。

（3）如果在背景图层上擦除，则被擦除的区域将显示工具箱中的背景色；若在普通图层上擦除时，则被擦除的区域将显示透明色。

2. 魔术橡皮擦工具

魔术橡皮擦工具与橡皮擦工具的功能一样，都可用于擦除图像中的颜色，但使用魔术橡皮擦工具可以擦除一定容差范围内的相邻颜色，其擦除颜色后不会以背景色来取代擦除颜色。如果在背景图层上擦除，会使背景图层转换为普通图层。

使用魔术橡皮擦工具时，只需要在需要擦除的区域单击鼠标左键，即可将图像中与单击处颜色相近的所有区域擦除，如图 5.3.3 所示。

图 5.3.3　使用魔术橡皮擦工具擦除图像

单击工具箱中的“魔术橡皮擦工具”按钮，其属性栏如图 5.3.4 所示。

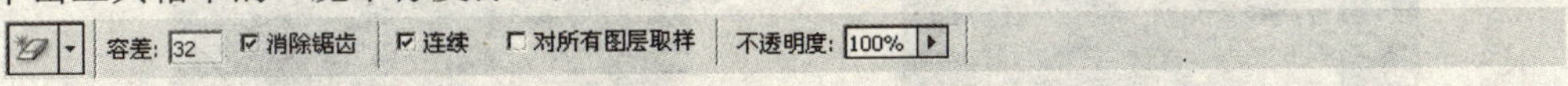

图 5.3.4　魔术橡皮擦工具属性栏

在容差:输入框中输入数值，可设置擦除图像的颜色范围，数值越小，擦除的范围就越小。其取值范围为 0～255 之间的数值。

选中☑连续复选框，将会擦除与鼠标单击处颜色相近且相连的区域；如果不选中此复选框，则会擦除图层中所有与鼠标单击处颜色相近的区域。

3. 背景色橡皮擦工具

背景色橡皮擦工具可擦除图像中的颜色，它与橡皮擦工具一样，在擦除时需要在图像中按住鼠标左键拖动才能完成。但它在擦除颜色后不会在擦除的区域填充背景色，而是将擦除的区域变为透明色，如果所擦除的图层是背景图层，则会将背景图层转换为普通图层，如图 5.3.5 所示。

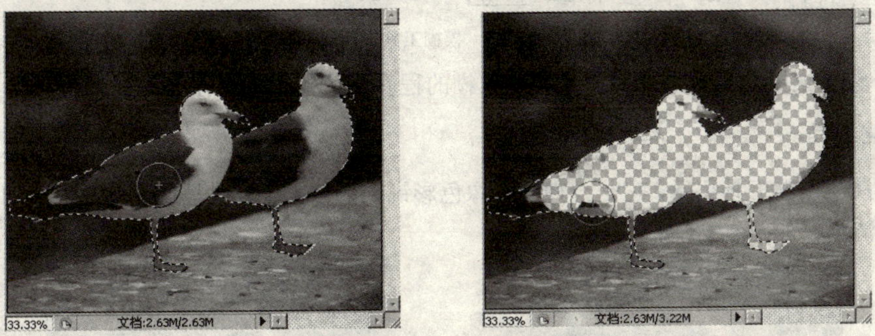

图 5.3.5　使用背景色橡皮擦工具擦除图像

单击工具箱中的“背景色橡皮擦工具”按钮，其属性栏如图 5.3.6 所示。

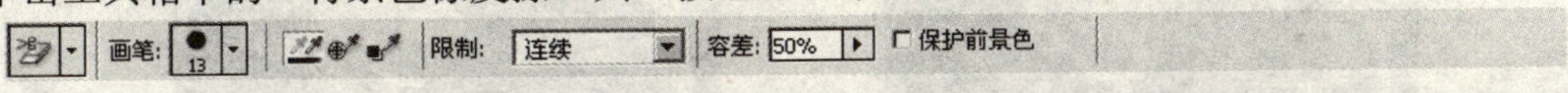

图 5.3.6　背景色橡皮擦工具属性栏

在限制:下拉列表中选择一个选项来限制擦除颜色的范围。从中选择不连续选项，擦除出现在画笔下任一位置的样本颜色；选择连续选项，擦除包含样本颜色并且相互连接的区域；选择查找边缘选项，擦除包含样本颜色的连接区域，同时可以更好地保留图像边缘的锐化程度。

在容差:输入框中输入数值，可设置擦除颜色的范围，数值越大，能擦除颜色的范围就越大；反之，其数值越小，所能擦除的颜色范围就越小。

选中☑保护前景色复选框，在擦除的过程中，如果图像中的颜色与工具箱中的前景色相同，那么擦除时这种颜色将受到保护，不会被擦除。

二、图像的修饰

图像的修饰可以使用工具箱中的模糊工具、锐化工具、涂抹工具、加深工具、减淡工具以及海绵工具来完成。

1. 模糊工具

模糊工具是一种通过画笔使图像变模糊的工具，其工作原理是使图像中像素之间的对比度降低，从而产生模糊效果，如图 5.3.7 所示。

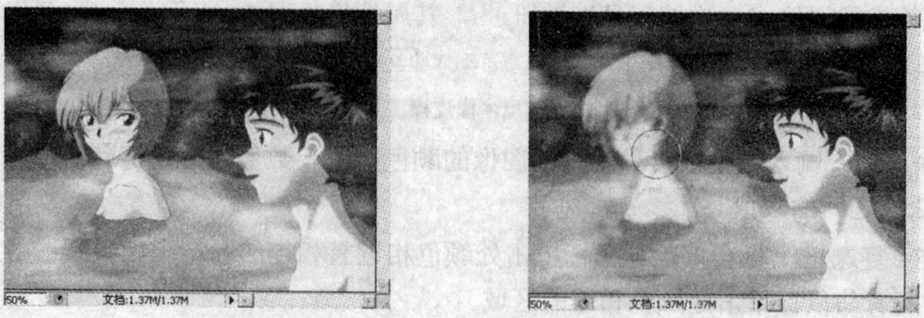

（a）　　　　（b）

图 5.3.7　使用模糊工具修饰图像

（a）原图；（b）模糊效果

单击工具箱中的“模糊工具”按钮，其属性栏如图 5.3.8 所示。

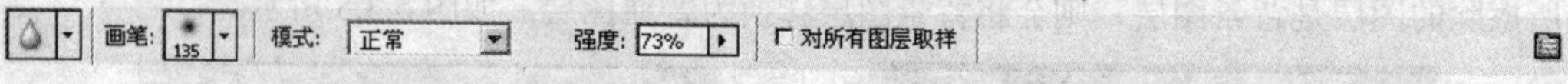

图 5.3.8　模糊工具属性栏

在**强度:**输入框中输入数值，可用来控制模糊的程度，数值越大，模糊的效果越明显。

2. 锐化工具

锐化工具与模糊工具相反，它是一种使图像色彩锐化的工具，也就是通过增加像素间的对比度来使图像更加清晰，如图 5.3.9 所示。

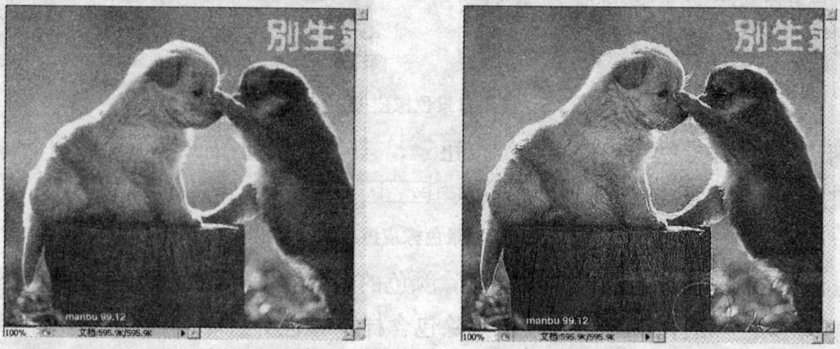

图 5.3.9　使用锐化工具修饰图像

3. 涂抹工具

涂抹工具可模拟手指在湿颜料中拖动所绘制出来的效果。此工具可以涂抹开始位置的颜色取样，并沿拖动的方向展开取样处的颜色，如图 5.3.10 所示。

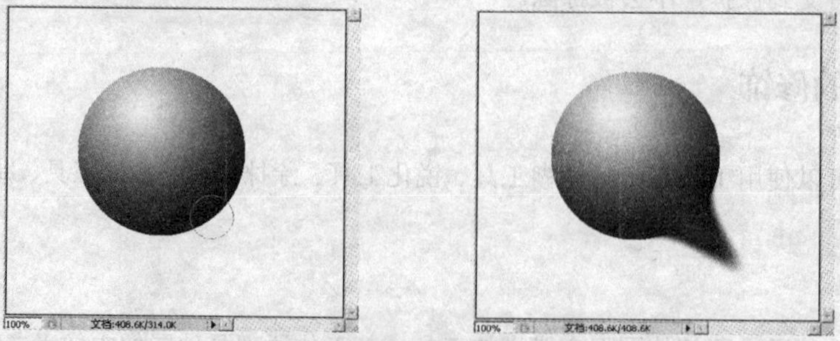

图 5.3.10　使用涂抹工具修饰图像

单击工具箱中的“涂抹工具”按钮，其属性栏如图 5.3.11 所示。

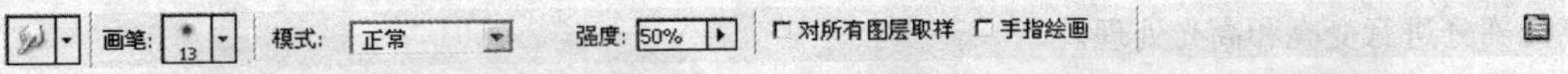

图 5.3.11　涂抹工具属性栏

选中☑手指绘画复选框，在图像中涂抹时用前景色与图像中的颜色混合进行涂抹；如果不选中此复选框，涂抹工具会使用每个描边的起点处指针所指的颜色进行涂抹。

4．加深与减淡工具的使用

下面通过一个具体的实例来说明加深与减淡工具的使用方法。

（1）按“Ctrl+O”键打开一幅图像，如图 5.3.12 所示。

（2）在图像中创建“水”文字的选区，如图 5.3.13 所示。

图 5.3.12　打开的图像

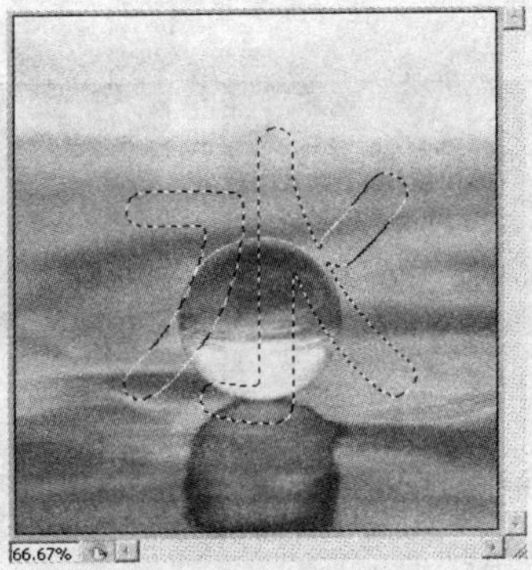

图 5.3.13　创建选区

（3）单击工具箱中的“减淡工具”按钮，在图像中需要减淡的区域进行涂抹，即沿选区左侧边缘进行涂抹，效果如图 5.3.14 所示。

（4）单击工具箱中的“加深工具”按钮，沿选区右侧拖动鼠标进行涂抹，然后按“Ctrl+D”键取消选区，效果如图 5.3.15 所示。

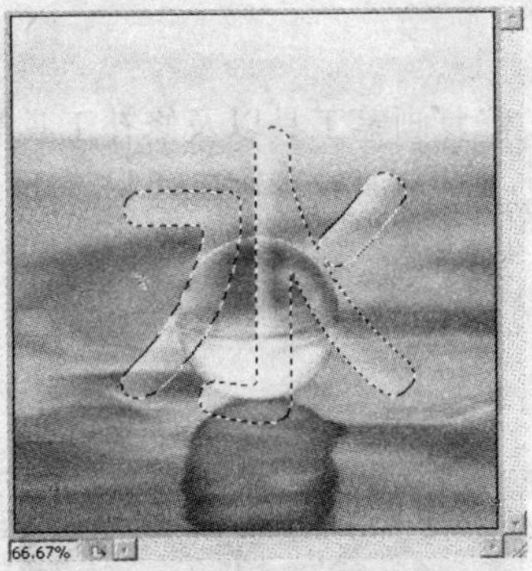

图 5.3.14　应用减淡工具后的效果

图 5.3.15　应用加深工具后的效果

使用加深工具可以改变图像特定区域的曝光度，使图像变暗。单击工具箱中的“加深工具”按钮，其属性栏如图 5.3.16 所示。

图 5.3.16　加深工具属性栏

在范围:下拉列表中可以选择阴影、中间调与高光选项。

在曝光度:输入框中输入数值，可设置图像曝光的强度，一般将该值设置为 15%左右。

减淡工具与加深工具的功能相反，但其使用方法相同。使用减淡工具可对图像的阴影、中间色调和高光部分进行变亮和高光处理。

5. 海绵工具

使用海绵工具可以精确地更改图像中某一区域的色彩饱和度。

单击工具箱中的“海绵工具”按钮，其属性栏如图 5.3.17 所示。

图 5.3.17　海绵工具属性栏

在模式:下拉列表中可以选择去色或加色选项，选择去色选项，可降低图像颜色的饱和度，使图像中的灰度色调增强；选择加色选项，可增加图像颜色的饱和度，使图像中的灰度色调减少，效果如图 5.3.18 所示。

（a）　　（b）　　（c）

图 5.3.18　使用海绵工具修饰图像效果

（a）原图像；（b）去色；（c）加色

第四节　修复与修补图像

Photoshop CS3 中，利用工具箱中的仿制图章工具、修复画笔工具以及修补工具等，可以对图像进行修复与修补操作。

一、仿制图像

如图 5.4.1 所示就是使用仿制图章工具来仿制图像。

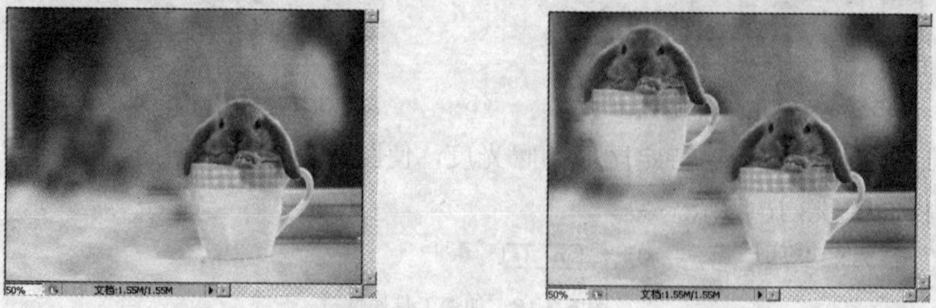

（a）　　（b）

图 5.4.1　仿制图像

（a）原图像；（b）仿制后的图像

仿制图像的具体操作步骤如下：

（1）打开一幅图像，如图 5.4.1（a）所示。

（2）单击工具箱中的“仿制图章工具”按钮，将鼠标移至图像中需要复制的区域，此处将鼠标移至图像中的小动物区域，按住“Alt”键在图像中单击定点取样。

（3）将鼠标移到图像中需要覆盖的区域，按住鼠标左键来回拖动，即可将仿制的图像区域复制到新的位置，如图 5.4.1（b）所示。

注意：当使用仿制图章工具进行复制时，在图像的取样处会出现一个十字线标记，表示当前正复制取样处的原图部分。

二、用图案图章工具绘制图案

图案图章工具可以用于图案绘画，可以将图案库中的图案或自定义的图案复制到同一图像或其他图像中。

单击工具箱中的“图案图章工具”按钮，其属性栏如图 5.4.2 所示。

图 5.4.2　图案图章工具属性栏

在属性栏中单击下拉列表，可打开预设的图案样式面板，从中选择一种预设的图案样式，然后在图像中拖动鼠标绘制所选的图案。

在属性栏中选中☑印象派效果复选框，可在绘制图案时添加印象派画的艺术效果。

如果要使用图案图章工具复制自定义的图案，其具体的操作步骤如下：

（1）打开要复制的图像，使用矩形选框工具选取所要复制的区域，如图 5.4.3 所示。

（2）选择菜单栏中的编辑(E)→定义图案(Q)...命令，弹出图案名称对话框，如图 5.4.4 所示。

图 5.4.3　选取区域

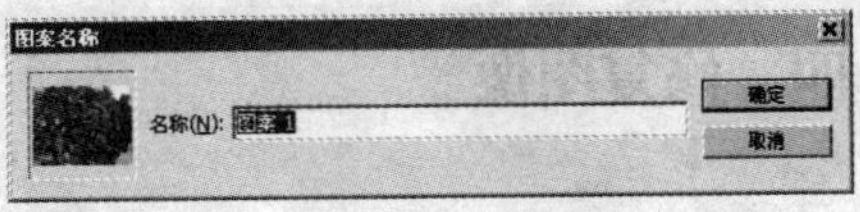

图 5.4.4　“图案名称”对话框

（3）在名称(N):文本框中输入图案名称，单击确定按钮，新定义的图案即可显示在预设的图案样式面板中，如图 5.4.5 所示。

（4）选择自定义的图案，在属性栏中设置所复制图案的不透明度、模式、流量以及画笔大小，然后在当前图像或新建的图像中按住鼠标左键来回拖动，绘制图案，效果如图 5.4.6 所示。

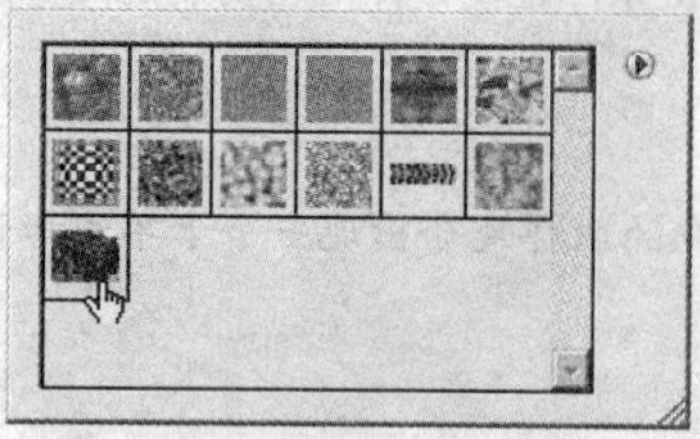

图 5.4.5　预设的图案样式面板

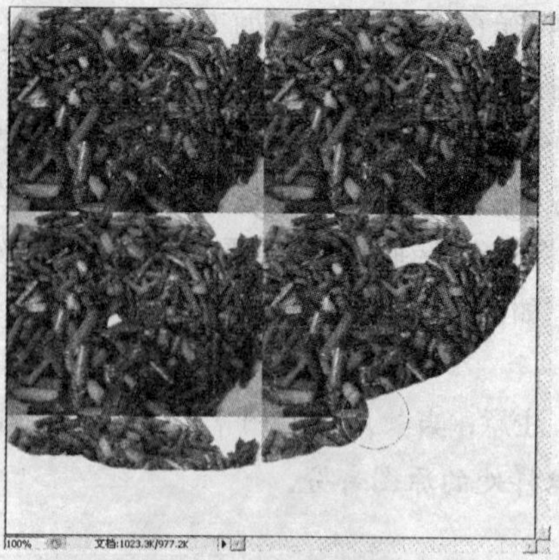

图 5.4.6　使用图案图章工具绘制图案

三、修复污点

污点修复画笔工具是 Photoshop CS3 新增的功能，它可以快速移去照片中的污点和其他不理想的部分。污点修复画笔的工作方式与修复画笔类似，它使用图像或图案中的样本像素进行绘画，并将样本像素的纹理、光照、透明度和阴影与所修复的像素相匹配。与修复画笔不同，污点修复画笔不要求指定样本点，它自动从所修饰区域的周围取样。

要使用污点修复画笔工具修复图像，其方法很简单，只需要将鼠标移至图像中需要修复的区域单击，或按住鼠标左键拖动即可。

使用污点修复画笔工具修复图像的效果如图 5.4.7 所示。

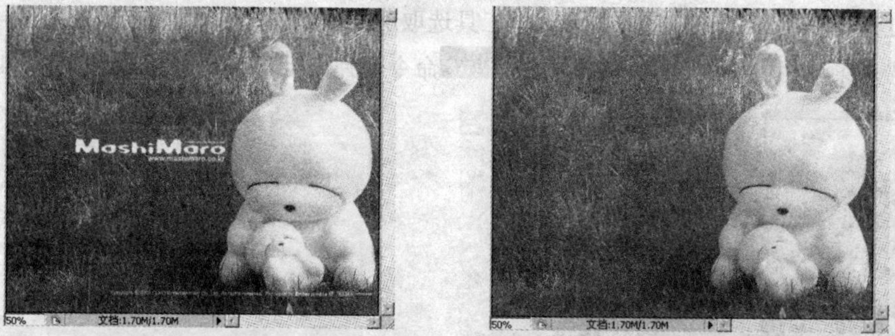

图 5.4.7　使用污点修复画笔工具前后效果对比

四、修复图像

修复画笔工具可用于校正瑕疵，使它们消失在周围的图像中。修复画笔工具还可将样本像素的纹理、光照、透明度和阴影与所修复的像素进行匹配，从而使修复后的像素不留痕迹地融入图像的其余部分。

下面通过一个实例来说明修复画笔工具的使用方法：

（1）打开一幅有很多瑕疵的图像，如图 5.4.8 所示。

（2）单击工具箱中的“修复画笔工具”按钮，在属性栏中设置画笔的大小，还可以选择来源，此处采用样式来源方式。

（3）按住“Alt”键，在图像中单击进行取样，然后松开“Alt”键，在图像中的瑕疵处按住鼠标左键拖动，瑕疵就会消失，效果如图 5.4.9 所示。

图 5.4.8 有瑕疵的图像

图 5.4.9 修复后的图像

五、修补图像

修补工具可以利用图像的局部或图案来修复所选图像区域中不完美的部分。与修复画笔工具一样，修补工具会将样本像素的纹理、光照、阴影与所要修补的像素进行匹配，但与修复画笔工具不同的是，修补工具要先建立选区，然后用拖动选区的方法来修补图像。

如图 5.4.10 所示的是一幅有瑕疵的图像，下面将使用修补工具来处理图像，其具体的操作方法如下：

（1）单击工具箱中的“修补工具”按钮，在图像中拖动鼠标选择想要修复的区域，如图 5.4.10 所示。

（2）将鼠标移至选区内，按住鼠标左键将其拖动到要取样的区域进行修复，如图 5.4.11 所示。

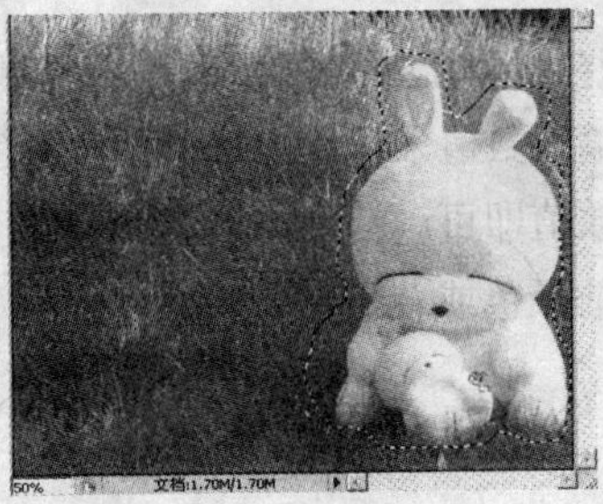

图 5.4.10 打开的图像

图 5.4.11 拖动选区

（3）松开鼠标后，即可用取样的区域修补选择的区域，然后按“Ctrl+D”键取消选区。

单击工具箱中的“修补工具”按钮，其属性栏如图 5.4.12 所示。

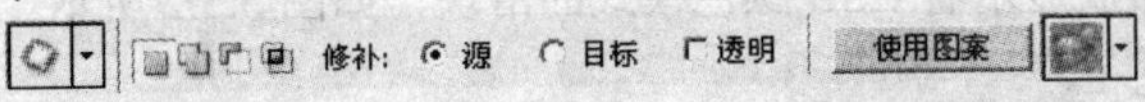

图 5.4.12 修补工具属性栏

在 修补: 选项区中提供了两种修补方式，选中 源 单选按钮，将选择的图像区域拖动至另一区域，即可用另一区域的像素修补选择区域的像素；选中 目标 单选按钮，将选择的图像区域拖动至另一区域，即将选择区域像素复制到另一区域，并且选区内的图像会和目标图像融合在一起，达到修复图像的目的。

选中☑透明复选框，可使修补的图像与原图像产生透明的叠加效果。

单击使用图案按钮，可从图案库中选择图案来填充建立的选区。

第五节　选择颜色

Photoshop 提供了多种绘图工具。使用这些绘图工具绘制图像时，必须先选取一种绘图颜色，然后才能顺利地绘制所需的图像效果。因此，对于 Photoshop 绘图来说，颜色的设置是绘图的关键。本节主要介绍颜色的各种设置方法。

一、前景色和背景色

Photoshop CS3 中设置颜色，主要通过工具箱中的前景色与背景色来完成。前景色与背景色显示在工具箱中的下半部分，如图 5.5.1 所示。默认情况下，前景色为黑色，背景色为白色。

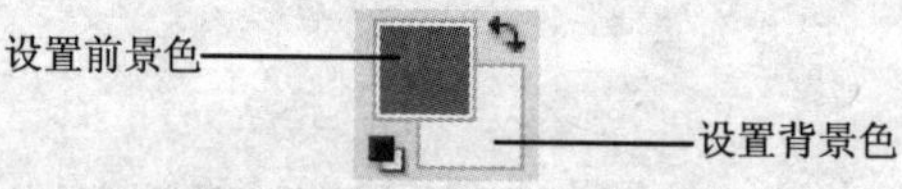

图 5.5.1　前景色与背景色设置

单击左下角的图标，可将前景色与背景色设置为默认的黑色与白色；单击右上角的图标，可以切换前景色与背景色。

前景色可用于显示和设置当前所选绘图工具所使用的颜色，背景色可显示和设置图像的底色。设置背景色后，并不会立刻改变图像的背景色，只有在使用了与背景色有关的工具时，才会按背景色的设定来执行。比如，使用橡皮擦工具擦除图像时，其擦除的区域将会以背景色填充。

如果要重新设置前景色与背景色，可直接在工具箱中单击前景色图标或背景色图标，即可弹出拾色器对话框，从中可以选择前景色或背景色。

在此对话框中沿滑杆拖动三角形滑块或直接在颜色滑杆上单击所需的颜色区域，即可选择指定的颜色，也可在对话框右侧的四种颜色模式输入框中输入数值来设置前景色与背景色。例如，要在 RGB 模式下设置颜色，只需在 R，G，B 输入框中输入数值即可。

单击确定按钮，即可用所选择的颜色来改变前景色或背景色。

二、使用颜色面板

利用颜色×面板选择颜色，与在拾色器对话框中选择颜色是一样的，都可方便、快速地设置前景色或背景色，并且可以选择不同的颜色模式进行选色。选择菜单栏中的窗口(W)→颜色命令，可打开“颜色”面板。在默认情况下，“颜色”面板显示着 HSB 颜色模式的滑块，如图 5.5.2 所示。

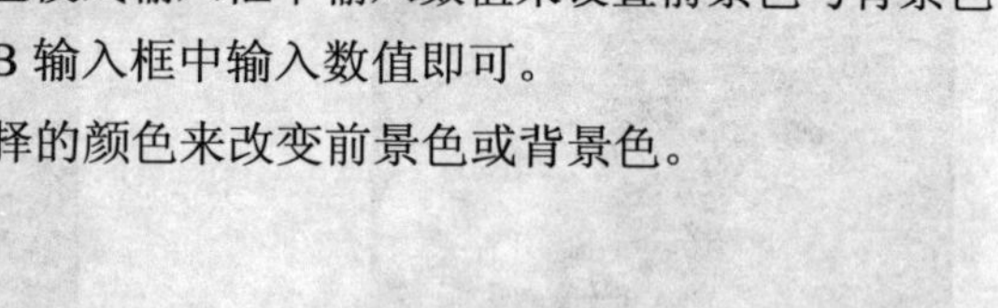

图 5.5.2　颜色面板

在此面板中单击“设置前景色”图标■或“设置背景色”图标，当其周围出现双线框时，表示其前景色或背景色被选中，然后在颜色滑杆上拖动三角滑块来设置前景色与背景色。如果周围出现双线框时，继续单击“设置前景色”图标■或“设置背景色”图标，将会弹出拾色器对话框。

在不同的色彩模式下，此面板中的颜色滑块数量与类型也不一样。如果需要改变当前的色彩模式，可在此面板右上角单击按钮，弹出颜色面板菜单，如图 5.5.3 所示。

在此菜单中可以选择不同色彩模式的滑块，例如选择RGB 滑块命令，此时颜色×面板显示如图 5.5.4 所示。

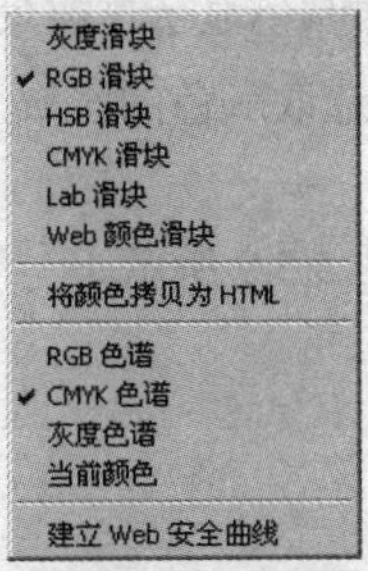

图 5.5.3　颜色面板菜单

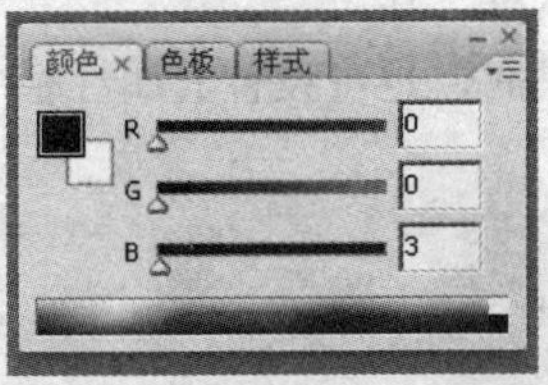

图 5.5.4　颜色面板中的 RGB 模式

颜色条位于颜色×面板的最下部，默认情况下，颜色条上显示着色谱中的所有颜色。在颜色条上单击某区域，即可选择某区域的颜色。

三、色板面板

利用 Photoshop CS3 提供的色板×面板，也可快速、方便地设置前景色与背景色。此面板中的颜色都是预先设置的，可以直接选取使用。选择菜单栏中的窗口(W)→色板命令，可打开此面板，如图 5.5.5 所示。

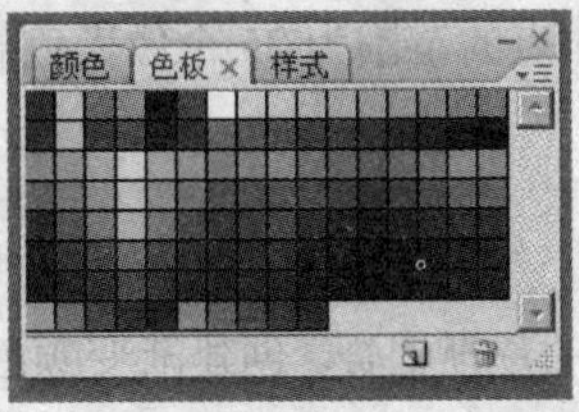

图 5.5.5　色板面板

选择某一个预设的颜色块，即可快速将前景色与背景色改变，也可以将设置的前景色与背景色添加到“色板”面板中或删除此面板中的颜色。具体操作如下：

如果要在此面板中添加颜色块，可将光标移至色块中的空白区域，此时光标变成油漆桶形状，如图 5.5.6 所示，单击可弹出色板名称对话框，如图 5.5.7 所示。

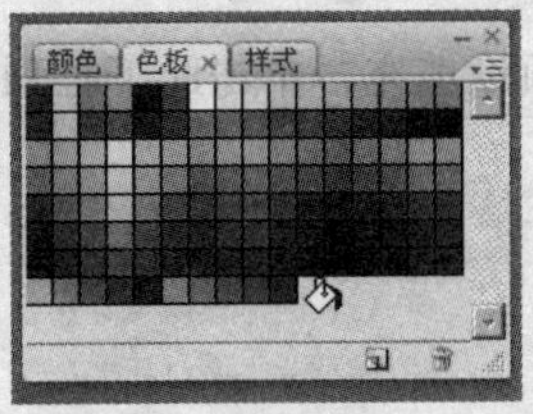

图 5.5.6　添加颜色块

图 5.5.7　“色板名称”对话框

单击确定按钮，即可将当前的前景色添加到色板×面板中。

如果要删除 色板 × 面板中的某个颜色块，按住鼠标将需要删除的颜色块拖至底部的删除色板按钮上即可，也可在需要删除的色块上单击鼠标右键，从弹出的快捷菜单中选择 删除色板 命令。

在 色板 × 面板右上角单击按钮，可弹出此面板菜单，从弹出的菜单中选择相应的命令对色板进行复位、存储、载入以及替换等操作。

四、使用吸管工具选取颜色

使用吸管工具可以直接在图像区域中进行颜色采样，并将采样颜色显示在前景色色块中。

单击工具箱中的“吸管工具”按钮，将鼠标移至图像中需要选取颜色的区域上单击，如图 5.5.8 所示，就可完成采样工作。

使用吸管工具时，也可设置其属性栏中的参数，其属性栏如图 5.5.9 所示。

图 5.5.8　使用吸管工具选取颜色

图 5.5.9　吸管工具属性栏

单击 取样大小: 下拉列表，在此下拉列表中提供了三种选取颜色的方式。

选择 取样点 选项，表示吸取样点的范围为 1 个像素。

选择 3 x 3 平均 选项，表示吸取样点的范围为 9 个像素的色彩平均值。

选择 5 x 5 平均 选项，表示吸取样点的范围为 25 个像素色彩的平均值。

五、渐变工具

渐变工具可以创建多种颜色之间的逐渐混合。创建渐变颜色，可以使图像更加丰富多彩，增强视觉效果。

1. 渐变工具属性栏的设置

单击工具箱中的“渐变工具”按钮，其属性栏如图 5.5.10 所示。

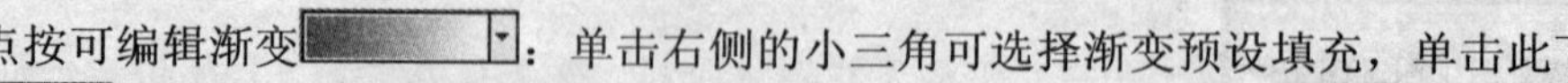

图 5.5.10　渐变工具属性栏

点按可编辑渐变：单击右侧的小三角可选择渐变预设填充，单击此下拉列表，弹出 渐变编辑器 对话框，可对渐变的颜色进行编辑。

在此属性栏中提供了 5 种渐变填充的方式：

线性渐变：此方式以直线从起点到终点渐变。

径向渐变：此方式以圆形图案从起点到终点渐变。

角度渐变：此方式以逆时针扫过的方式围绕起点渐变。

对称渐变：此方式使用对称线性渐变在起点的两侧渐变。

菱形渐变：此方式以菱形图案从起点向外渐变，终点定义菱形的一个角。

选中☑反向复选框，可反转渐变填充中的颜色顺序。

选中☑仿色复选框，可以用较小的带宽创建较平滑的混合。

选中☑透明区域复选框，不透明的设置才会生效，对渐变填充使用透明区域蒙版，如图 5.5.11 所示。

（a）　　　　（b）

图 5.5.11　使用透明区域

（a）选中“透明区域”复选框；（b）不选中“透明区域”复选框

2. 自定义渐变模式

在渐变工具属性栏中单击点按可编辑渐变下拉列表，可弹出渐变编辑器对话框，如图 5.5.12 所示。

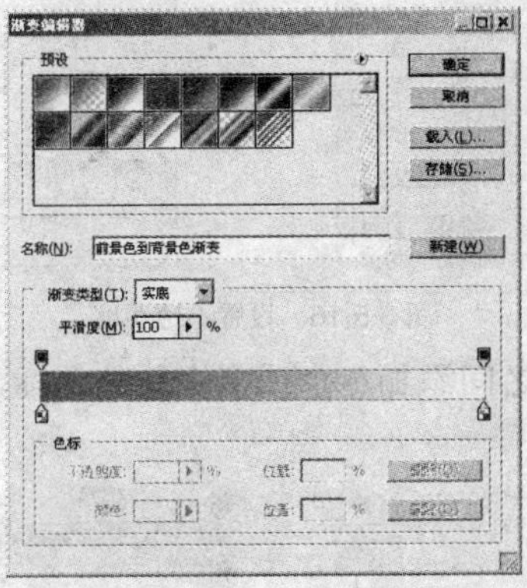

图 5.5.12　“渐变编辑器”对话框

在此对话框中可定义新的渐变或修改现有渐变，还可将中间的颜色添加到渐变中，创建两种以上颜色的混合，如图 5.5.13 所示的渐变填充就是一种自定义的渐变填充模式。

图 5.5.13　自定义的渐变填充效果

自定义渐变的具体操作方法如下：

（1）打开或新建一个图像，单击工具箱中的“渐变工具”按钮，在其属性栏中单击“对称渐变”按钮，然后单击点按可编辑渐变下拉列表，弹出渐变编辑器对话框。

（2）如果要定义渐变颜色的起点颜色，则单击渐变条左下方的色标，该色标会显示成黑色，表示正在编辑起始颜色，如图 5.5.14 所示。

（3）在色标选项区中单击颜色:右侧的框，在弹出的选择色标颜色:对话框中可以定义渐变条下面的色标颜色。或将鼠标移至渐变条上，此时鼠标指针会变成吸管，在渐变条上单击以吸取颜色的方式改变并自定义渐变颜色，如图 5.5.15 所示。

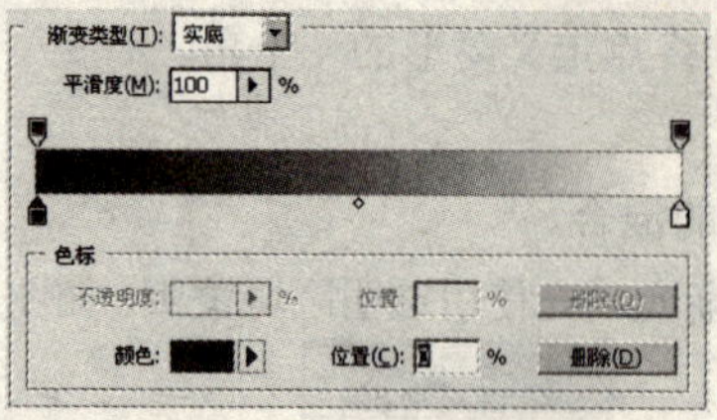

图 5.5.14　编辑起始颜色

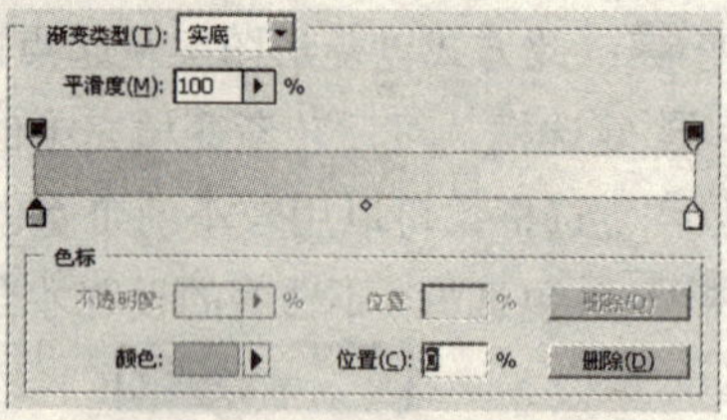

图 5.5.15　编辑颜色

（4）如果要移动起点或终点色标的位置，可直接用鼠标将色标向左或向右拖动调整。

（5）如果要定义起点与终点的不透明度，可单击渐变条上方的不透明色标，使其显示为可编辑状态，在色标选项区中的不透明度(O):输入框中输入不透明度百分比数值，或拖动滑块进行调节，如图 5.5.16 所示。

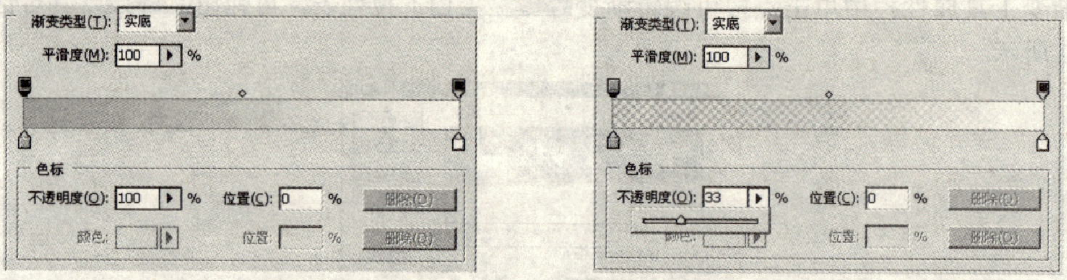

图 5.5.16　设置不透明度

（6）也可在起点与终点色标之间添加一个或多个新的色标，还可对新色标定义新的颜色，如图 5.5.17 所示。

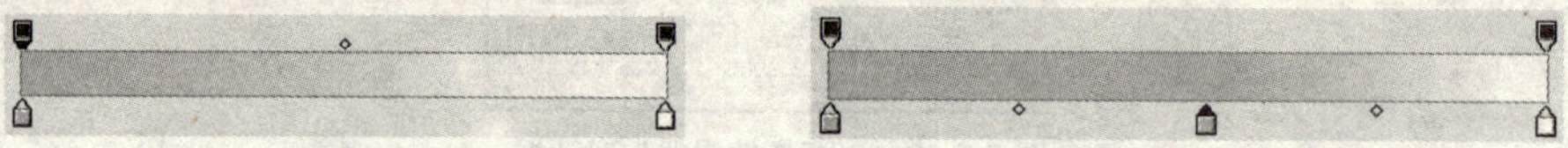

图 5.5.17　添加色标

（7）如果要删除多余的色标，可单击该色标，然后在色标选项区单击删除(D)按钮。

（8）设置好渐变后，在名称(N):输入框中输入新的渐变名称。单击新建(W)按钮，新的渐变将显示在预设选项区中。

（9）单击确定按钮，即可在图像中需要填充渐变色的起点到终点拖动鼠标填充渐变效果。

第六节　上机练习

本节绘制眼睛，来巩固本章所学的知识。

（1）新建一个图像文件，设置前景色为淡黄色，按“Alt+Delete”键填充背景层。

（2）新建“图层 1”，设置前景色为深红色，单击工具箱中的画笔工具按钮，在属性栏中设置参数如图 5.6.1 所示。

图 5.6.1　画笔工具属性栏

（3）在图像中拖动鼠标绘制眉毛，如图 5.6.2 所示。

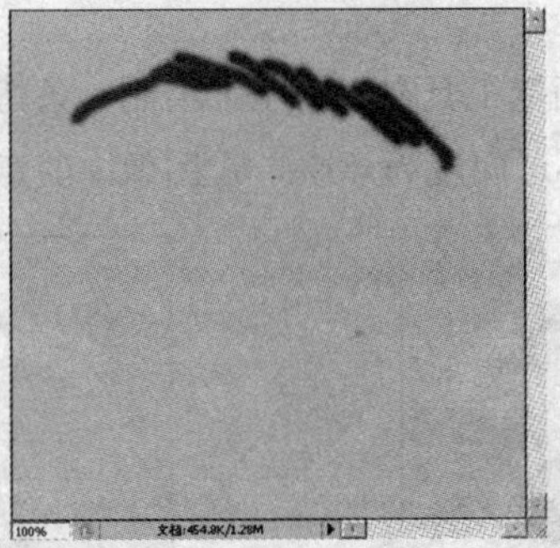

图 5.6.2　使用画笔工具绘制眉毛

（4）单击工具箱中的画笔工具按钮，在属性栏中设置参数如图 5.6.3 所示。

图 5.6.3　画笔工具属性栏

（5）新建“图层 2”，在图像中绘制出眼睛的轮廓，如图 5.6.4 所示。

（6）新建“图层 3”，单击工具箱中的“魔棒工具”按钮，在眼睛的轮廓内单击鼠标创建其选区，单击工具箱中的“渐变工具”按钮，在属性栏中设置渐变色为白色到黑色的渐变，再单击“径向渐变”按钮，然后在选区内从中心向右拖动鼠标填充渐变，效果如图 5.6.5 所示。

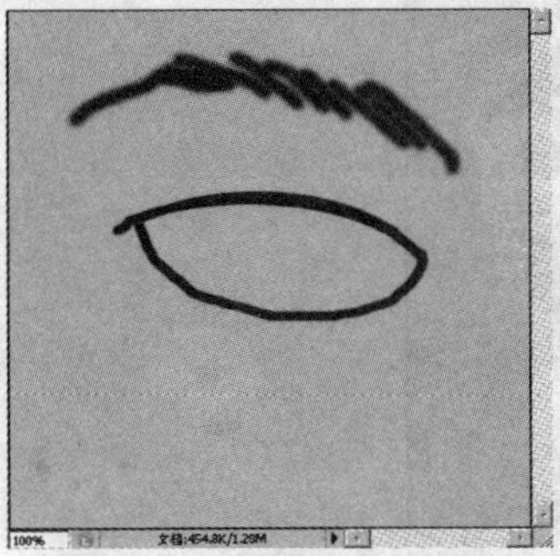

图 5.6.4　绘制眼睛的轮廓

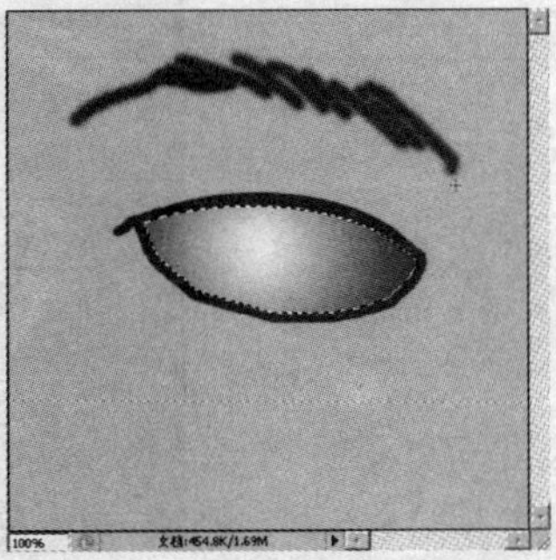

图 5.6.5　创建选区并填充渐变

（7）按“Ctrl+D”键取消选区，将“图层 3”拖至“图层 2”的下方，新建“图层 4”，使用椭圆选框工具在眼睛中间创建正圆选区，并将其填充为深红色，如图 5.6.6 所示。

（8）载入“图层 4”的选区，收缩并羽化选区，然后新建“图层 5”，按“Alt+Delete”键填充羽化后的选区，如图 5.6.7 所示。

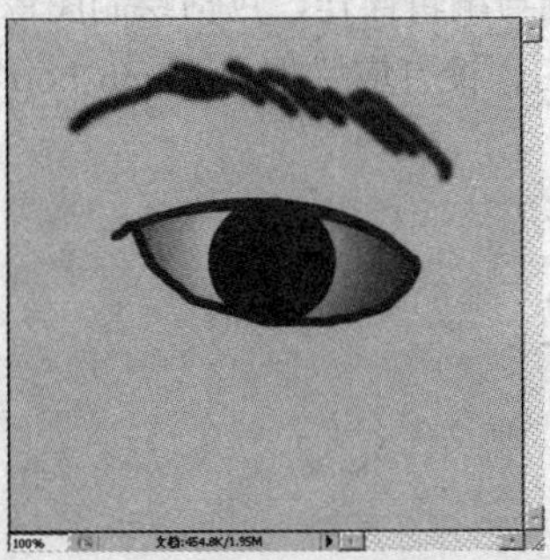

图 5.6.6　创建正圆并将其填充

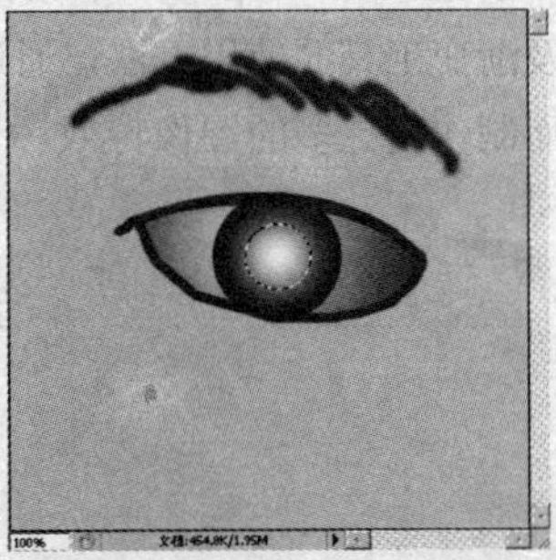

图 5.6.7　填充羽化选区效果

（9）按“Ctrl+D”键取消选区，新建“图层 6”，设置前景色为黑色，使用画笔工具在眼睛中心单击鼠标，效果如图 5.6.8 所示。

（10）新建“图层 7”，使用画笔工具在眼睛上部绘制一条弯曲的深红色线条，再单击其属性栏中的“喷枪工具”按钮，设置不透明度为 40%，在图像中随意涂抹几笔，效果如图 5.6.9 所示。

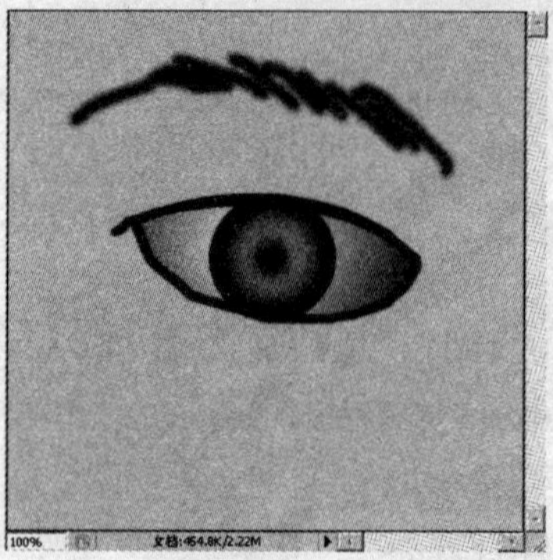

图 5.6.8　使用画笔工具后的效果

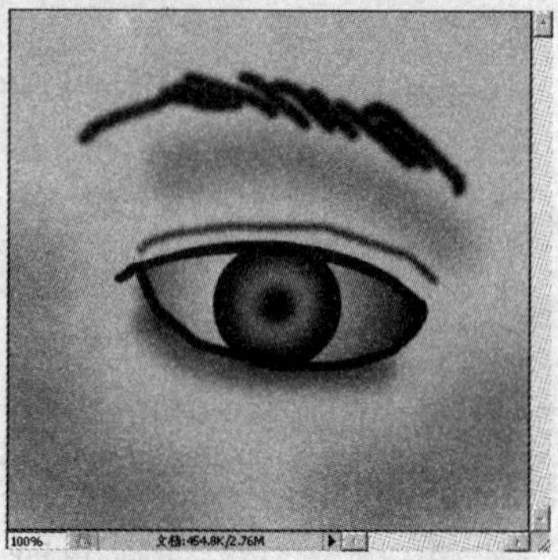

图 5.6.9　使用喷枪后的效果

（11）确认“图层 2”为当前图层，单击工具箱中的“涂抹工具”按钮，在图像中涂抹，效果如图 5.6.10 所示。

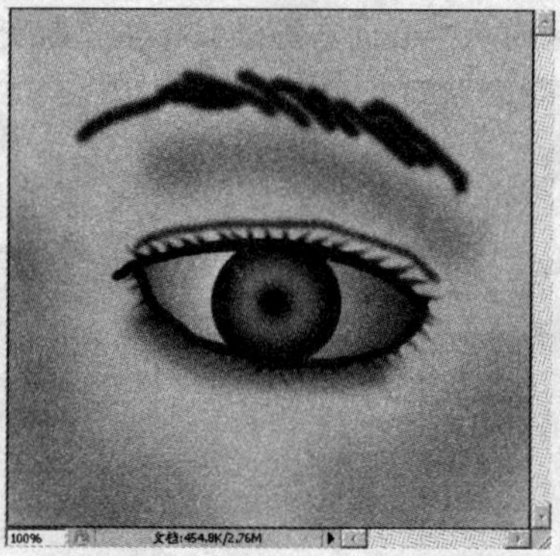

图 5.6.10　使用涂抹工具效果

本章小结

本章主要介绍了在 Photoshop CS3 中进行图像的绘制与编辑操作，包括绘制图像、修饰图像、修复与修补图像以及渐变工具的使用方法。通过本章的学习，读者应掌握在 Photoshop CS3 中图像的一些处理技巧，从而制作出更多的图像特效。

习 题 五

一、填空题

1．单击按钮或按“X”键，可切换_________色。

2．_________工具不仅可以从图像中取样颜色，也可以指定新的前景色或背景色。

3．_________工具属于实体画笔，主要用于绘制硬边画笔的笔触。

二、选择题

1．使用（　）工具绘制的线条比较尖锐，比较生硬。

A．艺术画笔　　B．铅笔

C．颜色替换　　D．画笔

2．（　）工具可用于图案绘画，也可以将自定义的图案复制到同一图像或其他图像中。

A．仿制图章　　B．修复

C．图案图章　　D．修补

三、简答题

如何使用艺术画笔工具处理图像效果。

四、上机操作题

1．利用渐变工具与画笔工具绘制如题图 5.1 所示的柱子效果。

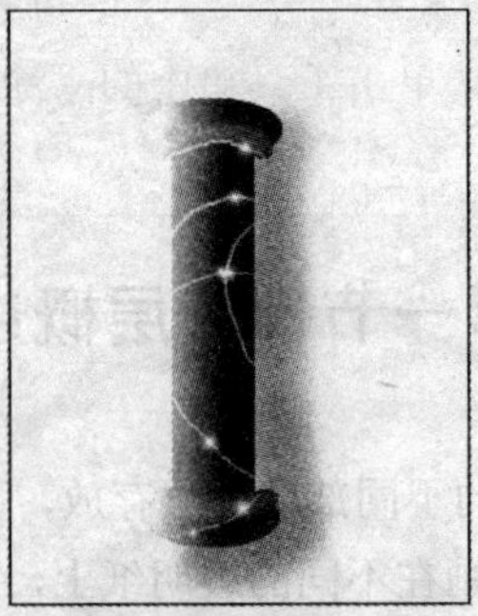

题图　5.1

2．新建一幅图像，练习使用画笔工具、铅笔工具绘制所需的图像。

3．打开一幅有瑕疵的图像，对其进行修复。

第六章　使用图层

图层是 Photoshop CS3 工作过程中最重要的一种处理手法，Photoshop 很多功能效果都是基于图层所产生的，而通过图层创建图像特效更是变化多样。本章介绍图层的各种功能、概念以及图层模式等。

本章主要内容：

- 图层概述
- 新建图层
- 图层的基本操作
- 图层样式
- 设置图层属性
- 应用图层蒙版

第一节　图层概述

在 Photoshop CS3 中，可以将图像的不同部分分层存放，并由所有的图层组合成复合图像。在实际创作中，就是将图画的各个部分分别画在不同的透明纸上，每一张透明纸可以视为一个图层，将这些透明纸叠放在一起，从而得到一幅完整的图像。

图层与图层之间彼此独立。在一个图像内可以移动、添加、删除图层中的对象，而不会影响到图像中的其他图层。例如，要将图 6.1.1 所示图像中的蝴蝶移至其他位置，如果这个图像中只有一层，则移动后如图 6.1.2 所示，蝴蝶被移走后，原来的位置变为透明；如果蝴蝶与背景分属两层，就可以随意将蝴蝶移至任何位置，原位置处的背景会显示出来，如图 6.1.3 所示。

图 6.1.1　原图

图 6.1.2　单层图像

图 6.1.3　多层图像

虽然图像中的各图层相对独立，但是一个图像文件中的所有图层都具有相同的分辨率、通道数和色彩模式。

一、图层面板

一个图像文件中的所有图层都会列在 图层 × 面板中， 图层 × 面板是 Photoshop 中最主要的图层管理工具，有关图层的大部分操作都可以通过该面板来完成。

选择菜单栏中的窗口(W)→图层命令，或按“F7”键，可显示图层面板，如图 6.1.4 所示。

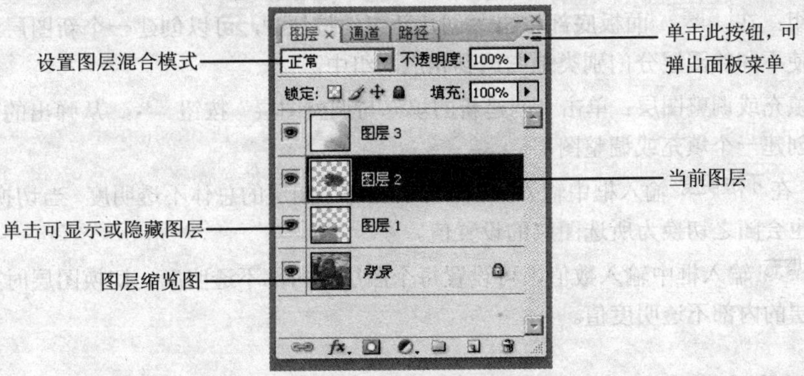

图 6.1.4　“图层”面板

从图 6.1.4 中可以看出，各个图层在面板中自下而上依次排列，在图像窗口中也按照该顺序叠放，即背景层中的图像在图像窗口中显示在最底层；而在面板中最顶层的图像也就是在图像窗口中被叠放在最上面的图像。最顶层的图层不会被任何层遮挡，而下面层中的图像都要被上面的图层遮挡。

列表中的每一行表示一个图层，每行中包括图层的名称、缩览图以及一些标记。下面来介绍组成图层面板的各个组件。

图层名称：每一个图层都可以定义不同的名称以便于区分，如图 6.1.5 所示。如果在建立图层时没有设置图层的名称，Photoshop 则会自动将图层依次命名为“图层 1”、“图层 2”……依此类推。

图 6.1.5　设置图层名称

图层缩览图：在图层名称的左侧有一个图层缩览图，其中显示的是该图层中的图像。通过该缩览图可以快速识别每一个图层。当对图层中的图像进行修改时，图层缩览图的内容也会随之改变。

当前图层：在图层面板中以蓝色显示的图层为当前正在被编辑的图层，称为作用图层。

眼睛图标：可用于显示或隐藏图层。当该图标显示为状态时，表示该图层中的图像被隐藏，反之表示显示这一图层中的图像。单击眼睛图标，可以切换显示或隐藏状态。

创建新的图层：单击“创建新的图层”按钮，可以建立一个新图层。

删除图层：单击“删除图层”按钮，可将当前所选图层删除；用鼠标拖动图层到“删除图层”按钮上也可删除该图层。

添加图层样式：单击“添加图层样式”按钮 fx.，可弹出一个菜单，从中选择一种图层样式，可应用于当前所选图层。

添加图层蒙版：单击“添加图层蒙版”按钮，可建立一个图层蒙版。

创建图层组：在 图层× 面板底部单击“创建新组”按钮，可以创建一个新图层组，可以清晰地管理图层，使不同的图层分门别类地归纳到相应的组中。

创建新的填充或调整图层：单击“创建新的填充与调整图层”按钮，从弹出的菜单中选择相应的命令，可创建一个填充或调整图层。

不透明度：在 不透明度: 输入框中输入数值，可设置每个图层的总体不透明度。当切换作用图层时，不透明度显示也会随之切换为所选图层的设置值。

填充：在 填充: 输入框中输入数值，可设置每个图层的内部不透明度，切换图层时，该数值也会切换到所选图层的内部不透明度值。

二、图层的分类

Photoshop CS3 中可以将图层分为 4 类，即普通图层、背景图层、文本图层和调节图层。其含义分别如下：

（1）普通图层：在普通图层中可以设置图层的混合模式、不透明度，还可以对图层进行顺序调整、复制、删除等操作。

（2）背景图层：在 Photoshop 中新建一个图像，此时，图层× 面板中只显示一个被锁定的图层，该图层即为背景图层。背景图层是一种不透明的图层，作为图像的背景，该图层不能进行混合模式与不透明度的设置。背景图层显示在 图层× 面板的最底层，无法移动背景图层的叠放次序，也不能对其进行锁定操作。但可以将背景图层转换为普通图层，然后就可像普通图层那样进行操作。其具体的转换方法如下：

1）在 图层× 面板中双击背景图层，或选择菜单栏中的 图层(L) → 新建(W) → 背景图层(B)... 命令，弹出 新建图层 对话框，如图 6.1.6 所示。

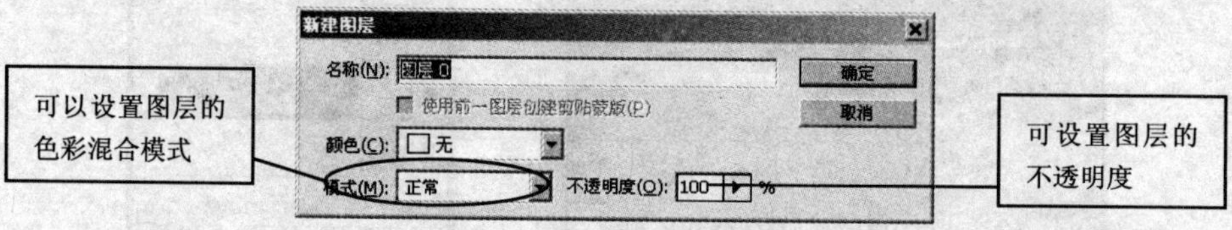

图 6.1.6　“新建图层”对话框

2）在 名称(N): 输入框中可输入转换为普通图层后的名称，默认为图层 0。也就是说，此时的图层已具有一般普通图层的性质。

3）单击 确定 按钮，即可将背景图层转变为普通图层，如图 6.1.7 所示。

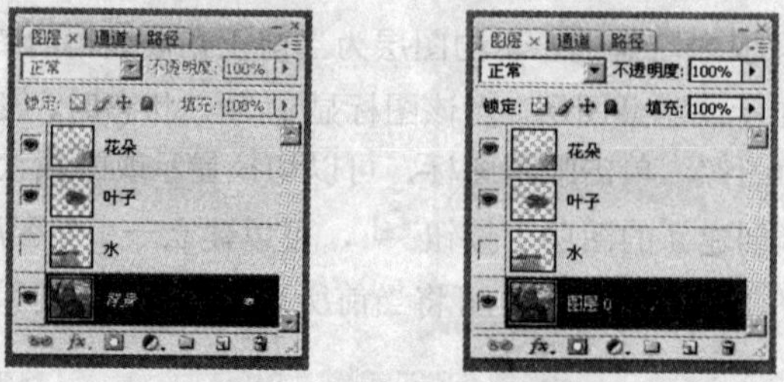

图 6.1.7　转变背景图层为普通图层

在一幅没有背景图层的图像中，也可将指定的普通图层转换为背景图层。在 图层× 面板中选中一个普通图层，然后选择菜单栏中的图层(L)→新建(W)→图层背景(B)命令即可实现转换。

（3）文本图层：文本图层就是使用文字工具创建的图层，文本图层可以单独保存在文件中，还可以反复修改与编辑。文本图层的名称默认为当前输入的文本，以便于区分。

Photoshop 中的大多数功能都不能应用于文本图层，如画笔、橡皮擦、渐变、涂抹工具以及所有的滤镜、填充命令、描边命令等。

如果要在文本图层上使用这些功能，可先将文本图层转换为普通图层。选中文本图层，然后选择菜单栏中的图层(L)→栅格化(Z)→文字(T)命令，就可以将文本图层转换为普通图层。

（4）调节图层：调节图层是一种比较特殊的图层，它就是在图层上添加一个图层蒙版。通常新建一个调节图层，在图层×面板中的图层蒙版的缩览图显示为白色，表示整个图像都没有蒙版覆盖，也就是说调节图层可以对在其下方的图层进行效果调整。如果用黑色填充蒙版的某个范围，则在蒙版缩览图上会相应地产生一块黑色的区域，即这个区域已经被蒙版覆盖。

第二节　新建图层

在 Photoshop CS3 中处理图像时，经常需要在图像中新建图层，在新建的图层中可执行 Photoshop 的多种操作，如使用画笔绘制、使用渐变工具填充以及使用滤镜命令等。

一、创建新图层

可根据以下操作步骤来创建一个新的空白图层：

（1）在图层×面板底部单击“创建新图层”按钮，或在面板菜单中选择新建图层...命令，弹出新建图层对话框，如图 6.2.1 所示。

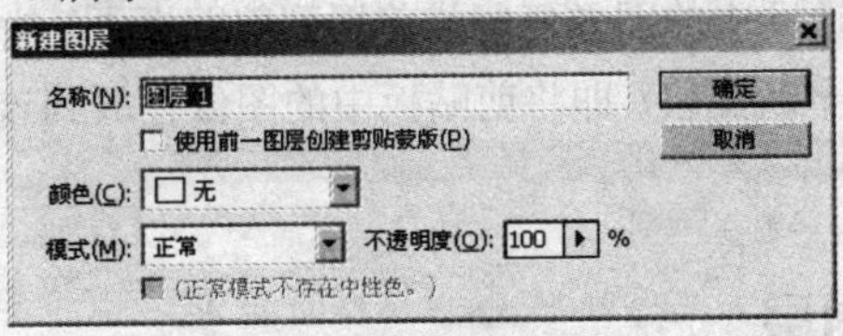

图 6.2.1　“新建图层”对话框

（2）在名称(N):输入框中输入新图层的名称。

（3）在模式(M):下拉列表中选择新图层的混合模式，在不透明度(O):输入框中设置新图层的不透明度。

（4）单击确定按钮，新建一个空白图层，即普通图层，如图 6.2.2 所示。

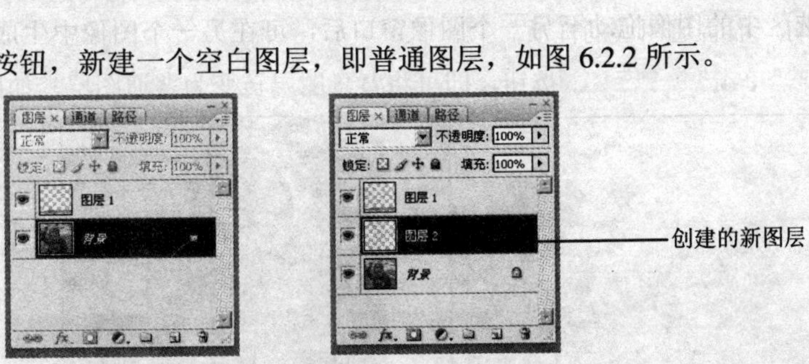

图 6.2.2　创建新图层

二、选区转换为图层

如果要将图像中的某一部分作为一个新的图层，可以先选中某一部分，然后执行以下操作之一，将选中的图像转换为一个新的图层。

（1）选择菜单栏中的 图层(L) → 新建(N) → 通过拷贝的图层(C) 命令。

（2）选择菜单栏中的 图层(L) → 新建(N) → 通过剪切的图层(T) 命令。

使用这两种方法创建的新图层中都会包括选区中的图像，并使用默认的设置和名称。其区别是：使用第一种方法时，选区中的图像被复制到新图层，也就是说原来位置的图像还保留着，如图 6.2.3 所示；使用第二种方法时，选区中的图像被剪切到新图层，也就是说原位置的图像被删除，如图 6.2.4 所示。

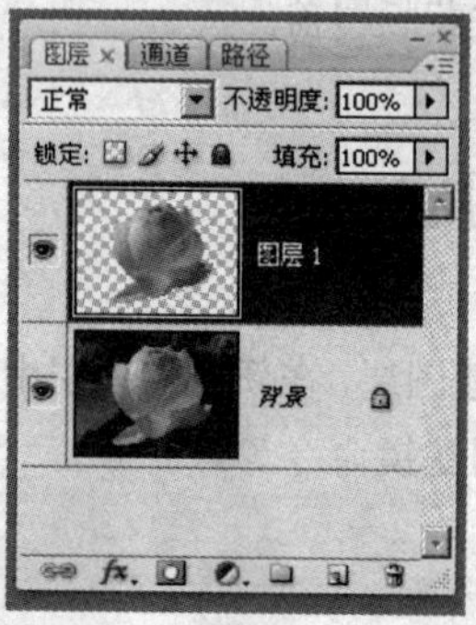

图 6.2.3　通过拷贝的图层

图 6.2.4　通过剪切的图层

三、通过粘贴新建图层

在图像中建立选区，并将选区中的图像复制或剪切到剪贴板中，然后在该图像或其他图像中执行粘贴操作，可在图像中创建一个新图层，即将剪贴板中的图像存放到该新图层中。此方法经常用于在不同图像文件间复制图像。

四、通过拖动新建图层

与粘贴图像类似，通过鼠标拖动的方法在图像间复制选区中的图像时，被拖动的图像会被作为一个新的图层插入到其他图像中。

将选区中的图像拖动至另一个图像窗口后，可在另一个图像中生成一个新的图层，如图 6.2.5 所示。

图 6.2.5　拖动图像创建新图层

第三节　图层的基本操作

在 Photoshop CS3 中，图层的操作包括调整图层大小、改变图层顺序、显示或隐藏图层等，只有掌握了图层的这些编辑操作，才能设计出理想的作品。

一、复制图层

复制图层的方法有以下两种：

（1）在 图层 × 面板中直接将所选图层拖至下方的“创建新图层”按钮 上，即可创建一个图层副本。

（2）选中要复制的图层，在 图层 × 面板右上角单击 按钮，从弹出的下拉菜单中选择 复制图层(D)... 命令，弹出 复制图层 对话框，如图 6.3.1 所示。单击 确定 按钮，就会在 图层 × 面板中显示复制的图层副本，如图 6.3.2 所示。

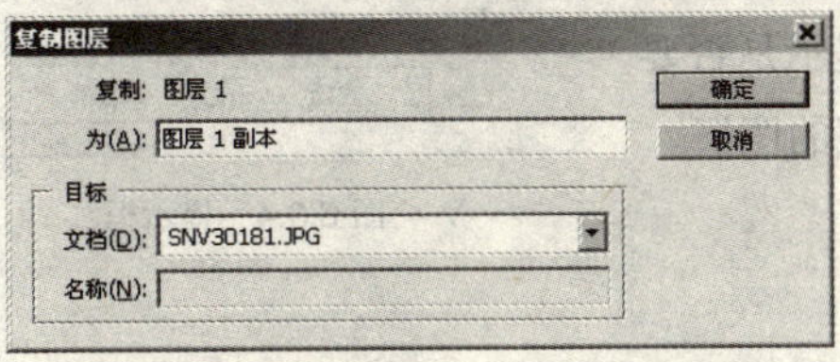

图 6.3.1　“复制图层”对话框

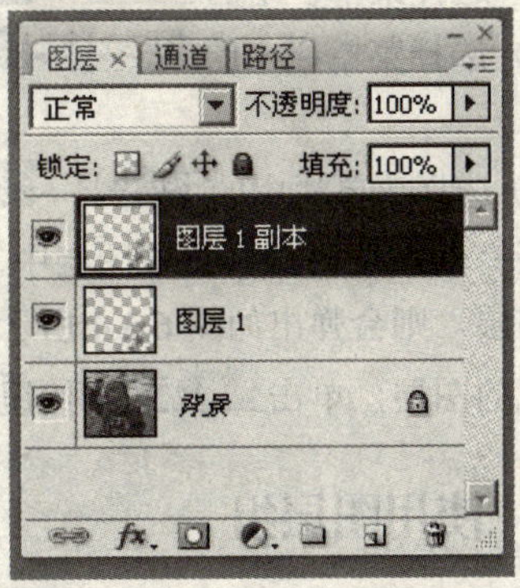

图 6.3.2　复制图层

二、显示和隐藏图层

显示和隐藏图层在设计作品时经常会用到，比如，在处理一些大而复杂的图像时，可将某些不用的图层暂时隐藏，这不但可以方便操作，还可以节省计算机系统资源。

要想隐藏图层，只需要在 图层 × 面板中的图层列表前面单击 图标即可，此时眼睛图标消失，再次单击该位置可重新显示该图层，并出现眼睛图标。

三、链接与合并图层

在 Photoshop CS3 中可以链接两个或更多个图层或组。链接图层与同时选定的多个图层不同，链接的图层将保持关联，可以移动、变换链接的图层，还可以为其创建剪贴蒙版。

要链接图层，只需要按住“Shift”键选择需要链接的多个图层，然后选择菜单栏中的 图层(L) → 链接图层(K) 命令，或单击 图层 × 面板底部的 按钮，即可在 图层 × 面板中看到所选图层后面显示为 图标，表示图层已链接，如图 6.3.3 所示。

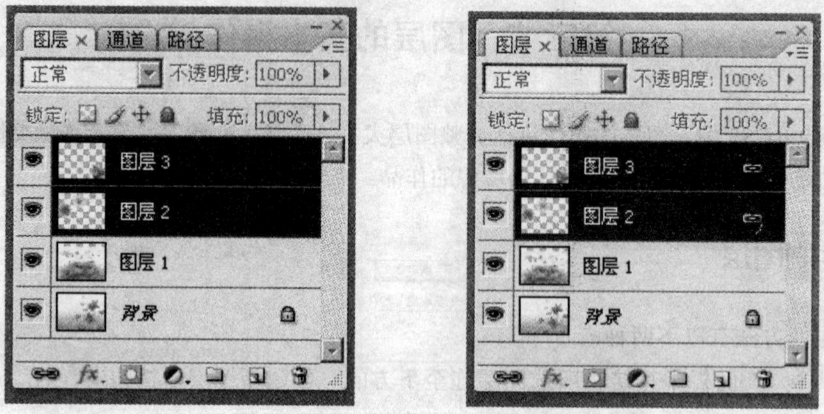

图 6.3.3　链接图层

合并图层是指将多个图层合并为一层。在处理图像的过程中，经常需要将一些图层合并起来。合并图层的方式有以下几种：

（1）选择菜单栏中的 图层(L) → 合并图层(E) 命令，可将所链接的图层合并为一层。

（2）选择菜单栏中的 图层(L) → 合并可见图层(I) 命令，可将 图层 面板中所有可见的图层合并为一层。

（3）选择菜单栏中的 图层(L) → 拼合图像(F) 命令，可将图像中所有的图层拼合到背景图层中。如果 图层 面板中有隐藏的图层，则会弹出如图 6.3.4 所示的提示框。提示是否要扔掉隐藏的图层，单击 确定 按钮，可扔掉隐藏的图层。

图 6.3.4　提示框

四、使用图层组

图层组是指多个图层的组合，在 Photoshop CS3 中可以将相关的图层加入到一个指定的图层组中，以方便操作和管理。

图层分组编辑的作用如下：

（1）可以同时对多个相关的图层做相同的操作。例如，移动一个图层组时，组中的所有图层都会做相同的移动。

（2）对图层组设置混合模式，可以改变整个图像的混合效果。

（3）可以将图层归类，使对图层的管理更加有序，并可通过折叠图层组节约 图层 面板的空间。

1. 创建图层组

为了提高工作效率，可以将图层编组。其方法很简单，只须在 图层 面板右上角单击按钮，在弹出的下拉菜单中选择 从图层新建组(A)... 命令，弹出 从图层新建组 对话框，如图 6.3.5 所示，单击 确定 按钮，即可在 图层 面板中创建“组 1”，如图 6.3.6 所示。然后将需要编成组的图层拖至图层组的“组 1”上，该图层将会自动位于图层组的下方，继续拖动需要编成组的图层至“组 1”上，即可将多个图层编成组。

在 图层 面板底部单击“创建新组”按钮，可直接在当前图层的上方创建一个图层组。

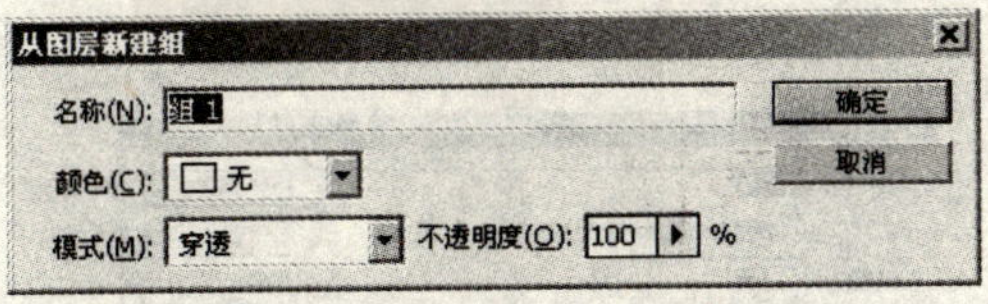

图 6.3.5　“从图层新建组”对话框

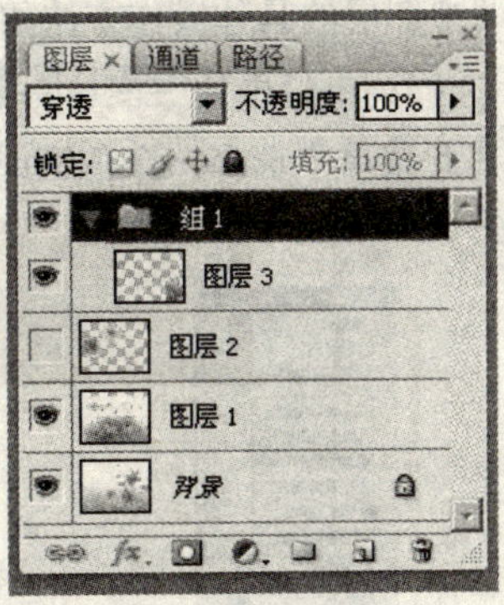

图 6.3.6　创建图层组

2．由链接图层创建图层组

对于已经建立了链接的若干个图层，可以快速地将它们创建为一个新的图层组。具体的操作方法如下：

（1）在 图层 × 面板中选中要创建为图层组的链接图层中的任意一个，再选择菜单栏中的 图层(L) → 选择链接图层(S) 命令，可选中所有链接图层。

（2）选择菜单栏中的 图层(L) → 新建(N) → 从图层建立组(A)... 命令，弹出 从图层新建组 对话框。

（3）在 名称(N): 输入框中输入图层组的名称，单击 确定 按钮，即可创建一个新的图层组，该图层组中包括了所有链接图层。

3．删除图层组

对于不需要的图层组，可以将其删除。具体的操作方法如下：

（1）在 图层 × 面板中选择要删除的图层组，单击面板底部的“删除图层”按钮，可弹出如图 6.3.7 所示的提示框。

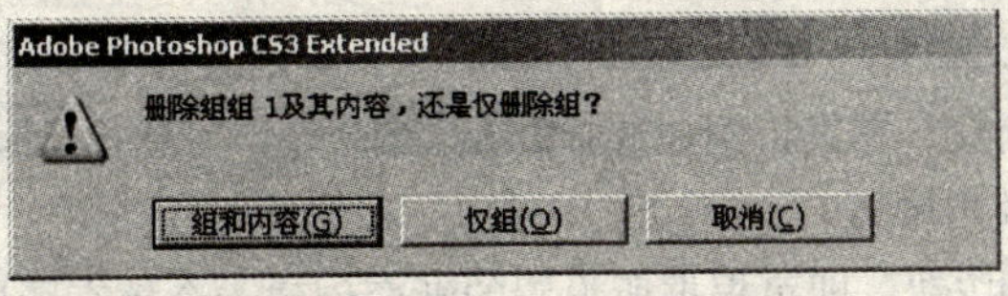

图 6.3.7　提示框

（2）单击 组和内容(G) 按钮可将图层组和其中包括的所有图层从图像中删除，单击 仅组(O) 按钮可将图层组删除，但将其中包括的所有图层退出到组外。

五、使用调整图层和填充图层

在 Photoshop CS3 中提供了两种特殊的图层，即调整图层和填充图层。使用这两种特殊图层，可以更方便地制作出许多图像特效。

1．调整图层

调整图层是一种用于调整图像的色彩和色调的特殊图层，其中只包含一些色彩和色调信息，不包含任何图像。通过对调整图层的编辑，可以在不改变下一图层图像的前提下任意调整图像的色彩与色调。

创建调整图层的具体操作方法如下：

（1）选择菜单栏中的 图层(L) → 新建调整图层(A) 命令，弹出其子菜单，如图 6.3.8 所示。

（2）在此菜单中选择一个色调或色彩调整的命令。例如选择 色阶(L)... 命令，可弹出 新建图层 对话框，如图 6.3.9 所示。

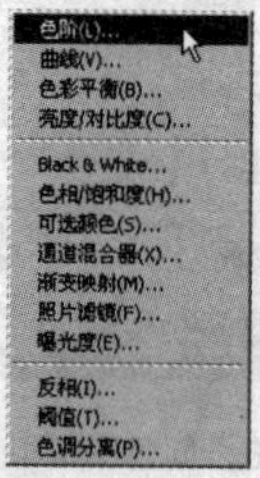

图 6.3.8　“新建调整图层”命令的子菜单

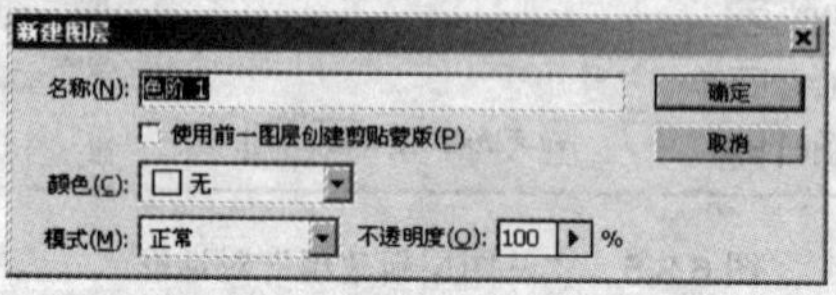

图 6.3.9　“新建图层”对话框

（3）在对话框中设置各项参数，单击 确定 按钮，可弹出 色阶 对话框，设置各项参数，单击 确定 按钮，就会在 图层 × 面板中建立一个调整图层。

创建的调整图层会出现在当前图层之上，且以当前色彩或色调调整的命令来命名。在调整图层左侧显示相关的色调或色彩调整缩览图；右侧显示图层蒙版缩览图；中间有一个链接符号。当出现链接符号时，表示色调或色彩调整将只对蒙版中所指定的图层区域起作用。如果没有链接符号，则表示这个调整图层将对整个图像起作用。

2. 填充图层

填充图层是一种由纯色、渐变效果或图案填充的图层。将填充图层与其他图层一起使用，可以创作出一些特殊的效果。例如，在图像的最上层加上一个渐变填充层，可以使图像呈现一种由明到暗的过渡效果。

要创建填充图层，其具体的操作方法如下：

（1）选择要创建填充图层的新图层。

（2）选择菜单栏中的 图层(L) → 新建填充图层(W) 命令，弹出其子菜单，在此菜单中提供了 3 种填充图层的命令，即纯色、渐变、图案，例如选择 渐变... 命令，可弹出 渐变填充 对话框，在其中可以设置渐变的颜色、样式以及角度等。

（3）单击 确定 按钮，即可根据所设置的渐变创建一个填充图层，如图 6.3.10 所示。

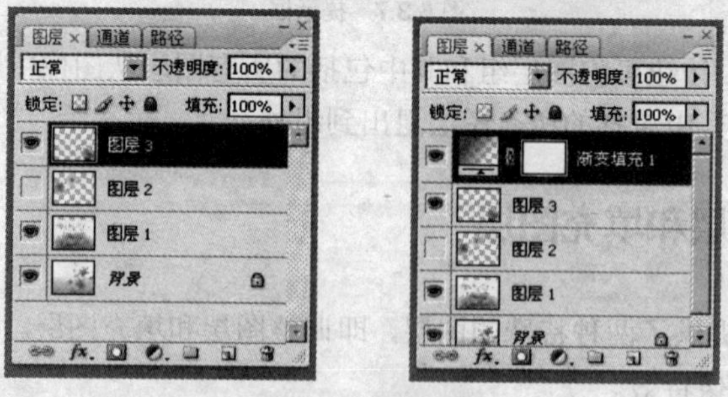

图 6.3.10　填充图层

从 图层 × 面板中可以看出，在新建的填充图层中显示着一个图层蒙版与链接符号。选中图层蒙版进行编辑时，则只对图层蒙版起作用，而不影响图像内容。当有链接符号时，可以同时移动图层中的图像与图层蒙版；如果没有链接符号，则只能移动其一。单击链接符号，可以显示或隐藏此链接符号。

在图层×面板中双击调整图层或填充图层的缩览图，可以打开相应的填充选项对话框或调整选项对话框，然后可在对话框中修改填充或色彩。例如，在图层×面板中双击色阶调整图层的缩览图，可弹出色阶对话框，然后可在对话框中修改色阶选项。

第四节 图层样式

图层样式就是应用于图层的一些特殊修饰效果，图层样式是 Photoshop CS3 中最具魅力的功能，包括投影、外发光、内发光及斜面和浮雕等，使用这些样式可以得到一些特殊的图像效果。图层样式不能应用于背景图层与图层组中。

一、应用图层样式

图层样式的使用非常简单，下面通过一个实例来说明添加图层样式的具体操作方法。

（1）在图层×面板中选择需要应用图层样式的图层，这里选择如图 6.4.1 所示的文字图层。

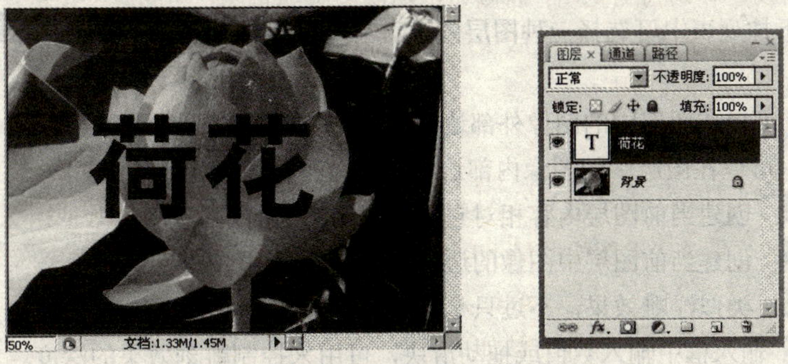

图 6.4.1 选择要添加图层样式的图层

（2）选择菜单栏中的图层(L)→图层样式(Y)命令，在弹出的子菜单中选择一种图层样式命令，例如选择斜面和浮雕(B)...命令。

（3）此时，可弹出图层样式对话框，如图 6.4.2 所示。在该对话框中可设置斜面和浮雕样式的各项参数，如斜面和浮雕的深度、大小、角度等。

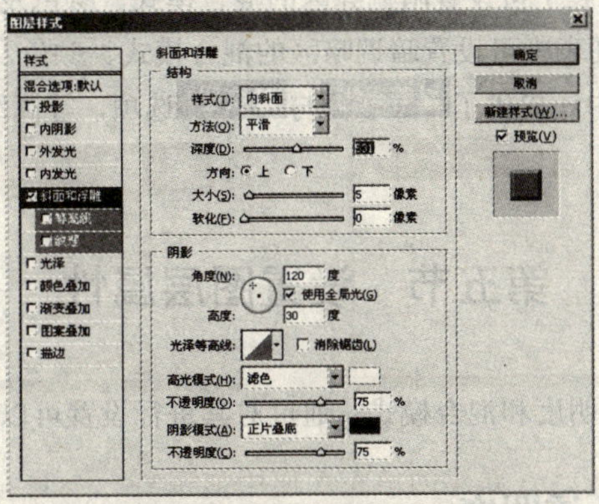

图 6.4.2 “图层样式”对话框

（4）完成各项设置后，单击确定按钮，可得到如图 6.4.3 所示的斜面和浮雕效果。此时在图层×面板中将显示代表图层样式的图标，图层样式与一般图层一样具有可以修改的特点，只要双击图层样式的图标，就可以在弹出的图层样式对话框中重新进行编辑。

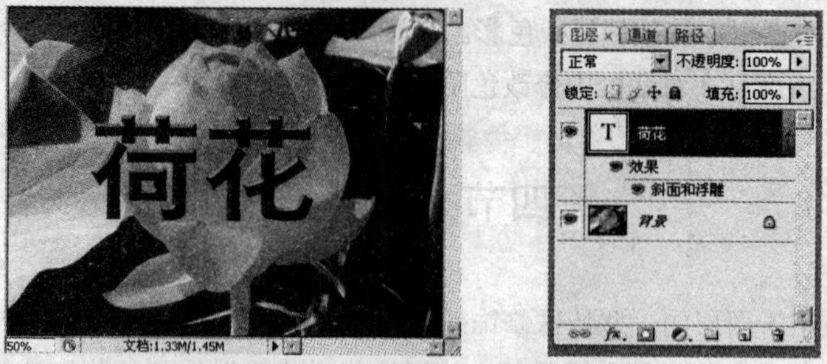

图 6.4.3　对文字应用斜面和浮雕效果

二、设置图层样式

在图层样式对话框中不但可以选择需要的图层样式，还可以具体设置各种图层样式的参数。下面以斜面和浮雕样式为例，来介绍图层样式的参数设置方法。

（1）在图层样式对话框左侧选中☑斜面和浮雕复选框，可在右侧显示出该选项的参数。在结构选项区中的样式(T):下拉列表中可选择一种图层效果，其中包括外斜面、内斜面、浮雕效果、枕状浮雕和描边浮雕选项。

1）外斜面：可以在图层中的图像外部边缘产生一种斜面的光照效果。

2）内斜面：可以在图层中的图像内部边缘产生一种斜面的光照效果。

3）浮雕效果：创建当前图层内容相对它下面图层凸出的效果。

4）枕状浮雕：创建当前图层中图像的边缘陷入下面图层的效果。

5）描边浮雕：类似浮雕效果，不过只是对图像边缘产生效果。

（2）在深度(D):输入框中输入数值或拖动滑块，可用来控制雕刻效果的深度。

（3）在方向:选项区中提供了两个选项，可用来设置阴影的方向。

（4）在大小(S):输入框中输入数值或拖动滑块，可设置阴影面积的大小。

（5）在软化(F):输入框中输入数值或拖动滑块，可设置阴影边缘柔化的程度。

（6）在阴影选项区中的高度:输入框中输入数值，可设置生成阴影的灯光的高度。

（7）在高光模式(H):下拉列表中可设置暗调亮区的混合模式、颜色及不透明度。

（8）在阴影模式(A):下拉列表中可设置暗调暗区的混合模式、颜色及不透明度。

（9）在斜面和浮雕样式中还提供了☑等高线与☑纹理选项，等高线选项可设置斜面和浮雕的轮廓线，纹理选项中可设置材质。

第五节　设置图层属性

图层的属性主要包括不透明度和混合模式，通过对其进行设置可以得到特殊的效果。

一、图层与填充的不透明度

如果两个图层的像素叠加在一起，可以使用改变不透明度的方法来调整上层像素的透明程度。

图层的不透明度对图层中的所有元素起作用，包括图层本身的像素以及用户设置的阴影、描边等各种图层样式，如果只需要调整图层本身像素的不透明度，可以在 图层× 面板中的 填充: 输入框中设置相应的参数。

下面通过一个具体的实例来说明图层不透明度与填充不透明度的区别。

（1）按“Ctrl+O”键打开一幅背景图像，如图 6.5.1 所示。

（2）再打开一幅苹果图像，并使用移动工具将该图像移至打开的背景图像中，系统将自动生成图层 1，如图 6.5.2 所示。

图 6.5.1 打开的背景图像

图 6.5.2 移动后的图像

（3）选择图层 1，然后选择菜单栏中的 图层(L) → 图层样式(Y) → 投影(D)... 命令，弹出 图层样式 对话框，在其中设置相应的参数后，单击 确定 按钮，可为图层 1 中的图像应用投影样式，如图 6.5.3 所示。

（4）在 图层× 面板中将 不透明度: 设置为 50%，如图 6.5.4 所示。从图中可以看出，降低不透明度后，苹果及添加的图层样式均变得透明了一些。

图 6.5.3 应用投影样式后的效果

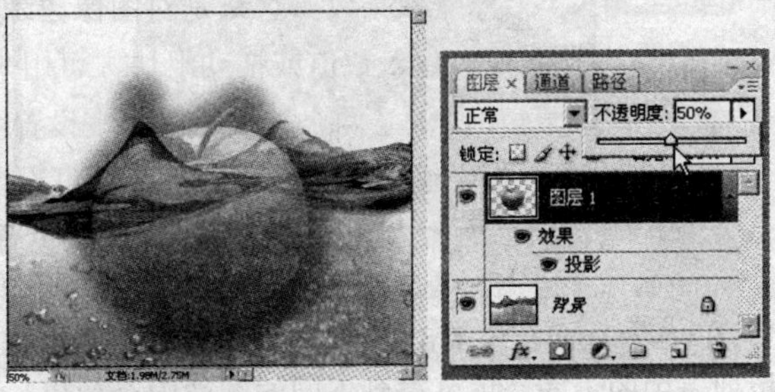

图 6.5.4 调整不透明度后的效果

（5）将 不透明度: 恢复到 100%，再将 填充: 参数设置为 50%，如图 6.5.5 所示。可以看到，苹果变得透明了，但其图层样式效果并没有改变。

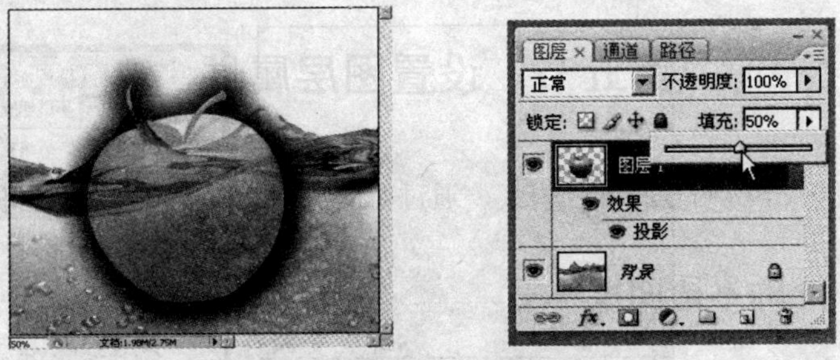

图 6.5.5 调整填充参数的效果

二、混合模式

混合模式是指当图像中多个图层叠加时，上方图层的像素与下方图层的像素进行混合的方式。不同的混合方式，其混合效果均不相同。

下面先通过一个具体的实例来介绍混合模式的功能与操作方法。

（1）打开一幅“水”图像，如图 6.5.6 所示。

图 6.5.6　打开的图像

（2）再打开一幅橘子图像，按“Ctrl+A”键全选图像。

（3）按“Ctrl+C”键将所选的图像复制到剪贴板中，然后单击“水”图像的窗口，确认其为当前可编辑图像，按“Ctrl+V”键将剪贴板中的图像粘贴到“水”图像中，可自动生成图层 1，如图 6.5.7 所示。

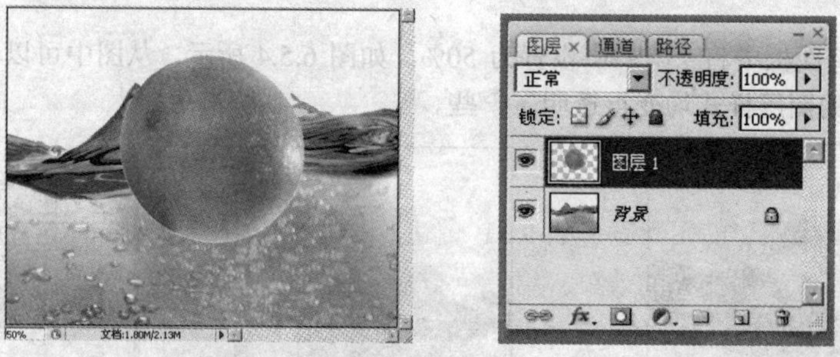

图 6.5.7　粘贴图像效果

（4）在 图层 × 面板中单击 正常 下拉列表框，可弹出如图 6.5.8 所示的下拉列表，通过选择该下拉列表中的不同选项可得到不同的图像混合效果。

（5）此处选择 变亮 选项，可产生如图 6.5.9 所示的效果。

图 6.5.8　混合模式下拉列表

图 6.5.9　变亮效果

在 Photoshop CS3 中可以指定每一个图层与其下层图像的混合模式，也可以在进行绘图等编辑操作时，指定绘制的图像按何种模式与原有图像进行混合。下面介绍几种主要的混合模式。

1. 正常

正常模式是 Photoshop 默认的混合模式。当图层的不透明度为 100%时，设置为该模式的图层将完全覆盖下层图像。

2. 溶解

使用溶解模式，可以将当前图层中的图像以一种颗粒状的方式作用到下层，产生两层图像互相溶解的效果。图层的不透明度越低，溶解效果就越明显，如图 6.5.10 所示。

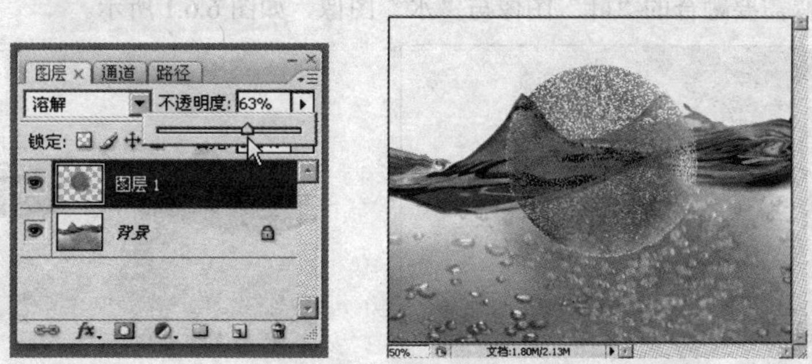

图 6.5.10　应用溶解混合模式

3. 正片叠底

正片叠底模式就是将两个图层的色彩叠加在一起，从而生成叠底效果。

4. 变亮

变亮模式是将两个图层的图像颜色的 RGB 值进行比较后，取较高值成为混合后的颜色，因而总的颜色灰度级会升高，产生变亮的效果。用黑色合成图像时无作用，用白色时则仍为白色。

5. 变暗

使用变暗模式可以将上下两个图层像素颜色的 RGB 值（即 RGB 通道中的颜色亮度值）进行比较，取较低的值再组合成为混合后的颜色。因此，总的颜色灰度级会降低，产生变暗的效果。

6. 叠加

叠加模式与正片叠底模式相反，叠加模式合成图层的效果是显现两图层中较高的灰阶，较低的灰阶则不显现，产生一种漂白的效果。

7. 强光

使用强光模式所产生的效果如同给图像打上一层色调强烈的光，所以称之为强光。如果两层中颜色的灰阶是偏向低灰阶，作用与正片叠底类似；而当偏向高灰阶时，则与屏幕类似。

8. 差值

使用差值模式是将要混合的两个图层中的 RGB 值中的每个值分别进行比较，用高值减去低值作为合成后的颜色。

9. 颜色减淡

使用颜色减淡模式可加亮图层的颜色值，上面图层的颜色越暗，效果越细腻。

第六节　应用图层蒙版

图层蒙版覆盖在某一个特定的图层或图层组上，主要用于控制图层上各个区域的显示程度。对图层蒙版应用特殊的效果，将不会影响图层中的像素。

下面通过一个具体的实例来介绍蒙版的功能与应用。

（1）打开两幅需要融合的“叶”图像与“水”图像，如图 6.6.1 所示。

图 6.6.1　打开的图像文件

（2）使用移动工具将“叶”图像移至“水”图像中，可生成图层 1，将其调整到适当位置，此时 图层 × 面板显示如图 6.6.2 所示。

（3）确认图层 1 为当前可编辑图层，在 图层 × 面板底部单击“添加图层蒙版”按钮，可为图层 1 添加蒙版，如图 6.6.3 所示。

图 6.6.2　图层面板

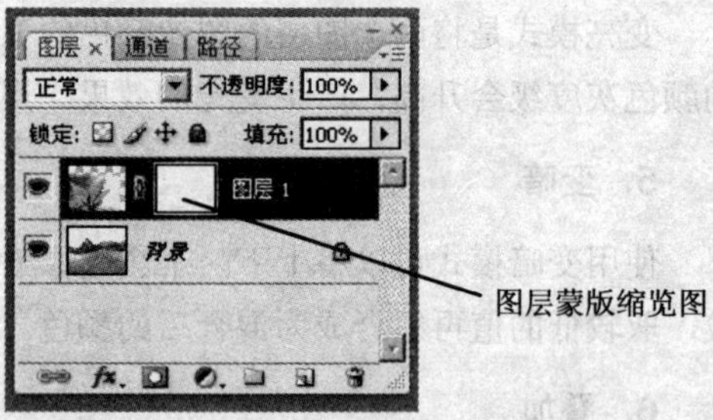

图 6.6.3　添加图层蒙版

（4）单击工具箱中的“渐变工具”按钮，在属性栏中设置渐变方式为线性渐变，在图层蒙版从右下向左上角拖动鼠标填充渐变效果，如图 6.6.4 所示。

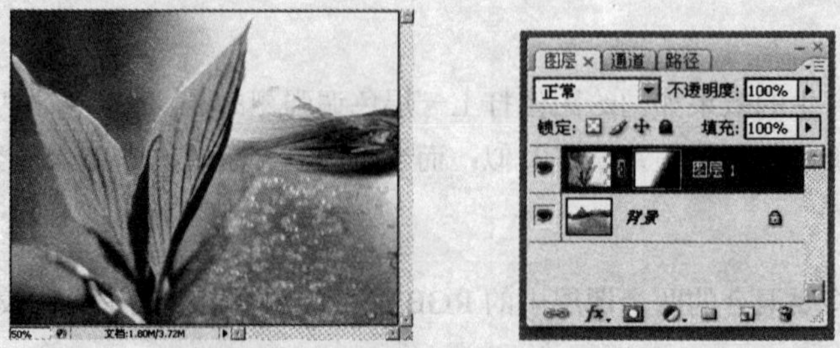

图 6.6.4　为图层蒙版填充渐变效果

第七节　上机练习

本例利用图层功能来制作书本的真实效果，以巩固本章所学的知识。

（1）新建一幅图像，再打开一幅“书本”图像，使用移动工具将其移至新建的图像中，可自动生成图层 1，如图 6.7.1 所示。

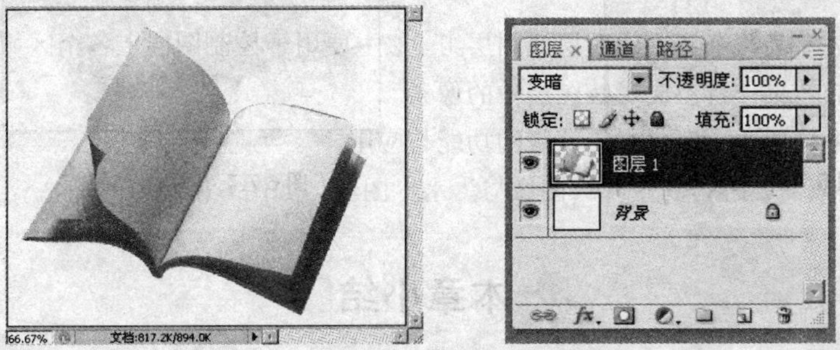

图 6.7.1　移动图像

（2）确认图层 1 为当前可编辑图层，选择菜单栏中的 图层(L) → 图层样式(Y) → 投影(D)... 命令，弹出 图层样式 对话框，设置参数如图 6.7.2 所示。

（3）单击 确定 按钮，可为图层 1 中的图像添加投影效果，如图 6.7.3 所示。

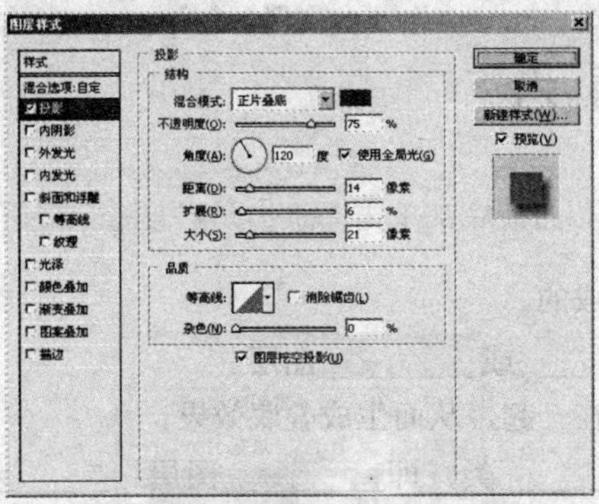

图 6.7.2　“图层样式”对话框

图 6.7.3　添加投影后的效果

（4）单击工具箱中的“钢笔工具”按钮，沿书本边缘创建路径，并将路径转换为选区，如图 6.7.4 所示。

（5）打开一幅“叶”图像，按“Ctrl+A”键全选，按“Ctrl+C”键复制，然后选择当前正在编辑的图像，按“Ctrl+Shift+V”键将复制的图像粘贴至选区中，可自动生成一个剪贴图层，如图 6.7.5 所示。

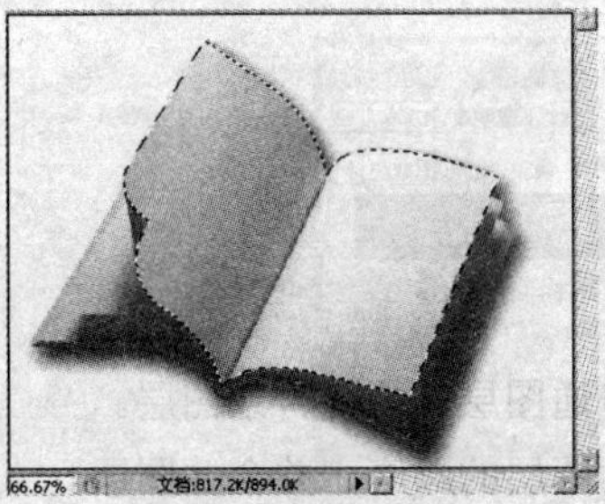

图 6.7.4　将路径转换为选区

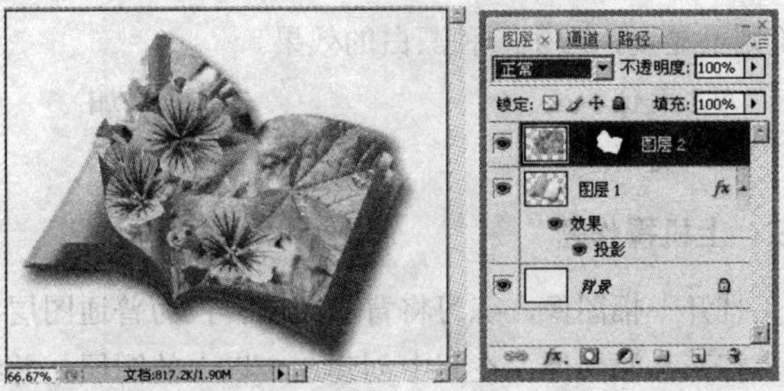

图 6.7.5　粘贴的图像与生成的剪贴图层

（6）确认剪贴图层为当前图层，在 图层× 面板中的 正常 下拉列表中选择 变暗 选项，如图 6.7.6 所示，此时的图像效果如图 6.7.7 所示。

图 6.7.6　设置混合模式

图 6.7.7　应用变暗模式

本章小结

本章详细地讲解了图层的使用，包括图层的概述、图层的新建、图层的基本操作、图层的样式、调节图层属性以及应用图层蒙版等。通过本章的学习，读者应该掌握图层的各种操作技巧，并能灵活使用图层来编辑或创作图像效果。

习 题 六

一、填空题

1．对图层的大部分操作都是在________中完成的。

2．在 图层× 面板中，眼睛图标 可用于________或________图层。

3．________模式就是将两个图层的色彩叠加在一起，从而生成叠底效果。

4．在 Photoshop CS3 中可以将图层分为________类，即________图层、________图层、________图层和________图层。

二、选择题

1．不能对（　）图层设置混合模式与不透明度。

A．背景　　B．普通

C．填充　　D．调整

2．（　）模式与正片叠底模式相反，叠加模式合成图层的效果是显现两图层中较高的灰阶，较低的灰阶则不显现，产生一种漂白的效果。

A．差值　　B．叠加

C．变暗　　D．滤色

三、上机操作题

1．打开一幅图像，练习将背景图层转换为普通图层，再将普通图层转换为背景图层。

2．打开一幅图像，在其中创建 3 个以上的图层，并练习移动图层的顺序，并合并图层。

第七章　文本的处理

文字是组成图像的主要部分，在图像中的任何位置都可以创建横排或直排的文字。本章主要介绍在 Photoshop CS3 中处理文字的一些方法。

本章主要内容：

- 输入文本
- 设置文本格式
- 编辑文本

第一节　输入文本

在 Photoshop CS3 中可以使用工具箱中的横排文字工具、直排文字工具、横排文字蒙版工具与直排文字蒙版工具来输入文字，其输入文字的方式有两种，即点文字与段落文字。当输入文字时，在“图层”面板中会自动生成一个新的文字图层。

一、输入点文字

点文字的输入方式是在图像中输入单独的文本，即一个字或一行字符。无须自动换行，可通过回车键使之换到下一行，然后再继续输入点文字。

右键单击工具箱中的“横排文字工具”按钮，可弹出隐藏的文字工具组，如图 7.1.1 所示。

从中选择相应的文字工具，可在图像中输入文字。如果单击“直排文字蒙版工具”按钮，在图像中可输入文字的选区，如图 7.1.2 所示。

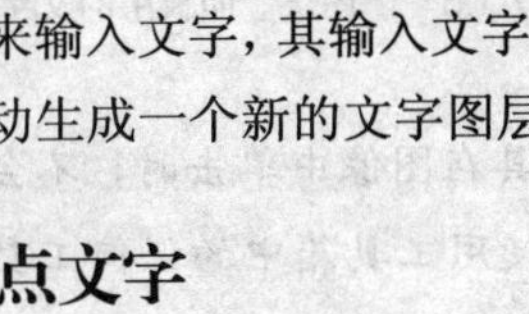

图 7.1.1　文字工具组

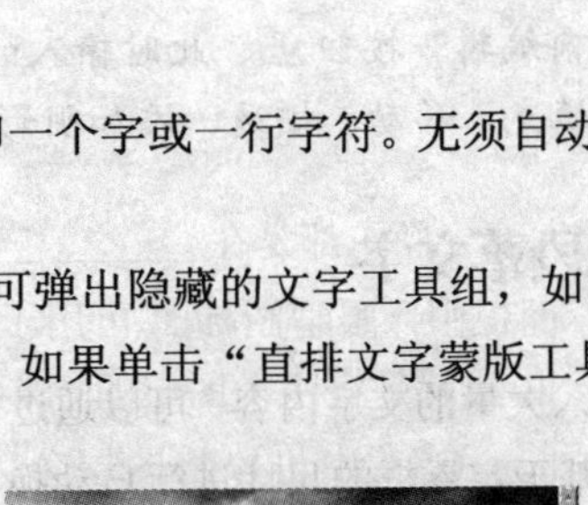

图 7.1.2　使用直排文字蒙版工具输入文字选区

单击工具箱中的“横排文字工具”按钮，其属性栏如图 7.1.3 所示。

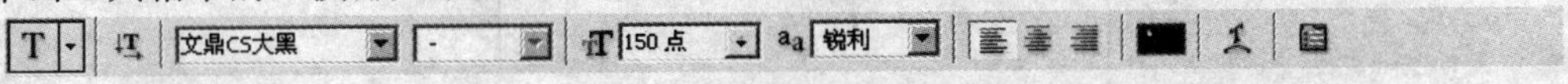

图 7.1.3　横排文字工具属性栏

在“文鼎CS中黑”下拉列表中可以选择文字的字体，在“150 点”下拉列表中可选择字体大小或直接输入数值来设置字体的大小，在“锐利”下拉列表中可选择消除锯齿的选项。

在属性栏中设置好所输文字的字体、字号以及颜色后，将鼠标移至图像中单击，以定位光标输入位置，此时图像中显示一个闪烁光标，即可输入文字内容，如图 7.1.4 所示。

技巧：输入文字后，按住“Ctrl”键的同时拖动输入的文字，可移动文字的位置。

文字内容输入完成后，在属性栏中单击“提交所有当前编辑”按钮，即可完成输入；如果单击属性栏中的“取消所有当前编辑”按钮，即可取消输入操作，此时，在“图层”面板中会自动生成一个新的文字图层，如图 7.1.5 所示。

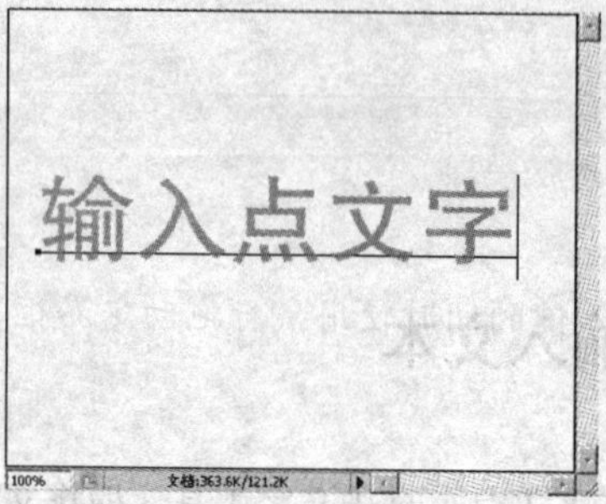

图 7.1.4　输入文字

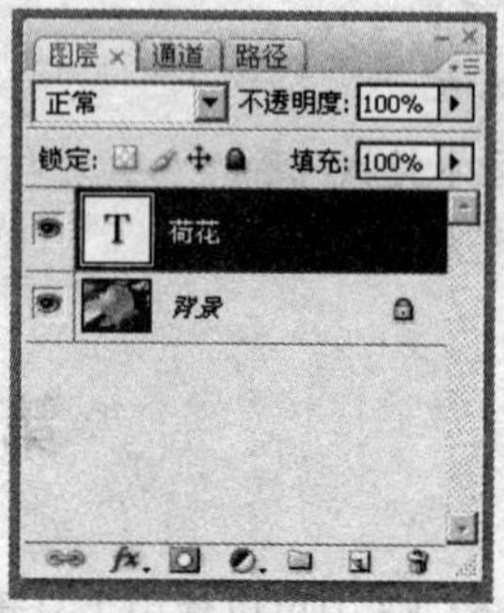

图 7.1.5　“图层”面板中的文字图层

提示：使用横排文字蒙版工具或直排文字蒙版工具在图像中单击时，不会自动创建文字图层，可为图像创建一层蒙版。在这种状态下输入文字后，再使用工具箱中的任何工具或单击属性栏中的“提交所有当前编辑”按钮，此时输入的文字将自动转换为选区，就可以将转换后的选区像普通选区一样进行填充、移动、描边、添加阴影等操作。

二、输入段落文字

如果需要输入大量的文字内容，可以通过 Photoshop CS3 中提供的段落文本框进行。输入段落文字时，其文字会基于定界框的尺寸进行自动换行，也可以根据需要自由调整定界框的大小，还可以使用定界框旋转、缩放与斜切文字。

单击工具箱中的“横排文字工具”按钮，在图像中拖动鼠标创建一个文本定界框，然后在该文本定界框中输入文字，就可以创建自动换行的段落文字，如图 7.1.6 所示。当然，也可以根据段落的文字内容进行分段。输入完成后，单击属性栏中的“提交所有当前编辑”按钮，可确认输入的段落文字。

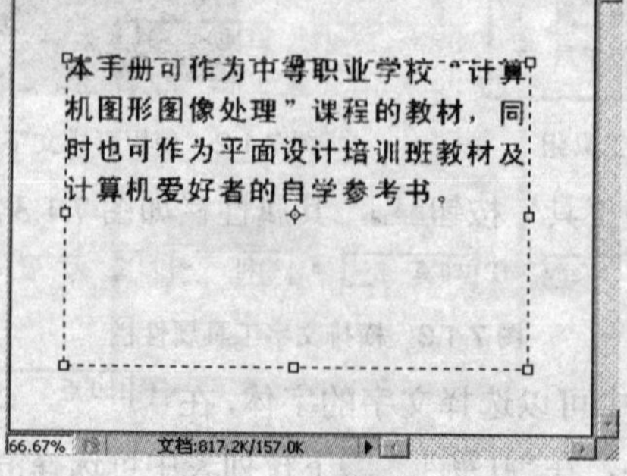

图 7.1.6　输入段落文字

将鼠标移至文本定界框四周的控制点上，按住鼠标左键并拖动，可对定界框进行旋转、缩放等操作，如图 7.1.7 所示。

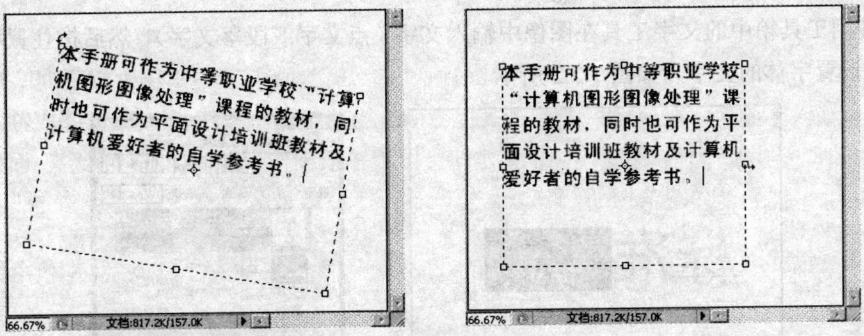

图 7.1.7　旋转与缩放定界框

技巧：将鼠标移至定界框内，按住“Ctrl”键的同时使用鼠标拖动定界框，可移动该定界框的位置。

第二节　设置文本格式

在 Photoshop CS3 中，在输入点文字或段落文字后，都需要使用 字符× 与 段落× 面板来设置字体类型、大小、粗细、颜色、字距微调、字距调整、基线移动及对齐等其他字符属性，也可以在输入文字之前设置好其属性，还可以对输入的文字重新设置属性，更改它们的外观。

一、设置字符格式

在 Photoshop CS3 中进行文字处理时，不管是在输入文字前还是在输入文字后，都可以对文字格式进行精确设置，如更改字体，设置字符的大小、字距、颜色、行距、两个字符之间的字距、所选字符的字距以及进行水平缩放等操作。

1．显示字符面板

在默认设置下， 字符× 面板显示在 Photoshop CS3 窗口的右侧。如果在 Photoshop CS3 中没有显示出此面板，则可选择菜单栏中的 窗口(W) → 字符 命令，即可打开 字符× 面板，如图 7.2.1 所示。

图 7.2.1　字符面板

2．设置字体

要想设置字体，其具体的操作步骤如下：

（1）使用工具箱中的文字工具在图像中输入文字（点文字或段落文字），然后按住鼠标左键并拖动选择需要设置字体的文字，如图 7.2.2 所示。

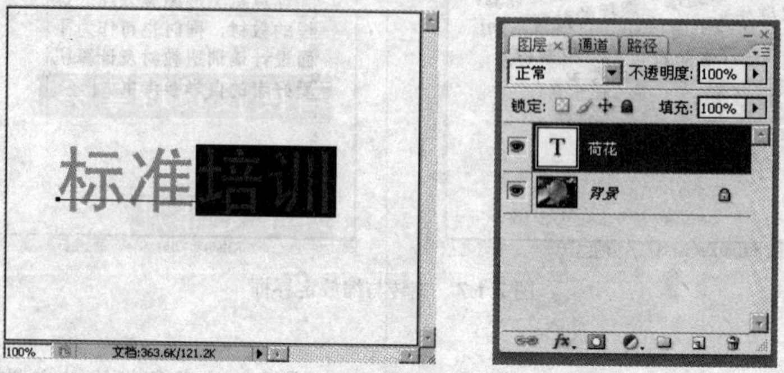

图 7.2.2　选择需要设置字体的文字

（2）在 字符 × 面板左上角单击设置字体下拉列表框，可从弹出的下拉列表中选择需要的字体，所选择的文字字体将会随之改变，如图 7.2.3 所示。

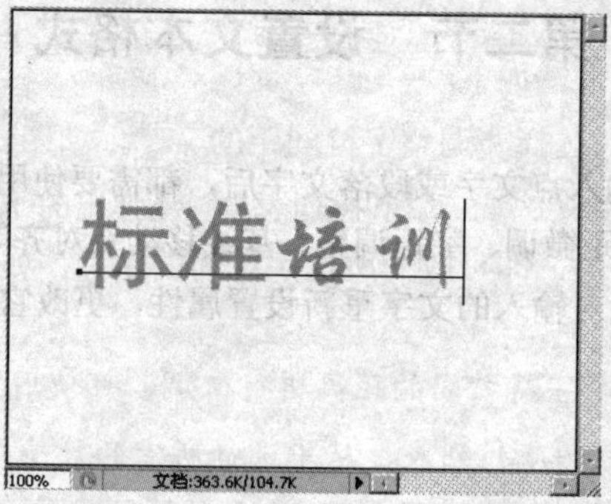

图 7.2.3　改变字体

3．改变字体大小

要想设置字体大小，其具体的操作步骤如下：

（1）选择需要设置字体大小的文字。

（2）在 字符 × 面板中的 T 150 点 下拉列表框中选择数值或直接输入数值，即可改变所选文字的大小，如图 7.2.4 所示。

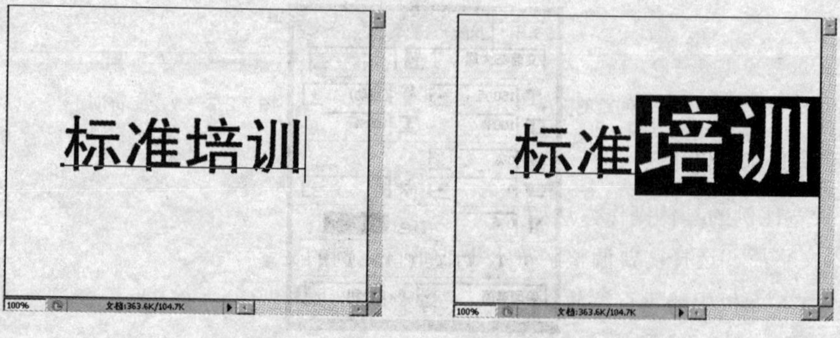

图 7.2.4　改变字体大小前后效果对比

4. 调整行距

行距是两行文字之间的基线距离。Photoshop CS3 中的默认行距为自动，在“字符”面板中单击 (自动) 下拉列表，从弹出的下拉列表中选择需要的行距数值，也可直接输入行距数值来改变所选文字行与行之间的距离，如图 7.2.5 所示。

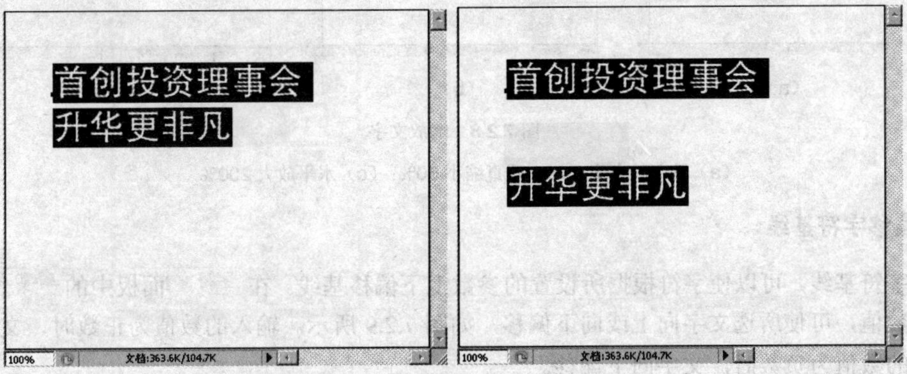

图 7.2.5　改变行距前后效果对比

5. 调整字符间距

调整字符节间距的具体操作方法如下：

（1）在图像中输入文字后，选择要调整字符间距的文字，如图 7.2.6 所示。

（2）在 字符× 面板中单击 0 下拉列表框，从弹出的下拉列表中选择字符间距的数值，也可直接输入所需的字符间距数值，即可改变所选字符间的距离，如图 7.2.7 所示。

提示：如果需要对两个字符之间的距离进行微调，可使用文字工具在两个字符之间单击，然后在 字符× 面板中单击 右侧的下拉列表，从中选择所需的数值或直接输入数值即可。

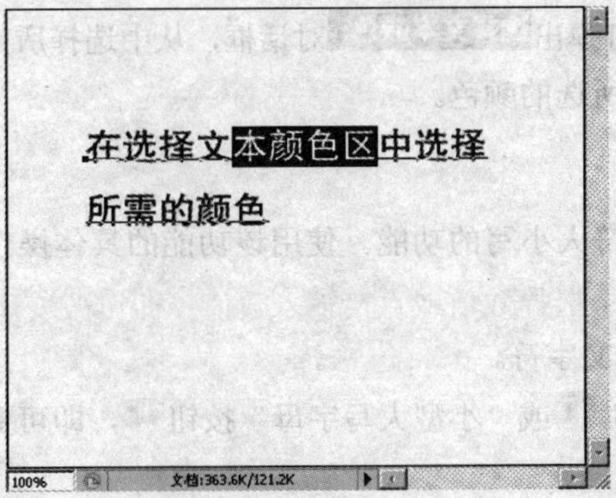

图 7.2.6　选择要调整字符间距的文字

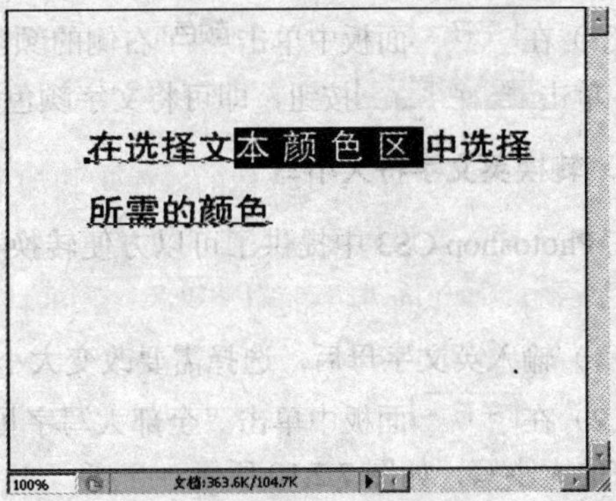

图 7.2.7　改变字符间距

6. 更改字符长宽比例

更改字符长宽比例的具体操作方法如下：

（1）输入文字后，选择需要调整字符水平或垂直比例的文字。

（2）在 字符× 面板中的垂直缩放 100% 与水平缩放 100% 输入框中输入数值，即可将所选的文字进行缩放，如图 7.2.8 所示。

（a）　（b）　（c）

图 7.2.8　缩放文字

（a）输入的文字；（b）垂直缩小 50%；（c）水平放大 200%

7. 偏移字符基线

移动字符基线，可以使字符根据所设置的参数上下偏移基线。在 字符× 面板中的 0点 输入框中输入数值，可使所选文字向上或向下偏移，如图 7.2.9 所示。输入的数值为正数时，文字向上偏移；输入的数值为负数时，文字向下偏移。

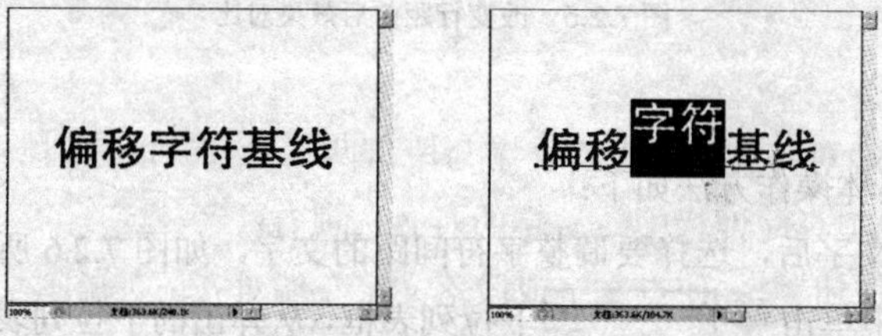

图 7.2.9　使文字偏移基线

8. 设置字符颜色

在 Photoshop CS3 中输入文字前或输入文字后，都可对文字的颜色进行设置。其具体的操作如下：

（1）选择想改变颜色的文字。

（2）在 字符× 面板中单击 颜色: 右侧的颜色块，可弹出 选择文本颜色: 对话框，从中选择所需的颜色后，单击 确定 按钮，即可将文字颜色更改为所选的颜色。

9. 转换英文字符大小写

在 Photoshop CS3 中提供了可以方便转换英文字符大小写的功能。使用该功能的具体操作方法如下：

（1）输入英文字母后，选择需要改变大小写的英文字符。

（2）在 字符× 面板中单击“全部大写字母”按钮 TT 或“小型大写字母”按钮 Tr，即可更改所选字符的大小写，如图 7.2.10 所示。

（a）　（b）　（c）

图 7.2.10　更改英文字符大小写

（a）输入的字符；（b）改变为全部大写字母；（c）改变为小型大写字母

也可以在字符×面板中单击右上角的三角按钮，从弹出的面板菜单中选择全部大写字母(C)或小型大写字母(M)命令，来改变所选英文字符的大小写。

在字符×面板中单击“仿粗体”按钮，可将当前的文字加粗；单击“仿斜体”按钮，可将当前的文字倾斜；单击“上标”按钮，可将所选文字设置为上标文字；单击“下标”按钮，可将所选文字设置为下标文字；单击“下画线”按钮，可在选中的文字下方添加下画线；单击“删除线”按钮，可在所选文字的中间添加一条删除线。

二、设置段落格式

段落文字是在输入文字时，末尾带有回车符的任何范围的文字。对于点文字，一行就是一个单独的段落；而对于段落文字，一段中有多行。如果要设置段落文字的格式，可通过段落×面板中的选项设置来应用于整个段落。默认情况下，段落×与字符×面板在一起，也可以通过选择菜单栏中的窗口(W)→段落命令，或直接在文字工具属性栏中单击按钮，即可打开段落×面板，如图 7.2.11 所示。

1. 对齐和调整文字

可以将文字与段落一端对齐，也可以将文字与段落两端对齐，以达到整齐的视觉效果。

在段落×面板或文字工具属性栏中，文字的对齐选项有：

（1）“左对齐文本”按钮：使点文字或段落文字左端对齐，右端参差不齐，如图 7.2.12 所示。

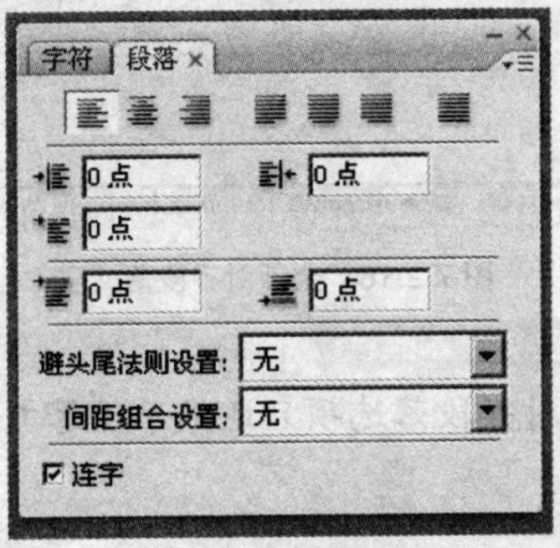

图 7.2.11 段落面板

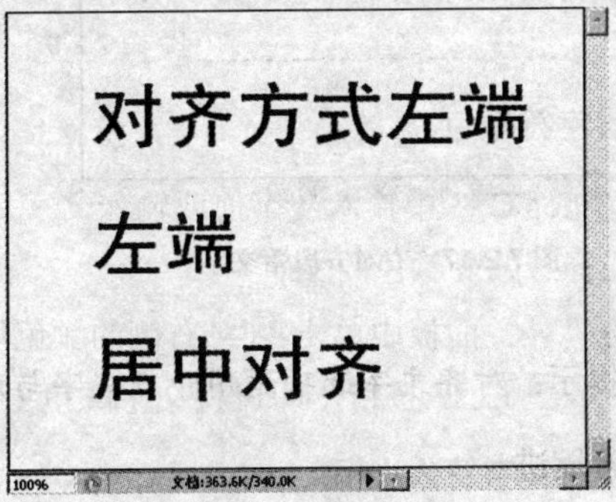

图 7.2.12 左对齐文字

（2）“居中文本”按钮：使点文字或段落文字居中对齐，两端参差不齐，如图 7.2.13 所示。

（3）“右对齐文本”按钮：使点文字或段落文字右对齐，左端参差不齐，如图 7.2.14 所示。

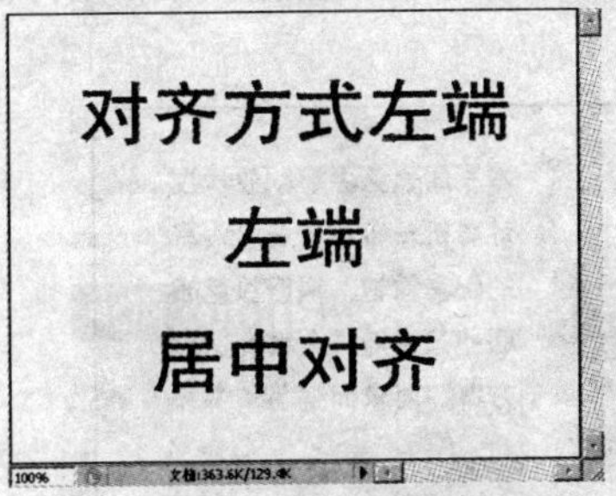

图 7.2.13 居中对齐文字

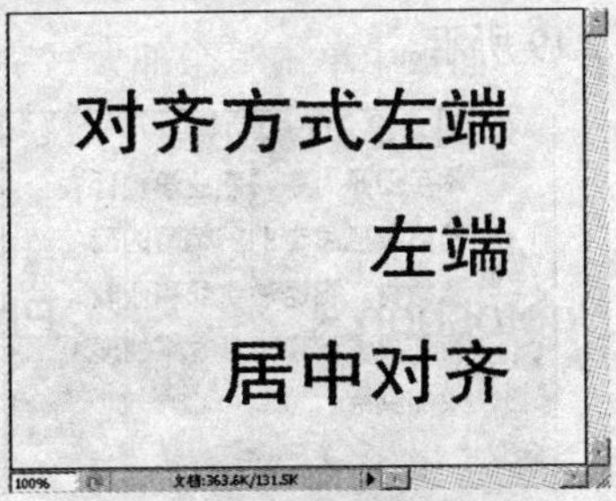

图 7.2.14 右对齐文字

在段落×面板或文字工具属性栏中，文字的段落对齐选项有：

（1）“最后一行左边对齐”按钮：可将段落文字最后一行左对齐，如图 7.2.15 所示。

（2）“最后一行居中对齐”按钮：可将段落文字最后一行居中对齐，如图 7.2.16 所示。

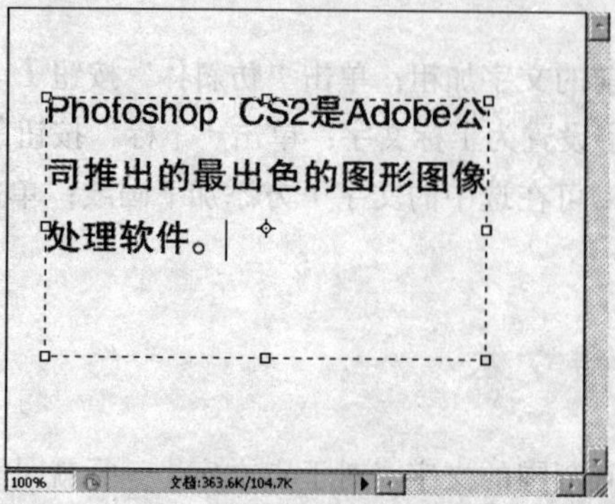

图 7.2.15　左对齐段落文字

图 7.2.16　居中对齐段落文字

（3）“最后一行右边对齐”按钮：可将段落文字最后一行右对齐，如图 7.2.17 所示。

（4）“全部对齐”按钮：可将段落文字最后一行强行全部对齐，如图 7.2.18 所示。

图 7.2.17　右对齐段落文字

图 7.2.18　全部对齐段落文字

提示：对齐文字选项适用于点文字与段落文字；对齐段落选项只适用于段落文字。

2. 段落缩进

段落缩进是指段落文字与文字定界框之间的距离。缩进只影响所选段落，因此可以很容易地为多个段落设置不同的缩进。

在“段落”面板中的左缩进输入框 0点 中输入数值，可设置段落文字在定界框中左边的缩进量，如图 7.2.19 所示。

图 7.2.19　设置段落文字的左缩进

在右缩进输入框 0点 中输入数值，可设置段落文字在定界框中右边的缩进量。

在首行缩进输入框 0点 中输入数值，可设置段落文字在定界框中的首行缩进量。

3．更改段落间距

在“段落”面板中的段前添加空格输入框 0点 中输入数值，可设置所选段落文字与前一段文字之间的距离；在段后添加空格输入框 0点 中输入数值，可设置所选段落文字与后一段文字之间的距离。

第三节　编辑文本

在设计作品时，可以对所输入的文字进行一些编辑操作，如对文字进行扭曲、斜切与变形等，使版面显得很活泼、生动，具有很强的视觉效果。

一、变换文字

如果需要对创建的文字进行各种变换操作，可选择菜单栏中的 编辑(E) → 变换 命令，弹出其子菜单，如图 7.3.1 所示。从中选择相应的命令可对文字进行各种变换操作。

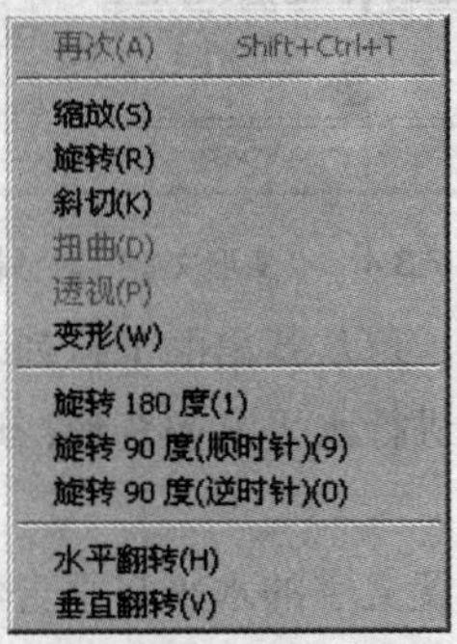

图 7.3.1　“变换”子菜单

在图像中输入文字后，在此菜单中选择 斜切(K) 命令，即可为文字添加变换框，拖动变换框将文字进行变换，其效果如图 7.3.2 所示，按回车键可确认此变换操作。

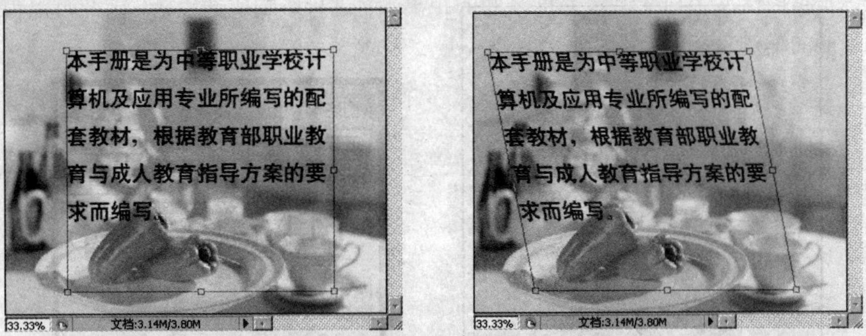

图 7.3.2　斜切文字前后效果对比

在为文字添加了变换框之后，此时相应的属性栏显示如图 7.3.3 所示。

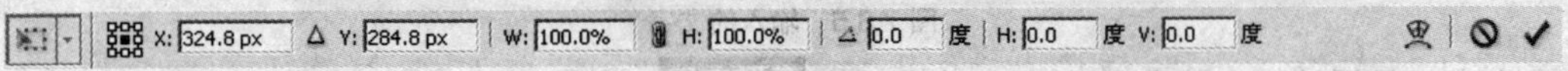

图 7.3.3　变换属性栏

在△ 0.0 度输入框中输入数值，可直接旋转文字到一定的角度。

在H: 0.0 度输入框中输入数值，可设置文字的水平斜切角度。

在V: 0.0 度输入框中输入数值，可设置文字的垂直斜切角度。

二、变形文字

在 Photoshop CS3 中还有一种非常方便的变形功能。使用此功能可以使所创建的点文字与段落文字产生各种各样的变形效果，也可对输入的字母进行弯曲变形。

如果需要对文字进行各种变形操作，可在文字工具属性栏中单击“创建变形文本”按钮，即可弹出变形文字对话框，如图 7.3.4 所示。

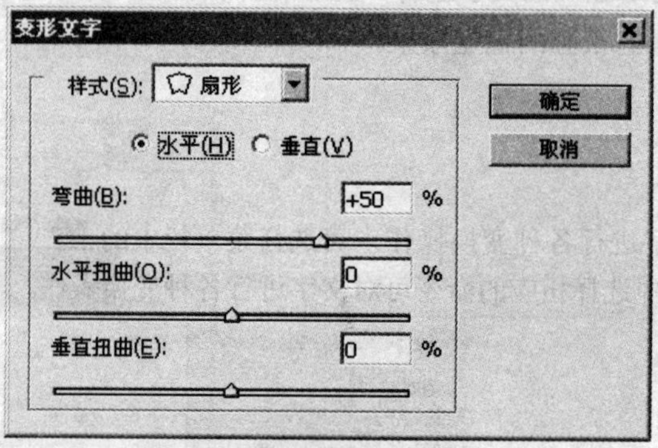

图 7.3.4　“变形文字”对话框

单击样式(S): 下拉列表框扇形，可从弹出的下拉列表中选择不同的文字变形样式。

选中水平(H)单选按钮，可对文字进行水平方向变形；选中垂直(V)单选按钮，可对文字进行垂直方向变形。

在弯曲(B): 输入框中输入数值，可设置文字的水平与垂直弯曲程度。

在水平扭曲(O): 与垂直扭曲(E): 输入框中输入数值或拖动相应的滑块，可设置文字的水平与垂直扭曲程度。

打开一幅图像，在图像中输入文字，并自动生成文字图层，如图 7.3.5 所示。

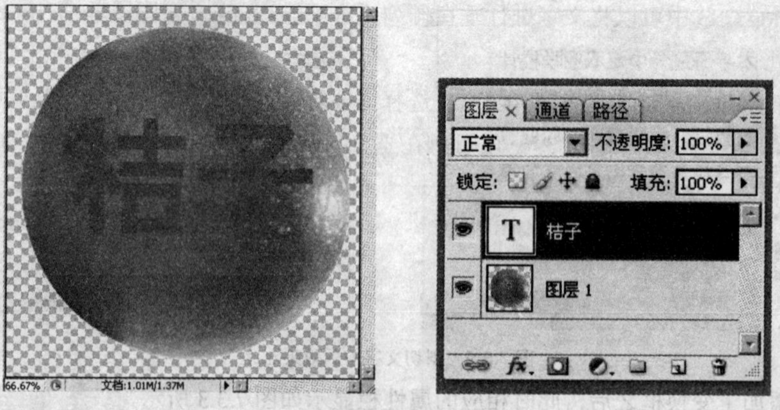

图 7.3.5　输入的文字

在文字工具属性栏中单击按钮，在弹出的变形文字对话框中设置参数，如图 7.3.6 所示。

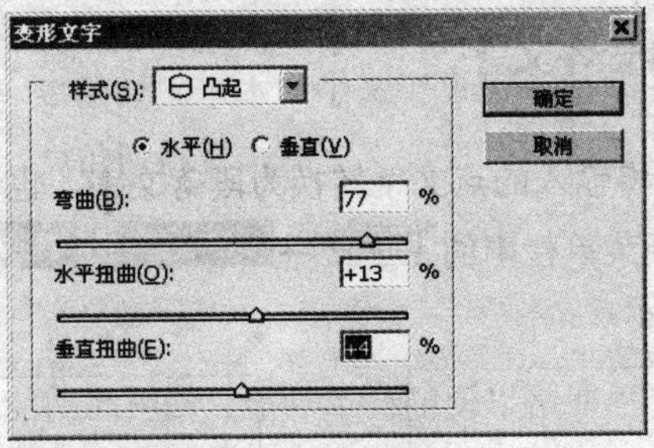

图 7.3.6　“变形文字”对话框

单击 确定 按钮，变形后的文字效果如图 7.3.7 所示。

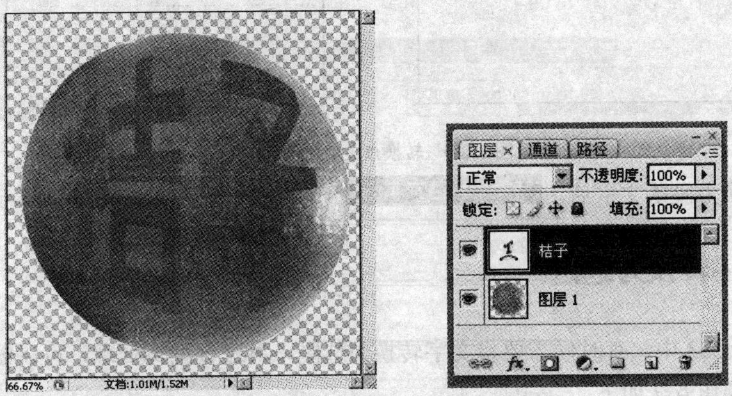

图 7.3.7　变形后的文字效果

提示：如果需要取消文字变形的效果，可选择应用变形的文字图层，在文字工具属性栏中单击“变形文本”按钮，在弹出的变形文字对话框中单击样式(S):下拉列表框 扇形，从弹出的下拉列表中选择无选项，即可取消文字的变形效果。

三、更改文字的排列方式

在 Photoshop CS3 中可以将文字进行垂直排列或水平排列。当文字图层垂直时，文字行上下排列；当文字图层水平时，文字行左右排列。

如果需要更改文字的垂直与水平方式，可选择需要更改的文字图层后，选择菜单栏中的图层(L)→文字(T)→水平(H)或垂直(V)命令，就可以在垂直与水平方式之间互换，其效果如图 7.3.8 所示。

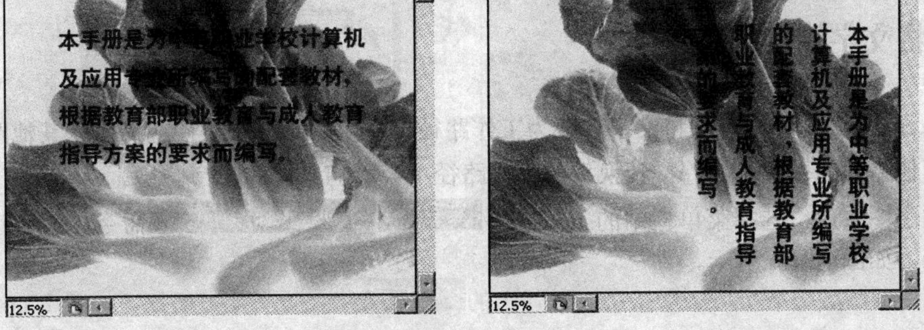

图 7.3.8　更改文字排列方式

四、将点文字转换为段落文字

在 Photoshop CS3 中，可以将输入的点文字转换为段落文字，也可将段落文字转换为点文字。

在图像中输入点文字，选择菜单栏中的 图层(L) → 文字(T) → 转换为段落文本(P) 命令，即可转换点文字为段落文字，如图 7.3.9 所示。

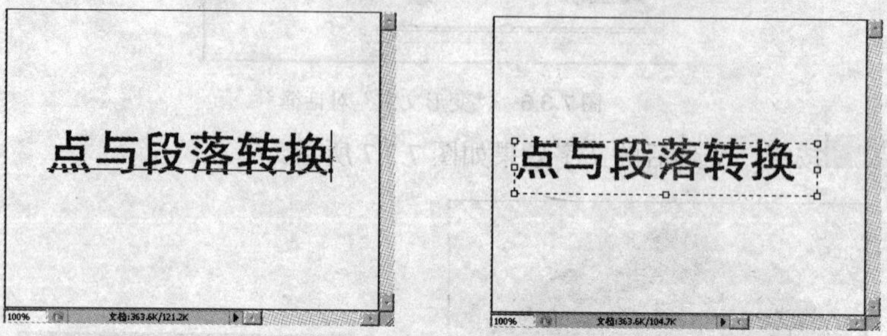

图 7.3.9　转换点文字为段落文字

将点文字转换为段落文字后，转换为段落文本(P) 命令将显示为 转换为点文本(P) 命令。

五、将文字转换为选区

在 Photoshop CS3 中，有时候需要将文字转换为选区，再进行编辑处理，可以创作出特殊的文字效果。其具体的操作方法如下：

（1）在“图层”面板中选择需要转换的文字图层。

（2）按住“Ctrl”键的同时在“图层”面板中单击文字图层列表前的缩略图，就可将文字图层转换为选区，如图 7.3.10 所示。

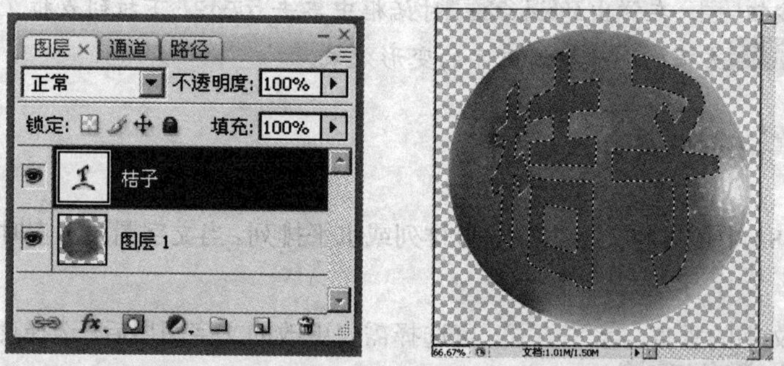

图 7.3.10　将文字图层转换为选区

六、将文字转换为路径

在 Photoshop CS3 中，可以将文字转换为工作路径，转换后的工作路径就可以像其他路径一样存储并进行其他路径的操作。另外，转换后的工作路径不会影响原来的文字图层。

选择文字图层后，选择菜单栏中的 图层(L) → 文字(T) → 创建工作路径(C) 命令，即可将文字转换为工作路径，如图 7.3.11 所示。

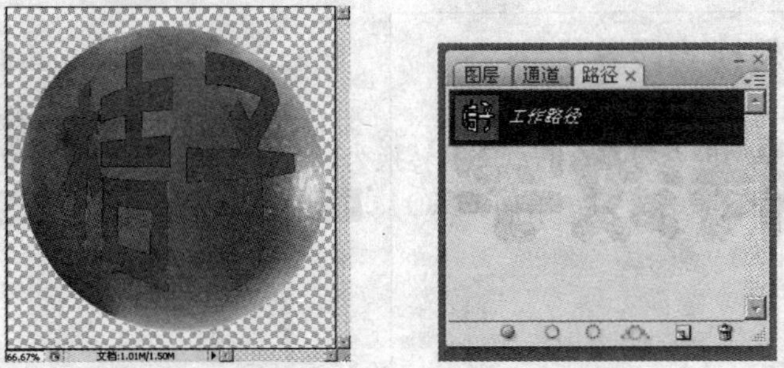

图 7.3.11　创建工作路径

如果需要移动创建的路径，可单击工具箱中的“路径选择工具”按钮，选择路径并按住鼠标左键拖动，如图 7.3.12 所示。

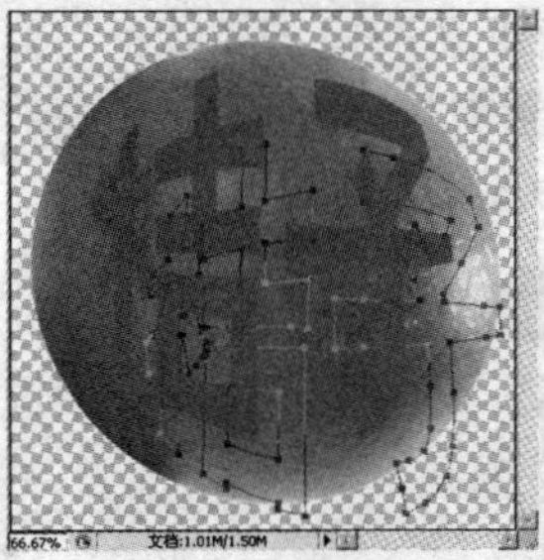

图 7.3.12　移动文字图层转换后的工作路径

第四节　上机练习

本例利用文本功能来制作特殊的文字效果，以巩固本章所学的知识。

（1）新建一个图像文件，单击工具箱中的“横排文字工具”按钮，在图像中输入文字，如图 7.4.1 所示。

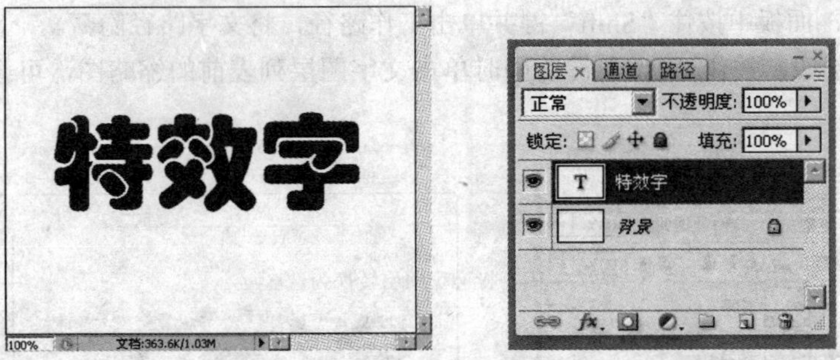

图 7.4.1　输入文字

（2）在文字图层上单击鼠标右键，从弹出的快捷菜单中选择 创建工作路径 命令，可将文字转换为路径，如图 7.4.2 所示。

（3）在文字图层上单击鼠标右键，从弹出的快捷菜单中选择 栅格化文字 命令，可将文字图层转换为普通图层，隐藏文字图层，显示出文字路径。

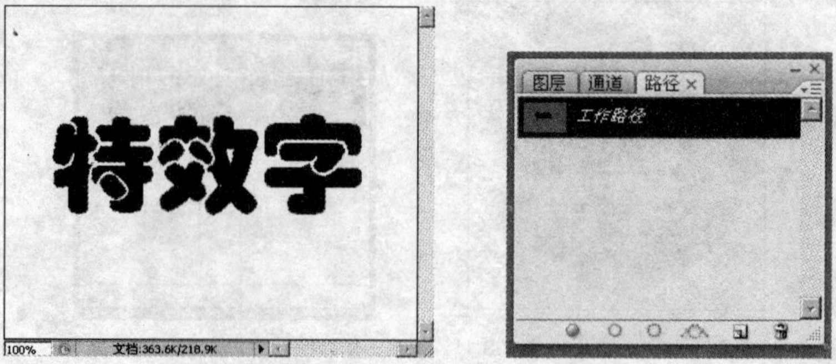

图 7.4.2　转换文字为路径

（4）新建图层 1，单击工具箱中的“画笔工具”按钮，在属性栏中单击“切换画笔面板”按钮，可打开画笔面板，设置参数如图 7.4.3 所示。

（5）确认图层 1 为当前图层，设置前景色为绿色，在路径面板底部单击“用画笔描边路径”按钮，可为文字路径描边，如图 7.4.4 所示。

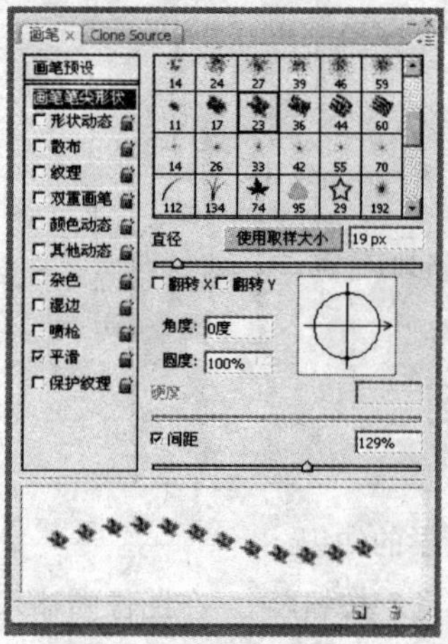

图 7.4.3　设置画笔参数

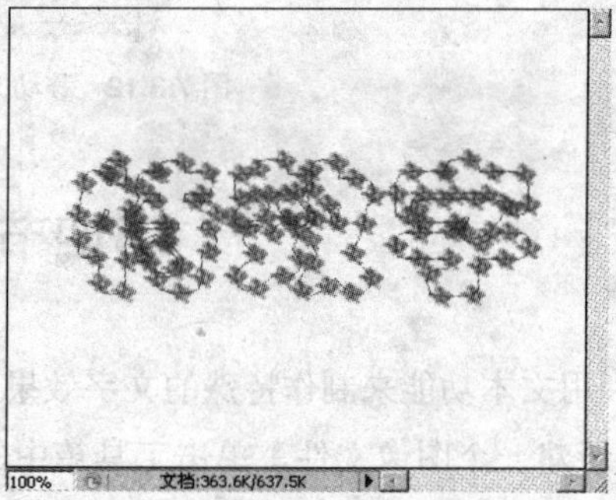

图 7.4.4　为文字路径描边

（6）在路径面板中按住“Shift”键并单击工作路径，将文字路径隐藏。

（7）新建图层 2，按住“Ctrl”键的同时单击文字图层列表前的缩略图，可载入文字选区，如图 7.4.5 所示。

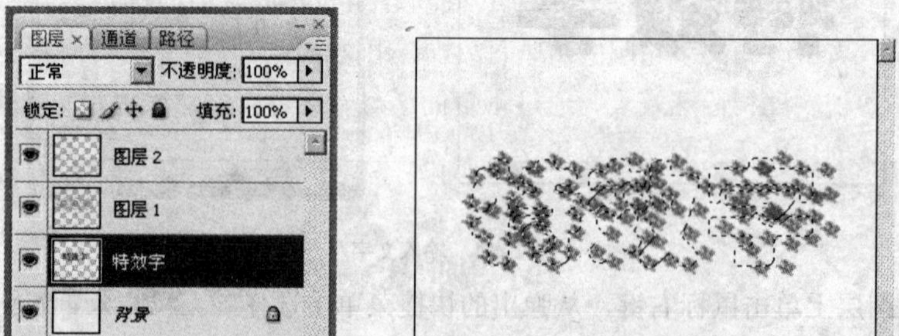

图 7.4.5　载入文字选区

（8）选择菜单栏中的编辑(E)→描边(S)...命令，弹出描边对话框，设置描边颜色为绿色，设置其他参数如图 7.4.6 所示。

（9）单击 确定 按钮，可为选区描边。然后取消选区，效果如图 7.4.7 所示。

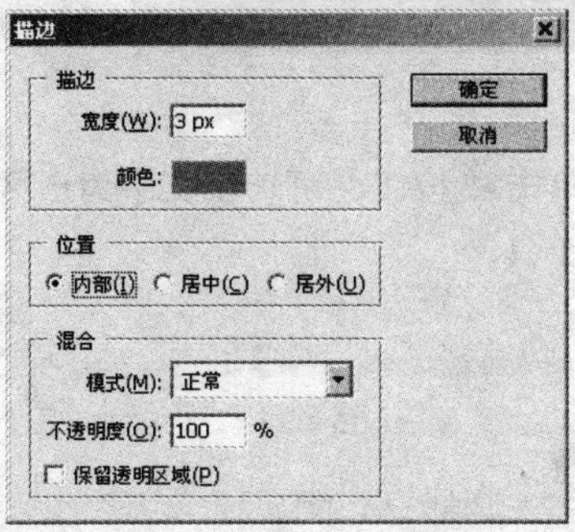

图 7.4.6　“描边”对话框

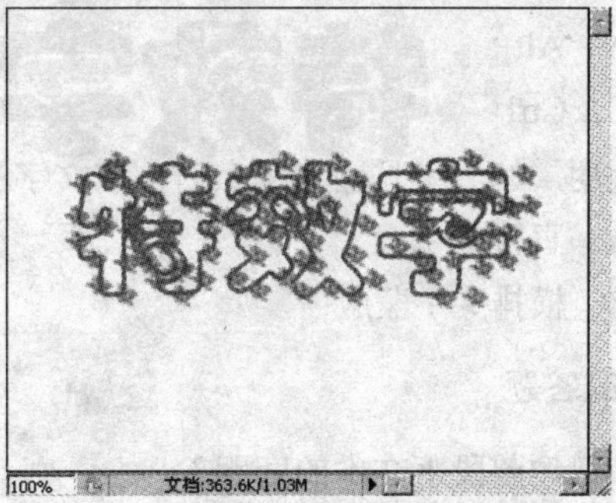

图 7.4.7　为选区描边效果

（10）显示文字图层，此时的文字效果如图 7.4.8 所示。

（11）设置前景色为白色，背景色为绿色，使用渐变工具在背景图层上拖动鼠标，填充白色到绿色的渐变，效果如图 7.4.9 所示。

图 7.4.8　显示文字图层后的效果

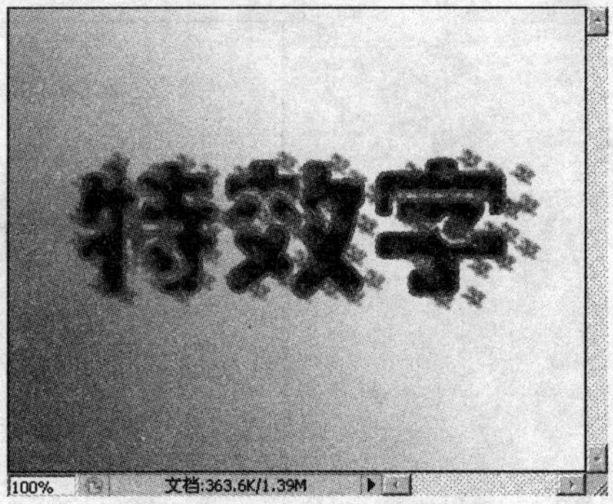

图 7.4.9　文字的特殊效果

本章小结

本章重点介绍了 Photoshop CS3 的文字编辑功能。在 Photoshop 中创建的文字是矢量图形，用户可以通过任意地缩放文字改变文字轮廓的清晰程度。使用文字工具可以完成任何复杂的文字编辑，并且可以为文字添加各种纹理和特殊效果。通过本章的学习，读者应该熟练掌握文字的各种编辑方法，并灵活运用文字工具创建出特殊的文字效果。

习 题 七

一、填空题

1．在 Photoshop CS3 中输入文字的方式有两种，即________与________。

2．文字的排列方式有两种，即________和________排列。

3．段落缩进是指________文字与________之间的距离。

二、选择题

1．输入文字后，按住（　）键的同时拖动输入的文字，可移动文字的位置。

　　A．Alt　　　　　　B．Shift

　　C．Ctrl　　　　　　D．Shift+Ctrl

2．使用（　）工具输入文字后，在文字工具属性栏中单击按钮，可转换文字为选区。

　　A．直排文字　　　　B．所有文字工具

　　C．横排文字蒙版　　D．横排文字

三、简答题

1．如何调整段落文本的间距？

2．如何将段落文字转换为点文字？

四、上机操作题

1．用文字工具在图像中输入点文字，再分别将其转换为工作路径、选区与段落文字。

2．在图像中输入点文字，为其制作如题图 7.1 所示的效果。

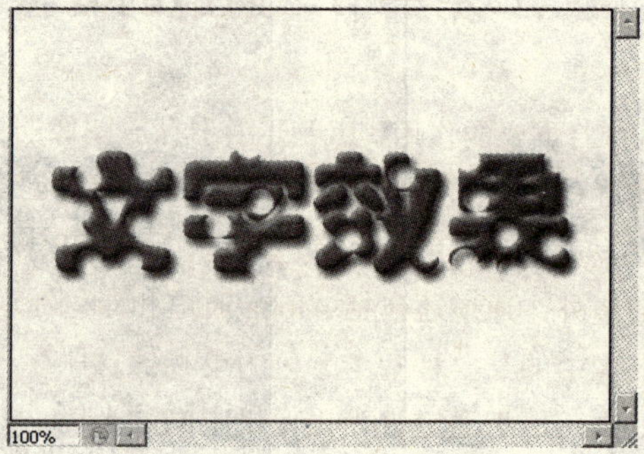

题图　7.1

第八章 通道与蒙版

通道与蒙版在 Photoshop CS3 图像处理中起着重要的作用。只有经过不断长期的学习来积累经验，才能熟练使用通道与蒙版，有效地发挥其功能，设计出精美的图像。本章主要介绍 Photoshop CS3 在通道与蒙版使用方面的强大功能。

本章主要内容:

- 通道的概念
- 通道的基本操作
- 蒙版的使用
- 图像合成

第一节 通道的概念

通道在 Photoshop 中有着重要的作用，其主要用于存放图像的颜色和选区数据。打开一幅图像时，Photoshop 便自动创建了颜色信息通道，图像的颜色模式决定所创建的颜色通道的数目。例如，CMYK 模式的图像有青色、洋红、黄色、黑色 4 个颜色通道，而 RGB 模式的图像有红色、绿色、蓝色 3 个颜色道通。除颜色信息通道外，通道还包括 Alpha 通道和专色通道。

通道其实就是一幅图像中的某一种基本颜色的单独信息保存。也就是说，通道是利用图像的色彩值进行图像的修改。因此，可以把通道视为摄像机中的滤光镜。

一、通道面板

通道面板可用于创建和管理通道。该面板列出了图像中的所有通道，最先列出复合通道（对于 RGB，CMYK 和 Lab 图像）。通道内容的缩览图显示在通道名称的左侧，在编辑通道时会自动更新缩览图。

打开一幅图像后，选择菜单栏中的 窗口(W) → 通道 命令，可在 Photoshop 窗口中显示出 通道 × 面板，如图 8.1.1 所示。

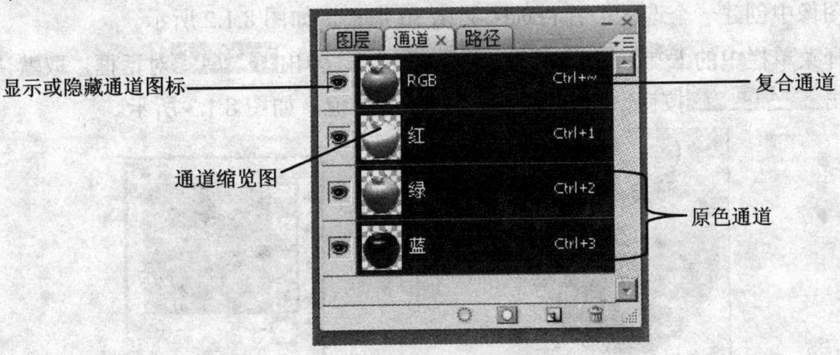

图 8.1.1 通道面板

图 8.1.1 中的通道是 RGB 模式下的通道，通道面板中每一行代表一个通道，可以对其中任一原色通道进行亮度、对比度的调整，还可利用滤镜进行特效处理，从而产生许多特殊的效果。通道还可以用于保存蒙版，即 Alpha 通道，使选区不受任何编辑操作的影响，从而增强图像编辑的灵活性。

通道面板最上方的通道（如 RGB 或 CMYK 通道）为图像中的复合通道，下面依次是图像中的各个原色通道，如果有 Alpha 通道和专色通道，将显示在原色通道的下方。每一个通道中都包含通道名称和通道缩览图，通过通道缩览图可以了解到通道中的内容。

通道面板可以选择显示或隐藏某个通道。单击眼睛图标可显示或隐藏相应的通道。

如果要指定对某一个或多个通道进行编辑操作，可在通道面板中选择这些通道。选择的方法是，直接单击某个通道可将其选中，按住“Shift”键依次单击需要选择的通道则可同时选中多个通道。

二、通道的类型

在 Photoshop CS3 中可以将通道分为以下几种类型：

1．颜色通道

在 Photoshop 中编辑图像时，也就是在编辑颜色通道。这些通道将图像分解成一个或多个色彩成分，图像的模式决定了颜色通道的数量，RGB 模式有 3 个颜色通道，CMYK 图像有 4 个颜色通道，灰度图像只有一个颜色通道，它们包含了所有显示或将被打印的颜色。

颜色通道中保存的是图像的颜色信息，当创建或打开一个新的图像时，系统将自动创建颜色信息通道。颜色通道与图像的颜色模式有关，不同颜色模式图像的颜色通道数目不同。例如，CMYK 颜色模式的图像包含 5 个颜色通道，即青色通道、洋红通道、黄色通道、黑色通道以及一个显示 CMYK 图像所有颜色信息的 CMYK 通道。

通常将保存各原色信息的通道称为原色通道，而将保存图像综合颜色信息的通道称为复合通道。

2．Alpha 通道

Alpha 通道是计算机图形学中的术语，是指特别的通道。有时，它特指透明信息，但通常的意思是非彩色通道。在 Photoshop 中制作出的大多数特殊效果都离不开 Alpha 通道。

Alpha 通道是由用户建立的用于保存选区的通道，Alpha 通道中将选区作为 8 位的灰度图像来保存，其中白色部分表示完全选中的区域，黑色部分表示没有选中的区域，而灰色部分表示被不同程度选中的区域。

下面举例说明 Alpha 通道。

（1）在图像中创建一个选区，并将选区羽化 30 像素，如图 8.1.2 所示。

（2）选择菜单栏中的 选择(S) → 存储选区(V)... 命令，弹出 存储选区 对话框，取默认设置。

（3）单击 确定 按钮，将选区保存为 Alpha 通道，如图 8.1.3 所示。

图 8.1.2　创建羽化选区

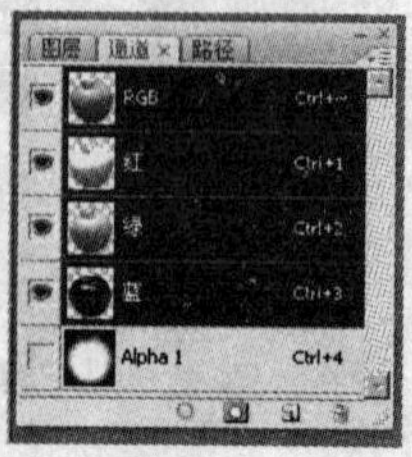

图 8.1.3　保存选区为 Alpha 通道

（4）在 通道 × 面板中选中 Alpha 通道，在图像窗口中看到的通道是一个边缘渐变的形状，如图 8.1.4 所示。

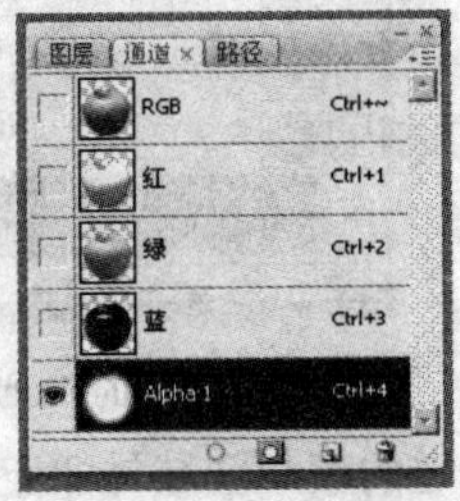

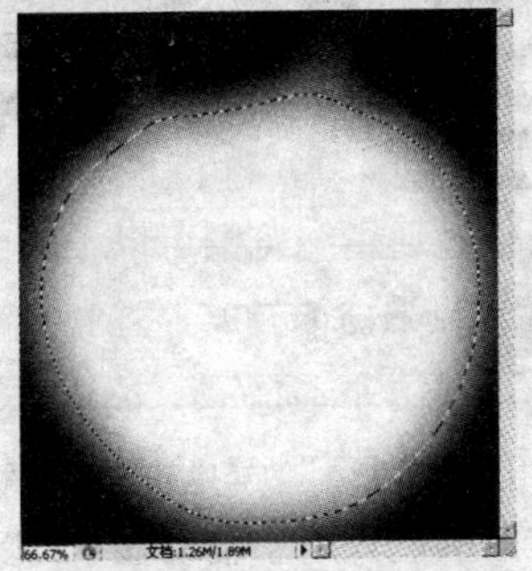

图 8.1.4　选择 Alpha 通道

从图 8.1.4 中可以看出，白色部分表示该区域被完全选中，黑色表示该区域没有选中，而选区边缘渐变区域（羽化的效果）则表示该区域被部分选中，颜色越深，选中的程度越小。

3．专色通道

专色通道是一种特殊的颜色通道，该通道中保存的是图像的专色信息，它可以使用除青色、洋红、黄色、黑色以外的颜色来绘制图像。

专色是特殊的混和油墨的颜色，用于替代或补充印刷色（CMYK）油墨。在分色打印时，除了 C，M，Y，K 等原色外，专色也会被单独分到一页上打印。

4．单色通道

单色通道的产生比较特别，如果在 通道 × 面板中随便删除其中一个通道，就会发现所有通道都变成了黑白色，原有彩色通道即使不删除也会变成灰色。

第二节　通道的基本操作

对于通道，可以在 通道 × 面板中查看其内容，也可以在各种通道之间进行切换，还可以对通道进行复制、删除、分离和合并等操作。

一、创建通道

在 Photoshop CS3 中，除了系统默认的通道外，还可以根据需要创建各种通道。

1．创建 Alpha 通道

要创建 Alpha 通道，其具体的操作步骤如下：

（1）在 通道 × 面板中的右侧单击 ▾≡ 按钮，可弹出其面板菜单，从中选择 新建通道... 命令，弹出 新建通道 对话框，如图 8.2.1 所示。

（2）在此对话框中可以设置通道的名称、颜色以及不透明度等参数。在 色彩指示: 选项区中可设置新建通道的颜色显示方式。如果选中 ⊙ 被蒙版区域(M) 单选按钮，则新建通道中所有颜色的区域代表被遮盖的区域，没有颜色的区域代表选区；选中 ⊙ 所选区域(S) 单选按钮，则与之相反。

（3）单击 确定 按钮，即可在 通道× 面板中新建 Alpha 1 通道，如图 8.2.2 所示。

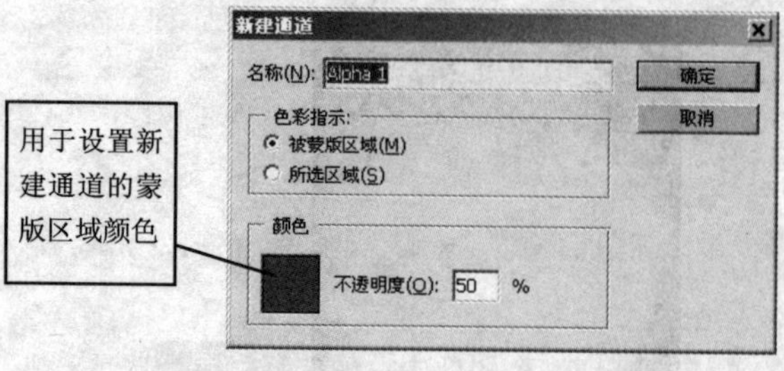

图 8.2.1　“新建通道”对话框

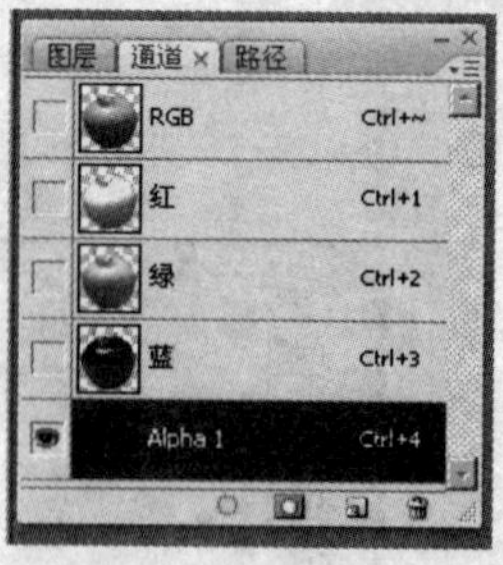

图 8.2.2　新建的 Alpha 通道

创建通道时所指定的颜色只用于辅助显示，以区别通道的蒙版区域与非蒙版区域，它对图像本身并无影响，而不透明度的设置是为了更好地观察对象。

2. 创建专色通道

专色通道是特殊的预混油墨，可用来替代或补充印刷色（CMYK）油墨。当将一个包含有专色通道的图像进行打印输出时，这个专色通道会成为一张单独的页被打印出来。

要创建专色通道，其具体的操作步骤如下：

（1）单击 通道× 面板右侧的 ▾≡ 按钮，可弹出其面板菜单，从中选择 新建专色通道... 命令，弹出 新建专色通道 对话框，如图 8.2.3 所示。

（2）在 颜色: 右侧单击颜色框，弹出 选择专色: 对话框，从中选择一种新的颜色，单击 确定 按钮，即可为图像新建一个专色通道，如图 8.2.4 所示。

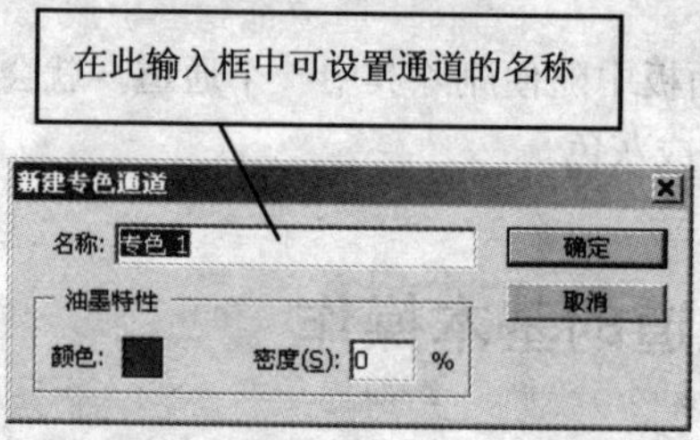

图 8.2.3　“新建专色通道”对话框

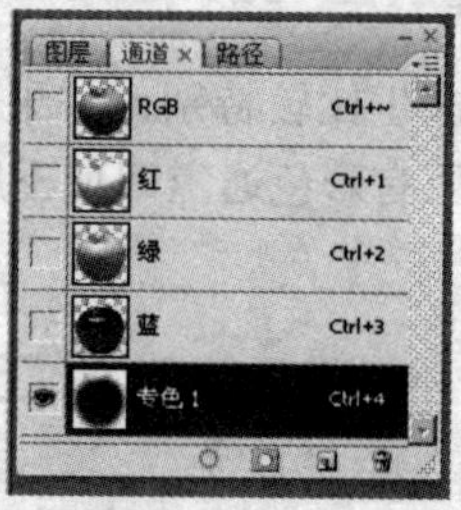

图 8.2.4　新建专色通道

3. 将 Alpha 通道转换为专色通道

Alpha 通道可以转换成专色通道，具体的操作步骤如下：

（1）在 Alpha 通道上双击，可弹出如图 8.2.5 所示的 通道选项 对话框。

（2）在 色彩指示: 选项区中选中 ⊙ 专色(P) 单选按钮，单击 确定 按钮，Alpha 通道即会转换成专色通道，如图 8.2.6 所示。

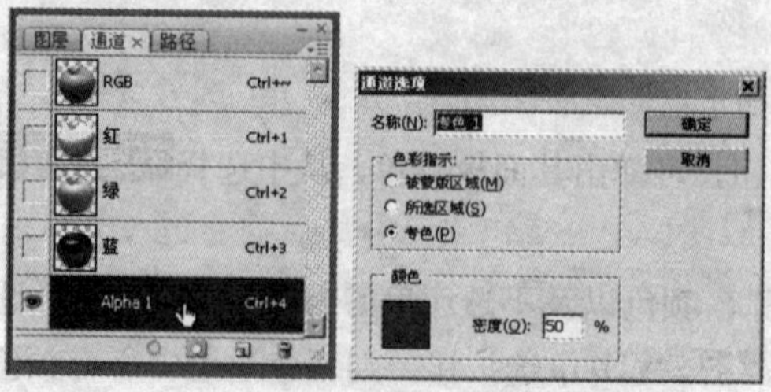

图 8.2.5　“通道选项”对话框

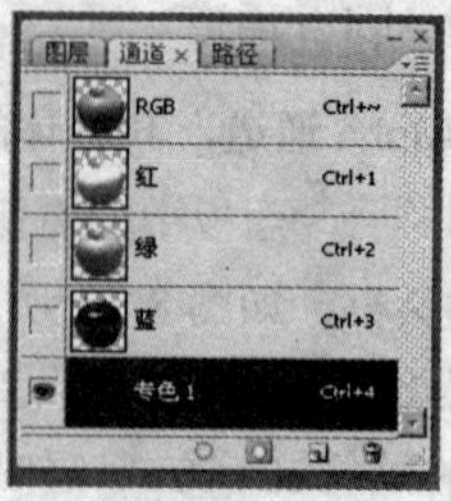

图 8.2.6　Alpha 通道转换为专色通道

二、复制和删除通道

在编辑通道之前，可以先复制图像的通道再进行编辑，以免编辑后不能还原。

复制通道的具体操作步骤如下：

（1）在 通道× 面板中选择需要复制的通道。

（2）在 通道× 面板菜单中选择 复制通道... 命令，弹出如图 8.2.7 所示的对话框。

（3）在 为(A): 输入框中可设置新通道的名称。

（4）在 文档(D): 下拉列表中可选择将选中的通道复制到哪个图像中，如选择 新建 选项，则可创建一个新的图像文件，并将选中通道复制到该文件中。

（5）单击 确定 按钮，即可创建所选通道的副本。

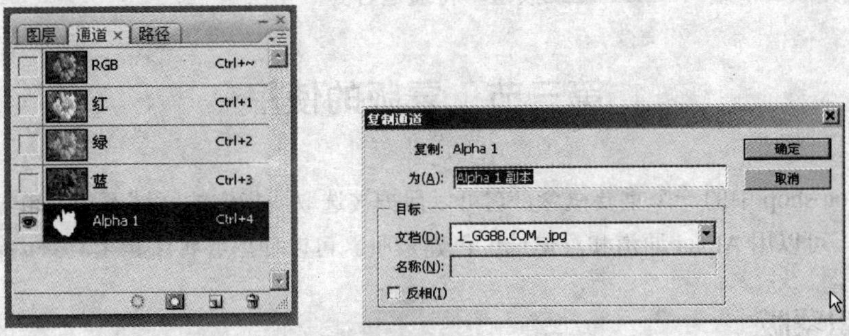

图 8.2.7　“复制通道”对话框

此外，如果对需要复制的通道没有什么特殊要求，可以直接将通道拖到面板底部的“创建新通道”按钮 上，系统会以默认的名称和设置来复制通道。

为了节省文件的存储空间和图像的处理速度。可以删除一些没有用的通道。删除通道的方法有以下 3 种：

（1）选择要删除的通道，在 通道× 面板菜单中选择 删除通道 命令即可。

（2）选择要删除的通道，在 通道× 面板底部单击“删除当前通道”按钮 即可

（3）将要删除的通道直接拖至 通道× 面板底部的“删除当前通道”按钮 上可直接删除通道。

三、分离和合并通道

在 Photoshop CS3 中可以将一个图像文件的各个通道以单个文件的形式存储。例如打开一幅 RGB 模式的图像文件，在 通道× 面板菜单中选择 分离通道 命令，系统便会将打开的图像分离为 3 个独立的文件，分别保存了原图像文件的红色、绿色和蓝色通道信息。分离后的各个文件都将以单独的窗口显示在屏幕上。这些图像均为灰度图像，不含有任何色彩。

使用分离通道命令的图像必须是只含有一个背景图层的图像。如果当前图像含有多个图层，则需要先合并图层，否则无法使用此命令。

选择 分离通道 命令后，每个通道都会从原图像中分离出来，分离后的通道可以分别进行编辑与修改。修改完后，可选择 通道× 面板菜单中的 合并通道... 命令重新将通道合并成一幅图像。其操作方法如下：

（1）在 通道× 面板菜单中选择 合并通道... 命令，可弹出 合并通道 对话框，如图 8.2.8 所示。

（2）在此对话框中可以选择一种颜色模式，在通道(C): 输入框中可输入通道的数目。

（3）单击确定按钮，弹出合并多通道对话框，如图 8.2.9 所示，可为通道 1 选择相应的文件，再单击下一步(N)按钮，可为通道 2 选择相应的文件，再单击下一步(N)按钮，可为通道 3 选择相应的文件。一般使用默认值。

图 8.2.8　“合并通道”对话框

图 8.2.9　“合并多通道”对话框

（4）设置完成后，单击确定按钮，将通道合并。

第三节　蒙版的使用

蒙版是 Photoshop 中的一个重要概念，它可以保护被选取或指定的区域不受编辑操作的影响，起到遮盖的作用。可以用 Alpha 通道和存储选区创建蒙版。可以使用各种编辑工具来编辑蒙版。

一、认识蒙版

蒙版一般被广泛用于多图像拼接、创建选区、替换局部图像、调整局部图像等诸多方面。

蒙版是 Photoshop 中指定选择区域最精确的方法，它实质上是一个独立的灰度图。任何绘图工具、编辑工具、色彩调整等都可以用来编辑蒙版。

当在一幅图像上创建了选区时，对图像所做的编辑都只对选区中的图像有效，其余部分不受影响。但这种选区只是临时的，为了保存多个可以重复使用的选择区域，以便之后编辑，就可创建蒙版。

蒙版与选区的功能基本相同，两者之间可以相互转换，但它们本质上有区别。选区是一个透明无色的虚框，在图像中只能看出它的虚框形状，不能看出经过羽化边缘后的选区效果；而蒙版则是以一个实实在在的形状出现在通道×面板中，可以在蒙版状态下对其进行各种编辑操作（如使用滤镜功能、旋转以及变形等），然后转换为选区应用到图像中。

二、Alpha 通道蒙版

Alpha 通道蒙版是永久性的，可以随图像文件保存。

Photoshop 中创建蒙版，通常有以下 3 种方法：

（1）利用通道×面板的功能先创建一个 Alpha 通道，然后使用绘图工具或其他编辑工具在该通道中编辑，创建一个蒙版。

（2）创建选区后，选择菜单栏中的选择(S)→存储选区(V)...命令，或在通道×面板中单击“将选区存储为通道”按钮，也可以将选区保存为蒙版。

（3）利用工具箱中的“以快速蒙版模式编辑”按钮，可产生一个快速蒙版。

三、快速蒙版

快速蒙版与 Alpha 通道蒙版都用于保护图像区域，二者的区别在于快速蒙版是一个临时蒙版，而 Alpha 通道蒙版可以作为 Alpha 通道保存到图像中。

下面通过一个实例来学习快速蒙版的使用方法。

（1）打开一幅图像，使用磁性套索工具在图像中创建选区，如图 8.3.1 所示。

提示：选取后可以看到，不能一次性地精确选出要选取的内容，还要使用其他选择工具才能完成。因此，可以使用 Photoshop 提供的快速蒙版功能完成精确选取。

（2）在工具箱中单击“以快速蒙版模式编辑”按钮，将图像切换到快速蒙版编辑模式，选区被转换为快速蒙版，蒙版中默认用红色表示未被选中的区域，此时也会在 通道× 面板中创建一个快速蒙版，如图 8.3.2 所示。

图 8.3.1　创建选区

图 8.3.2　切换为快速蒙版

（3）使用橡皮擦工具将需要添加到选区中的红色擦除，如图 8.3.3 所示。如果使用画笔工具在不需要选中的区域上绘制，可在该区域填充红色。

（4）编辑完成后，单击工具箱中的“以标准模式编辑”按钮，切换为标准模式，即回到正常编辑模式，得到一个较为精确的选区，此时在 通道× 面板中创建的快速蒙版也会自动消失，如图 8.3.4 所示。

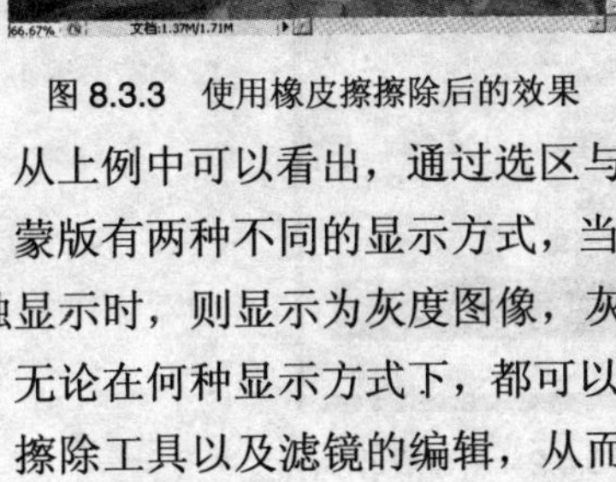

图 8.3.3　使用橡皮擦擦除后的效果

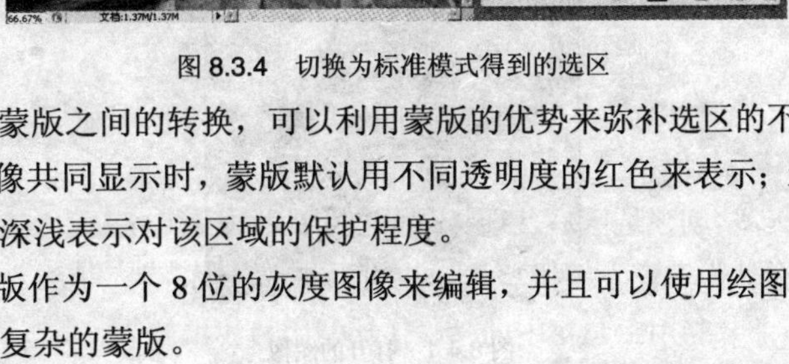

图 8.3.4　切换为标准模式得到的选区

从上例中可以看出，通过选区与快速蒙版之间的转换，可以利用蒙版的优势来弥补选区的不足。

蒙版有两种不同的显示方式，当与图像共同显示时，蒙版默认用不同透明度的红色来表示；当其单独显示时，则显示为灰度图像，灰度的深浅表示对该区域的保护程度。

无论在何种显示方式下，都可以将蒙版作为一个 8 位的灰度图像来编辑，并且可以使用绘图、选区、擦除工具以及滤镜的编辑，从而建立复杂的蒙版。

四、编辑蒙版

新建的 Alpha 通道会显示在通道面板中，在面板中选中某个通道后，即可使用各种编辑工具对其中的蒙版进行编辑。编辑蒙版时，须注意以下几点：

（1）蒙版中的白色区域相当于选区内的区域。

（2）黑色区域相当于选区外的区域。

（3）灰色区域相当于被羽化的选区边缘。

（4）灰色的深浅表示被选中的程度。

五、从通道中载入选区

Alpha 通道中的蒙版必须转换为选区才能发挥作用，可以将所选通道中的蒙版作为选区载入到图像中。要从通道载入选区，有以下几种方法：

（1）按住“Ctrl”键的同时单击某个通道，即可将该通道中的蒙版作为选区载入到图像中。

（2）在通道面板底部单击“将通道作为选区载入”按钮，可将所选通道中的蒙版作为选区载入到图像中。

第四节　图像合成

这里介绍的图像合成主要是对一幅或者多幅图像中的通道和层、通道和通道进行组合操作。在 Photoshop 中提供了两个用于图像合成的命令，即应用图像和运算。

一、应用图像

应用图像命令可以将一幅图像的图层或通道混合到另一幅图像的图层或通道中，从而产生许多特殊效果。应用这一命令时必须保证源图像与目标图像有相同的像素大小，因为应用图像命令就是基于两幅图像的图层或通道重叠后，相应位置的像素在不同的混合方式下产生相互作用，从而产生不同的效果。

下面举例说明应用图像命令的使用方法。

（1）打开一幅图像，如图 8.4.1 所示，并在通道面板中新建一个 Alpha 通道，如图 8.4.2 所示。

图 8.4.1　打开的图像

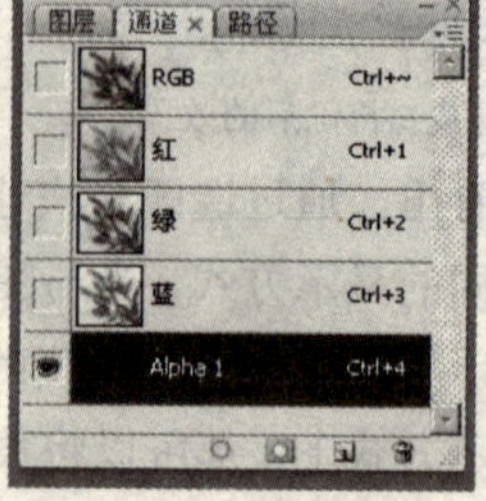

图 8.4.2　新建通道

（2）使用椭圆选框工具在图像中拖动，创建如图 8.4.3 所示的选区。

（3）设置前景色为白色，按“Alt+Delete”键将选区填充为白色，如图 8.4.4 所示。

图 8.4.3　创建选区

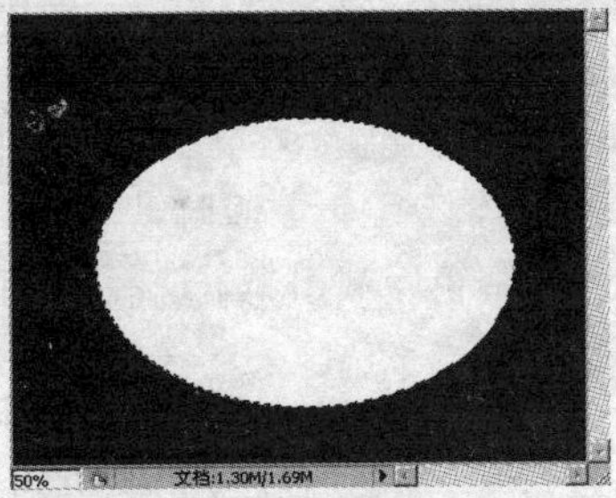

图 8.4.4　填充选区

（4）此时，通道×面板显示如图 8.4.5 所示。

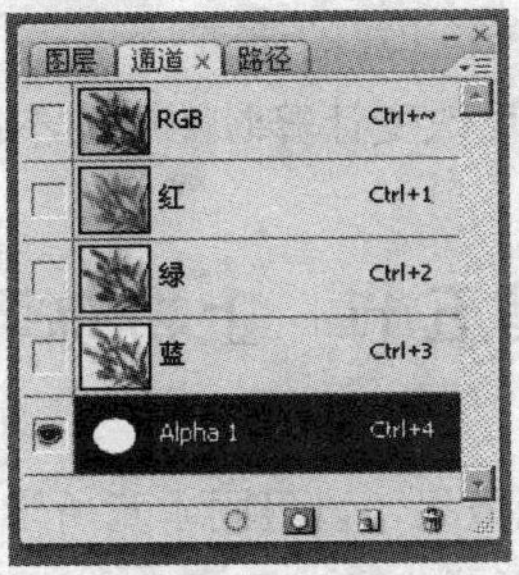

图 8.4.5　通道面板

（5）在通道×面板中单击 RGB 复合通道，选择菜单栏中的图像(I)→应用图像(Y)...命令，弹出应用图像对话框，在通道(C):下拉列表中选择Alpha 1通道，设置混合方式为叠加，如图 8.4.6 所示。

（6）单击确定按钮，即可得到混合通道后的效果，如图 8.4.7 所示。

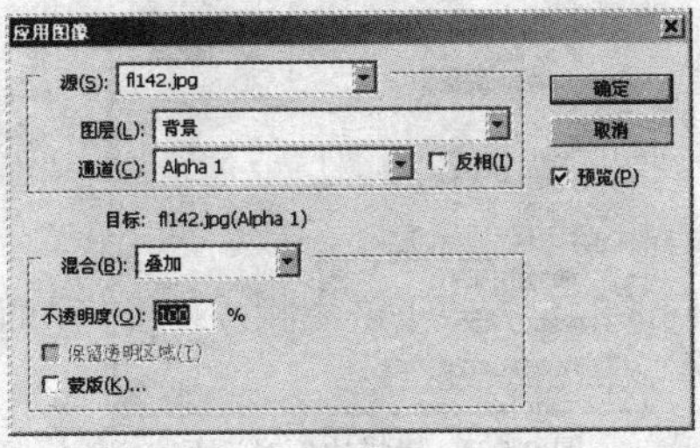

图 8.4.6　“应用图像”对话框

图 8.4.7　应用图像效果

二、计算

计算命令与应用图像命令功能相似。二者均可选用某种混合选项及不透明度而产生混合效果。但二者也有区别，计算命令不能在一个复合通道中产生效果。计算命令可以将一幅或多幅图像中的两个通道以各种方式混合，并能将混合的结果应用到一个新的图像或当前所编辑图像的通道和选区中。

打开一幅或多幅尺寸相同的图像，选择菜单栏中的图像(I)→计算(C)...命令，弹出计算对话框，如图 8.4.8 所示。

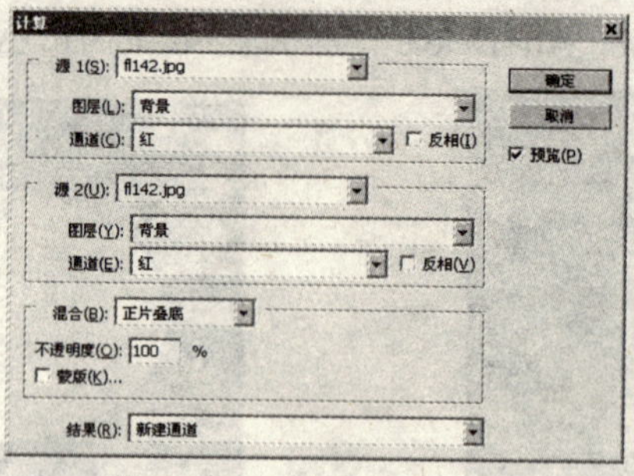

图 8.4.8　“计算”对话框

在 源 1(S): 或 源 2(U): 下拉列表中可选择参与计算的第一个通道或第二个通道所在的图像文件。

在 图层(L): 下拉列表中可选择需要参与计算的图层。若要选择所有图层，可以选择合并。

在 通道(E): 下拉列表中可选择需要参与计算的通道。

在 不透明度(O): 输入框中输入数值，可改变计算时图层的不透明度。

第五节　上机练习

利用本章学过的通道知识制作撕纸效果，以巩固本章所学的知识。

（1）新建一个图像文件，设置背景为白色，再打开一幅图像，使用移动工具将其移至新建的图像文件中，自动生成“图层 1”，按“Ctrl+T”键调整“图层 1”中图像的大小，如图 8.5.1 所示。

（2）按回车键确认此操作，确认“图层 1”为当前可编辑图层，设置前景色为红色，选择菜单栏中的 编辑(E) → 描边(S)... 命令，弹出 描边 对话框，设置参数如图 8.5.2 所示。

图 8.5.1　调整图像大小

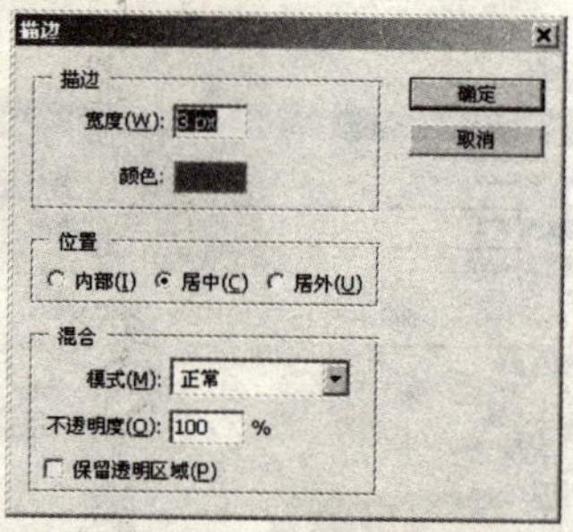

图 8.5.2　“描边”对话框

（3）单击 确定 按钮，描边后的效果如图 8.5.3 所示。

图 8.5.3　描边后的效果

（4）选择菜单栏中的 图层(L) → 图层样式(Y) → 投影(D)... 命令，弹出 图层样式 对话框，设置参数如图 8.5.4 所示。

（5）单击 确定 按钮，即可为图像添加投影效果。

（6）在 通道 × 面板中单击“创建新通道”按钮，新建 Alpha 1 通道，如图 8.5.5 所示。

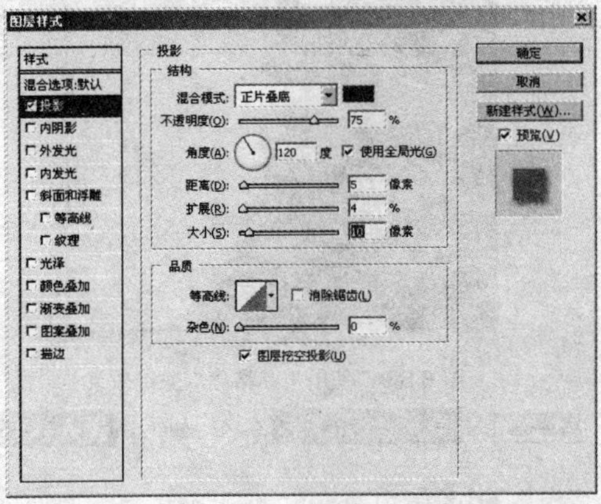

图 8.5.4　“图层样式”对话框中的“投影”选项

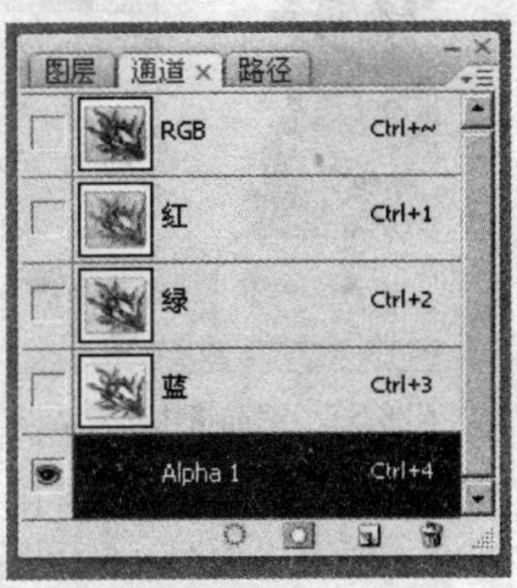

图 8.5.5　新建通道

（7）单击工具箱中的“套索工具”按钮，在图像中创建选区，如图 8.5.6 所示。

图 8.5.6　创建选区

（8）设置前景色为白色，按“Alt+Delete”键填充选区，如图 8.5.7 所示。

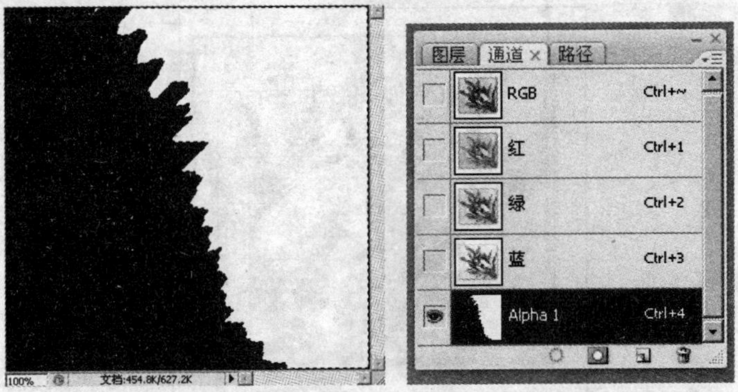

图 8.5.7　填充选区及“通道”面板

（9）按“Ctrl+D”键取消选区，选择菜单栏中的 滤镜(T) → 像素化 → 晶格化... 命令，弹出 晶格化对话框，设置参数如图 8.5.8 所示。

（10）单击 确定 按钮，使用“晶格化”滤镜后的效果如图 8.5.9 所示。

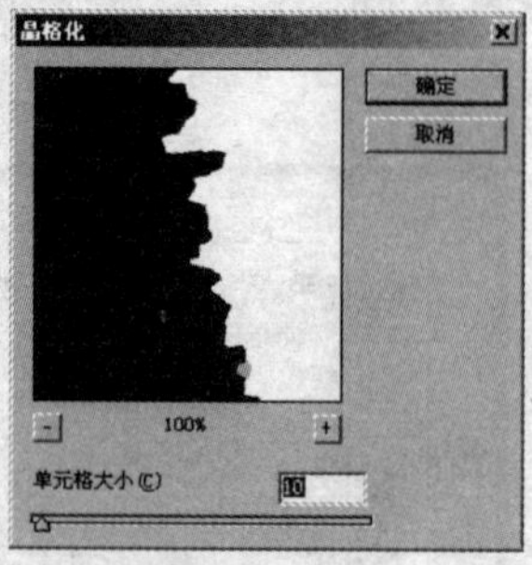

图 8.5.8　“晶格化”对话框

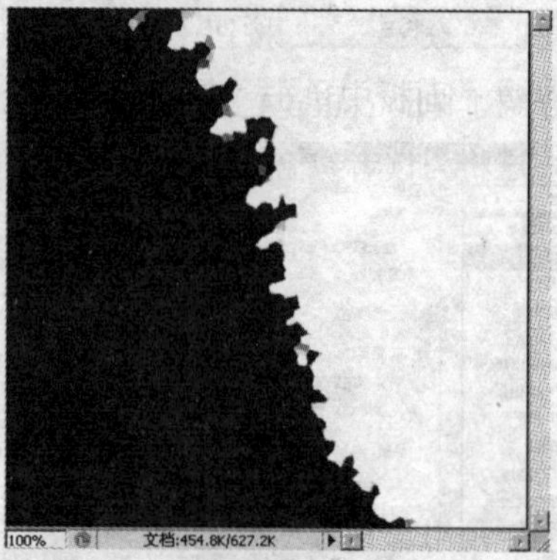

图 8.5.9　使用“晶格化”滤镜效果

（11）返回到 RGB 通道，选择菜单栏中的 选择(S) → 载入选区(L)... 命令，弹出 载入选区 对话框，从中选择 Alpha 1 通道，如图 8.5.10 所示。

（12）单击 确定 按钮，载入 Alpha 1 通道，返回到 RGB 复合通道，再使用移动工具移动选区，效果如图 8.5.11 所示。

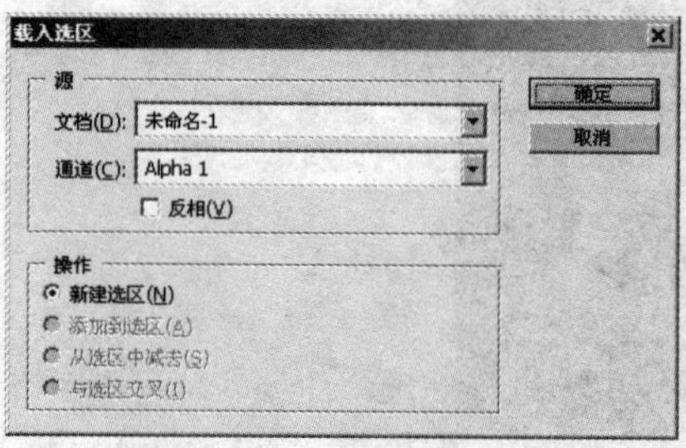

图 8.5.10　“载入选区”对话框

图 8.5.11　移动选区

（13）按“Ctrl+D”键取消选区，撕纸效果制作完成，最终效果如图 8.5.12 所示。

图 8.5.12　撕纸效果

本章小结

本章主要介绍了 Photoshop CS3 中通道的基本操作（包括新建、删除、复制等），以及蒙版的功能和使用方法，这将为读者综合运用 Photoshop CS3 处理各种图像效果奠定基础。

习 题 八

一、填空题

1. ________是用来存放图像的颜色信息。

2. 打开一幅 RGB 模式的图像时，在 通道× 面板中有 4 个默认的通道，分别是________、________、________和________。

3. ________是特殊的预混油墨，可用于替代或补充印刷色（CMYK）油墨。

二、选择题

1. 在 Photoshop 中保存图像文件时，使用（　）格式不能存储通道。

A．PSD　　B．TIFF
C．DCS　　D．JPEG

2. 在“通道”面板中，（　）通道不能更改其名称。

A．Alpha　　B．专色
C．复合　　D．单色

三、简答题

1. 如何创建通道与蒙版？

2. 在 Photoshop CS3 中，如果需要对图像中的某区域单独进行处理，而使其他区域不受影响，可以使用什么来隔离并保护图像的其他区域？

四、上机操作题

1. 新建一幅图像，利用通道制作如题图 8.1 所示的文字效果。

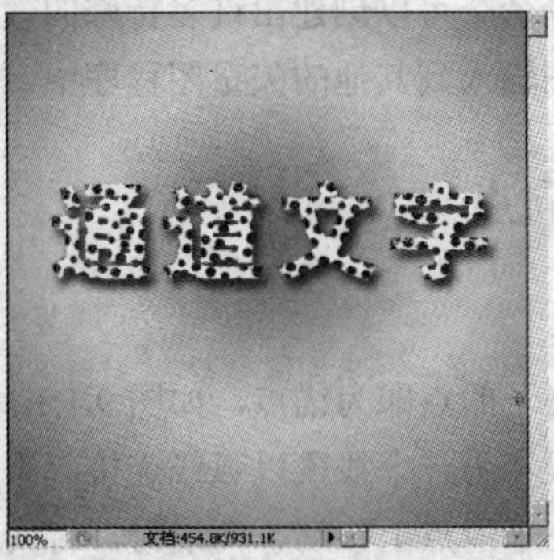

题图　8.1

2. 打开一幅图像，练习使用蒙版功能精确选择某区域。

第九章　应用路径

路径是 Photoshop CS3 中的重要内容，它提供了一种按矢量的方法来处理图像的途径，从而使得许多图像处理操作变得简单而准确。本章将介绍有关路径的各种操作。

本章主要内容:

- 路径的概念
- 路径的建立
- 编辑路径
- 路径与选区的转换

第一节　路径的概念

在 Photoshop CS3 中，路径的实质是以矢量方式定义的线条轮廓，它可以是一条直线、一个矩形、一条曲线以及各种各样形状的线条，这些线可以是闭合的，也可以是不闭合的。

一、路径的作用

路径是可以转换为选区或者使用颜色填充和描边的轮廓。形状的轮廓是路径。通过编辑路径的锚点，可以很方便地改变路径的形状。可以在 ImageReady 中绘制形状，但不能直接用于路径。

在 Photoshop 中使用形状工具时，可以使用 3 种不同的模式进行绘制。在选定形状或钢笔工具时，可通过选择选项栏中的图标来选取一种模式。

在 Photoshop 中引入路径的作用概括起来有以下几点：

（1）使用路径功能，可以将一些不够精确的选区转换为路径后再进行编辑和微调，完成一个精确的路径后再转换为选区使用。

（2）更方便地绘制复杂的图像，如人物、卡通的造型等。

（3）利用填充路径与描边路径命令可以创建出许多特殊的效果。

（4）路径可以单独作为矢量图输入到其他的矢量图程序中。

二、锚点、方向线和方向点

下面介绍一些有关路径的概念：

（1）锚点：路径上带有方形格子的点即为锚点，如图 9.1.1 所示。

（2）平滑点：平滑点是将线段和另一个线段以弧线连接起来的点，用户只要拖动线段即可添加一个平滑点，如图 9.1.2 所示。当在平滑点上移动方向线时，将同时调整平滑点两侧的曲线段。

（3）方向线和方向点：在曲线段上，每个选中的锚点显示一条或两条方向线，方向线以方向点结束，如图 9.1.3 所示。

（4）角点：在绘制了一条曲线后，按住“Alt”键拖动平滑点，可将平滑点转换成带有两个独立方向线的角点，然后在不同的位置拖动，将创建一个与先前曲线弧度相反的曲线，在这两个曲线段之间的点就称为角点，如图 9.1.4 所示。

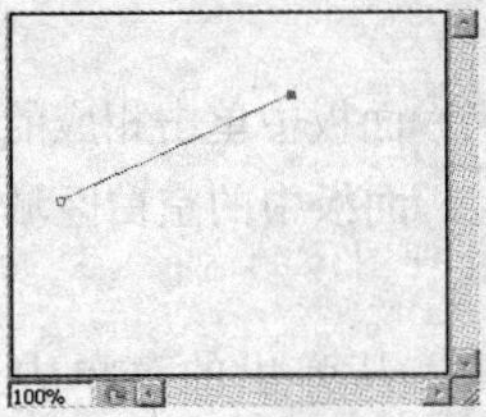

图 9.1.1　锚点

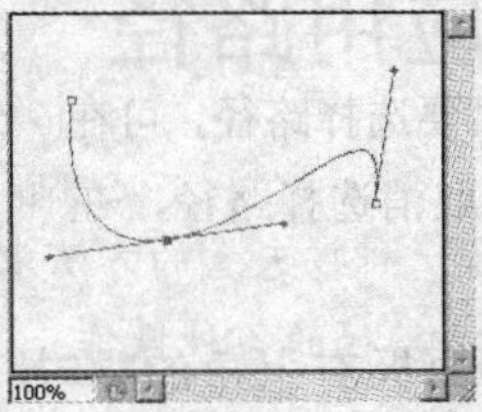

图 9.1.2　平滑点

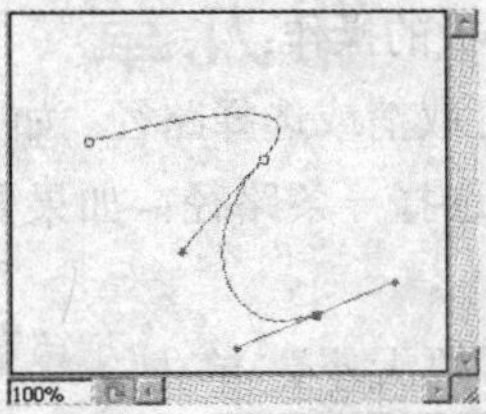

图 9.1.3　方向线和方向点

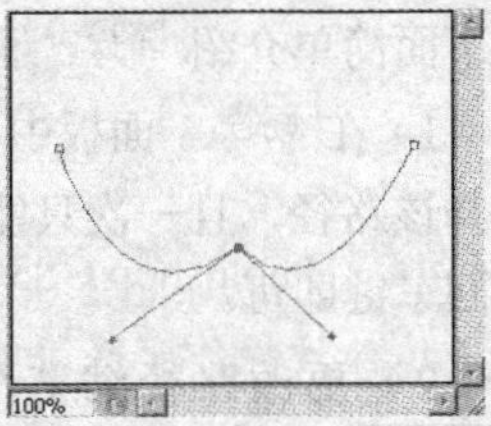

图 9.1.4　角点

路径可以是闭合的，没有起点和终点（如圆圈），也可以是开放的，有明显的终点（如波浪线），如图 9.1.5 所示。

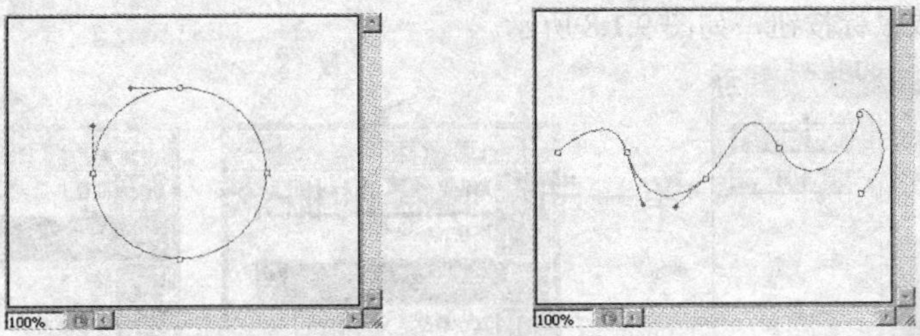

图 9.1.5　闭合路径与开放路径

三、路径面板

路径面板中列出了每条存储的路径、当前工作路径和当前矢量蒙版的名称和缩览图。通过路径面板可以执行所有路径的操作。选择菜单栏中的 窗口(W) → 路径 命令，即可打开 路径× 面板，如图 9.1.6 所示。

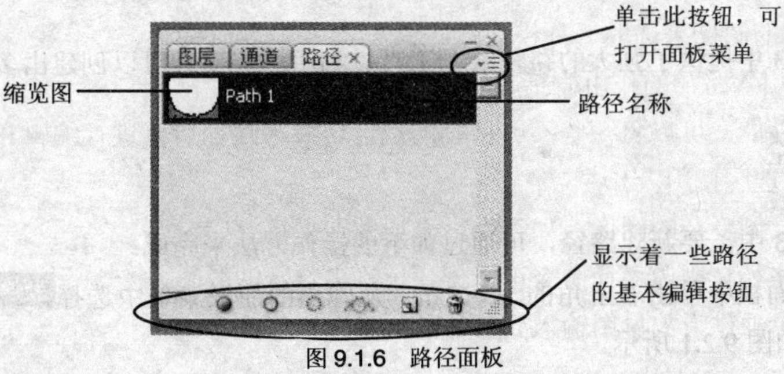

图 9.1.6　路径面板

路径× 面板中的各项功能介绍如下：

路径列表：在路径列表框中列出了当前图像中的所有路径。

路径面板菜单：单击 路径× 面板右上角的 ▾≡按钮，弹出路径面板菜单，从菜单中可以选择相应的对路径进行操作的命令。

“用前景色填充路径”按钮：单击此按钮，可将当前的前景色、背景色或图案等内容填充到路径所包围的区域中。

“用画笔描边路径”按钮：单击此按钮，可用当前选定的前景色对路径描边。

“将路径作为选区载入”按钮：单击此按钮，可将当前选择的路径转换为选区。

“从选区生成工作路径”按钮：单击此按钮，可将当前选区转换为路径。

“创建新路径”按钮：单击此按钮，可创建新路径。

“删除当前路径”按钮：单击此按钮，可删除当前选中的路径。

下面简单介绍路径 ×面板的操作：

（1）在路径 ×面板中可取消或选择路径。如果要选择路径，可在路径 ×面板中单击相应的路径名选择该路径，且一次只能选择一条路径；如果要取消选择路径，在路径 ×面板中的空白区域单击或按回车键即可。

（2）更改路径缩览图的大小。单击路径 ×面板右上角的▾≡按钮，从弹出的菜单中选择调板选项...命令，即可弹出路径调板选项对话框，如图 9.1.7 所示。在缩览图大小选项区中提供了可以选择的 3 种路径缩略图的大小。

（3）改变路径的堆迭顺序。在路径 ×面板中选择路径，然后上下拖移路径。当所需位置上出现黑色的实线时，释放鼠标按钮，如图 9.1.8 所示。

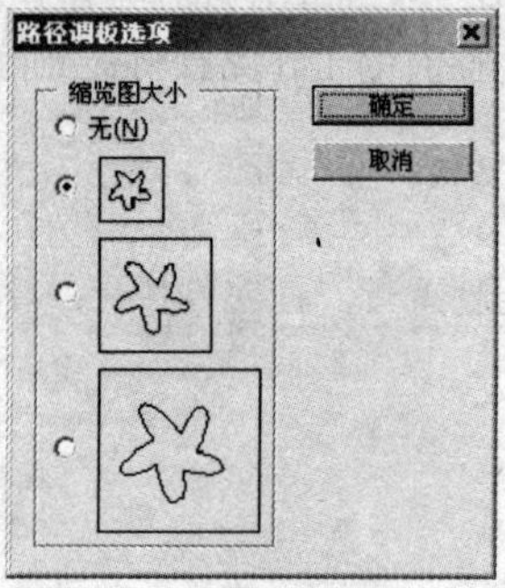

图 9.1.7　“路径调板选项”对话框

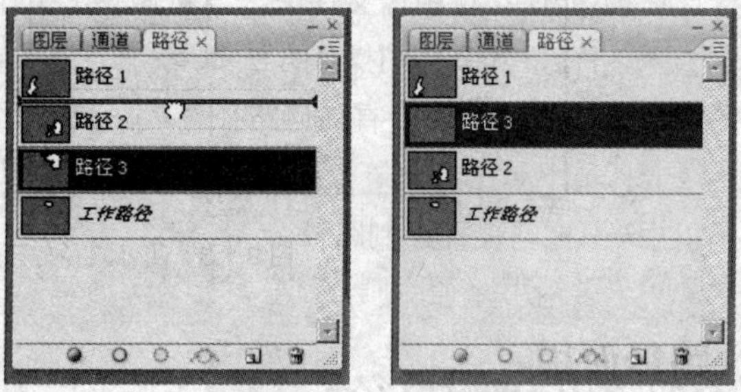

图 9.1.8　更改路径顺序

第二节　路径的建立

在 Photoshop CS3 中提供了强大的路径绘制工具，利用这些工具可以创建出多种形式的路径。

一、新建路径

在 Photoshop CS3 中，要新建路径，可通过如下的操作方法来完成：

（1）在路径 ×面板中单击右上角的▾≡按钮，从弹出的面板菜单中选择新建路径...命令，弹出新建路径对话框，如图 9.2.1 所示。

（2）在名称(N):输入框中输入路径名称，单击确定按钮。

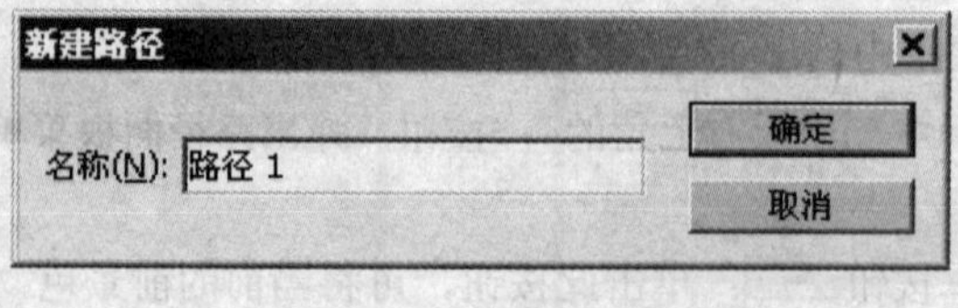

图 9.2.1　“新建路径”对话框

（3）在工具箱中单击“钢笔工具”按钮或选择其他路径绘制工具，在其属性栏中单击“路径”按钮。

（4）在图像中拖动鼠标绘制路径，按回车键可结束路径的绘制，如图 9.2.2 所示。

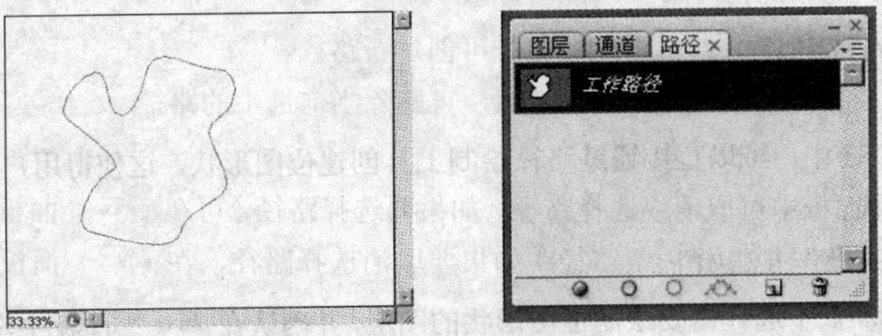

图 9.2.2　创建新路径

此外，在路径面板底部单击“创建新路径”按钮，也可创建新路径。

二、创建工作路径

在 Photoshop CS3 中，如果只是临时建立和使用某路径，则可建立一个工作路径。工作路径是一种临时的路径，不能保存在图像文件中。当新建一个工作路径时，原有的工作路径将被删除。

要建立工作路径，其具体的操作方法如下：

（1）确认路径面板中没有任何路径。

（2）在工具箱中单击“钢笔工具”按钮或选择其他路径绘制工具，在属性栏中单击“路径”按钮，在图像中拖动鼠标绘制路径。

（3）按回车键结束路径绘制。

三、创建图层剪贴路径

图层剪贴路径是一种特殊的路径，它属于某个填充图层。填充图层用于定义颜色，而图层剪贴路径则定义颜色的显示轮廓。包含图层剪贴路径的填充图层也称为形状图层，使用路径绘制工具可以很方便地建立形状图层。

要创建图层剪贴路径，其具体的操作方法如下：

（1）设置前景色。

（2）在工具箱中单击“钢笔工具”按钮或选择其他路径绘制工具。

（3）在属性栏中单击“形状图层”按钮。

（4）在图像中拖动鼠标绘制形状。

（5）按回车键结束形状绘制，此时即可创建一个形状图层，所绘制的形状轮廓作为图层上的剪贴路径。如图 9.2.3 所示，在图层面板中可以查看到所创建的形状图层，当选中该图层时，可在路径面板中看到剪贴路径。

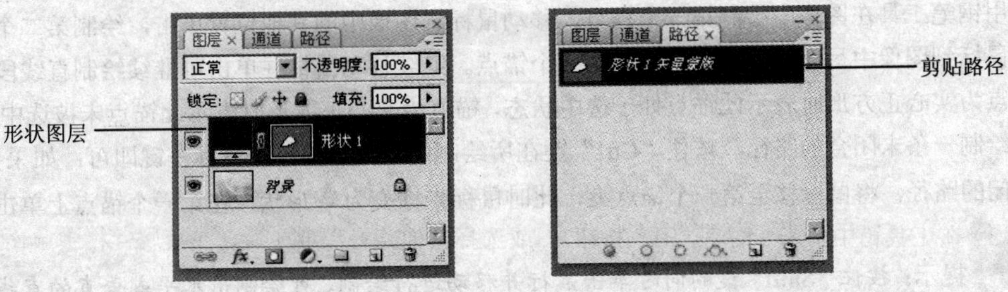

图 9.2.3　形状图层与剪贴路径

四、创建位图形状

在 Photoshop CS3 中，可以直接通过路径绘制工具创建位图形状，这使得用户可以很方便地绘制一些简单的位图形状。

创建位图形状的操作方法如下：

（1）在 图层 面板中选择需要绘制位图形状的图层，并确认在 路径 面板中没有选择任何路径。

（2）在工具箱中单击形状工具，如矩形工具、圆角矩形工具等。

（3）在属性栏中单击“填充像素”按钮，在图像中拖动鼠标绘制形状。这样创建的形状是由像素组成的位图，与使用绘图工具绘制出的图形性质相同。

五、使用钢笔工具

钢笔工具是最常用的一种绘制路径的工具，它可以方便地绘制直线或曲线路径。如果要绘制一些不规则的路径，则可以使用钢笔工具来完成。使用钢笔工具可以创建非常精确的直线和平滑的曲线。

例如，要将如图 9.2.4 所示的图像中的橘子勾选出来，就可以使用钢笔工具来完成。其具体的操作方法如下：

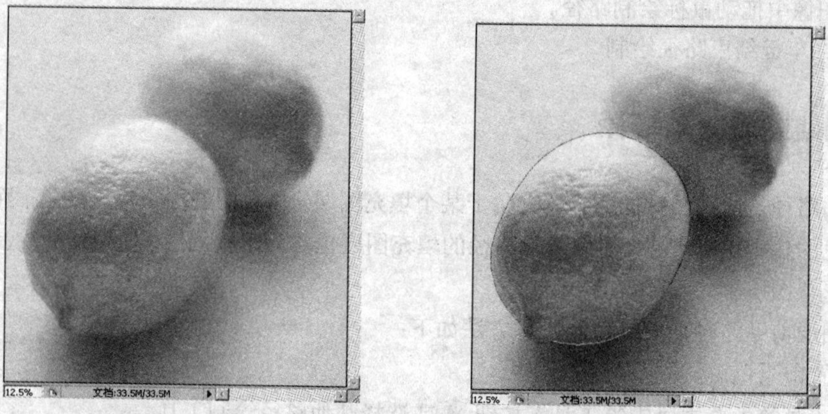

图 9.2.4　使用钢笔工具创建所需的路径

（1）单击工具箱中的“钢笔工具”按钮，在属性栏中单击“路径”按钮。

（2）将鼠标光标移至需要勾选的图像边缘单击，移动鼠标至图像的其他位置，按住鼠标左键拖动，可改变曲线的曲度，继续拖动鼠标，直至回到起点处，即可连接两个锚点，形成封闭的路径。

1．使用钢笔工具绘制直线路径

使用钢笔工具在图像中绘制第一个锚点，移动鼠标到图像中的其他位置单击，绘制第二个锚点，再移动鼠标到图像中另一位置单击，绘制第三个锚点。继续移动鼠标并单击可继续绘制直线段路径。

锚点为实心正方形时表示此锚点处于选中状态，锚点为空心正方形时表示此锚点未被选中。如果要结束绘制一条未闭合的路径，按住“Ctrl”键在所绘制的路径以外单击鼠标左键即可；如果要绘制一条封闭的路径，将鼠标移至第一个锚点上，此时鼠标光标变为形状，在第一个锚点上单击即可。

提示：按住“Shift”键的同时单击鼠标并移动进行绘制，可绘制出水平或垂直的直线路径。

2. 使用钢笔工具绘制曲线路径

使用钢笔工具绘制曲线，在绘制的曲线线段上，被选中的锚点上都显示着一个或两个方向点或方向线，方向点与方向线的位置代表着曲线的弯曲程度或形状。

要使用钢笔工具绘制曲线，其具体的操作方法如下：

（1）使用钢笔工具，将鼠标移至图像中单击，确定开始点，即路径第一个锚点，如图 9.2.5 所示。

（2）拖动鼠标至图像中的另一位置，单击即可绘制如图 9.2.6 所示的曲线路径。

图 9.2.5 确定曲线路径的开始点

图 9.2.6 绘制出的曲线路径

如果要形成封闭的曲线路径，移动鼠标到第一个锚点处单击即可。按住“Ctrl”键在绘制的曲线路径以外单击即可结束绘制。

六、使用自由钢笔工具

自由钢笔工具类似于绘图工具中的画笔、铅笔等，此工具根据鼠标拖动轨迹建立路径。

要使用自由钢笔工具绘制路径，其具体的操作方法如下：

（1）单击工具箱中的“自由钢笔工具”按钮。

（2）在属性栏中设置自由钢笔工具的属性，单击属性栏中的“几何选项”按钮，可弹出**自由钢笔选项**面板，如图 9.2.7 所示。

（3）在**曲线拟合:**输入框中输入数值，可设置创建路径上的锚点多少，数值越大，路径上的锚点就越少。

（4）在图像中拖动鼠标，可产生一条路径尾随指针，松开鼠标，即可创建工作路径，如图 9.2.8 所示。

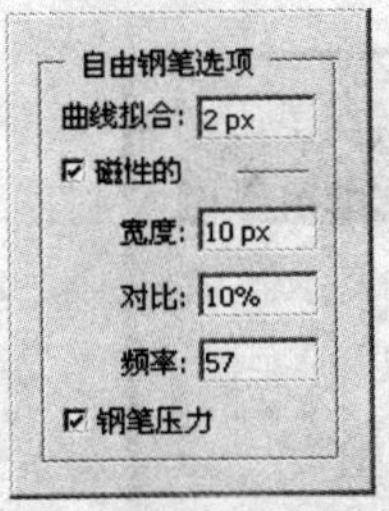

图 9.2.7 “自由钢笔选项”面板

图 9.2.8 自由钢笔工具绘制路径

（5）如果要继续手绘现有路径，可将自由钢笔工具移至路径的一个端点，按住鼠标左键拖动。

（6）要创建闭合路径，移动鼠标至起始点单击即可。

在自由钢笔工具属性栏中选中☑磁性的复选框，表明此时的自由钢笔工具具有磁性。磁性钢笔工具的功能与磁性套索工具基本相同，可以自动寻找图像的边缘，其差别在于使用磁性钢笔工具生成的是路径，而不是选区。在图像边缘单击，确定第一个锚点，然后沿着图像边缘拖动，即可自动沿边缘生成多个锚点，如图 9.2.9 所示。当鼠标移至第一个锚点时，单击可形成闭合路径。

图 9.2.9　使用磁性钢笔工具绘制路径

七、使用形状工具创建路径

如果要创建形状规则的路径，通常可以使用形状工具组来绘制，该工具组中包括矩形工具、圆角矩形工具、多边形工具、椭圆工具以及直线工具等。这些形状工具的使用方法基本类似，只需要拖动鼠标绘制即可，但需要在绘制前对绘制操作做一些具体设置。

1. 矩形工具

使用矩形工具可以绘制出矩形、正方形的路径。其具体的绘制方法如下：

（1）单击工具箱中的“矩形工具”按钮，在属性栏中单击“几何选项”按钮，在弹出的面板中设置矩形的相关属性。

（2）将鼠标移至图像窗口中，按住鼠标左键并拖动，即可绘制矩形路径，如图 9.2.10 所示。此时即可在路径×面板中建立一个工作路径，如图 9.2.11 所示。

图 9.2.10　绘制矩形路径

图 9.2.11　生成的路径

2. 圆角矩形工具

圆角矩形工具的操作方法与矩形工具基本相同，但属性栏中的选项设置不完全相同。单击工具箱中的“圆角矩形工具”按钮，在属性栏中将出现一个半径:选项，在此输入框中输入数值，可设置圆角矩形4个角的圆滑程度。

3. 椭圆工具

使用椭圆工具可以绘制椭圆或圆形的路径，其具体的绘制方法与矩形工具相同。

4. 多边形工具

使用多边形工具可以绘制等边多边形、五边形与星形路径。绘制多边形的操作与绘制矩形有所区别，其具体的操作方法如下：单击工具箱中的“多边形工具”按钮，在属性栏中设置多边形的边数，默认状态下为5，在图像中拖动鼠标，可绘制如图9.2.12所示的多边形路径。

在绘制多边形时，始终会以单击处为中心点，并且随着鼠标拖动而改变多边形的摆放位置，即在拖动鼠标绘制时，移动鼠标可以旋转未完成的多边形。

还可以通过设置多边形工具的选项，得到更多的多边形路径。单击其属性栏中的“几何选项”按钮，可打开“多边形选项”面板，如图9.2.13所示。

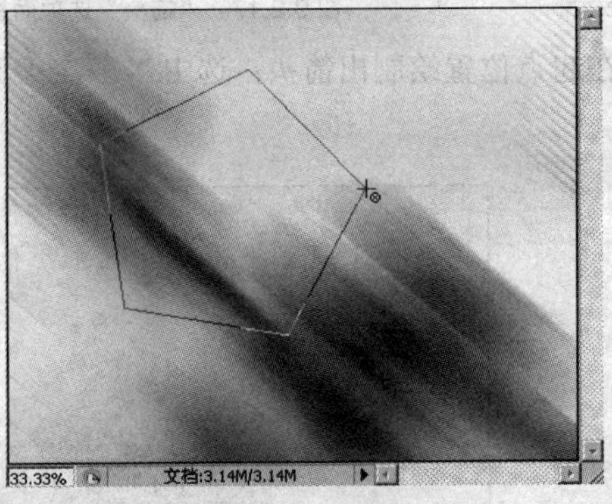

图9.2.12　绘制多边形路径

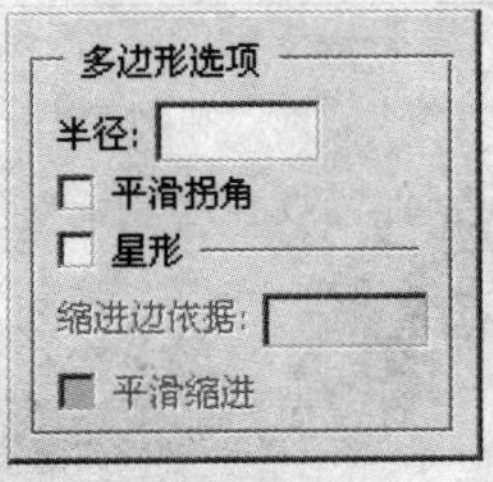

图9.2.13　“多边形选项”面板

在半径:输入框中输入数值，可设置多边形半径。

选中☑星形复选框，可设置并绘制星形。

选中☑平滑拐角复选框，可以平滑多边形的拐角，使绘制出来的多边形的角更加平滑，效果如图9.2.14所示。

在缩进边依据:输入框中输入数值，可设置星形边缘缩进的百分比。

选中☑平滑缩进复选框，可以平滑多边形的凹陷，如图9.2.15所示。

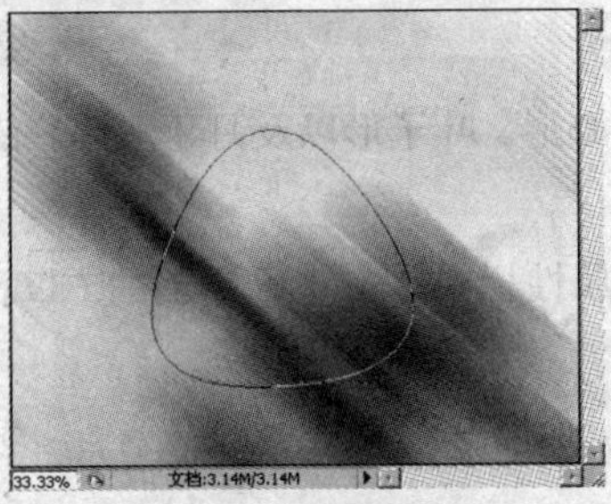

图9.2.14　绘制平滑拐角的多边形路径

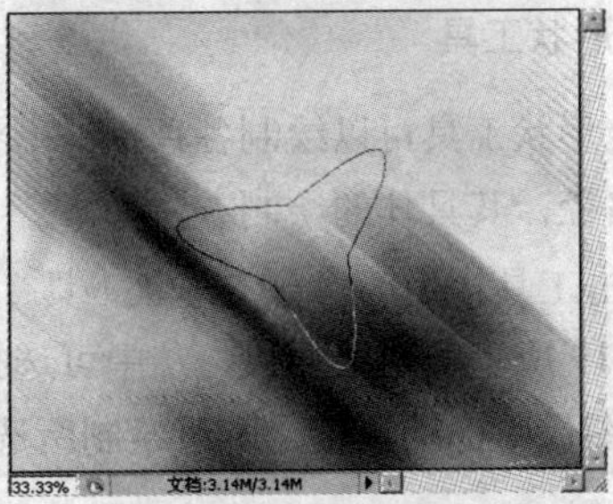

图9.2.15　选中“平滑缩进”复选框时绘制的路径

5. 直线工具

使用直线工具可以绘制出直线、箭头的形状和路径。

直线路径的绘制方法与矩形路径的绘制方法基本相同，只需要在工具箱中单击“直线工具”按钮，在图像窗口中拖动，即可绘制一条直线路径，如图 9.2.16 所示。绘制时，可在其属性栏中设置线条的宽度。

单击直线工具属性栏中的“几何选项”按钮，可弹出“箭头”选项面板，如图 9.2.17 所示。

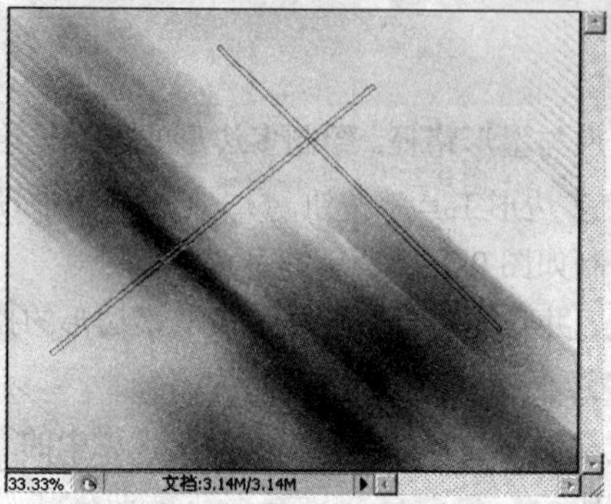

图 9.2.16 使用直线工具绘制路径

图 9.2.17 “箭头”选项面板

选中 起点 复选框，在图像中拖动鼠标可在起点位置绘制出箭头；选中 终点 复选框，可在终点位置绘制出箭头，如图 9.2.18 所示。

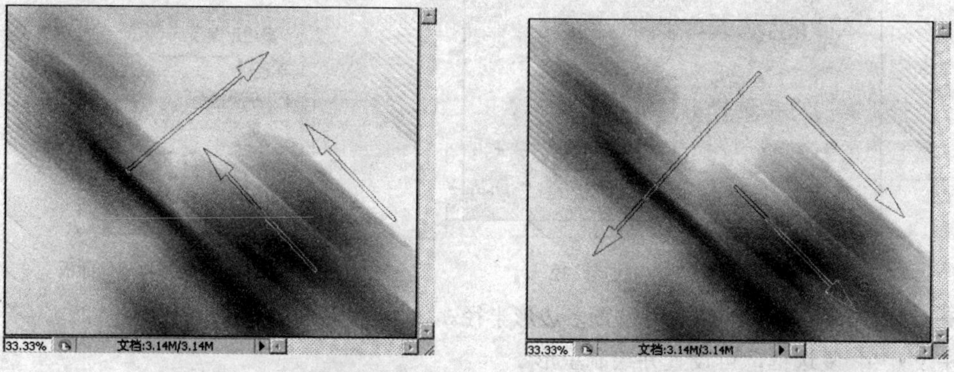

图 9.2.18 绘制带箭头的直线路径

在宽度(W):输入框中输入数值，可设置箭头宽度，取值范围在 10%～1 000%之间；在长度(L):输入框中输入数值，可设置箭头长度，取值范围在 10%～5 000%之间；在凹度(C):输入框中输入数值，可设置箭头凹度，取值范围在-50%～50%之间。

6. 自定形状工具

使用自定形状工具可以绘制各种预设形状，如箭头、心形、叶子形以及月牙形等。使用自定义形状工具绘制路径，其具体的绘制方法如下：

（1）单击工具箱中的“自定形状工具”按钮，在属性栏中单击形状:右侧的下拉按钮，将弹出如图 9.2.19 所示的形状面板，从中可选择一种形状。

（2）在图像中拖动鼠标，即可绘制所选形状的路径，如图 9.2.20 所示。

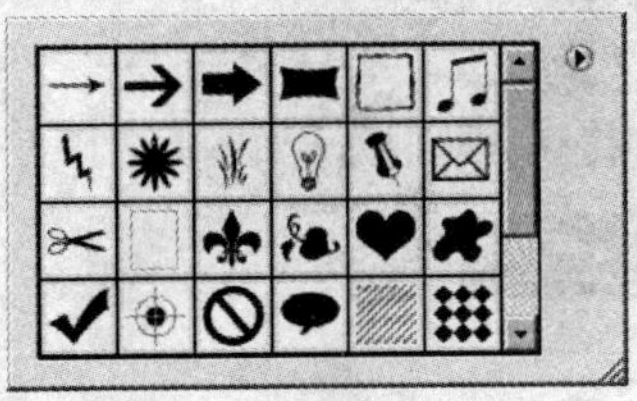

图 9.2.19　形状面板

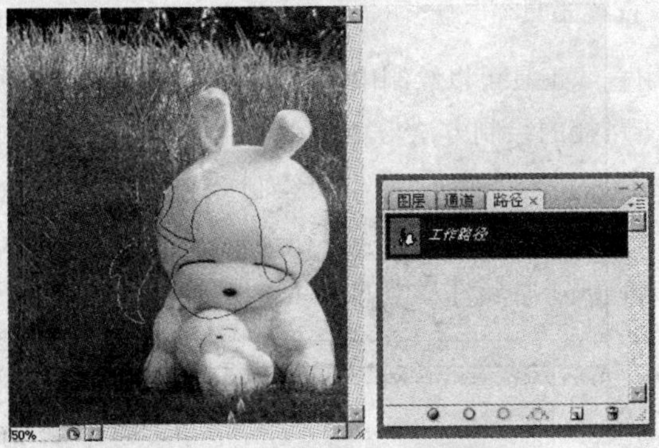

图 9.2.20　使用形状工具绘制路径

第三节　编辑路径

路径最大的优点就是易于编辑，由于它是矢量对象，因此可以通过选择锚点、方向线对其进行编辑修改。

一、选择路径和锚点

在编辑路径之前首先需要选中路径或锚点。选择路径时可以使用工具箱中的路径选择工具或直接选择工具来完成。

路径选择工具与直接选择工具选中路径的效果是不同的。使用路径选择工具选择路径后，被选中的路径以实心点的方式显示各个锚点，如图 9.3.1 所示；而使用直接选择工具选择路径后，被选中的路径以空心点的方式显示各个锚点，如图 9.3.2 所示。

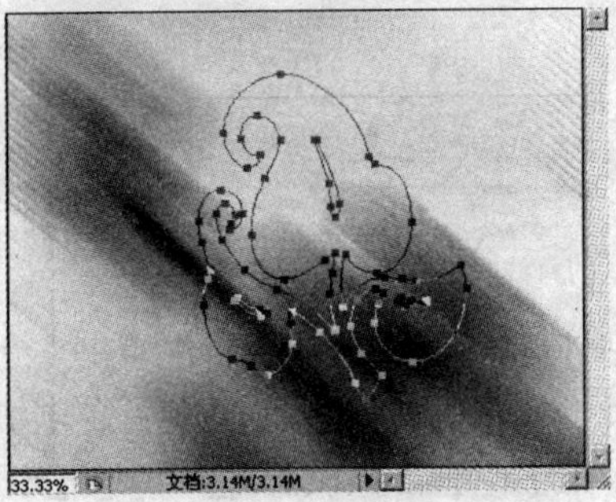

图 9.3.1　使用路径选择工具选择路径

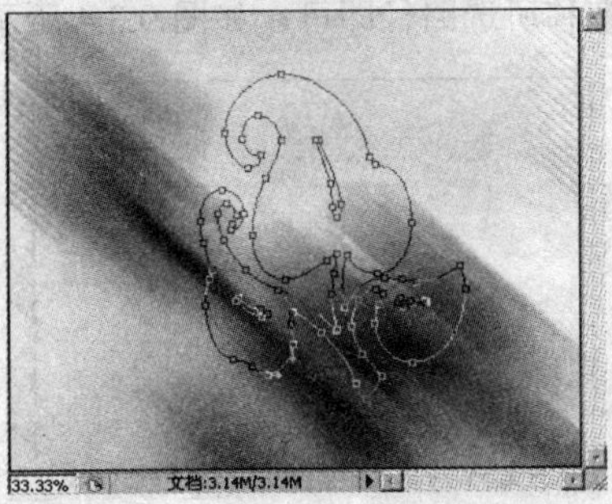

图 9.3.2　使用直接选择工具选择路径

如果要使用直接选择工具选择整个路径，在按住“Alt”键的同时单击路径即可。

如果要调整路径中的某一个锚点，可先选择路径，再选中锚点进行调整。具体的操作步骤如下：

（1）单击工具箱中的“直接选择工具”按钮，在路径上单击，即可选中当前路径。

（2）移动鼠标到需要选中的锚点上单击，即可选中锚点，此时锚点将变成实心点，并且所选锚点的控制柄也会显示出来，通过调整方向线可调整路径的形状，如图 9.3.3 所示。

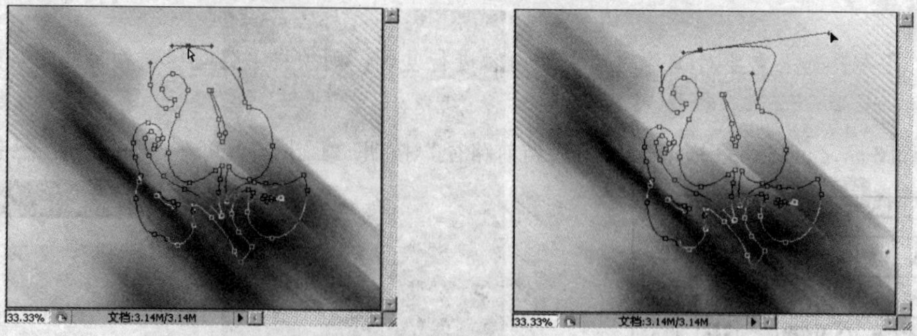

图 9.3.3 调整路径锚点

二、显示和隐藏路径

绘制一个路径后，它会始终显示在图像中，在处理图像的过程中，显示的路径会为处理图像带来不便。因此，就需要及时将路径隐藏。

要隐藏路径，只需要将鼠标移至 路径× 面板中的路径列表与路径缩略图以外的地方单击，或按住“Shift”键单击路径名称即可；如果需重新显示路径，可直接在 路径× 面板中单击路径名称。

三、复制、粘贴和删除路径

可以将路径看做是一个图层中的图像，因此可以对它进行复制、粘贴、删除等操作。

复制路径主要有以下 3 种方法：

（1）直接复制路径。选中路径后，选择菜单栏中的 编辑(E) → 拷贝(C) 命令，或按“Ctrl+C”键即可。

（2）在移动时复制路径。在路径面板中选择路径名，并使用路径选择工具选择路径，然后按住“Alt”键并拖移所选路径即可，如图 9.3.4 所示。

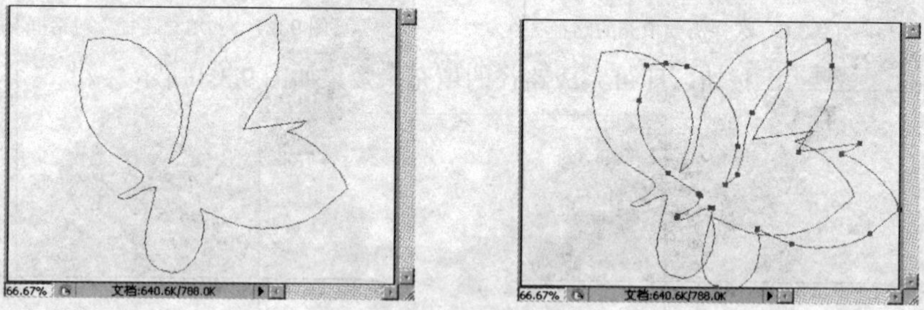

图 9.3.4 移动时复制路径

（3）通过 路径× 面板进行复制。先选中要复制的路径，在 路径× 面板菜单中选择 复制路径... 命令，弹出 复制路径 对话框，如图 9.3.5 所示。在 名称(N): 输入框中输入一个名称，单击 确定 按钮即可。

图 9.3.5 “复制路径”对话框

提示：如果需要对工作路径中的内容进行复制，则须将工作路径保存为普通路径，然后才能进行复制。

要删除路径，可将路径拖动至“删除当前路径”按钮上，也可在选中路径后，在路径面板菜单中选择删除路径命令来完成。

四、填充路径

填充路径是指使用颜色、图案等在闭合路径内部填充。填充路径的具体操作步骤如下：

（1）在路径面板中选中需要填充的路径。

（2）使用路径选择工具在图像窗口中选中需填充的路径组件（如不选择，则会填充路径中的所有组件），如图 9.3.6 所示。

（3）按住“Alt”键的同时单击路径面板底部的“用前景色填充路径”按钮，将弹出填充路径对话框，如图 9.3.7 所示。

1）在使用(U):下拉列表中可选择填充的内容，如图案、前景色等。

2）在模式(M):选项区中可设置填充的混合模式和不透明度。

3）在渲染选项区中可设置填充的羽化半径以及是否消除锯齿。

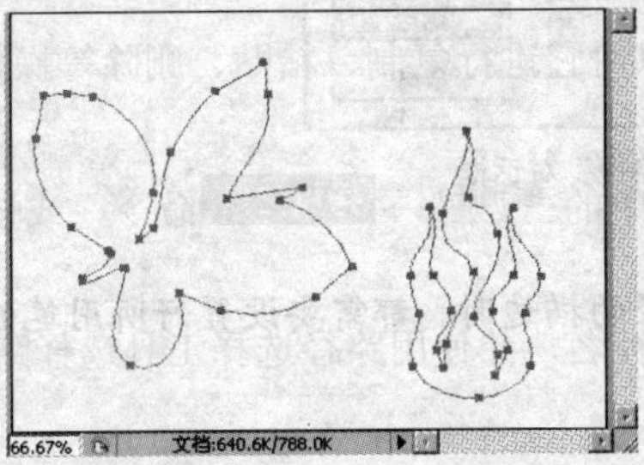

图 9.3.6　选择需要填充的路径

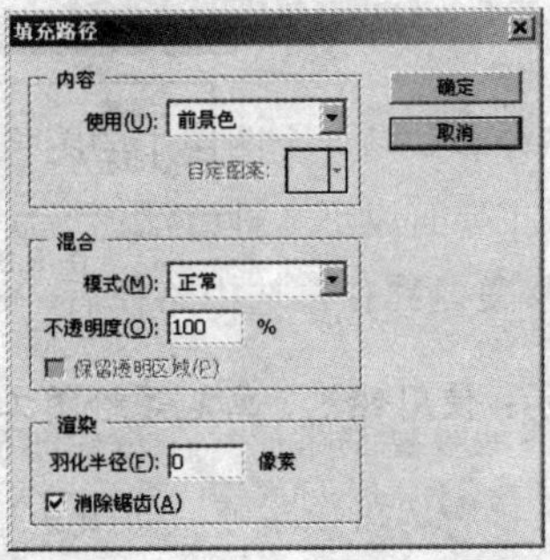

图 9.3.7　“填充路径”对话框

（4）单击确定按钮，即可完成路径的填充，效果如图 9.3.8 所示。

图 9.3.8　路径填充效果

五、描边路径

描边路径是指用画笔工具、铅笔工具等沿着路径的轮廓绘制，如图 9.3.9 所示的是使用画笔工具对路径描边的效果。

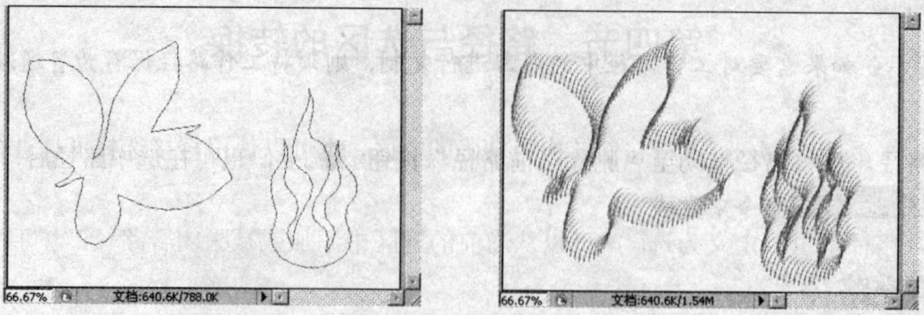

图 9.3.9　描边路径

在绘画的过程中，如果很难用鼠标拖动绘制出满意的曲线，可以先使用绘制路径的工具绘制出曲线路径，然后用画笔、铅笔等绘图工具沿着路径描边。

路径描边的操作步骤如下：

（1）在 路径 × 面板中选择需要描边的路径。

（2）使用路径选择工具在图像窗口中选中要描边的路径组件（如不选择，则会对路径中的所有组件描边）。

（3）按住“Alt”键的同时单击 路径 × 面板底部的“用画笔描边路径”按钮，弹出 描边路径 对话框，如图 9.3.10 所示，在 画笔 下拉列表中选择一种工具进行描边，如选择 画笔 选项，单击 确定 按钮，即可使用画笔工具对路径进行描边。

图 9.3.10　“描边路径”对话框

提示：使用铅笔、画笔等绘图工具进行路径的描边时，都需要设置好所用笔的大小、样式、颜色等属性。

六、输出剪贴路径

利用剪贴路径功能，可输出路径之内的图像，而路径之外的区域则为透明区域。输出剪贴路径的方法如下：

（1）在 路径 × 面板菜单中选择 剪贴路径... 命令，弹出 剪贴路径 对话框，如图 9.3.11 所示。

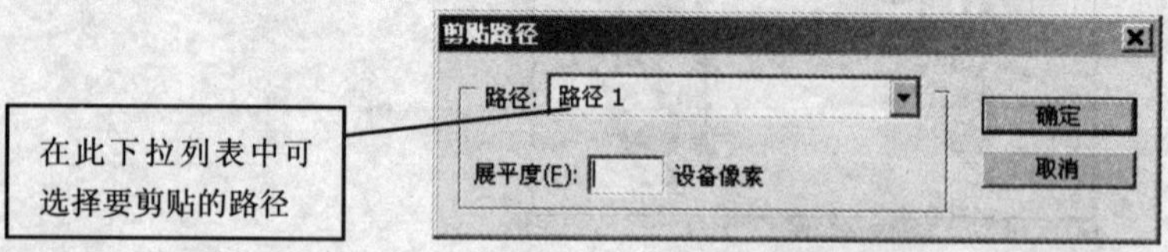

图 9.3.11　“剪贴路径”对话框

（2）在 展平度(F): 输入框中设置填充输出路径之内的图像的边缘像素。

（3）单击 确定 按钮，即可完成输出剪贴路径的操作。此后，可选择菜单栏中的 文件(F) → 存储为(V)... 命令，在弹出的 存储为 对话框中将图像保存为 TIFF 格式，其他支持剪贴路径的应用程序就可以使用此图像文件。

第四节　路径与选区的转换

路径提供平滑的轮廓，可以将它们转换为精确的选区，也可以使用直接选择工具进行微调，将选区转换为路径。

任何闭合路径都可以定义为选区，可以从当前的选区中添加或减去闭合路径，也可以将闭合路径与当前的选区结合。

一、将路径转换为选区

路径可以转换为选区，其具体的操作步骤如下：

（1）在 路径 × 面板中选择需要转换为选区的路径。

（2）在 路径 × 面板底部单击“将路径作为选区载入”按钮，可直接将路径转换为选区。也可在 路径 × 面板菜单中选择 建立选区... 命令，弹出 建立选区 对话框，如图 9.4.1 所示。

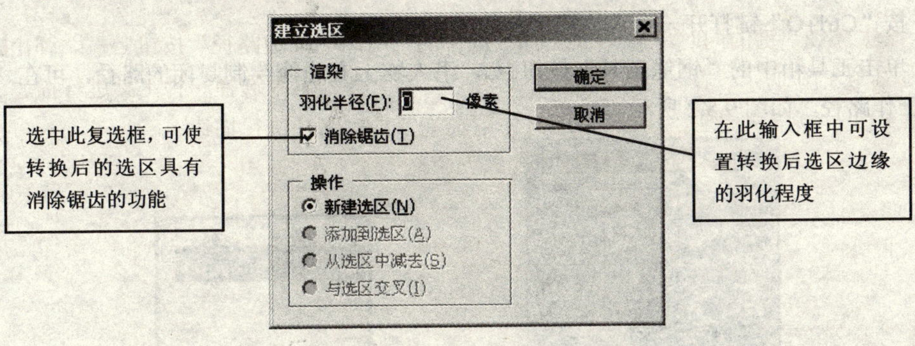

图 9.4.1　“建立选区”对话框

（3）单击 确定 按钮，可将路径转换为选区，如图 9.4.2 所示。

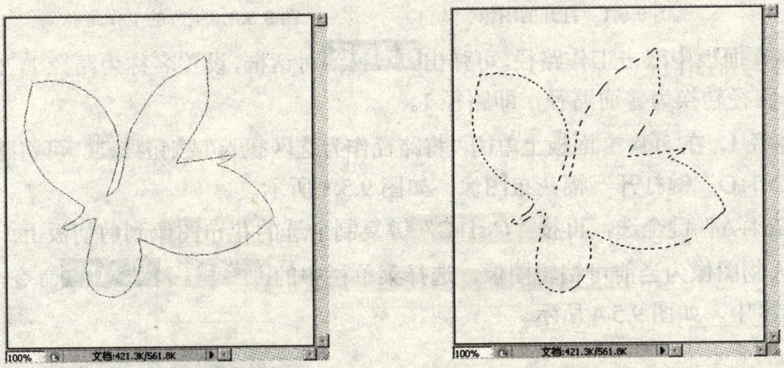

图 9.4.2　转换路径为选区

如果是一条开放的路径，则在转换为选区后，其起点和终点会自动连接形成一个封闭的选区。在 建立选区 对话框中的 操作 选项区中可设置转换后的选区与原有选区的逻辑关系。

二、将选区转换为路径

在 Photoshop CS3 中，可以将当前图像中的任何选区转换为路径。其具体的操作步骤如下：

（1）在图像中创建选区。

（2）按住“Alt”键的同时在 路径 × 面板中单击“从选区生成工作路径”按钮，弹出 建立工作路径 对话框，如图 9.4.3 所示。

（3）单击 确定 按钮，可将当前选区转换为工作路径。

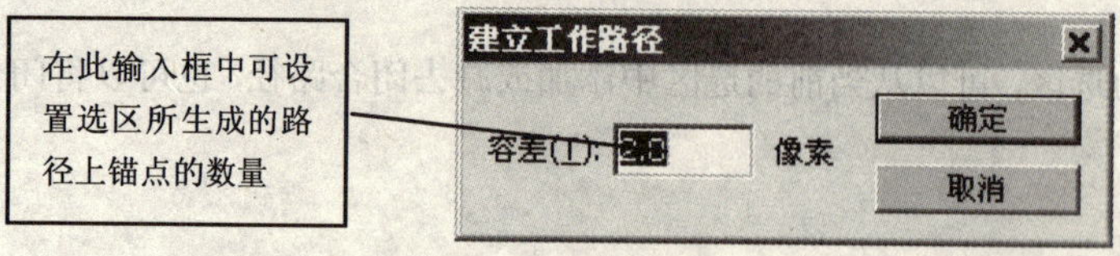

图 9.4.3　“建立工作路径”对话框

第五节　上机练习

本例制作为小孩换衣服效果，以巩固本章所学的知识。

（1）按“Ctrl+O”键打开一幅人物图像，如图 9.5.1 所示。

（2）单击工具箱中的“钢笔工具”按钮，沿人物上衣边缘绘制封闭的路径，可在 路径 × 面板中生成工作路径，如图 9.5.2 所示。

图 9.5.1　打开的图像

图 9.5.2　生成的工作路径

（3）在 路径 × 面板中双击工作路径，可弹出 存储路径 对话框，设置名称为路径 1，单击 确定 按钮，可将工作路径转换为普通路径，即路径 1。

（4）选择路径 1，在 路径 × 面板上单击“将路径作为选区载入”按钮，可将路径转换为选区。

（5）按“Ctrl+O”键打开一幅花布图像，如图 9.5.3 所示。

（6）按“Ctrl+A”键全选，再按“Ctrl+C”键复制全选的花布图像到剪切板上。

（7）确认人物图像为当前可编辑图像，选择菜单栏中的 编辑(E) → 贴入(I) 命令，可将复制的花布图像贴入到选区中，如图 9.5.4 所示。

图 9.5.3　打开的花布图像

图 9.5.4　将花布图像贴入选区

（8）此时可在图层面板中自动创建一个剪贴图层，如图 9.5.5 所示。

（9）粘贴的图像没有立体感，因此可使用加深工具与减淡工具在衣服的边缘以及折叠部分进行涂抹，使其显得自然一些，效果如图 9.5.6 所示。

图 9.5.5　创建的剪贴图层

图 9.5.6　换衣服效果

本章小结

本章系统地介绍了路径的创建、路径的编辑以及路径面板的应用功能与操作方法。通过本章的学习，读者应该对路径的概念有较为深刻的理解，能够熟练使用各种绘制路径工具和形状工具绘制较为复杂的曲线，掌握路径的操作技巧。

习 题 九

一、填空题

1. 使用形状工具可以创建 3 种不同类型的对象，即________、________和________。

2. ________是由多个节点构成的直线或曲线线段。

3. 使用________工具可以绘制矩形、正方形的路径或形状。

二、选择题

1. 使用（　）工具可以改变描边的方向线。

　A. 路径选择　　B. 直接选择

　C. 转换点　　D. 钢笔

2. 在路径面板底部单击按钮，可将（　）。

　A. 选区转换为路径　　B. 路径转换为选区

　C. 路径转换为工作路径　　D. 以上都不能

三、上机操作题

1. 新建一幅图像，练习使用钢笔工具、自由钢笔工具以及形状工具绘制所需的路径。

2. 打开一幅图像，使用钢笔工具勾选图像，可创建出工作路径，并练习将路径转换为选区。

第十章　应用滤镜

滤镜是在 Photoshop 中制作特殊效果的一种重要工具。使用 Photoshop CS3 滤镜功能可以产生许多特殊效果。本章将主要介绍 Photoshop CS3 滤镜的应用技巧与效果。

本章主要内容:

- 滤镜的概念
- 利用滤镜修饰图像
- 基本滤镜的应用

第一节　滤镜的概念

滤镜主要用来制作图像的各种特殊效果，它通过分析图像中各个像素的值，根据滤镜中各种不同功能的要求，调用不同的运算模块处理图像，以达到所需的效果。Photoshop 所有的滤镜都放置在滤镜(T)菜单中，使用时只要用鼠标单击这些滤镜命令即可。

滤镜可以应用于图像的选择区域，也可以应用于整个图层。Photoshop 中的滤镜从功能上基本分为矫正性滤镜与破坏性滤镜两种：矫正性滤镜包括模糊、锐化、视频、杂色以及其他滤镜，它们对图像处理的效果很微妙，可调整对比度、色彩等宏观效果。除这几种滤镜外，滤镜(T)菜单中的其他滤镜都属于破坏性滤镜，破坏性滤镜对图像的改变比较明显，主要用于构造特殊的艺术图像效果。

滤镜的处理以像素为单位，因此滤镜的处理效果与分辨率有关，同一幅图像如果分辨率不同，处理时所产生的效果也不同。

一、使用滤镜的过程

在 Photoshop 中提供了近百种滤镜，这些滤镜各有其特点，但使用过程基本相似。在使用滤镜时，一般都可以按照以下步骤进行：

（1）选择需要使用滤镜处理的某个图层、某区域或某个通道。

（2）在滤镜(T)菜单中，选择需要使用的滤镜命令，弹出相应的设置对话框。

（3）在弹出的对话框中设置相关的参数，一般有两种方法：一种是使用滑块，此方法很方便，也更容易随时预览效果；另一种是直接输入数值，这样可以得到较精确的设置。

（4）预览图像效果。大多数滤镜对话框中都设置了预览图像效果的功能。

（5）当调整好各个参数后，单击确定按钮就可以执行此滤镜命令。如果对调整的效果不满意，可单击取消按钮取消设置操作。

提示：滤镜对话框中，有的参数可以在正值与负值之间切换，正值与负值所产生的效果是相反的。

二、滤镜使用技巧

滤镜的种类很多，产生的效果也不一样。滤镜的使用有一些基本的方法和技巧，主要包括以下几种：

（1）Photoshop 会针对选区进行滤镜效果处理，如果没有创建选区，则对整个图像进行处理；如果当前选择的是某一图层或某个通道，则只对当前图层或通道起作用。

（2）运用滤镜后，要通过“Ctrl+Z”键切换，以观察使用滤镜的前后图像效果对比，能更清楚地观察滤镜的作用。

（3）在对某一选择区域使用滤镜时，一般应先对选择区域执行羽化命令，然后再执行滤镜命令，这样可以使通过滤镜处理后选区内的图像很好地融合到图像中。

（4）按“Ctrl+F”键可重复执行上次使用的滤镜，但此时不会弹出滤镜对话框，即不能调整滤镜参数；如果按“Ctrl+Alt+F”键，则会重新弹出上一次执行的滤镜对话框，此时即可调整滤镜的参数设置。

（5）可以将多个滤镜命令组合使用，从而制作出漂亮的文字、纹理或图像效果。

（6）在位图、索引颜色和 16 位的颜色模式下不能使用滤镜。

第二节　利用滤镜修饰图像

在 滤镜(T) 菜单中提供了几个用于进行图像编辑和修饰的滤镜，即抽出、液化、图案生成器和消失点。下面通过实例来说明它们的功能与使用方法。

一、抽出滤镜

抽出命令的功能与背景橡皮擦工具类似，都可以将图像的背景删除，保留需要的图像。使用抽出命令可以将复制的物体与它所在的背景分离，下面通过一个实例来学习此命令的使用方法。

（1）打开一幅图像，选择菜单栏中的 滤镜(T) → 抽出(X)... 命令，弹出如图 10.2.1 所示的 抽出 对话框。

图 10.2.1　“抽出”对话框

（2）在窗口左侧的工具箱中单击“边缘高光器工具”按钮，在工具选项选项区中的画笔大小输入框中设置画笔的大小，在图像中沿人物的边缘进行描绘，如图 10.2.2 所示。

图 10.2.2　描绘人物的边缘轮廓

（3）单击工具箱中的“填充工具”按钮，在所选择的区域内单击，即可将选择区域的图像填充为半透明的蓝色，然后单击预览按钮，即可预览到抽出所选择范围内的图像，如图 10.2.3 所示。

（4）如果对预览不满意，可以使用橡皮擦工具、清除工具或边缘修饰工具进行修改，直至预览满意后，单击确定按钮，即可得到抽取来的人物图像，效果如图 10.2.4 所示。

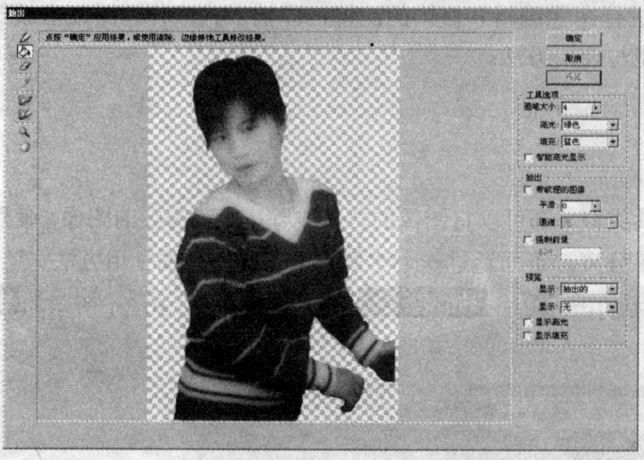

图 10.2.3　预览抽出的效果

图 10.2.4　抽出的效果

二、液化滤镜

使用液化滤镜可以快速地将图像变形，如旋转、镜像、膨胀、放射等，从而产生特殊的溶解、扭曲效果。下面通过一个实例来介绍液化滤镜的功能与使用。

（1）打开一幅需要处理的图像文件，选择菜单栏中的滤镜(T)→液化(L)...命令，弹出液化对话框，如图 10.2.5 所示。

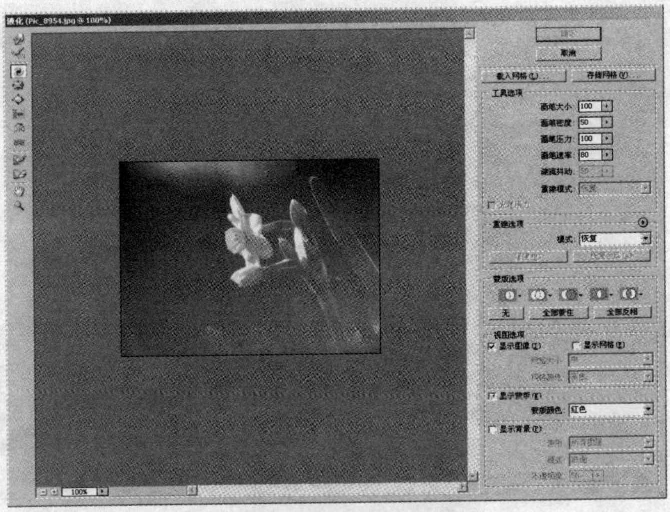

图 10.2.5 “液化”对话框

（2）在此对话框左边单击“向前变形”按钮，在图像上拖动鼠标可向前推动像素进行变形，单击确定按钮，产生的效果如图 10.2.6 所示。单击“重建工具”按钮，可将已变形的像素恢复到原始状态。

图 10.2.6 使用液化滤镜变形图像

单击“顺时针旋转扭曲工具”按钮，按住鼠标左键在图像中拖动，可顺时针旋转图像。

单击“褶皱工具”按钮，在图像上按住鼠标拖动时，图像向画笔中心收缩变形。

单击“冻结蒙版工具”按钮，将图像中不需要变形的区域涂抹进行冻结，使涂抹的区域不受其他区域变形的影响。

单击“解冻蒙版工具”按钮，在图像中冻结的区域涂抹，可解除图像中的冻结区域。

三、图案生成器滤镜

图案生成器滤镜根据选取图像的部分或剪贴板中的图像来生成各种图案，实现了拼贴块与拼贴块之间的无缝连接。因为图案是基于样本中的像素，所以生成的图案与样本具有相同的视觉效果。下面举例说明使用图案生成器生成图案的方法。

（1）打开一幅需要生成图案的图像。

（2）选择菜单栏中的滤镜(T)→图案生成器(P)...命令，弹出图案生成器对话框，在该对话框中选择需要定义图案的区域，如图 10.2.7 所示。

图 10.2.7　“图案生成器”对话框

（3）在宽度与高度输入框中输入适当的数值，可设置拼贴大小。

（4）单击生成按钮，即可在预览窗口中生成一个图案拼贴，如图 10.2.8 所示。

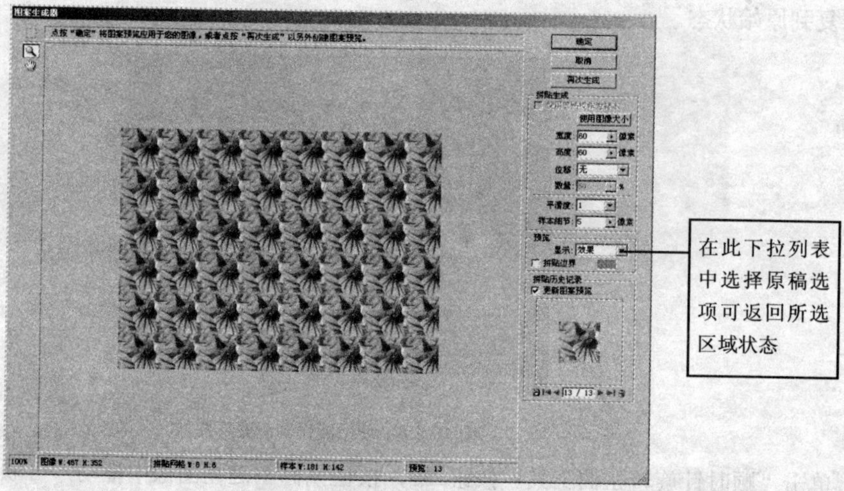

图 10.2.8　生成图案拼贴

（5）单击再次生成按钮，可生成下一个不同的图案。继续单击此按钮，也可继续合成不同的图案效果。

四、消失点滤镜

使用消失点功能可以在图像中指定平面，然后进行绘画、仿制、拷贝、粘贴、变换等编辑操作。所有编辑操作都将采用所处理平面的透视，因此，使用消失点来修饰、添加或移去图像中的内容，效果将更加逼真。

下面通过一个实例来说明消失点的功能与使用方法。

（1）打开一幅图像，如图 10.2.9 所示，使用多边形工具将图像中的盒子从背景中选出来。

（2）按“Ctrl+J”键可自动将选区中的图像拷贝到一个新图层中，如图 10.2.10 所示。

图 10.2.9 创建选区

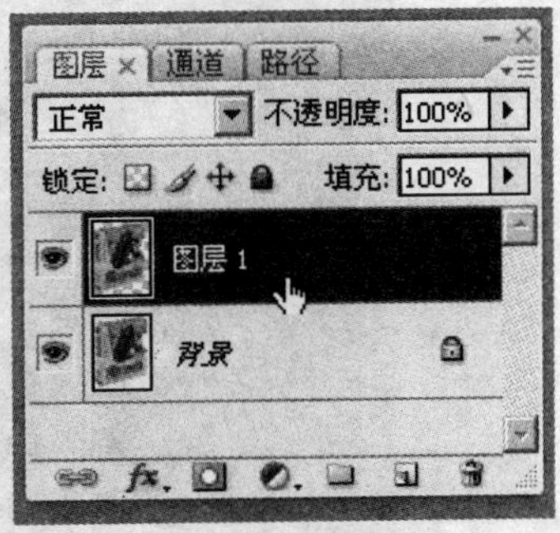

图 10.2.10 创建拷贝图层

（3）打开一幅如图 10.2.11 所示的图像，按“Ctrl+A”键全选图像，按“Ctrl+C”键将其复制到剪贴板中，以备后用。

（4）选择菜单栏中的滤镜(T)→消失点(V)...命令，弹出消失点对话框，如图 10.2.12 所示。

图 10.2.11 打开的图像

图 10.2.12 “消失点”对话框

（5）在工具箱中单击“创建平面工具”按钮，此时鼠标光标变为形状，在盒子的一侧单击，然后沿盒子边缘拖动鼠标，单击第 3 个点将出现一个三角形平面，拖动鼠标，即可形成一个四边形的平面，如图 10.2.13 所示。

（6）在网格大小输入框中可设置平面中的网格数量。

图 10.2.13 四边形的平面

（7）继续使用创建平面工具绘制其他各个面的网格平面。

（8）按“Ctrl+V”键将复制到剪贴板中的图像粘贴到窗口中，如图 10.2.14 所示。

图 10.2.14　粘贴效果

（9）拖动鼠标，将粘贴的图像拖至第一个网格平面中，系统将自动适应该平面，在工具箱中单击“变换工具”按钮，变换网格中图像的大小，效果如图 10.2.15 所示。

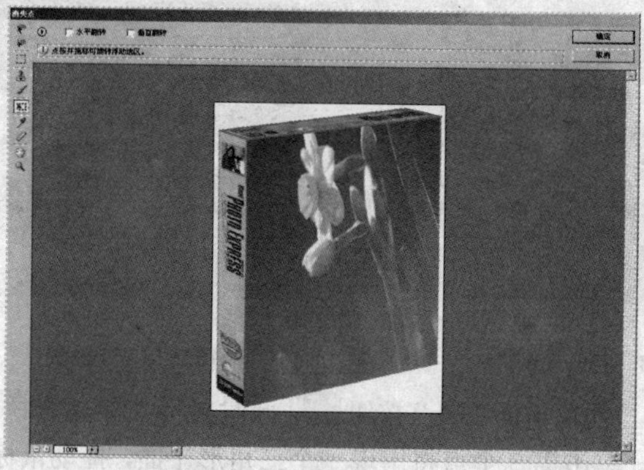

图 10.2.15　变换网格中图像的大小

（10）按住“Alt”键拖动变换后的图像，将其复制 3 个，并放入其他两个网格平面中，效果如图 10.2.16 所示。

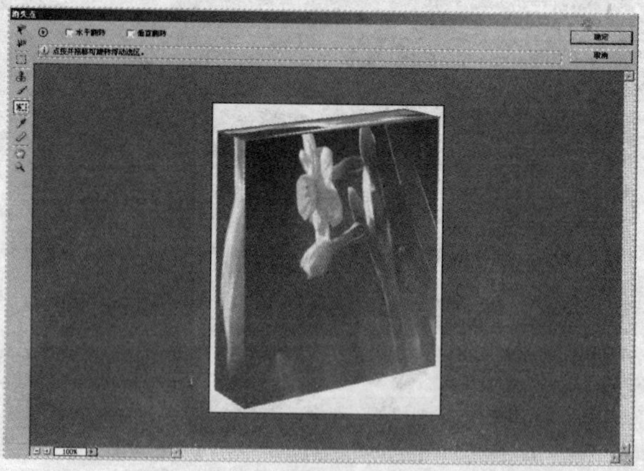

图 10.2.16　复制到其他平面的效果

(11)单击 确定 按钮，返回到 Photoshop CS3 工作界面，将图层 1 的不透明度设置为 73%，混合模式设置为色相，效果如图 10.2.17 所示。

图 10.2.17 更改不透明度与混合模式效果

第三节 基本滤镜的应用

一个好的 Photoshop 作品几乎都少不了滤镜的使用，因此应该熟练掌握各个滤镜的功能与设置，以便得到理想的效果。本节将详细介绍这些滤镜的使用，由于滤镜的种类较多，每一组滤镜中只选择常用的滤镜进行介绍。

一、扭曲滤镜

扭曲滤镜是在图像处理中最常用的滤镜之一，使用扭曲滤镜可以对图像进行各种扭曲和变形处理。在制作底纹时，通常需要使用扭曲滤镜进行变形而产生纹理。选择菜单栏中的 滤镜(T) → 扭曲 命令，可弹出其子菜单，从中选择相应的命令可产生各种不同的变形效果。

1. 扩散亮光滤镜

扩散亮光滤镜用于产生弥漫的光亮效果，该滤镜可将图像渲染成像是透过一个柔和的扩散滤色片来观看的效果。它将透明的白色杂点添加到图像中，并从选区的中心向外渐隐亮光。使用此滤镜会使图像中较亮的区域产生一种光照的效果。

2. 挤压滤镜

挤压滤镜是对图像进行向内或向外的挤压，使图像产生一定幅度的整体变形。此滤镜有时可以模拟相机镜头在调节为不同焦距后所拍摄的图片效果。

3. 切变

切变可以使图像沿着指定的曲线形状扭曲图像。选择菜单栏中的 滤镜(T) → 扭曲 → 切变... 命令，弹出 切变 对话框，如图 10.3.1 所示。

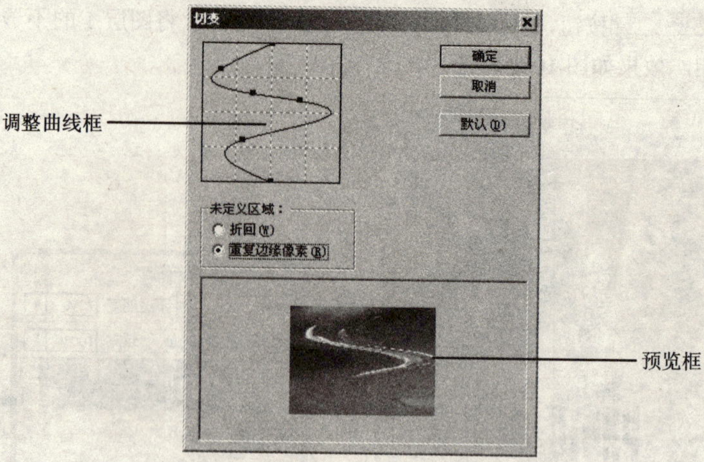

图 10.3.1　“切变”对话框

在对话框左上角的曲线框中可以通过调整曲线上的任意点来调整扭曲的形状。

在未定义区域:选项区中选中 折回(W)单选按钮，可使图像中弯曲出去的图像在相反方向的位置显示；选中 重复边缘像素(R)单选按钮，则弯曲出去的图像不会在相反方向的位置显示。

单击 确定 按钮。如图 10.3.2 所示为应用切变滤镜前后效果对比。

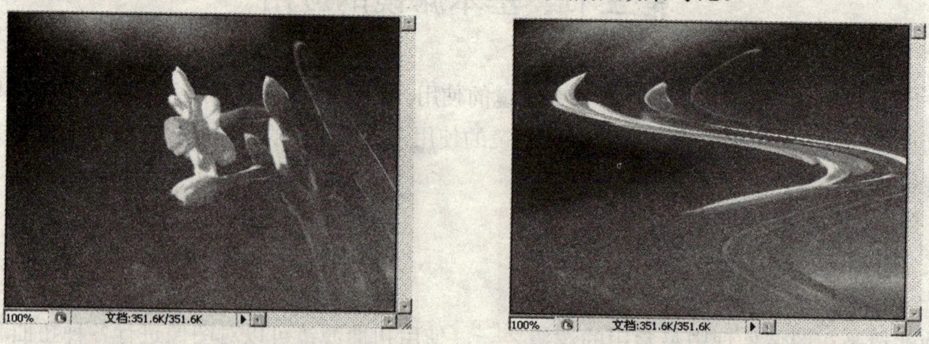

图 10.3.2　应用切变滤镜前后效果对比

4．旋转扭曲滤镜

旋转扭曲滤镜使图像从中心向外产生一种旋转扭曲的效果。其图像中心旋转扭曲的程度比边缘旋转扭曲的程度大。指定角度时可生成旋转扭曲图像，产生一种旋涡的效果。如图 10.3.3 所示为应用旋转扭曲滤镜前后效果对比。

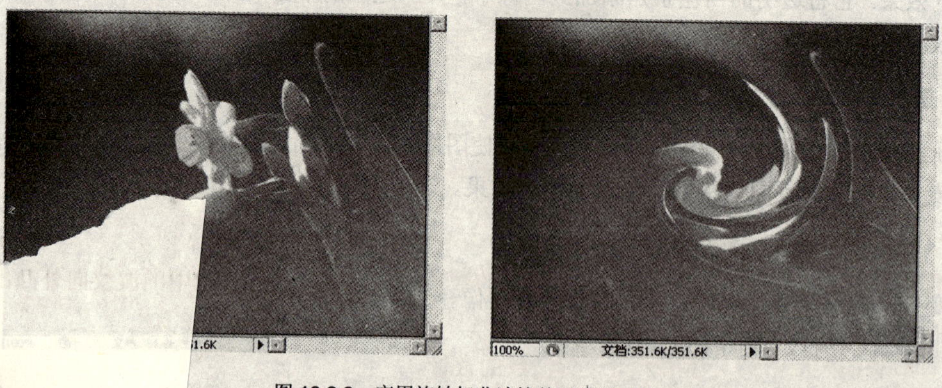

图 10.3.3　应用旋转扭曲滤镜前后效果对比

5. 极坐标滤镜

极坐标滤镜可以将图像由直角坐标转换为极坐标，或将图像由极坐标转换为直角坐标。使用此滤镜可以将直的物体拉弯，也能将圆的物体拉直。如图 10.3.4 所示为应用极坐标滤镜效果。

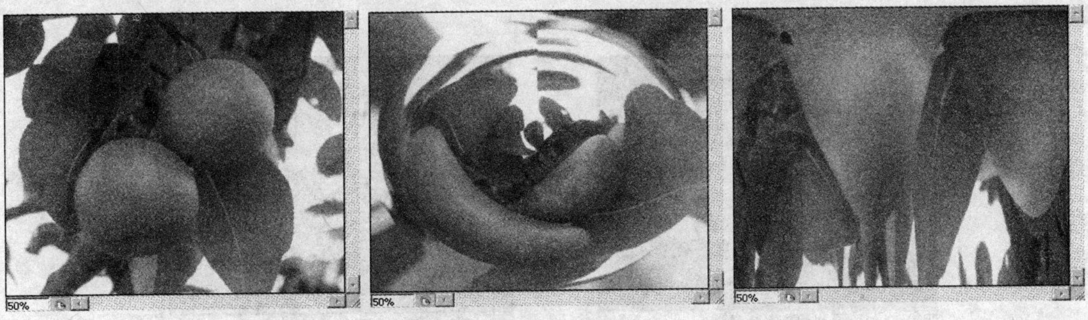

（a） （b） （c）

图 10.3.4 应用极坐标滤镜效果

（a）原图像；（b）从平面坐标到极坐标；（c）从极坐标到平面坐标

6. 水波滤镜

水波滤镜可以产生池塘波纹和旋转的效果。使用此滤镜可以使图像具有波纹效果，就像水中泛起的涟漪。如图 10.3.5 所示为应用水波滤镜前后效果对比。

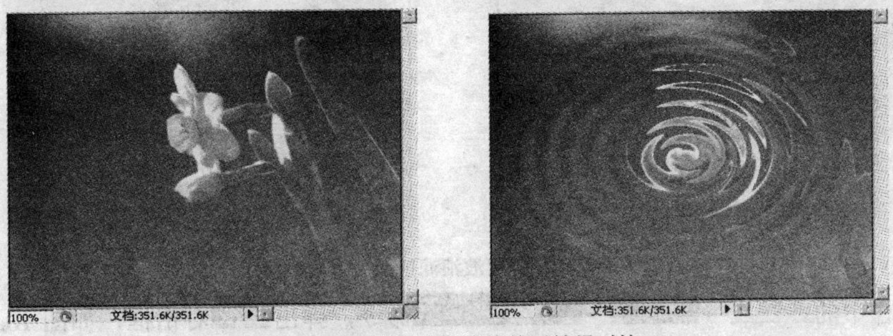

图 10.3.5 应用水波滤镜前后效果对比

选择菜单栏中的滤镜(T)→扭曲→水波...命令，可弹出水波对话框，如图 10.3.6 所示。

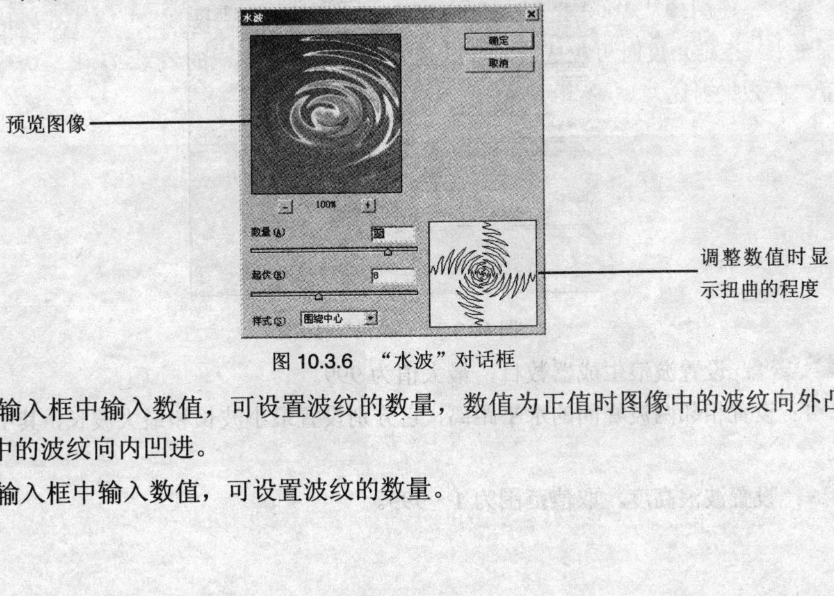

图 10.3.6 “水波”对话框

在数量(A)输入框中输入数值，可设置波纹的数量，数值为正值时图像中的波纹向外凸出；数值为负值时图像中的波纹向内凹进。

在起伏(R)输入框中输入数值，可设置波纹的数量。

在 样式(S) 下拉列表中可选择水波形成的方式，其中包括围绕中心、从中心向外与水池波纹。

7. 波纹滤镜

波纹滤镜可以在所选的区域中产生起伏的图案，就像水池表面的波纹。如图 10.3.7 所示为应用波纹滤镜前后效果对比。

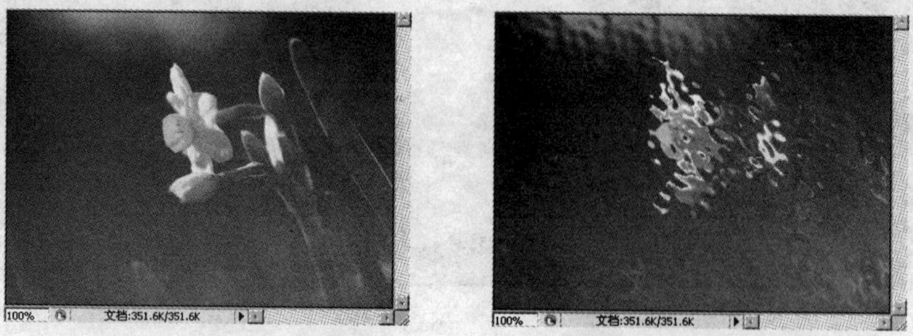

图 10.3.7　应用波纹滤镜前后效果对比

8. 波浪滤镜

波浪滤镜可根据设置的不同波长而产生不同的波动效果。如图 10.3.8 所示为应用波浪滤镜前后效果对比。

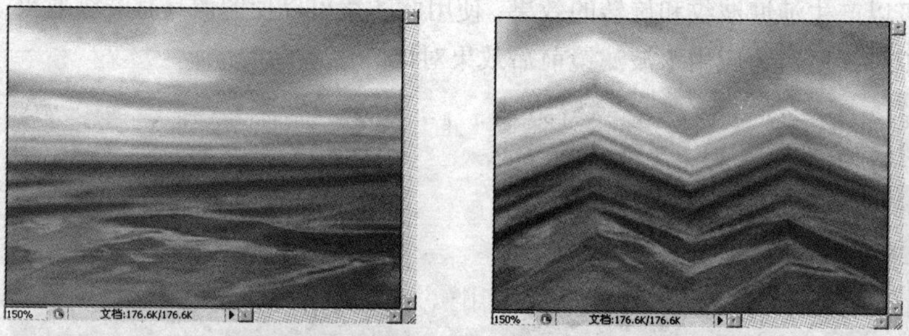

图 10.3.8　应用波浪滤镜前后效果对比

选择菜单栏中的 滤镜(T) → 扭曲 → 波浪... 命令，弹出 波浪 对话框，如图 10.3.9 所示。

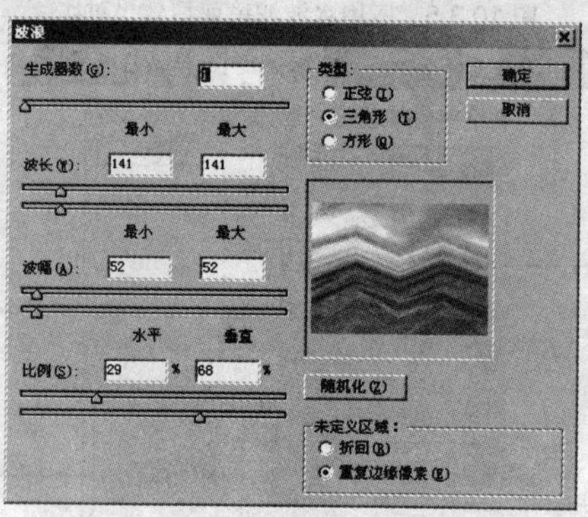

图 10.3.9　"波浪"对话框

生成器数(G):：设置波浪生成器数目，最大值为 999。

波长(W):：设置相邻两波峰间的水平距离，它分别设置最小波长和最大波长，其中最小波长要小于最大波长。

波幅(A):：设置波浪高度，取值范围为 1～999。

比例(S)：设置波形垂直于水平缩放的百分比。

类型：在此选项区中可以选择一种波浪的方式，包括正弦、三角形与方形。

随机化(Z)：该按钮可随机改变波浪效果，并可以多次操作。

9．球面化滤镜

球面化滤镜用于模拟图像包在一个球形上并伸展它以适合所选曲线，对图像制作三维效果。如图 10.3.10 所示为应用球面化滤镜前后效果对比。

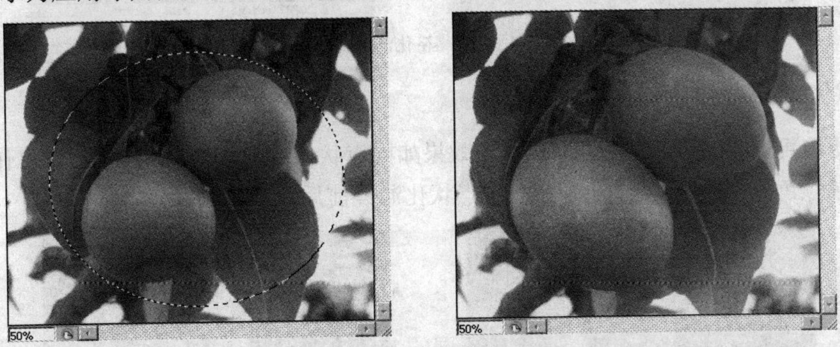

图 10.3.10　应用球面化滤镜前后效果对比

二、像素化滤镜

像素化滤镜主要用来将图像分块或将图像平面化，将图像中颜色相近的像素连接，形成相近颜色的像素块。

1．彩色半调滤镜

彩色半调滤镜模拟在图像的每个通道上使用放大的半调网屏效果。对于每个通道，此滤镜将图像划分为矩形，并用圆形替换每个矩形，看起来像产生铜版画的效果。如图 10.3.11 所示为应用彩色半调滤镜前后效果对比。

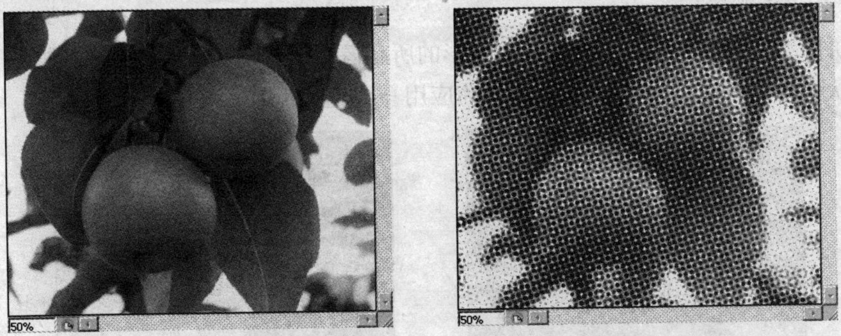

图 10.3.11　应用彩色半调滤镜前后效果对比

2．晶格化滤镜

晶格化滤镜可以在图像的表面产生结晶颗粒，使相近的像素集结形成一个多边形网格。通过调整对话框中的单元格大小(C)数值可设置网格大小，取值范围在 3～300 之间，数值较大时会使图像失去原本的面目。如图 10.3.12 所示为应用晶格化滤镜前后效果对比。

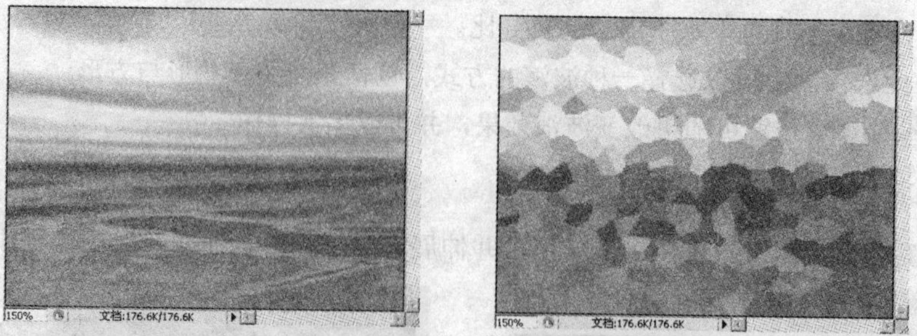

图 10.3.12　应用晶格化滤镜前后效果对比

3．点状化滤镜

点状化滤镜可以将图像分为随机的点，该效果如同点状化绘画一样，并使用背景色作为点与点之间的画布区域颜色。如图 10.3.13 所示为应用点状化滤镜前后效果对比。

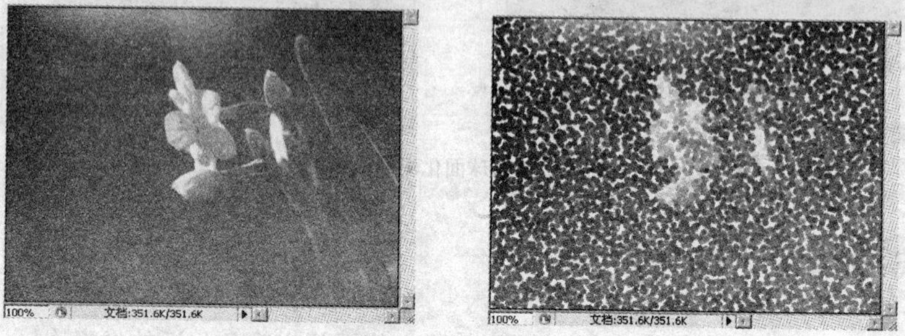

图 10.3.13　应用点状化滤镜前后效果对比

4．铜版雕刻滤镜

铜版雕刻滤镜可将图像转换为黑白区域的随机图案或彩色图像中完全饱和颜色的随机图案。使用此滤镜时，可从铜版雕刻对话框中的类型下拉列表中选择不同的网点图案，以产生不同效果的图像。

5．马赛克拼图滤镜

马赛克拼图滤镜通过将图像中具有相似色彩的所有像素变为相同的颜色，来模拟马赛克的效果。此滤镜与点状化滤镜相似。如图 10.3.14 所示为应用马赛克滤镜前后效果对比。

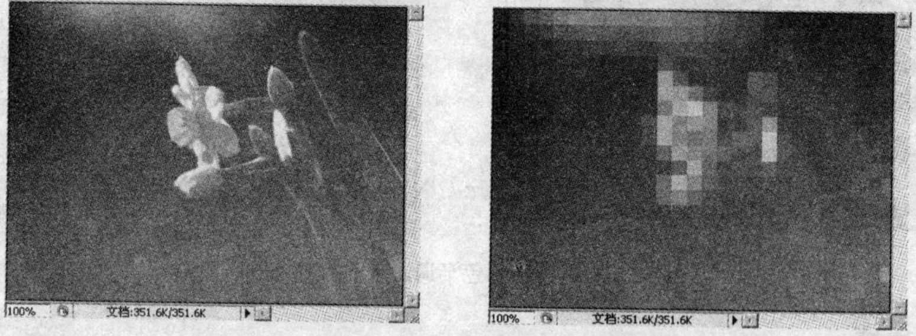

图 10.3.14　应用马赛克拼图滤镜前后效果对比

三、杂色滤镜

杂色滤镜可以在图像中随机地添加或减少杂色，这有利于将选区混合到周围的像素中。使用杂色滤镜可创建与众不同的纹理，如灰尘或划痕。

1．添加杂色滤镜

添加杂色滤镜将随机像素应用于图像，模拟在高速胶片上拍照的效果，从而为图像添加一些细小的颗粒状像素，此滤镜可用于减少羽化图像或渐变填充中的条纹，或使经过重大修饰的图像区域看起来更真实。如图 10.3.15 所示为应用添加杂色滤镜前后效果对比。

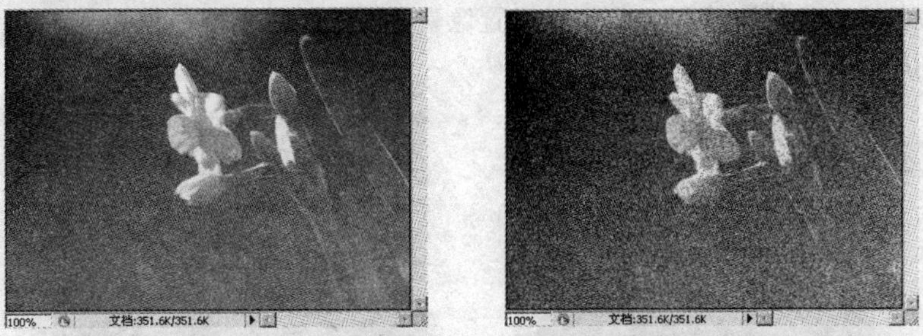

图 10.3.15 应用添加杂色滤镜前后效果对比

2．去斑滤镜

去斑滤镜主要用于消除图像中的斑点，此滤镜可对图像或选区内的图像稍加模糊，来遮蔽斑点或折痕。使用去斑滤镜可以在不影响原图像整体效果的情况下，对细小、轻微的杂点进行柔化，从而达到去除杂点的效果。

3．蒙尘和划痕滤镜

蒙尘和划痕滤镜可以搜索图像中的缺陷并将其融入周围像素中，对去除扫描图像中的杂点和折痕非常有用，该滤镜可以去除大而明显的杂点。如图 10.3.16 所示为应用蒙尘和划痕滤镜前后效果对比。

图 10.3.16 应用蒙尘和划痕滤镜前后效果对比

4．中间值滤镜

中间值滤镜通过混合图像选区中的像素亮度来减少图像的杂色。该滤镜在消除或减少图像的动感效果时非常有用。

四、模糊滤镜

模糊滤镜主要用来修饰边缘过于清晰或者对比度过于强烈的图像或选区，使其变得更加柔和。

1．形状模糊滤镜

形状模糊滤镜使用指定的形状来创建图像的模糊效果。从自定义形状预设列表中选取一种形状，并在半径(R):输入框中输入数值来调整其大小。

2. 动感模糊滤镜

动感模糊滤镜可以使图像产生动态模糊的效果，类似拍摄运动的效果。如图 10.3.17 所示为应用动感模糊滤镜前后效果对比。

选择菜单栏中的滤镜(T)→模糊→动感模糊...命令，弹出动感模糊对话框。角度(A):输入框中可设置动感模糊的方向；距离(D):输入框用于设置像素移动的距离，即模糊强度。数值越大，模糊强度越强，反之则产生的模糊程度越弱。

图 10.3.17　应用动感模糊滤镜前后效果对比

3. 径向模糊滤镜

径向模糊滤镜能够产生旋转模糊或放射模糊的效果，可以用来制作柔和模糊的效果。如图 10.3.18 所示为应用径向模糊滤镜效果。

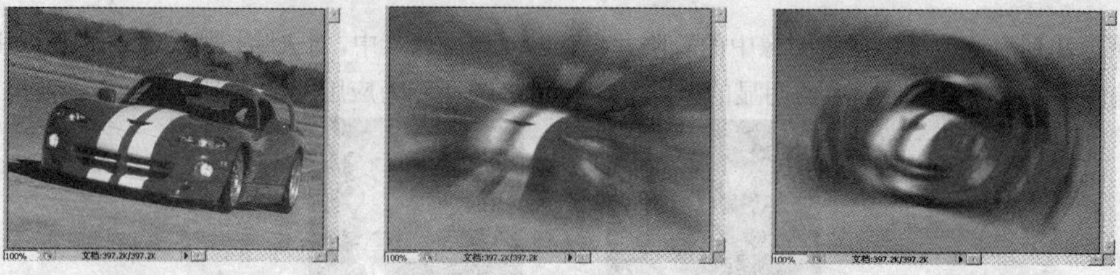

(a)　(b)　(c)

图 10.3.18　应用径向模糊滤镜效果

(a) 原图像；(b) 缩放效果；(c) 旋转效果

选择菜单栏中的滤镜(T)→模糊→径向模糊...命令，弹出径向模糊对话框，如图 10.3.19 所示。

数量(A)：可用于设置径向模糊的强度，数值越大，模糊效果越明显。

模糊方法:：用于设置模糊的效果，选中◉旋转(S)单选按钮，图像会产生旋转模糊的效果；选中◉缩放(Z)单选按钮，图像则会产生放射状模糊的效果。

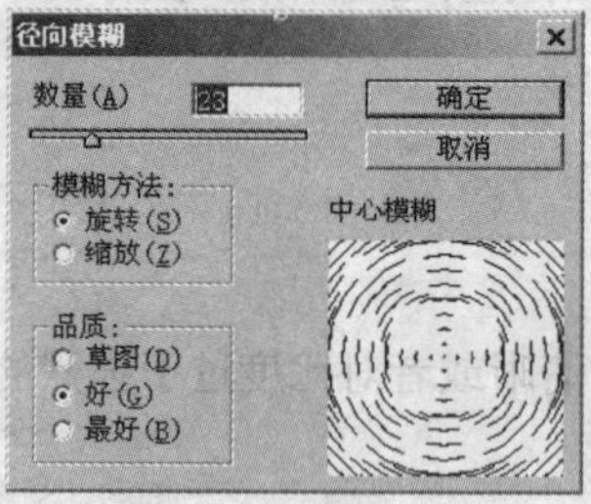

图 10.3.19　“径向模糊”对话框

4. 特殊模糊滤镜

相对于其他模糊滤镜，特殊模糊滤镜能够产生一种清晰边界的模糊方式效果。如图 10.3.20 所示为应用特殊模糊滤镜前后效果对比。

图 10.3.20 应用特殊模糊滤镜前后效果对比

5. 高斯模糊滤镜

高斯模糊滤镜利用高斯曲线的分布模式有选择地模糊图像，此滤镜的模糊程度比较强烈，可以在很大程度上对图像进行高斯模糊处理，使图像产生难以辨认的模糊效果。通过调整半径选项可以控制选区或当前图像的模糊程度。如图 10.3.21 所示为应用高斯模糊滤镜前后效果对比。

图 10.3.21 应用高斯模糊滤镜前后效果对比

五、渲染滤镜

渲染滤镜可以对图像进行云彩、光照效果、分层云彩以及镜头光晕等效果处理。

1. 云彩滤镜

云彩滤镜可以在前景色与背景色之间随机抽取像素值，并将其转化为柔和的云彩。如图 10.3.22 所示为应用云彩滤镜前后效果对比。

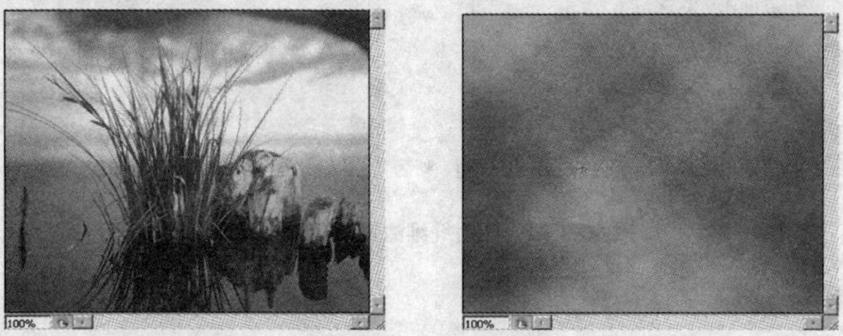

图 10.3.22 应用云彩滤镜前后效果对比

2. 光照效果滤镜

光照效果滤镜是 Photoshop CS3 中较复杂的滤镜，可对图像应用不同的光源、光类型和光的特性，也可以改变基调、增加图像深度和聚光区。选择菜单栏中的滤镜(T)→渲染→光照效果...命令，弹出光照效果对话框。

样式：用于选择光照样式。

光照类型：用于选择灯光类型，包括平行光、全光源、点光。

强度：用于控制光源的强度，还可以在右边的颜色框中选择一种灯光的颜色。

聚焦：可以调节光线的宽窄。此选项只有在使用点光时可使用。

属性：此选项区中光泽：后面的滑块可用于调节图像的反光效果；材料：后面的滑块可用于控制光线或光源所照射的物体是否产生更多的折射；曝光度：用于控制光线明暗度；环境：可用于设置光照范围的大小。

纹理通道：在此下拉列表中可以选择一个通道，即将一个灰色图像当作纹理来使用。

单击确定按钮。如图 10.3.23 所示为应用光照效果滤镜前后效果对比。

图 10.3.23 应用光照效果滤镜前后效果对比

3. 分层云彩滤镜

分层云彩滤镜使用随机生成的介于前景色与背景色之间的值生成云彩图案，相当于将图像进行云彩处理后，再将图像模式设为差值与原图像叠加的效果。

4. 纤维滤镜

纤维滤镜利用前景色和背景色产生纤维的外观效果。如图 10.3.24 所示为应用纤维滤镜前后效果对比。

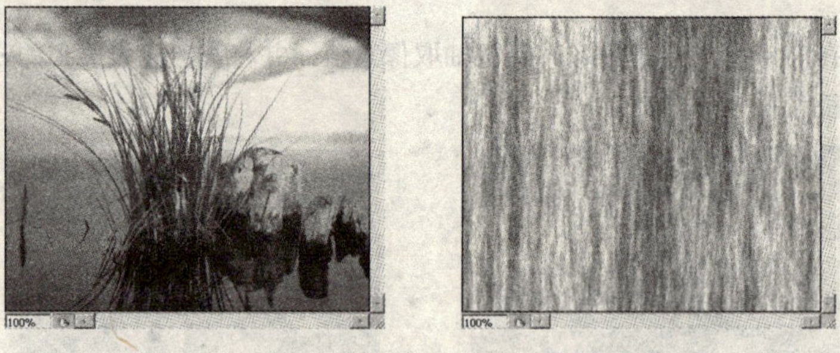

图 10.3.24 应用纤维滤镜前后效果对比

5. 镜头光晕滤镜

镜头光晕滤镜可产生摄像机镜头的炫光效果，可自动调节炫光的位置。如图 10.3.25 所示为应用镜头光晕滤镜前后效果对比。

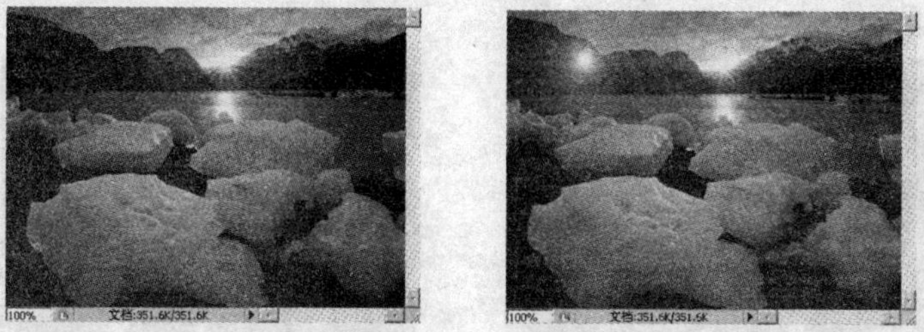

图 10.3.25 应用镜头光晕滤镜前后效果对比

六、画笔描边滤镜

画笔描边滤镜可使用不同的画笔和油墨描边效果创造出绘画效果的外观。此滤镜组中的滤镜可为图像添加颗粒、绘画、边缘，以获得点状化效果。

1. 喷溅滤镜

喷溅滤镜可以使图像产生颗粒飞溅的沸水效果，类似用喷枪喷出许多小彩点。如图 10.3.26 所示为应用喷溅滤镜前后效果对比。

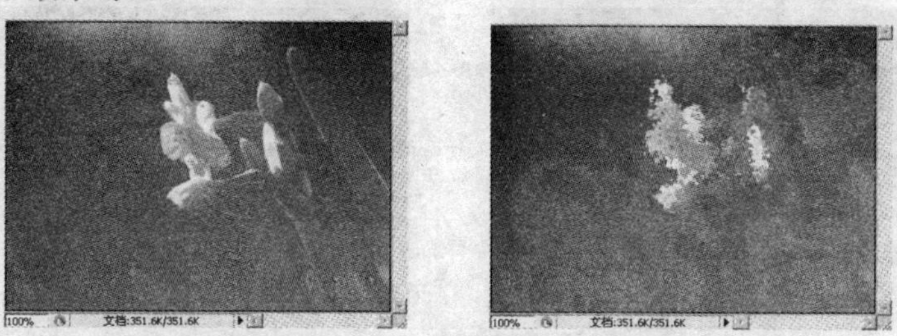

图 10.3.26 应用喷溅滤镜前后效果对比

2. 喷色描边滤镜

喷色描边滤镜与喷溅滤镜类似，也会产生飞溅的效果。此滤镜使用图像的主要颜色，用对角的、喷溅的颜色线条重新绘制图像。如图 10.3.27 所示为应用喷色描边滤镜效果对比。

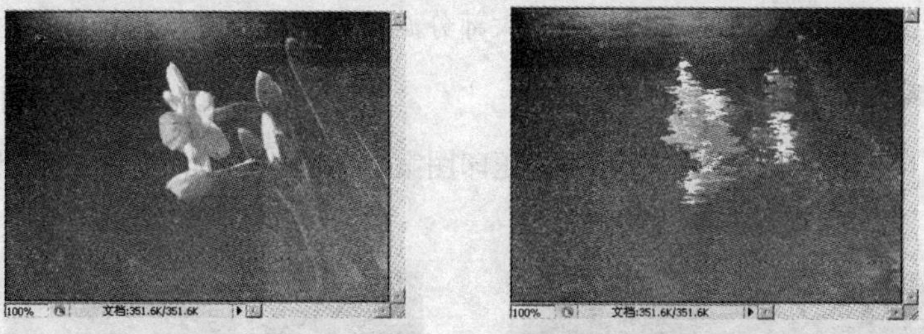

图 10.3.27 应用喷色描边滤镜效果对比

3. 墨水轮廓滤镜

墨水轮廓滤镜是以钢笔画的风格，用纤细的线条在原细节上重绘图像。

4. 强化的边缘滤镜

强化的边缘滤镜用于强化颜色之间的边界。当边缘亮度较高时，强化效果类似于白色；当边缘亮度较低时，强化效果类似于黑色，这样就将图像处理得轮廓效果更加突出。如图 10.3.28 所示为应用强化的边缘滤镜效果对比。

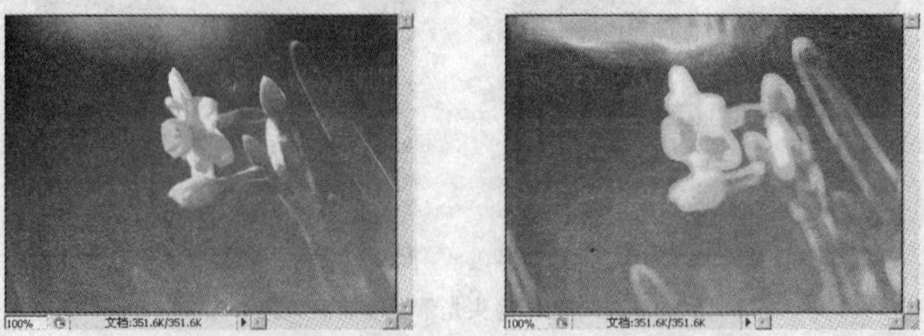

图 10.3.28　应用强化的边缘滤镜效果对比

5．成角的线条滤镜

成角的线条滤镜使用对角描边重新绘制图像，用相反方向的线条来绘制图像中较亮的区域与较暗的区域。

6．阴影线滤镜

阴影线滤镜可保留原图像的细节和特征，同时使用模拟的铅笔阴影线添加纹理，并使图像中彩色区域的边缘变粗糙。如图 10.3.29 所示为应用阴影线滤镜前后效果对比。

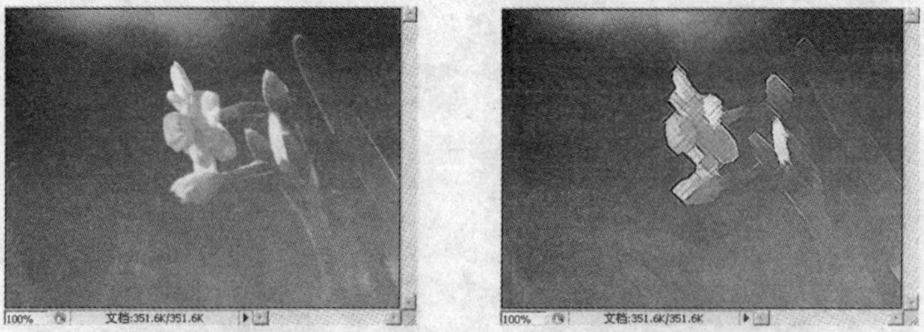

图 10.3.29　应用阴影线滤镜前后效果对比

七、素描滤镜

素描滤镜主要通过模拟素描、速写等绘画手法使图像产生不同的艺术效果。该滤镜可以在图像中添加底纹从而产生三维效果。素描滤镜组中的大部分滤镜都要配合前景色与背景色使用。

1．便条纸滤镜

便条纸滤镜可以产生类似浮雕效果和凹陷压印图案。如图 10.3.30 所示为应用便条纸滤镜前后效果对比。

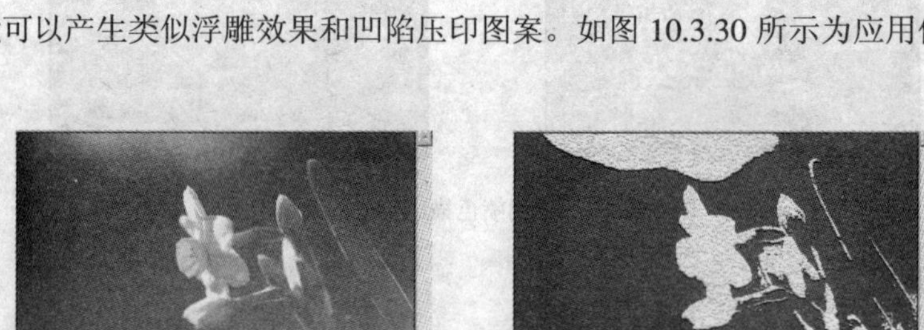

图 10.3.30　应用便条纸滤镜前后效果对比

2. 半调图案滤镜

半调图案滤镜可以使用前景色和背景色在当前图像中产生网状图案的效果。如图 10.3.31 所示为应用半调图案滤镜前后效果对比。

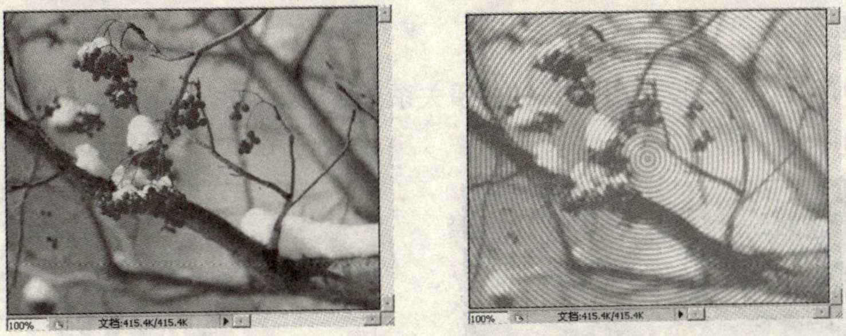

图 10.3.31　应用半调图案滤镜前后效果对比

3. 基底凸现滤镜

基底凸现滤镜可以使图像产生一种较为粗糙的浮雕效果，图像中较暗的区域使用前景色，而较亮的区域使用背景色。

4. 图章滤镜

图章滤镜可根据图像中的明暗平衡数值来生成一种类似图章效果的单色图像。如图 10.3.32 所示为应用图章滤镜前后效果对比。

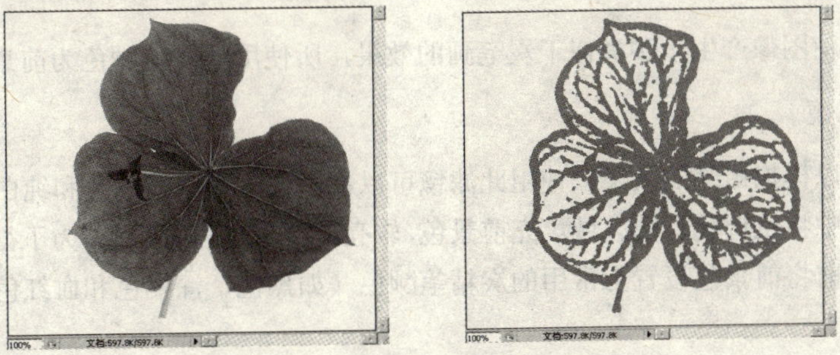

图 10.3.32　应用图章滤镜前后效果对比

5. 塑料包装滤镜

塑料包装滤镜可以产生一种类似塑料被融化的效果，此滤镜所使用的图像颜色为前景色。如图 10.3.33 所示为应用塑料包装滤镜前后效果对比。

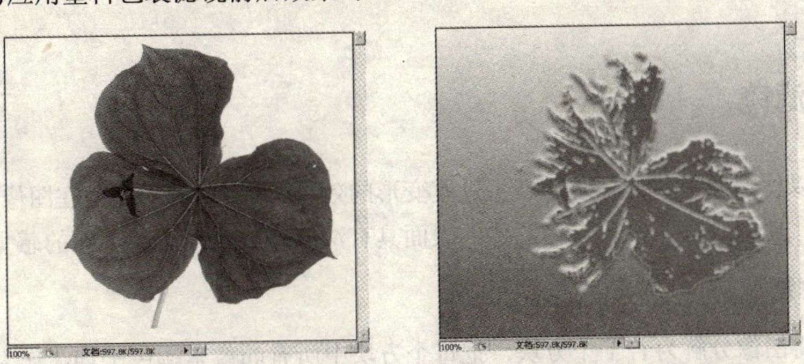

图 10.3.33　应用塑料包装滤镜前后效果对比

6．撕边滤镜

撕边滤镜可重建图像，使其产生像是由粗糙、撕破的纸片状的效果，然后使用前景色与背景色为图像着色。

7．影印滤镜

影印滤镜以前景色为基础，利用图像的明暗关系分离出一种影印轮廓的效果。如图 10.3.34 所示为应用影印滤镜前后效果对比。

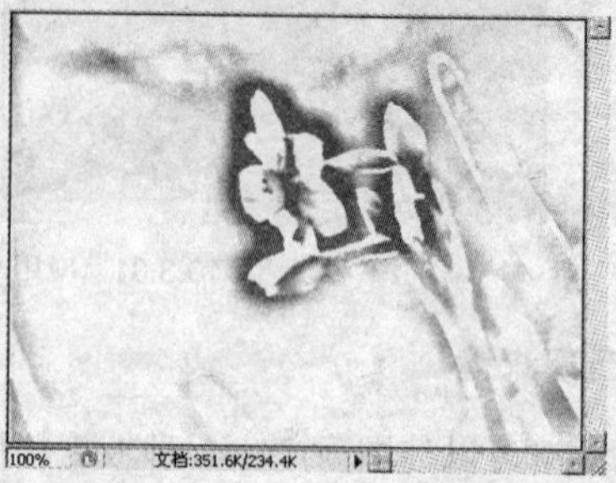

图 10.3.34　应用影印滤镜前后效果对比

8．水彩画纸滤镜

水彩画纸滤镜可以使图像产生在潮湿的纤维纸上绘画并进行涂抹，使颜色流动并混合的效果。

9．炭笔滤镜

炭笔滤镜可以使图像产生一种类似于炭笔画的效果，所使用的炭笔颜色为前景色。

10．炭精笔滤镜

炭精笔滤镜可以模拟蜡笔的效果。使用此滤镜可以在图像上模拟纯黑色和纯白色的炭精笔纹理。炭精笔滤镜在图像中将色调较暗的区域填充前景色，较亮的区域填充背景色。为了得到更逼真的效果，可以在应用滤镜之前将前景色设置为常用的炭精笔颜色（如黑色、深褐色和血红色）。

11．网状滤镜

网状滤镜可以产生一种网覆盖图像的效果，图像中较暗的区域呈结块状，较亮的区域呈颗粒状。

12．粉笔和炭笔滤镜

粉笔和炭笔滤镜可以产生一种粉笔和炭笔涂抹的效果。图像中的背景用粉笔绘制，阴影区域用炭笔线条绘制。

八、纹理滤镜

纹理滤镜可以使图像中各部分之间产生过渡变形的效果，其主要的功能是在图像中加入各种纹理以产生图案效果。使用纹理滤镜可以使图像的表面具有深度感或物质覆盖表面的感觉。

1．拼缀图滤镜

拼缀图滤镜将图像分解为若干个方块，把每个方块中所有的像素颜色平均，作为该方块的颜色，从而产生一种墙壁贴砖的效果。如图 10.3.35 所示为应用拼缀图滤镜前后效果对比。

图 10.3.35　应用拼缀图滤镜前后效果对比

2．染色玻璃滤镜

染色玻璃滤镜是将图像重新绘制，用前景色勾勒出不规则分离的彩色玻璃格子组成的效果。每个格子内的颜色是用图像中该处像素的平均值来决定的。如图 10.3.36 所示为应用染色玻璃滤镜前后效果对比。

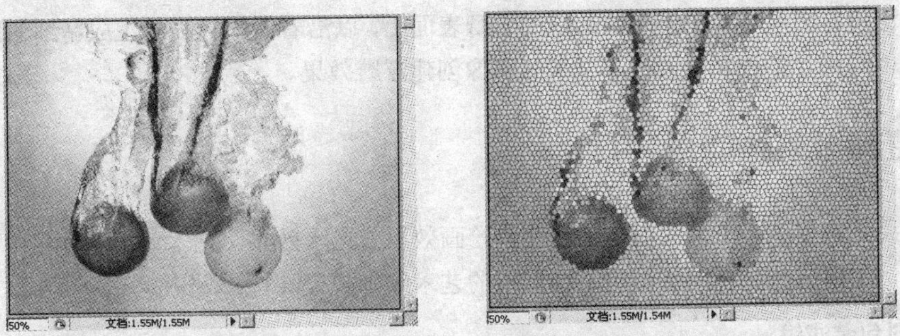

图 10.3.36　应用染色玻璃滤镜前后效果对比

3．纹理化滤镜

纹理化滤镜的主要功能是将所选择的纹理应用于图像。如图 10.3.37 所示为应用纹理化滤镜前后效果对比。

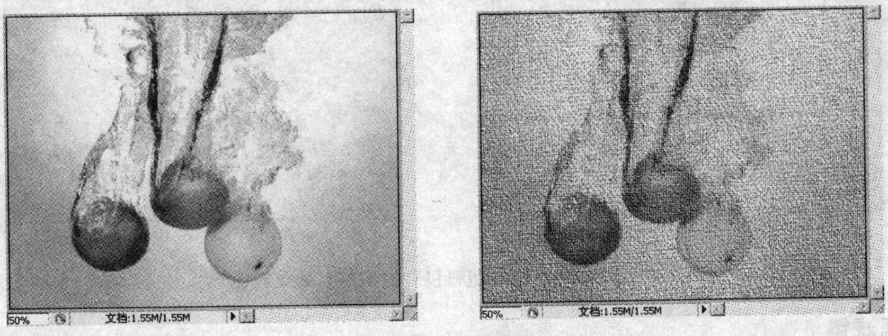

图 10.3.37　应用纹理化滤镜前后效果对比

4．颗粒滤镜

颗粒滤镜可通过模拟不同种类的颗粒（如常规、软化、喷洒、结块、强反差、扩大、点刻、水平、垂直和斑点），在图像中随机添加纹理。

5. 马赛克滤镜

马赛克滤镜可以渲染图像，使图像看起来像是由小的碎片或拼贴图组成，然后在拼贴图之间显示缝隙。如图 10.3.38 所示为应用马赛克滤镜前后效果对比。

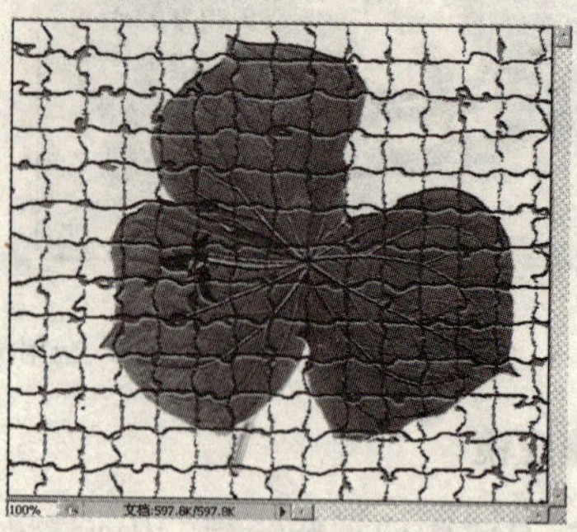

图 10.3.38　应用马赛克滤镜前后效果对比

6. 龟裂缝滤镜

龟裂缝滤镜将图像绘制在一个高凸现的石膏表面上，以沿着图像等高线生成精细的网状裂缝。使用此滤镜可以对包含多种颜色值或灰度值的图像创建浮雕效果。

九、艺术效果滤镜

艺术效果滤镜用于为美术或商业项目制作绘画效果或艺术效果。艺术效果滤镜组中共包含 15 种不同的滤镜，使用这些滤镜，可模仿不同风格的艺术绘画效果。

1. 塑料包装滤镜

塑料包装滤镜可以使图像像涂上一层光亮的塑料，以产生一种表面质感很强的塑料包装效果，使图像具有立体感。如图 10.3.39 所示为应用塑料包装滤镜前后效果对比。

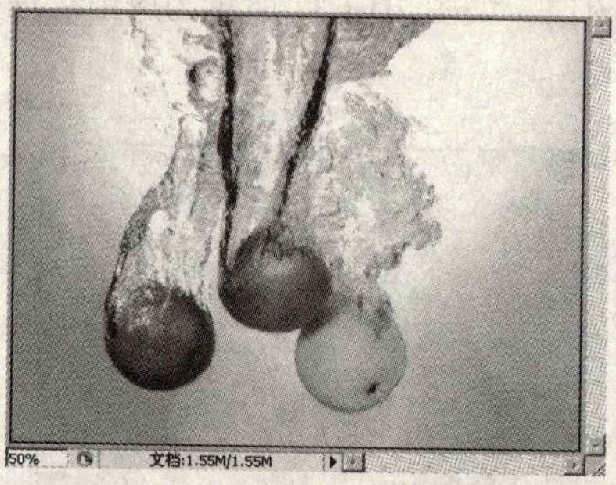

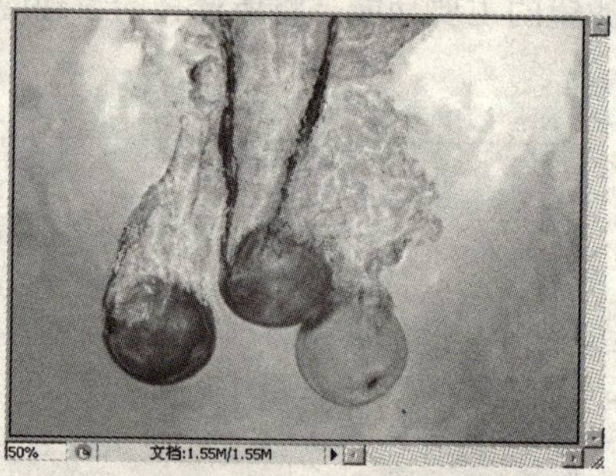

图 10.3.39　应用塑料包装滤镜前后效果对比

2. 壁画滤镜

壁画滤镜使用短而圆的、粗略涂抹的小块颜料，以一种粗糙的风格绘制图像。

3. 干画笔滤镜

干画笔滤镜通过将图像的颜色范围调整到普通颜色范围来简化图像，从而产生一种不饱和、不湿润的油画效果。如图 10.3.40 所示为应用干画笔滤镜前后效果对比。

图 10.3.40　应用干画笔滤镜前后效果对比

4. 底纹效果滤镜

底纹效果滤镜是在带纹理的背景上绘制图像，使图像产生一种底纹的效果。如图 10.3.41 所示为应用底纹效果滤镜前后效果对比。

图 10.3.41　应用底纹效果滤镜前后效果对比

5. 彩色铅笔滤镜

彩色铅笔滤镜使用彩色铅笔在纯色背景上绘制图像，保留重要边缘，使图像外观呈现出比较粗糙的阴影线，其纯色背景色透过比较平滑的区域显示出来。如图 10.3.42 所示为应用彩色铅笔滤镜前后效果对比。

图 10.3.42　应用彩色铅笔滤镜前后效果对比

6. 木刻滤镜

木刻滤镜可将图像描绘成好像是由边缘粗糙的彩色纸片组成的。高对比度的图像看起来呈剪影状，而彩色图像看上去是由几层彩纸组成的。

7. 水彩滤镜

水彩滤镜是以水彩的风格来绘制图像的。使用该滤镜可简化图像细节，并且好像是用蘸了水和颜色的中号画笔来绘制的图像。如图 10.3.43 所示为应用水彩滤镜前后效果对比。

图 10.3.43　应用水彩滤镜前后效果对比

8. 海报边缘滤镜

海报边缘滤镜可以将图像转换为海报招贴画的效果。此滤镜根据设置海报化选项来减少图像中的颜色数量并查找图像的边缘，在边缘上绘制出黑色线条。如图 10.3.44 所示为应用海报边缘滤镜前后效果对比。

图 10.3.44　应用海报边缘滤镜前后效果对比

9. 海绵滤镜

海绵滤镜使用颜色对比强烈、纹理较重的区域创建图像，使图像产生好像是用海绵绘制出来的效果。如图 10.3.45 所示为应用海绵滤镜前后效果对比。

图 10.3.45　应用海绵滤镜前后效果对比

10．粗糙蜡笔滤镜

粗糙蜡笔滤镜使图像看上去好像是用彩色蜡笔在有纹理的背景上描边。在图像中较亮的区域中，蜡笔看上去很厚，几乎看不见纹理；在较暗的区域中，蜡笔似乎被擦除，使纹理显露出来。

11．涂抹棒滤镜

涂抹棒滤镜用于模拟用粉笔和蜡笔在纸上涂抹出来的效果。此滤镜使用短的对象线来涂抹图像的较暗区域以柔化图像，使图像中的亮区变得更亮，以致失去细节。

12．胶片颗粒滤镜

胶片颗粒滤镜可以产生一种胶片颗粒纹理的效果，通过向图像中的高光区和暗调区增加噪波来确定图像局部调亮的范围和程度。

13．调色刀滤镜

调色刀滤镜通过减少图像中的细节以生成描绘得很淡的画布效果，使整个图像中的暗调区域变得更黑。如图 10.3.46 所示为应用调色刀滤镜前后效果对比。

图 10.3.46　应用调色刀滤镜前后效果对比

14．霓虹灯光滤镜

霓虹灯光滤镜可以产生彩色霓虹灯照射的效果。此滤镜可将各种类型的发光添加到图像中，使图像产生一种奇特的效果。如图 10.3.47 所示为应用霓虹灯光滤镜前后效果对比。

图 10.3.47　应用霓虹灯光滤镜前后效果对比

十、视频滤镜

视频滤镜属于 Photoshop CS3 的外部接口程序，它是一组控制视频工具的滤镜，用于从摄像机输入图像或将图像输出到录像带上。

1. NTSC 颜色滤镜

NTSC 颜色滤镜可以匹配图像色域以适合 NTSC 视频标准色域，使图像可被电视接受。

2. 逐行滤镜

逐行滤镜通过移去视频图像中的奇数或偶数隔行线，使在视频上捕捉的运动图像变得平滑。

十一、锐化滤镜

锐化滤镜通过增加相邻像素的对比度来聚焦模糊的图像。

1. USM 锐化滤镜

USM 锐化滤镜调整边缘细节的对比度，并在边缘的每侧生成一条亮线和一条暗线。此过程将使边缘突出，造成图像更加锐化的错觉。如图 10.3.48 所示为应用 USM 锐化滤镜前后效果对比。

图 10.3.48　应用 USM 锐化滤镜前后效果对比

2. 进一步锐化滤镜

进一步锐化滤镜可以产生强烈的锐化效果，用于提高图像的对比度和清晰度。此滤镜处理的图像效果比 USM 锐化滤镜更强烈。

十二、风格化滤镜

风格化滤镜通过置换图像中的像素以及通过查找增加图像的对比度，使图像产生印象派以及其他风格化派的效果。

1. 凸出滤镜

凸出滤镜可以赋予图像一种 3D 的纹理效果，它能将图像转化为三维立方体或锥体。

选择菜单栏中的 滤镜(T) → 风格化 → 凸出... 命令，弹出 凸出 对话框，如图 10.3.49 所示。

类型：在此选项区中可选择一种凸出的类型，即 ⊙块(B) 或 ⊙金字塔(P)。

大小(S)：用于设置块状和金字塔状体的底面大小。

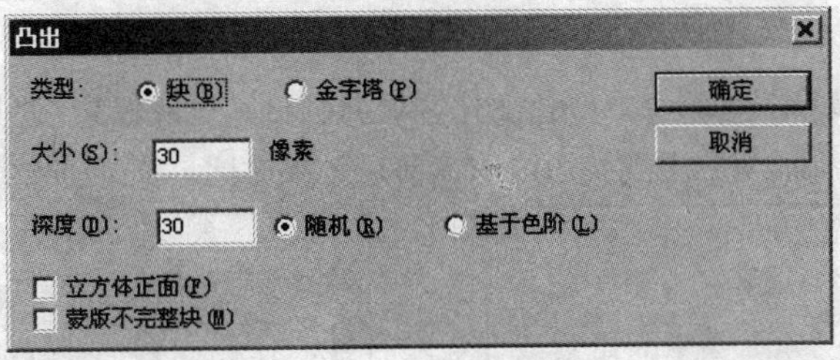

图 10.3.49　“凸出”对话框

深度(D)：用于设置图像从屏幕凸起的深度，基于色阶选项可使图像中的某一部分亮度增加，使块状和金字塔状与色阶连在一起。

单击 确定 按钮。如图 10.3.50 所示为应用凸出滤镜前后效果对比。

图 10.3.50　应用凸出滤镜前后效果对比

2．扩散滤镜

扩散滤镜用于创建一种类似透过磨砂玻璃观看图像的分离模糊效果。

3．拼贴滤镜

拼贴滤镜可以将图像分成像是由瓷砖方块组成的，并使每个方块上都有部分图像。如图 10.3.51 所示为应用拼贴滤镜前后效果对比。

图 10.3.51　应用拼贴滤镜前后效果对比

4．曝光过度滤镜

曝光过度滤镜可以产生图像的正片和负片混合的效果，类似于在摄影显影过程中使照片在短暂的时间内增加光线强度以产生曝光过度的效果。

5. 查找边缘滤镜

查找边缘滤镜可以搜寻图像的主要颜色变化区域并强化其过渡像素，使其产生一种用铅笔勾勒轮廓的效果。如图 10.3.52 所示为应用查找边缘滤镜前后效果对比。

图 10.3.52 应用查找边缘滤镜前后效果对比

6. 浮雕效果滤镜

浮雕效果滤镜通过将图像的填充色转换为灰色，并用原填充色勾勒出边缘，从而使选区显得凸起或凹陷。如图 10.3.53 所示为应用浮雕效果滤镜前后效果对比。

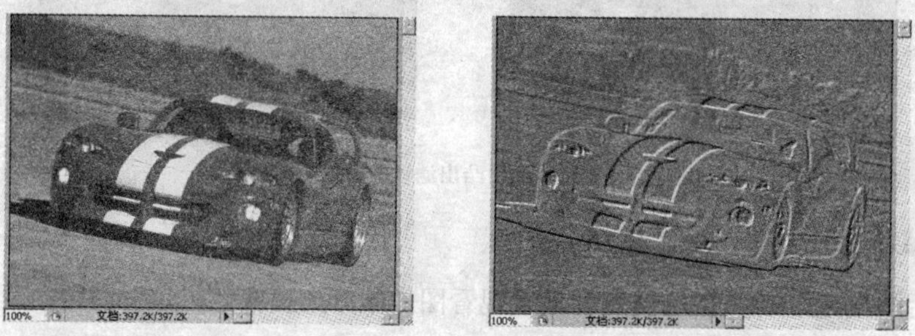

图 10.3.53 应用浮雕效果滤镜前后效果对比

7. 照亮边缘滤镜

照亮边缘滤镜可以搜寻图像中主要颜色的变化区域并强化其像素的过程，使图像的边缘轮廓产生发光的效果。

8. 风滤镜

风滤镜可在图像中创建细小的水平线来模拟风的效果。如图 10.3.54 所示为应用风滤镜前后效果对比。

图 10.3.54 应用风滤镜前后效果对比

9. 等高线滤镜

等高线滤镜用于查找图像中主要亮度区域，并淡淡地勾勒主要亮度区域，以得到与等高线图中的线条类似的效果。

十三、其他滤镜

其他滤镜不同于其他分类的滤镜，使用该滤镜组中的滤镜可以创建特殊的图像效果。

1. 最大值滤镜

最大值滤镜可以放大图像中较亮的区域并减少暗区。通过应用图像中的通道来增加亮区，屏蔽部分区域使其有单独的区域进行编辑。如图 10.3.55 所示为应用最大值滤镜前后效果对比。

图 10.3.55　应用最大值滤镜前后效果对比

2. 最小值滤镜

最小值滤镜可以放大暗区并减少亮区，通过应用图像中的通道来缩小选区，或用于为某一图像做补漏时的收缩效果。如图 10.3.56 所示为应用最小值滤镜前后效果对比。

图 10.3.56　应用最小值滤镜前后效果对比

3. 自定滤镜

自定滤镜可以使用户自己创建过滤器，使用滤镜修改蒙版，在图像中使选区发生位移和快速调整颜色。

4. 高反差保留滤镜

高反差保留滤镜可以删除图像中亮度逐渐变化的部分，并保留色彩变化最大的部分。该滤镜可以使图像中的阴影消失而使亮点部分更加突出，如图 10.3.57 所示。

图 10.3.57　应用高反差保留滤镜前后效果对比

第四节　上机练习

本例利用滤镜制作游泳圈效果，以巩固本章所学的知识。

(1)选择菜单栏中的 文件(F) → 新建(N)... 命令，在弹出的 新建 对话框中设置 宽度(W): 为 10 cm，高度(H): 为 10 cm，颜色模式(M): 为 RGB 颜色，单击 确定 按钮，新建一个图像文件。

(2) 设置前景色为绿色，背景色为白色。选择菜单栏中的 滤镜(T) → 素描 → 半调图案... 命令，弹出 半调图案 对话框，设置参数如图 10.4.1 所示。

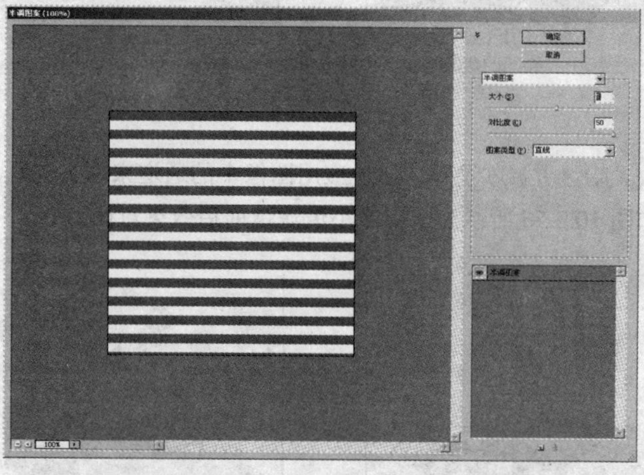

图 10.4.1　“半调图案”对话框

(3) 单击 确定 按钮，图像效果如图 10.4.2 所示。

(4)选择菜单栏中的 图像(I) → 旋转画布(E) → 90 度(顺时针)(9) 命令，将图像旋转 90°，如图 10.4.3 所示。

图 10.4.2　使用半调图案后的效果

图 10.4.3　旋转图像效果

（5）选择菜单栏中的滤镜(T)→扭曲→极坐标...命令，在弹出的极坐标对话框中设置参数如图 10.4.4 所示。

（6）单击确定按钮，图像效果如图 10.4.5 所示。

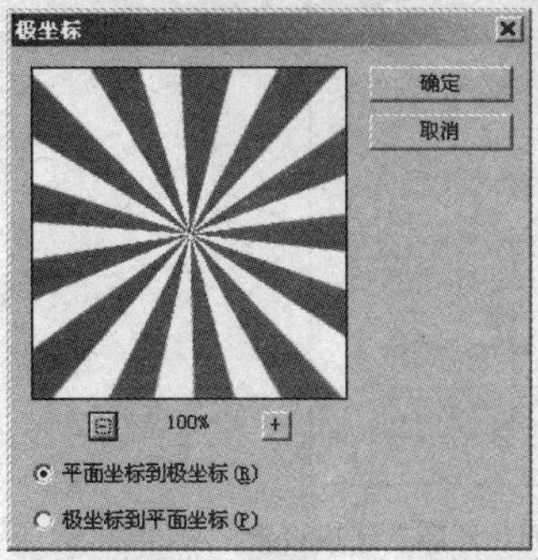

图 10.4.4　“极坐标”对话框

图 10.4.5　使用极坐标滤镜后的效果

（7）在背景层上双击，将其转换为图层 0 层，单击工具箱中的“椭圆选框工具”按钮，按住“Shift”键在图像中创建正圆选区，如图 10.4.6 所示。

（8）按“Ctrl+Shift+I”键反选选区，按“Delete”键删除选区内的图像，效果如图 10.4.7 所示。

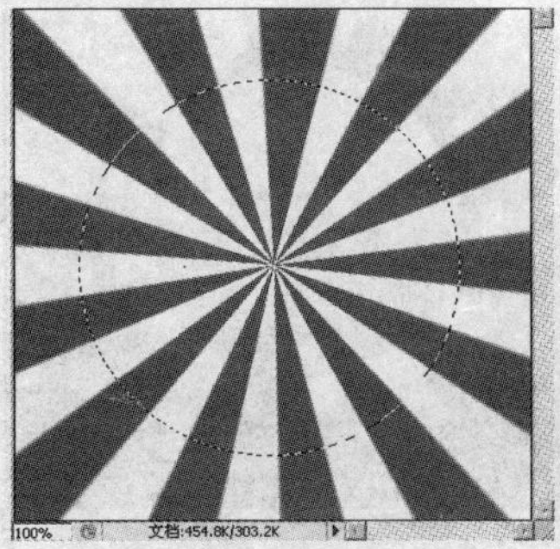

图 10.4.6　创建选区

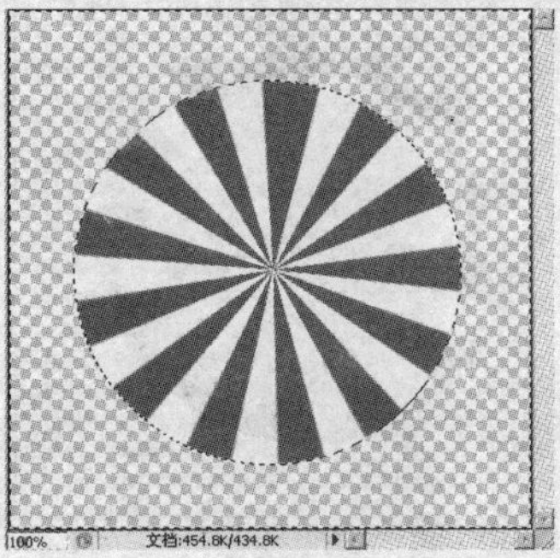

图 10.4.7　删除选区内的图像效果

（9）再次按“Ctrl+Shift+I”键反选选区，然后选择菜单栏中的选择(S)→修改(M)→收缩(C)...命令，弹出收缩选区对话框，在收缩量(C):输入框中输入数值为 35 像素，单击确定按钮，收缩选区，如图 10.4.8 所示。

（10）按“Delete”键删除选区内的图像，效果如图 10.4.9 所示。

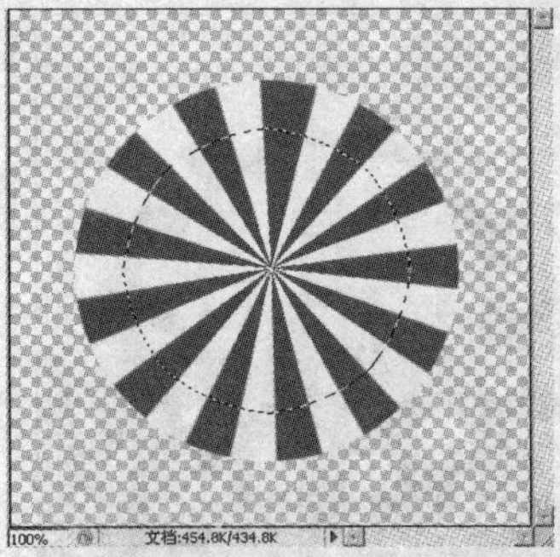

图 10.4.8　收缩选区

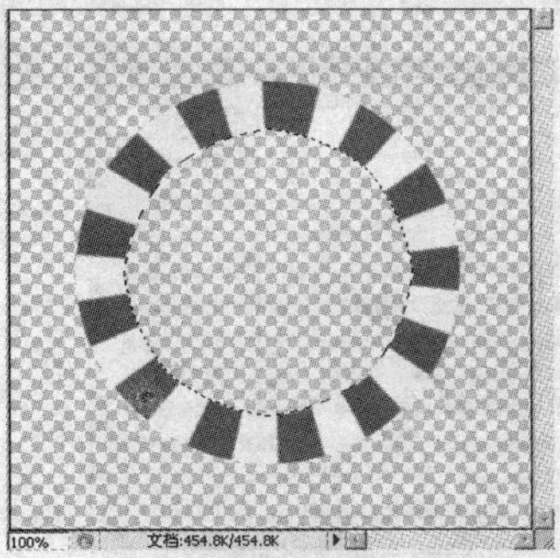

图 10.4.9　删除选区内的图像

（11）按“Ctrl+D”键取消选区，选择菜单栏中的图层(L)→图层样式(Y)→斜面和浮雕(B)...命令，设置参数如图 10.4.10 所示。

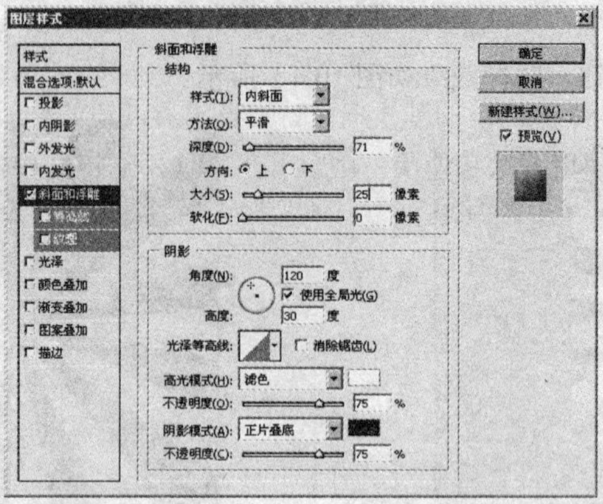

图 10.4.10　“图层样式”对话框中的“斜面和浮雕”选项设置

（12）单击 确定 按钮，图像效果如图 10.4.11 所示。

（13）新建图层 1，并将图层 1 移至图层 0 的下面，使用渐变工具在图层 1 上从左上向右下拖动鼠标填充绿色到白色渐变，如图 10.4.12 所示。

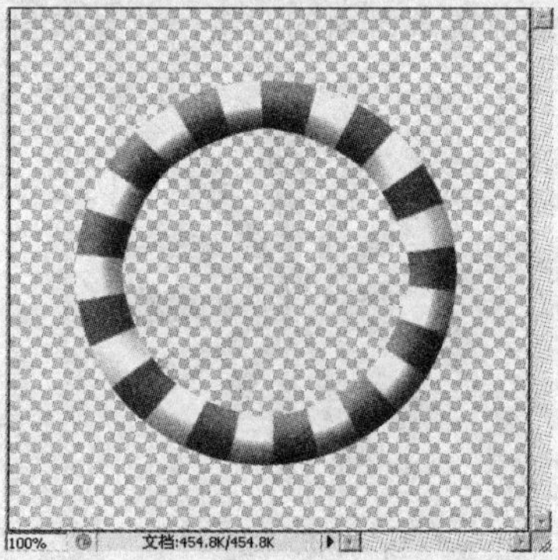

图 10.4.11　应用图层样式后的效果

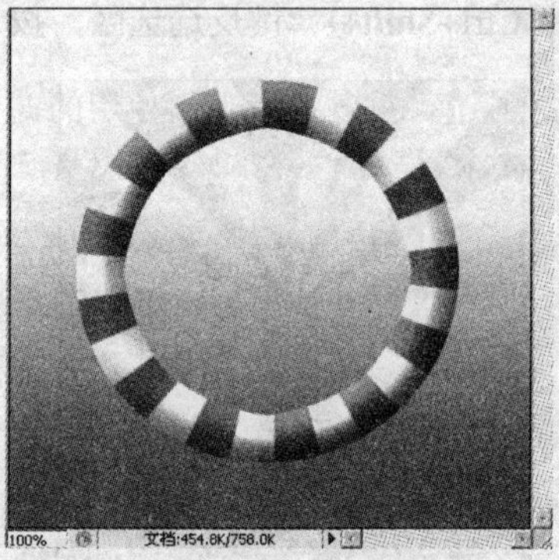

图 10.4.12　填充渐变效果

（14）选择菜单栏中的 滤镜(T) → 扭曲 → 波纹... 命令，弹出 波纹 对话框，设置参数如图 10.4.13 所示。

（15）单击 确定 按钮，再按“Ctrl+F”键重复一次波纹滤镜，最终的游泳圈效果制作完成，如图 10.4.14 所示。

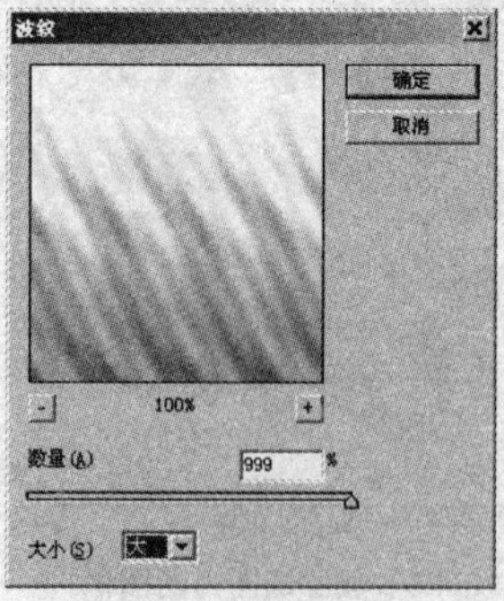

图 10.4.13　“波纹”对话框

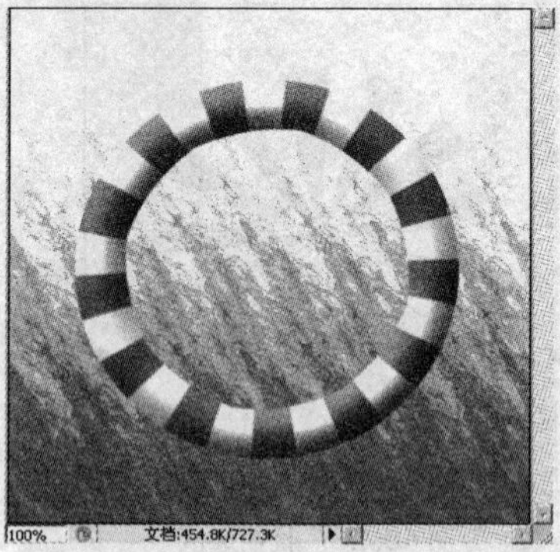

图 10.4.14　游泳圈效果

本章小结

本章介绍了 Photoshop CS3 中滤镜的基本概念、主要内置滤镜的功能与应用方法。通过本章的学习，读者应掌握滤镜的基本使用方法和使用范围，并学会使用滤镜制作各种效果。

习 题 十

一、填空题

1．Photoshop 中的滤镜从功能上基本分为两种：即_________滤镜与_________滤镜。

2．滤镜不能应用在模式为_________与_________的图像中。

3．_________滤镜将随机像素应用于图像，模拟在高速胶片上拍照的效果，从而为图像添加一些细小的颗粒状像素。

4．使用_________滤镜能够产生旋转模糊或放射模糊的效果。

二、选择题

1．按（　）键可重复执行上次使用的滤镜。

A．Ctrl+F　　B．Ctrl+A

C．Ctrl+Shift+F　　D．Ctrl+J

2．使用（　）滤镜可以快速地将图像变形（如旋转、镜像、膨胀、放射等），从而产生特殊的溶解、扭曲效果。

A．扭曲　　B．旋转扭曲

C．液化　　D．切变

三、上机操作题

1．利用本章学过的波纹滤镜制作如题图 10.1 所示的水波效果。

题图　10.1

2．打开一幅彩色图像，练习制作各种滤镜效果。

第十一章　行业实例

本章主要介绍在 Photoshop CS3 中制作各行各业的应用实例。通过本章的学习，使用户对 Photoshop CS3 软件有更加深入的了解，能够掌握这些实例的制作方法与技巧，能够开拓设计思路，在实际的工作中制作出优秀的平面设计作品。

本章主要内容：

- 食品包装袋设计
- 灯箱设计
- 杂志广告设计
- 光盘封套设计
- POP 广告设计
- 画册编排设计
- 报纸广告设计
- 名片设计
- 宣传页设计

实例 1　食品包装袋设计

1．实例说明

本例将设计如图 11.1.1 所示的食品包装袋。在制作过程中，将用到矩形选框工具、画笔工具、自定形状工具、滤镜功能以及变换功能。

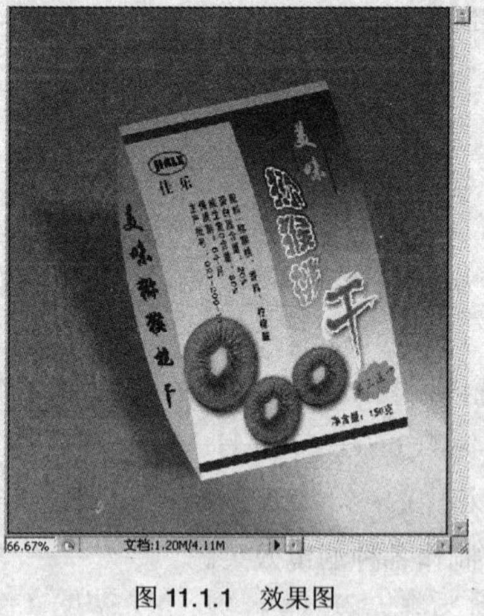

图 11.1.1　效果图

2．创作步骤

（1）按“Ctrl+N”键，弹出**新建**对话框，设置参数如图 11.1.2 所示。

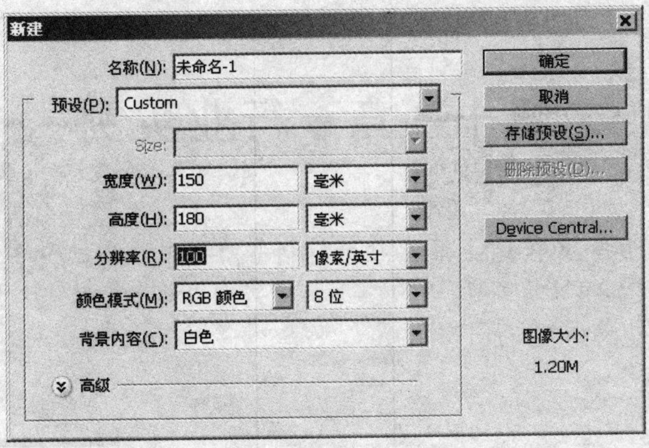

图 11.1.2　“新建”对话框

（2）单击 确定 按钮，可新建一个图像文件。

（3）新建图层 1，单击工具箱中的“矩形选框工具”按钮，在图像中拖动鼠标绘制矩形选区，如图 11.1.3 所示。

（4）设置前景色为淡绿色（C：45；M：0；Y：100；K：0），设置背景色为 20%的黄色，单击工具箱中的“渐变工具”按钮，在属性栏中设置渐变颜色为前景色到背景色的渐变，设置渐变方式为线性，在选区中从上向下垂直拖动鼠标，可填充渐变效果，如图 11.1.4 所示。

图 11.1.3　绘制矩形选区

图 11.1.4　填充渐变

（5）按“Ctrl+D”键取消选区，新建图层 2，单击工具箱中的“矩形选框工具”按钮，在图像中绘制矩形选区，设置前景色为深红色（C：50；M：100；Y：100；K：30），按“Alt+Delete”键填充选区，如图 11.1.5 所示。

（6）按“Ctrl+D”键取消选区，复制图层 2，得到图层 2 副本，选择图层 2 副本，使用移动工具将复制的图像移至填充渐变图像的下方，如图 11.1.6 所示。

（7）新建图层 3，单击工具箱中的“矩形选框工具”按钮，在图像中拖动鼠标绘制矩形选区，单击工具箱中的“渐变工具”按钮，在属性栏中单击下拉列表，弹出渐变编辑器对话框，在渐变条上从左向右依次设置渐变颜色为（C：50；M：90；Y：100；K：40）、（C：0；M：0；Y：20；K：0），如图 11.1.7 所示。

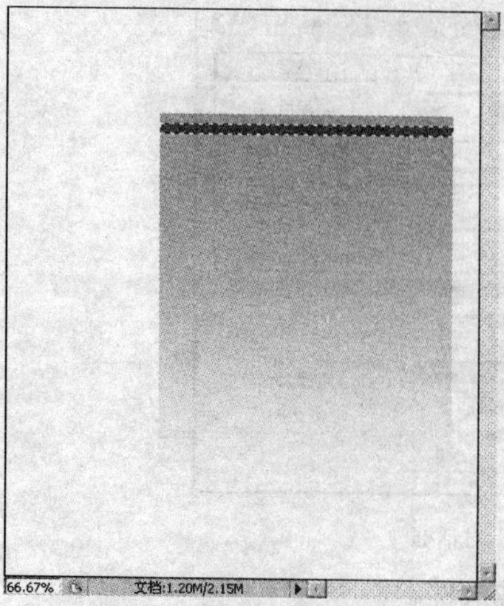

图 11.1.5　绘制并填充选区

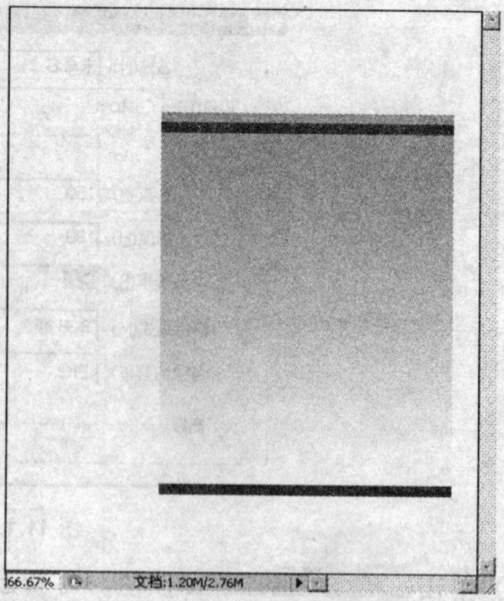

图 11.1.6　移动复制的图像

（8）单击 确定 按钮，在渐变工具属性栏中设置渐变方式为线性，然后在选区中从上向下拖动鼠标填充渐变，效果如图 11.1.8 所示。

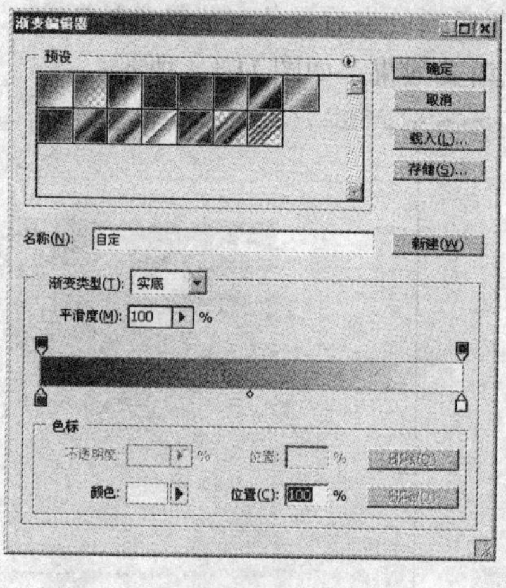

图 11.1.7　“渐变编辑器”对话框

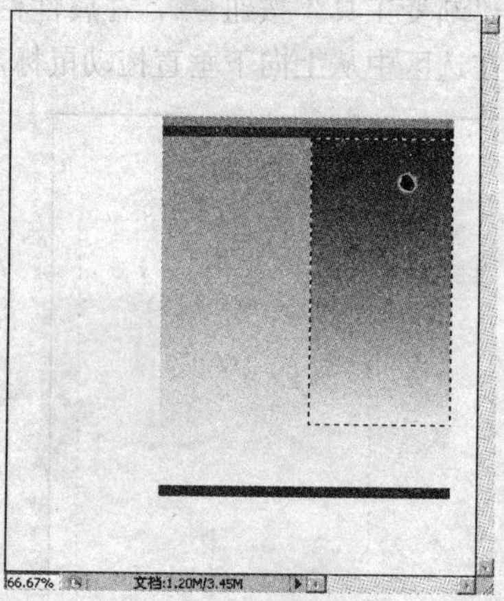

图 11.1.8　填充渐变

（9）按“Ctrl+D”键取消选区，按“Ctrl+O”键打开一幅猕猴桃图片，如图 11.1.9 所示。

图 11.1.9　猕猴桃图片

（10）使用魔棒工具在图像中的白色区域单击，可选择白色区域，按“Shift+Ctrl+I”键反选选区，按“Ctrl+C”键复制选区中的图像，选择当前正在编辑的图像，按“Ctrl+V”键可将复制的图像粘贴到所选的图像中，此时会自动生成图层 4，调整图像的大小与位置，如图 11.1.10 所示。

（11）在图层 4 上双击鼠标左键，可弹出图层样式对话框，在左侧选中☑投影复选框，设置参数如图 11.1.11 所示。

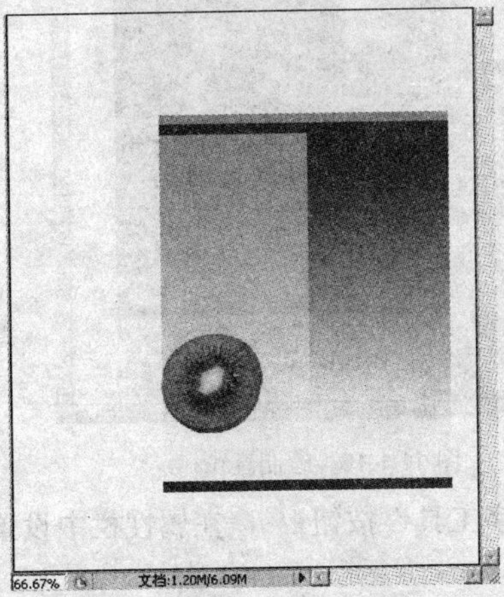

图 11.1.10 调整粘贴的图像

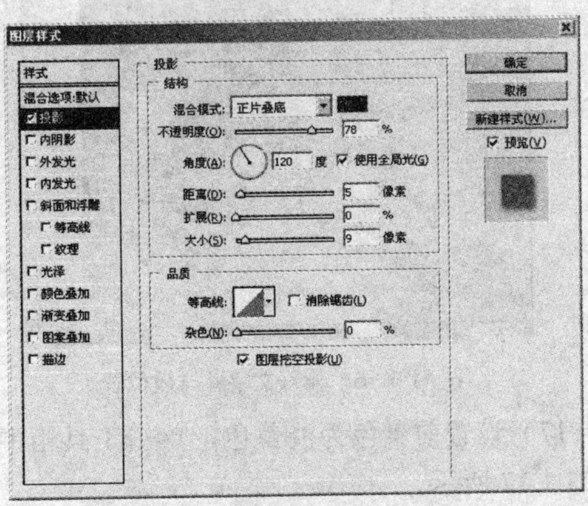

图 11.1.11 “图层样式”对话框

（12）单击确定按钮，可为图像添加投影效果，如图 11.1.12 所示。

（13）将图层 4 复制两个副本，调整复制图像的大小与位置，如图 11.1.13 所示。

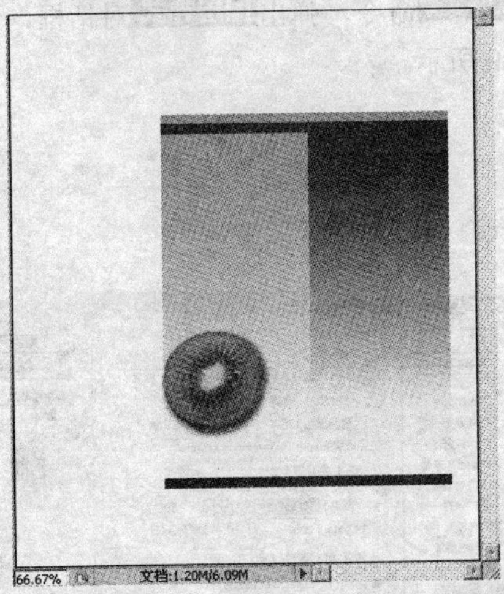

图 11.1.12 添加投影效果

图 11.1.13 复制图像并调整

（14）设置前景色为淡绿色，单击工具箱中的“直排文字工具”按钮，在属性栏中设置字体与字号，如图 11.1.14 所示。

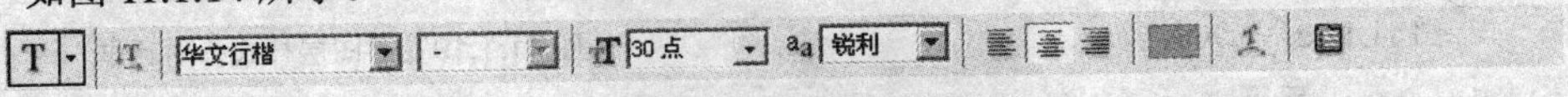

图 11.1.14 文字工具属性栏

（15）在图像中输入“美味”字样，将其排放在如图 11.1.15 所示的位置。

（16）新建图层 5，设置前景色为深红色，单击工具箱中的“直线工具”按钮，在属性栏中设置组的粗细为 3，在“美味”字样的左侧与右侧分别绘制一条直线，如图 11.1.16 所示。

图 11.1.15　输入文字并排放位置

图 11.1.16　绘制直线

（17）设置前景色为淡黄色，单击工具箱中的“直排文字工具”按钮，在属性栏中设置参数如图 11.1.17 所示。

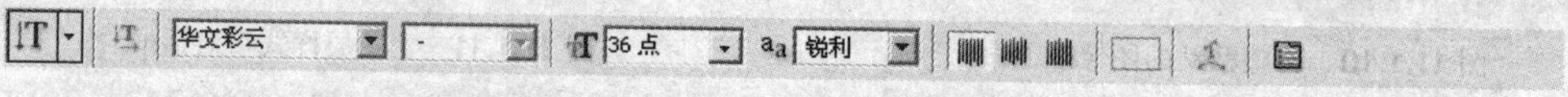

图 11.1.17　文字工具属性栏

（18）在图像中输入“猕猴桃”字样，如图 11.1.18 所示。

（19）选择菜单栏中的 图层(L) → 图层样式(Y) → 描边(K)... 命令，弹出 图层样式 对话框，设置描边颜色为深红色到黄色的渐变，设置其他参数如图 11.1.19 所示。

图 11.1.18　输入文字

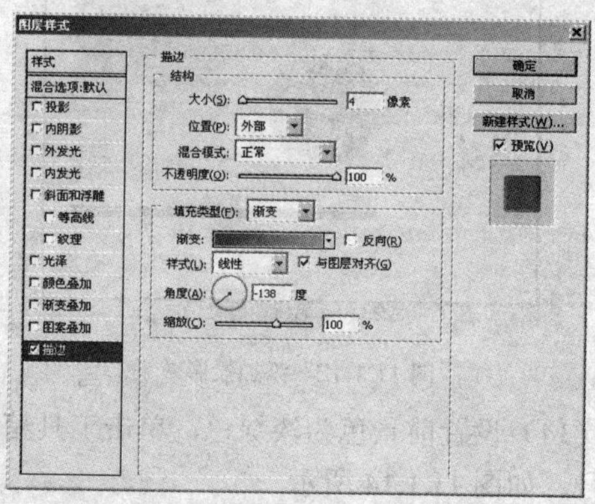

图 11.1.19　“图层样式”对话框

（20）单击 确定 按钮，对文字描边后的效果如图 11.1.20 所示。

（21）在文字工具属性栏中单击“创建文字变形”按钮，弹出 变形文字 对话框，设置参数如图 11.1.21 所示。

图 11.1.20　描边后的效果

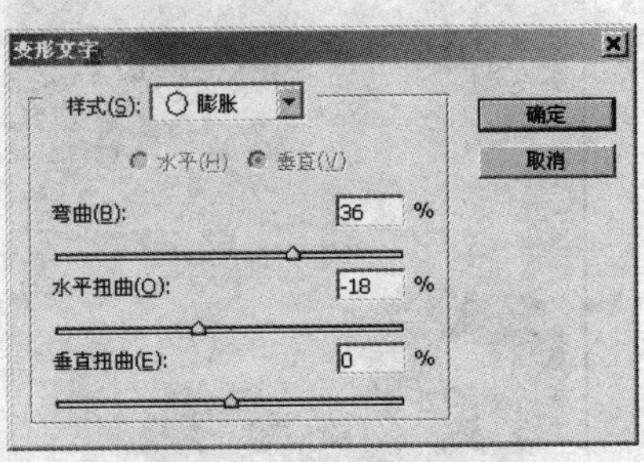

图 11.1.21　“变形文字”对话框

（22）单击 确定 按钮，可使文字产生变形效果，如图 11.1.22 所示。

图 11.1.22　变形文字

（23）新建图层 6，设置前景色为淡黄色，单击工具箱中的“自定形状工具”按钮，在属性栏中选择所需的形状，其他参数设置如图 11.1.23 所示。

图 11.1.23　自定形状工具属性栏

（24）在图像中拖动鼠标绘制所选的形状，如图 11.1.24 所示。

（25）单击工具箱中的“画笔工具”按钮，在属性栏中设置画笔的形状，并单击“切换画笔面板”按钮，可打开 画笔 面板，在该面板左侧选择 画笔笔尖形状 选项，在右侧设置该选项的参数，如图 11.1.25 所示。

图 11.1.24　绘制所选的图形

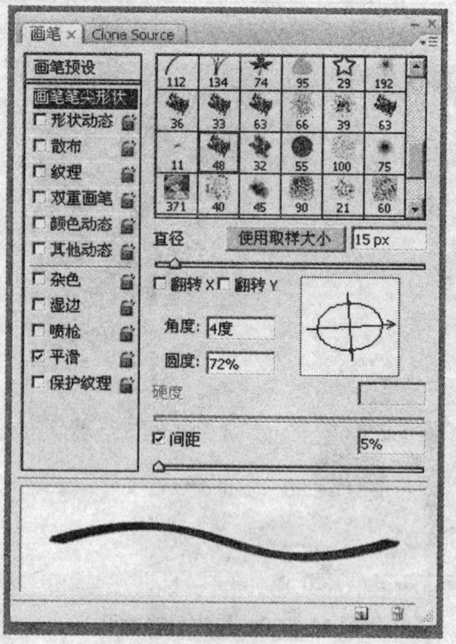

图 11.1.25　设置画笔笔尖形状选项

（26）在画笔面板左侧选中☑形状动态复选框，在画笔面板右侧可显示出该选项的参数，设置各项参数如图 11.1.26 所示。

（27）新建图层 7，设置前景色为绿色，在图像中拖动鼠标绘制出“干”字的形状，如图 11.1.27 所示。

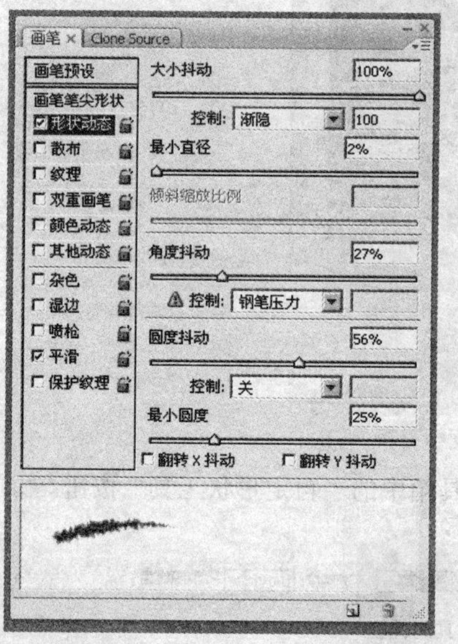

图 11.1.26　设置形状动态选项

图 11.1.27　绘制字形

（28）确认图层 7 为当前可编辑图层，选择菜单栏中的图层(L)→图层样式(Y)→描边(K)...命令，弹出图层样式对话框，设置描边颜色为白色，设置其他参数如图 11.1.28 所示。

（29）在图层样式对话框左侧选中☑投影复选框，在对话框右侧设置该选项的参数，如图 11.1.29 所示。

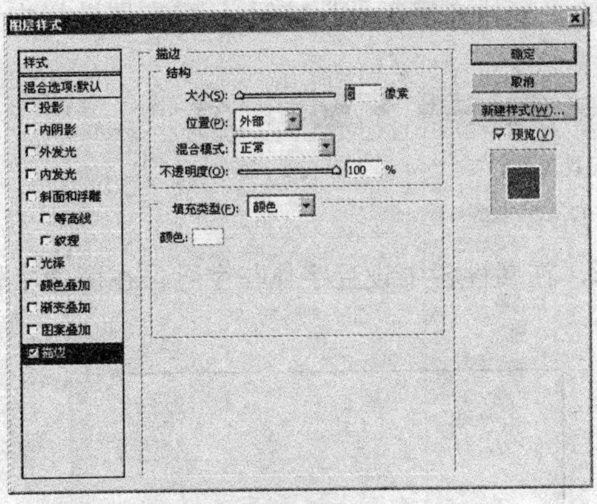

图 11.1.28　描边选项设置

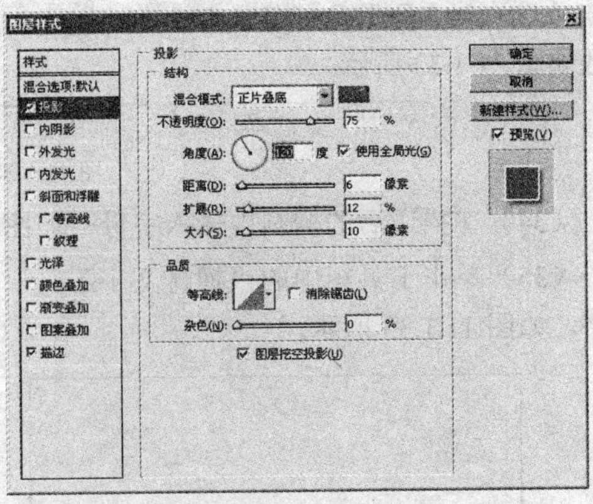

图 11.1.29　投影选项设置

（30）单击 确定 按钮，为绘制的字形添加图层样式后的效果如图 11.1.30 所示。

（31）新建图层 8，单击工具箱中的“椭圆选框工具”按钮，在图像中绘制椭圆选区，选择菜单栏中的 编辑(E) → 描边(S)... 命令，弹出 描边 对话框，设置描边颜色为深红色，设置其他参数如图 11.1.31 所示。

图 11.1.30　添加图层样式后的效果

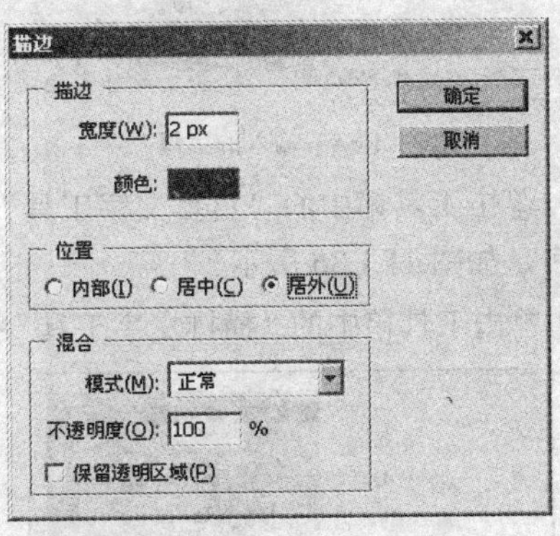

图 11.1.31　“描边”对话框

（32）单击 确定 按钮，描边后的效果如图 11.1.32 所示。

图 11.1.32　描边效果

（33）按“Ctrl+D”键取消选区，单击工具箱中的“横排文字工具”按钮T，在属性栏中设置参数如图 11.1.33 所示。

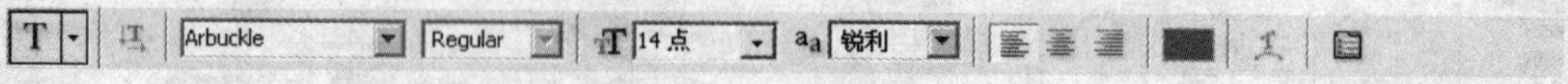

图 11.1.33　文字工具属性栏

（34）在描边后的椭圆内输入字母，如图 11.1.34 所示。

（35）单击工具箱中的“横排文字工具”按钮T，在属性栏中设置字体与字号，在图像中输入文字，如图 11.1.35 所示。

图 11.1.34　输入的字母

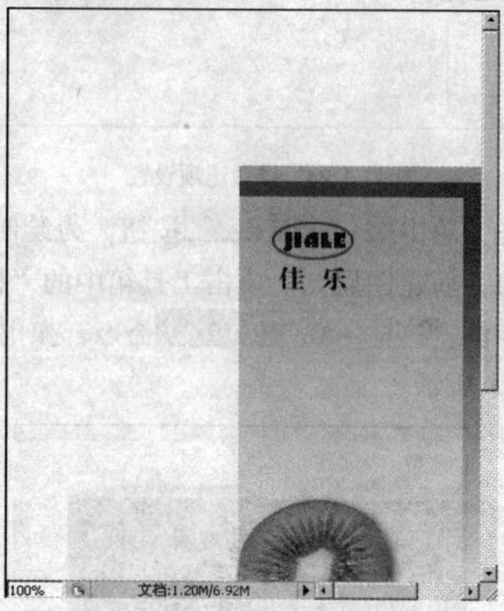

图 11.1.35　输入文字

（36）单击工具箱中的“直排文字工具”按钮T，在属性栏中设置字体与字号，在图像中输入相关的文字，如图 11.1.36 所示。

（37）单击工具箱中的“横排文字工具”按钮T，在图像的右下角输入文字，如图 11.1.37 所示。

图 11.1.36　输入文字

图 11.1.37　输入的文字

（38）新建图层 9，设置前景色为淡绿色，单击工具箱中的“自定形状工具”按钮，在属性栏中设置参数如图 11.1.38 所示。

图 11.1.38　自定形状工具属性栏

（39）在图像中拖动鼠标绘制所选的形状，如图 11.1.39 所示。

（40）设置前景色为深红色，单击工具箱中的“横排文字工具”按钮T，在属性栏中设置字体与字号，在绿色形状上输入相应的文字，再将文字旋转一定的角度，如图 11.1.40 所示。

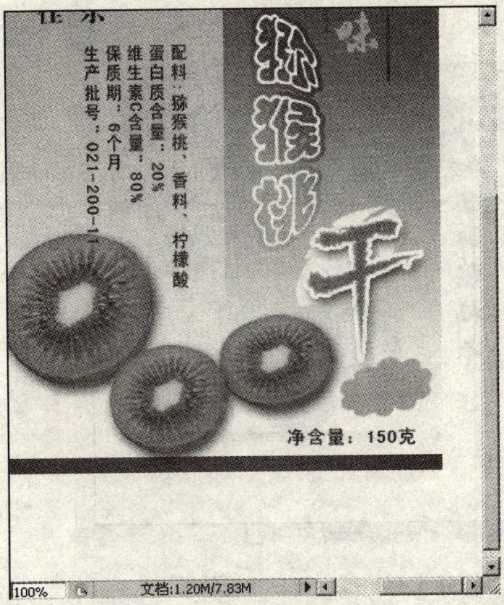

图 11.1.39　绘制所选的形状

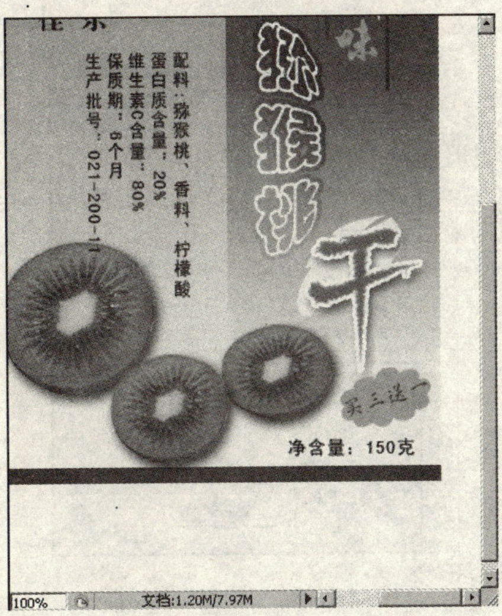

图 11.1.40　输入文字并旋转

（41）除背景图层以外合并其他所有图层为图层 1，新建图层 2，单击工具箱中的“矩形选框工具”按钮，在图像中绘制矩形选区，设置前景色为淡绿色（C：45；M：0；Y：100；K：0），设置背景色为淡黄色（C：0；M：0；Y：20；K：0），单击工具箱中的“渐变工具”按钮，在属性栏中设置渐变颜色为前景色到背景色的渐变，设置渐变方式为线性，在选区中从上向下拖动鼠标填充渐变，效果如图 11.1.41 所示。

（42）按“Ctrl+D”键取消选区，单击工具箱中的“直排文字工具”按钮T，在属性栏中设置颜色为深红色，在图像中输入文字，如图 11.1.42 所示。

图 11.1.41　填充渐变

图 11.1.42　输入文字

（43）合并图层 2 与文字图层为图层 2，选择图层 1，选择菜单栏中的 滤镜(T) → 扭曲 → 切变...

命令，弹出切变对话框，设置如图 11.1.43 所示。

（44）单击 确定 按钮，应用切变滤镜后的效果如图 11.1.44 所示。

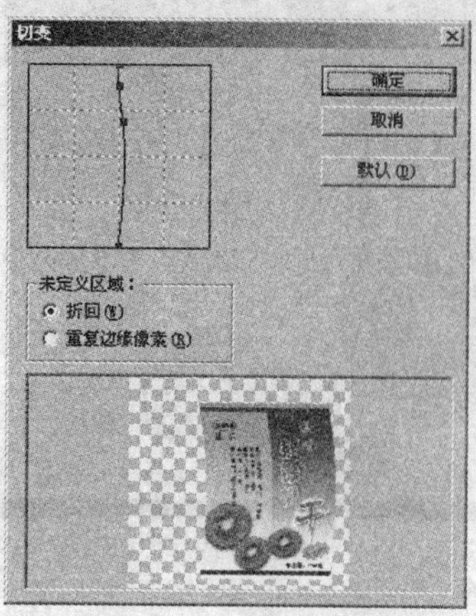

图 11.1.43　“切变”对话框

图 11.1.44　应用切变滤镜效果

（45）选择图层 2，使用矩形选框工具在图像中绘制矩形选区，如图 11.1.45 所示。

（46）按“Ctrl+J”键可将选区中的图像自动粘贴在一个新图层 3 中，选择图层 2，按住“Ctrl”键的同时单击图层 3 的缩览图，载入其选区，按“Delete”键删除选区内的图像，取消选区，选择菜单栏中的 滤镜(T) → 扭曲 → 切变... 命令，弹出切变对话框，设置如图 11.1.46 所示。

图 11.1.45　绘制矩形选区

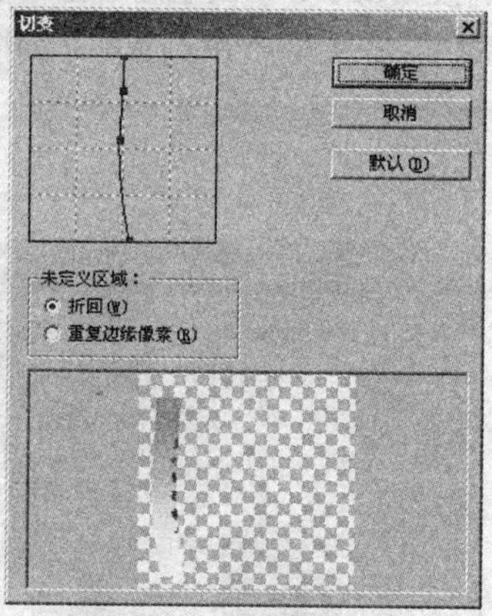

图 11.1.46　“切变”对话框

（47）单击 确定 按钮，可扭曲图层 2 中的图像，如图 11.1.47 所示。

（48）选择图层 3，选择菜单栏中的 滤镜(T) → 扭曲 → 切变... 命令，弹出切变对话框，设置如图 11.1.48 所示。

（49）单击 确定 按钮，可扭曲图层 3 中的图像，效果如图 11.1.49 所示。

图 11.1.47　切变图像

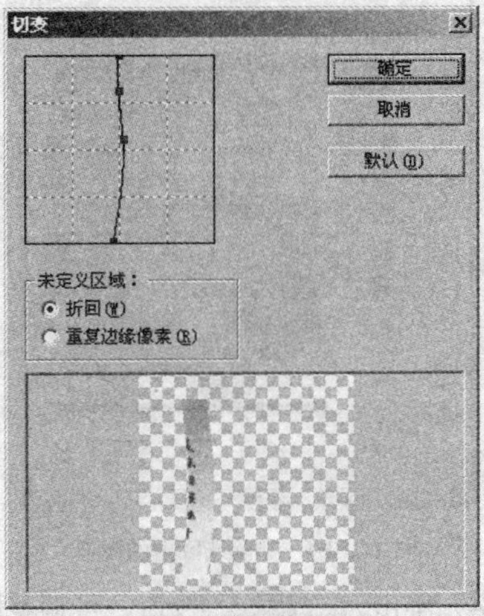

图 11.1.48　“切变”对话框

（50）使用移动工具将图层 3 中的图像移至与图层 2 中的图像重合，然后合并图层 3 与图层 2 为一个图层，即图层 2，单击工具箱中的“钢笔工具”按钮，在图像中绘制封闭的路径，如图 11.1.50 所示。

图 11.1.49　切变图像

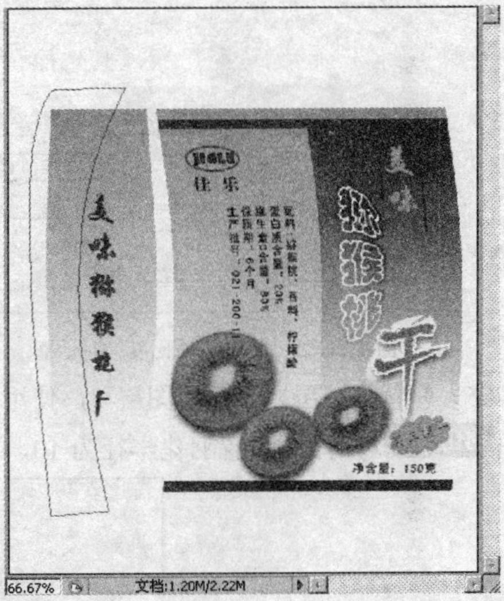

图 11.1.50　绘制路径

（51）在 路径 面板底部单击“将路径作为选区载入”按钮，可将路径转换为选区，按“Delete”键删除选区内的图像，如图 11.1.51 所示。

（52）按“Ctrl+D”键取消选区，将图层 2 中的图像移至图层 1 中的图像下方，确认图层 2 为当前可编辑图层，单击工具箱中的“移动工具”按钮，将图层 2 中的图像移至如图 11.1.52 所示的位置。

（53）选择菜单栏中的 图像(I) → 调整(A) → 亮度/对比度(C)... 命令，弹出 亮度/对比度 对话框，设置参数如图 11.1.53 所示。

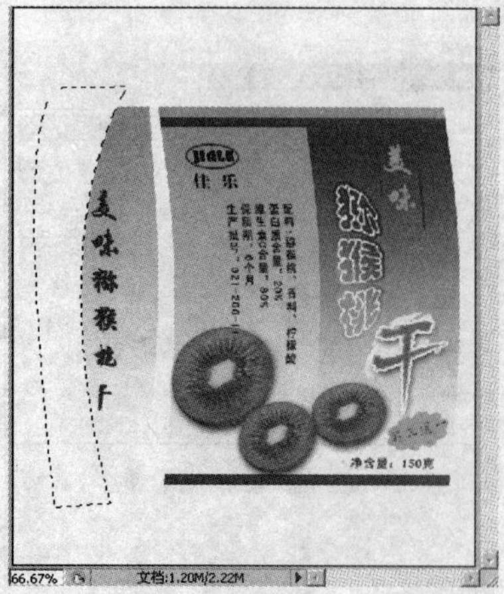

图 11.1.51　删除选区内的图像

图 11.1.52　移动图像位置

（54）单击 确定 按钮，可调整图层 2 中图像的色彩，如图 11.1.54 所示。

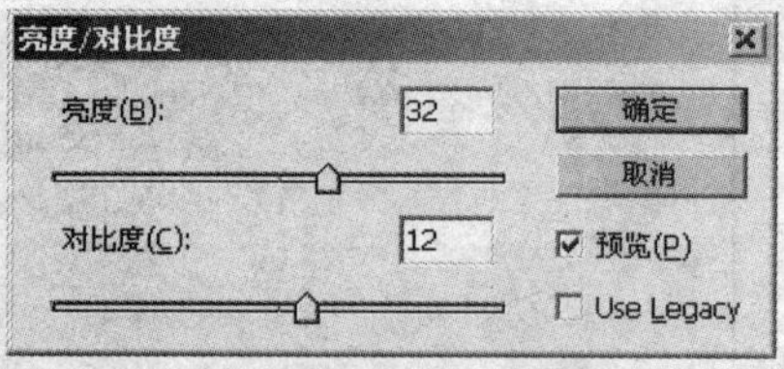

图 11.1.53　“亮度/对比度”对话框

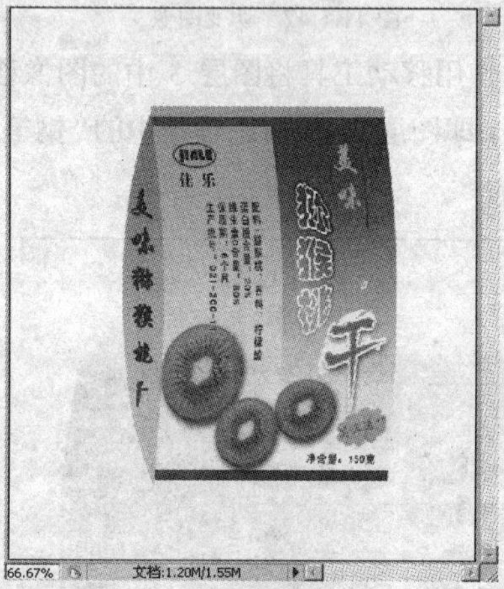

图 11.1.54　调整色彩

（55）在背景图层之上新建图层 3，使用多边形套索工具在图像中创建选区，按“Ctrl+Alt+D”键弹出 羽化选区 对话框，设置羽化半径为 10，单击 确定 按钮，羽化后的效果如图 11.1.55 所示。

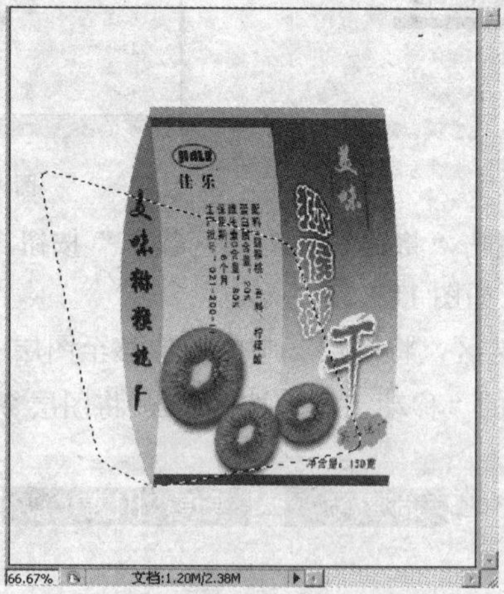

图 11.1.55　绘制选区并羽化

（56）设置前景色为黑色，按“Alt+Delete”键填充羽化后的选区，如图 11.1.56 所示。

（57）将图层 3 的不透明度设置为 35%，按“Ctrl+D”键取消选区，效果如图 11.1.57 所示。

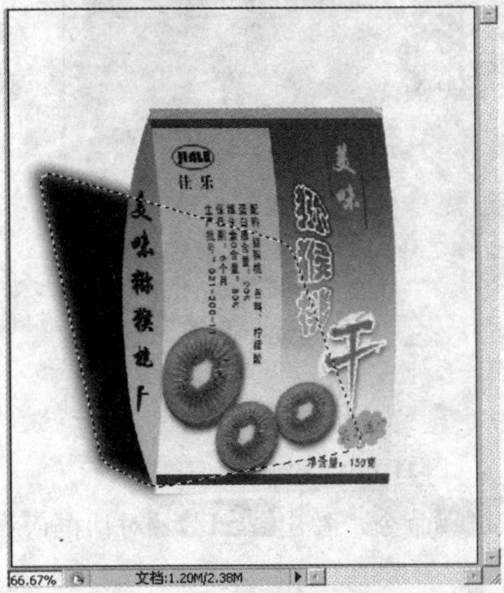

图 11.1.56　填充羽化后的选区

图 11.1.57　设置图层不透明度

（58）按住“Shift”键的同时依次选择图层 1、图层 2 与图层 3，选择菜单栏中的 编辑(E) → 变换 → 旋转(R) 命令，可为所选的图像添加变换框，将鼠标移至变换框 4 个角的任意一个控制点上，按住鼠标左键拖动可旋转图像，如图 11.1.58 所示。

（59）选择背景图层，设置前景色为绿色（C：70；M：40；Y：100；K：0），设置背景色为（C：0；M：0；Y：100；K：0），单击工具箱中的“渐变工具”按钮，在属性栏中设置渐变颜色为前景色到背景色的渐变，设置渐变方式为线性，在背景图层中从上向下拖动鼠标填充渐变，效果如图 11.1.59 所示。

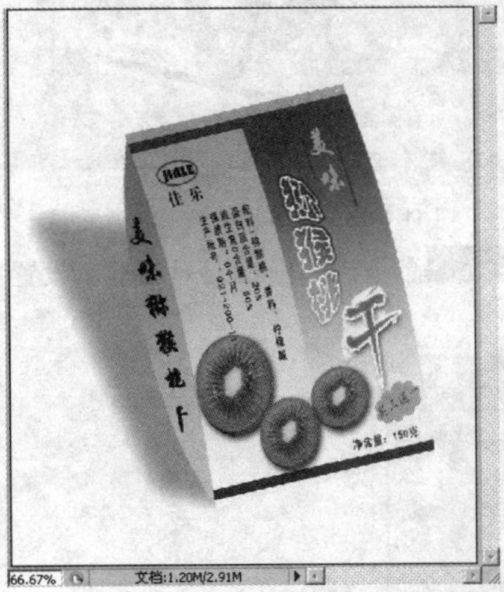

图 11.1.58　旋转图像

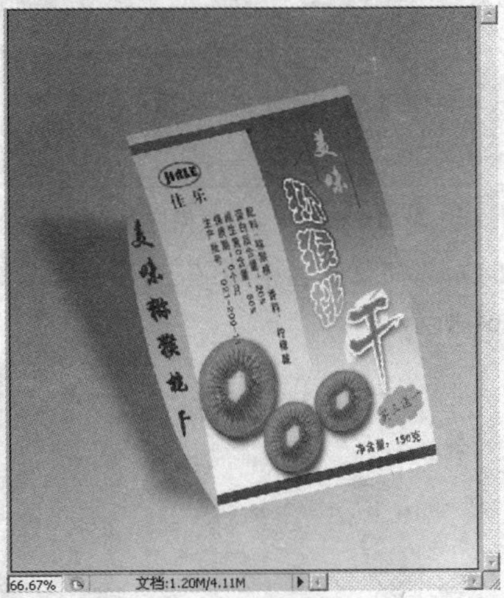

图 11.1.59　填充渐变

（60）选择菜单栏中的 滤镜(T) → 杂色 → 添加杂色... 命令，弹出 添加杂色 对话框，设置参数如图 11.1.60 所示。

（61）单击 确定 按钮，添加杂色后的效果如图 11.1.61 所示。

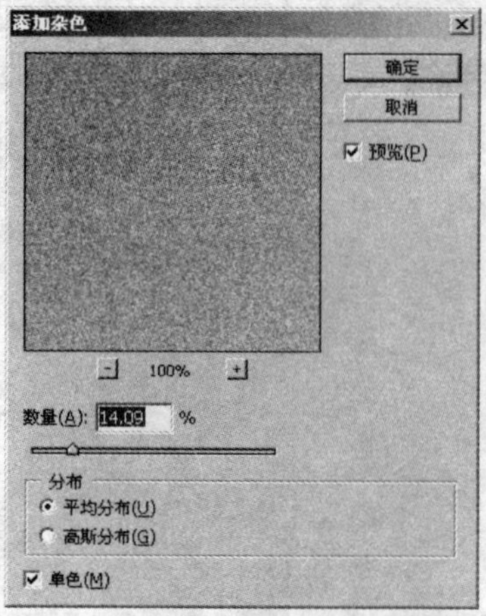

图 11.1.60　“添加杂色”对话框

图 11.1.61　添加杂色后的效果

（62）选择菜单栏中的 滤镜(T) → 模糊 → 动感模糊... 命令，弹出 动感模糊 对话框，设置参数如图 11.1.62 所示。

（63）单击 确定 按钮，应用动感模糊后的效果如图 11.1.63 所示。

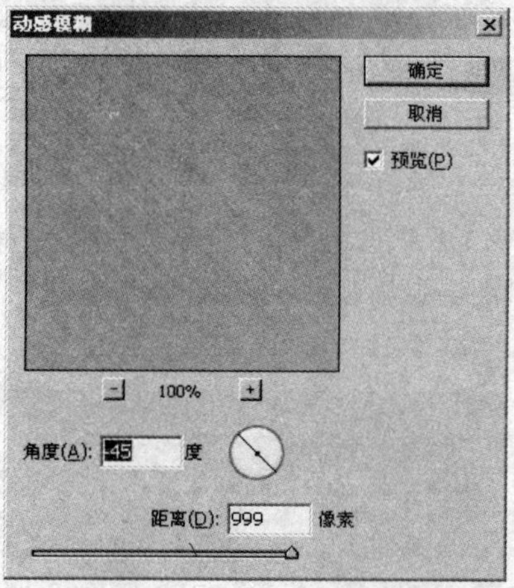

图 11.1.62　“动感模糊”对话框

图 11.1.63　应用动感模糊滤镜效果

（64）选择菜单栏中的 滤镜(T) → 扭曲 → 水波... 命令，弹出 水波 对话框，设置参数如图 11.1.64 所示。

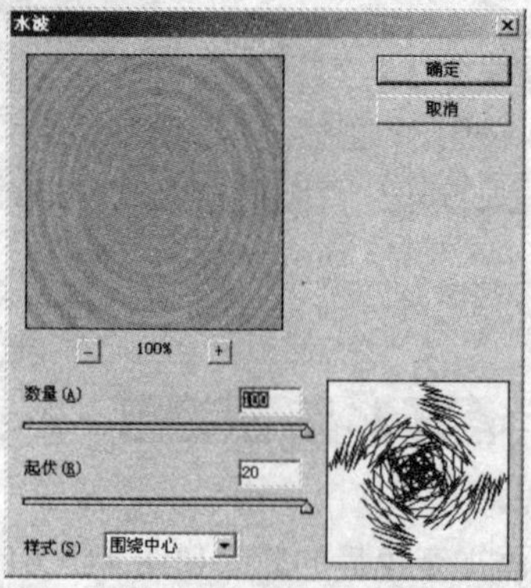

图 11.1.64　“水波”对话框

（65）单击确定按钮，应用水波滤镜后的效果如图 11.1.65 所示。

（66）选择菜单栏中的滤镜(T)→画笔描边→喷溅...命令，弹出喷溅对话框，设置喷色半径为 25，平滑度为 15，单击确定按钮，应用喷溅滤镜效果如图 11.1.66 所示。

图 11.1.65　应用水波滤镜效果

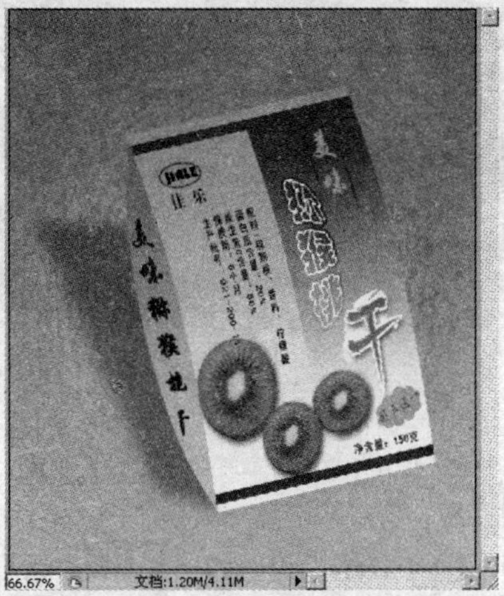

图 11.1.66　应用喷溅滤镜效果

（67）选择菜单栏中的滤镜(T)→渲染→光照效果...命令，弹出光照效果对话框，设置参数如图 11.1.67 所示。

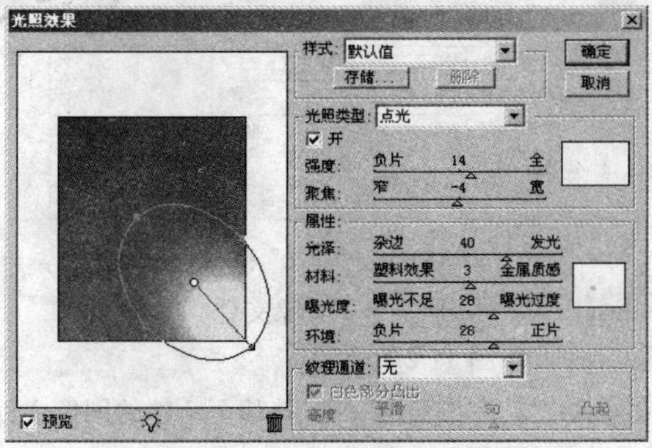

图 11.1.67　“光照效果”对话框

（68）单击确定按钮，可为图像添加光照效果。至此，食品包装制作完成，效果如图 11.1.1 所示。

实例 2　灯箱设计

1．实例说明

本例将设计如图 11.2.1 所示的灯箱。在制作过程中，要掌握图层样式功能、椭圆选框工具、移动工具、图层蒙版以及变换功能的灵活运用。使用变换功能以及图层样式效果进行相应的编辑，并使用文本工具来添加广告牌中的广告语及其品牌名称。

(a)

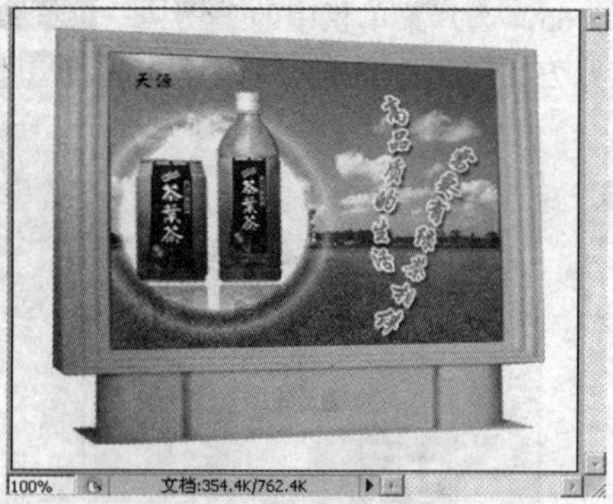

(b)

图 11.2.1　效果图

2. 创作步骤

(1) 按“Ctrl+N”键，弹出**新建**对话框，设置参数如图 11.2.2 所示。

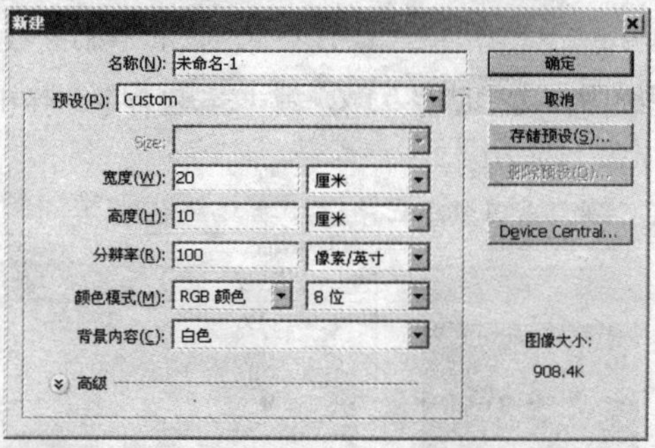

图 11.2.2　“新建”对话框

(2) 单击 确定 按钮，可新建一个图像文件。

(3) 打开一幅背景图像文件，如图 11.2.3 所示。

(4) 单击工具箱中的“移动工具”按钮，将其移至新建的图像文件中，可自动生成图层 1，调整图像的大小与新建图像的大小相同。

(5) 按“Ctrl+O”键打开一幅绿茶瓶图像文件，如图 11.2.4 所示。

图 11.2.3　打开的背景图像

图 11.2.4　打开的瓶子图像

（6）单击工具箱中的“魔棒工具”按钮，在瓶子图像中的白色区域单击，可选择白色区域的选区，将背景图层转换为普通图层，按“Delete”键删除选区内的图像，如图 11.2.5 所示。

（7）按“Ctrl+D”键取消选区，使用移动工具将瓶子图像移至新建的图像文件中，可自动生成图层 2，调整图像的大小与位置，如图 11.2.6 所示。

图 11.2.5　删除选区内图像

图 11.2.6　调整图像

（8）新建图层 3，将其移至图层 2 的下方，单击工具箱中的“椭圆选框工具”按钮，在图像中拖动鼠标绘制椭圆选区，如图 11.2.7 所示。

（9）设置前景色为白色，按“Alt+Delete”键填充选区，效果如图 11.2.8 所示。

图 11.2.7　绘制椭圆选区

图 11.2.8　绘制选区

（10）选择菜单栏中的 图层(L) → 图层样式(Y) → 外发光(O)... 命令，弹出 图层样式 对话框，在 等高线: 右侧单击按钮，可打开预设的等高线面板，从中选择如图 11.2.9 所示的等高线样式。

图 11.2.9　等高线面板

（11）在 图层样式 对话框中设置外发光的颜色为黄色，设置其他参数如图 11.2.10 所示。

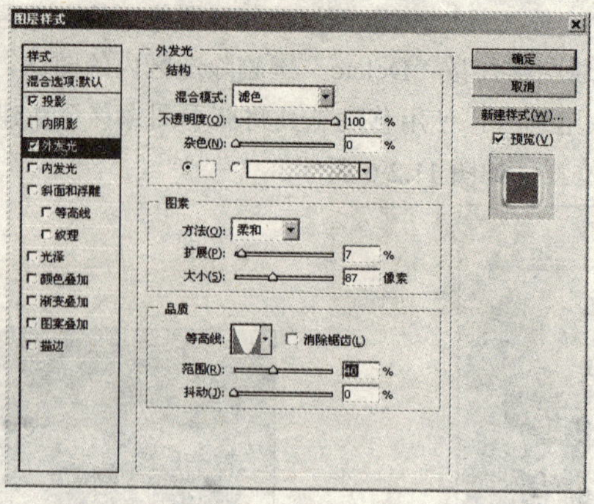

图 11.2.10　“图层样式”对话框

（12）单击 确定 按钮，可为图层 2 中的图像添加外发光效果，如图 11.2.11 所示。

（13）复制图层 2，得到图层 2 副本，选择图层 2 副本，按“Ctrl+T”键可为图像添加变换框，用鼠标拖动变换框上的控制点，可使图像变形，效果如图 11.2.12 所示。

图 11.2.11　外发光效果

图 11.2.12　变形图像

（14）按回车键确认变换操作，在 图层 面板底部单击“添加图层蒙版”按钮，可为当前图层添加图层蒙版，如图 11.2.13 所示。

（15）单击工具箱中的“渐变工具”按钮，在变形后的图像中从上向下拖动鼠标，为图层蒙版填充渐变，效果如图 11.2.14 所示。

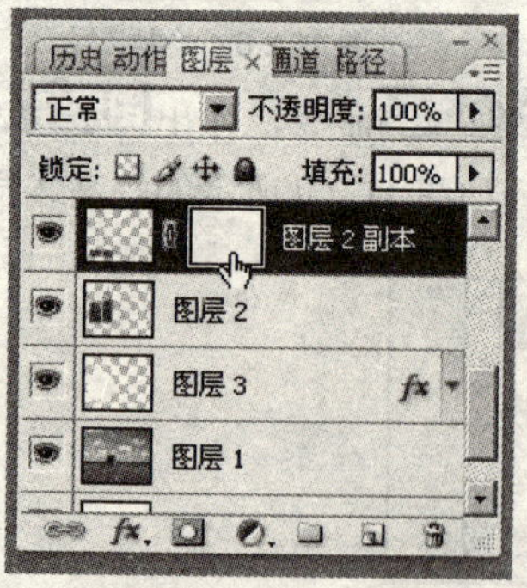

图 11.2.13　添加图层蒙版

图 11.2.14　为蒙版填充渐变

（16）将图层 2 副本的不透明度设置为 40%，图像效果如图 11.2.15 所示。

图 11.2.15　调整不透明度效果

（17）设置前景色为绿色，单击工具箱中的“直排文字工具”按钮，在属性栏中设置字体与字号，如图 11.2.16 所示。

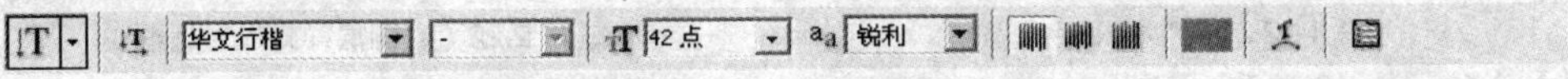

图 11.2.16　文字工具属性栏

（18）在图像中输入文字“高品质的生活”，如图 11.2.17 所示。

（19）选择菜单栏中的 图层(L) → 图层样式(Y) → 描边(K)... 命令，弹出**图层样式**对话框，设置描边颜色为白色，设置其他参数如图 11.2.18 所示。

图 11.2.17　输入文字

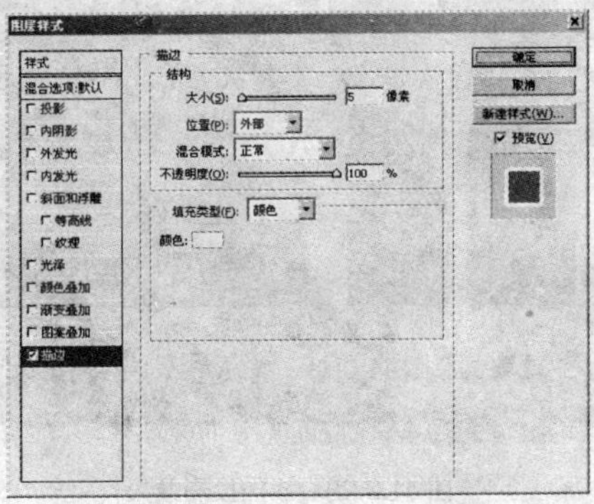

图 11.2.18　“图层样式”对话框

（20）单击 确定 按钮，描边后的效果如图 11.2.19 所示。

（21）在文字工具属性栏中单击“创建文字变形”按钮，弹出**变形文字**对话框，设置参数如图 11.2.20 所示。

图 11.2.19　描边后的效果

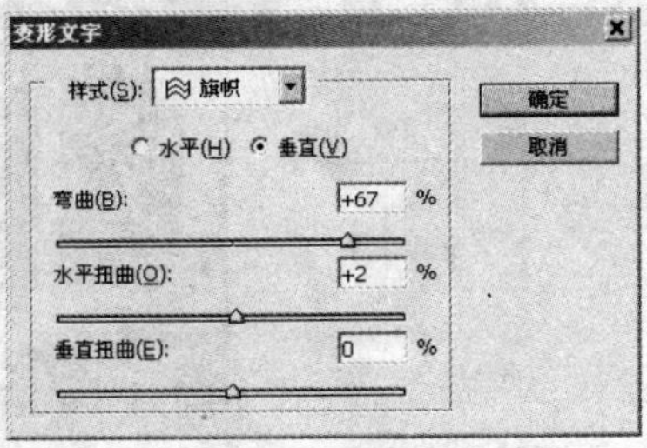

图 11.2.20　“变形文字”对话框

（22）单击 确定 按钮，可将文字变形，效果如图 11.2.21 所示。

（23）选择菜单栏中的 图层(L) → 图层样式(Y) → 投影(D)... 命令，弹出 图层样式 对话框，设置参数如图 11.2.22 所示。

图 11.2.21　变形文字

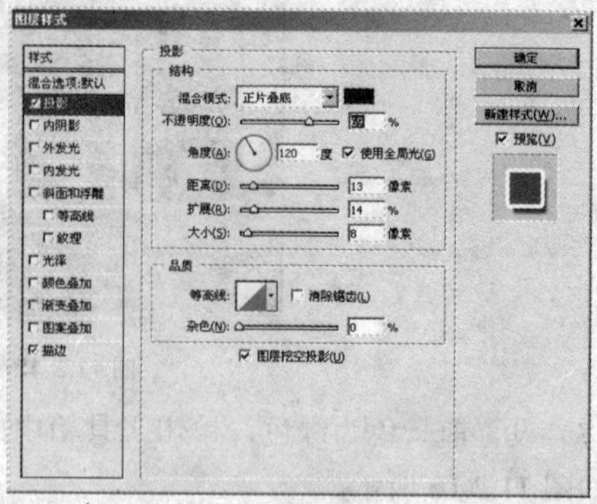

图 11.2.22　“图层样式”对话框

（24）单击 确定 按钮，为图像添加投影后的效果如图 11.2.23 所示。

（25）单击工具箱中的“直排文字工具”按钮 T，在属性栏中设置字体与字号，在图像中输入文字，如图 11.2.24 所示。

图 11.2.23　添加投影效果

图 11.2.24　输入文字

（26）在前面添加图层样式的文字图层上单击鼠标右键，从弹出的快捷菜单中选择 拷贝图层样式 命令，可复制该文字图层的样式效果，然后在刚输入的文字图层上单击鼠标右键，从弹出的快捷菜单中选择 粘贴图层样式 命令，可将复制的图层样式应用于该图层上，效果如图 11.2.25 所示。

图 11.2.25　复制图层样式效果

（27）在文字工具属性栏中单击“创建文字变形”按钮，弹出变形文字对话框，设置参数如图 11.2.26 所示。

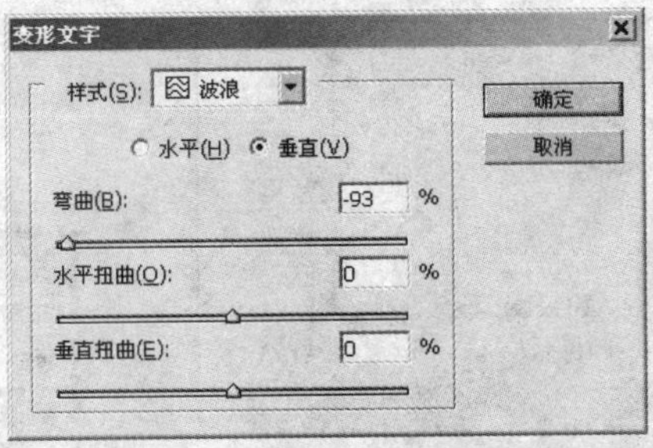

图 11.2.26　“变形文字”对话框

（28）单击 确定 按钮，文字变形后的效果如图 11.2.27 所示。

（29）按“Ctrl+T”键可为文字添加变换框，用鼠标拖动变换框上的控制点，可自动变换图像，如图 11.2.28 所示。

图 11.2.27　文字变形效果

图 11.2.28　变换图像

（30）按回车键确认变换操作，使用移动工具将变换后的文字向图像的右侧移动一些，如图 11.2.29 所示。

（31）设置前景色为黑色，单击工具箱中的“横排文字工具”按钮，在属性栏中设置字体与字号，在图像中输入文字“天源”，灯箱平面广告制作完成，效果如图 11.2.1（a）所示。

（32）选择菜单栏中的 图层(L) → 合并可见图层(I) 命令，可将图像中的所有图层合为一层，即背景图层。

（33）按“Ctrl+O”键打开一幅架子图像文件，如图 11.2.30 所示。

图 11.2.29　移动图像

图 11.2.30　打开的图像

（34）选择灯箱平面广告图像，使用移动工具将其拖至架子图像文件中，可生成图层 1，如图 11.2.31 所示。

图 11.2.31　移动的图像

（35）选择菜单栏中的编辑(E)→变换→扭曲(D)命令，对灯箱平面图像进行扭曲处理，最终的灯箱预览效果如图 11.2.1（b）所示。

实例 3　杂志广告设计

1. 实例说明

本例将设计如图 11.3.1 所示的杂志广告。在制作过程中，要掌握滤镜功能以及变换功能的灵活运用。使用高斯模糊、波纹、波浪、径向模糊等滤镜制作图像的背景与光线，使用文本工具来添加杂志广告的内容。

图 11.3.1　效果图

2. 创作步骤

（1）按“Ctrl+N”键，弹出**新建**对话框，设置参数如图 11.3.2 所示。

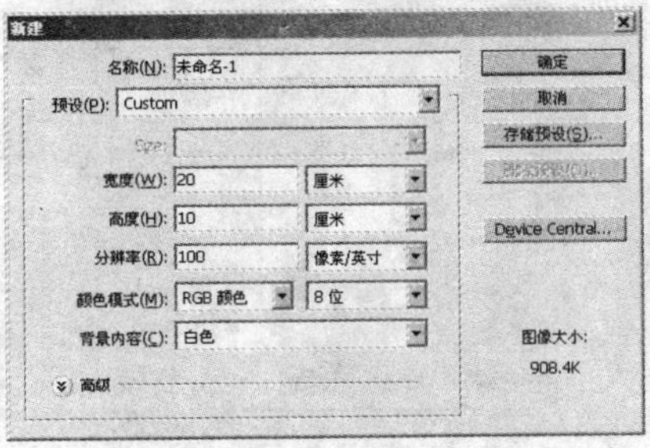

图 11.3.2　“新建”对话框

（2）单击 确定 按钮，新建一个图像文件。

（3）设置前景色为深蓝色，按“Alt+Delete”键填充背景图层。

（4）单击工具箱中的“套索工具”按钮，在图像中绘制如图 11.3.3 所示的选区。

（5）新建图层 1，设置前景色为白色，按“Alt+Delete”键填充选区，如图 11.3.4 所示。

图 11.3.3　绘制选区

图 11.3.4　填充选区

（6）取消选区，选择菜单栏中的 滤镜(T) → 模糊 → 高斯模糊... 命令，弹出**高斯模糊**对话框，设置参数如图 11.3.5 所示。

（7）单击 确定 按钮，应用高斯模糊滤镜后的效果如图 11.3.6 所示。

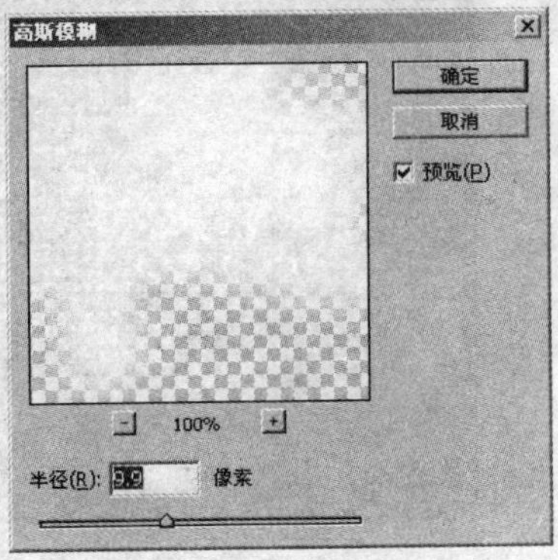

图 11.3.5　“高斯模糊”对话框

图 11.3.6　应用高斯模糊滤镜效果

（8）选择菜单栏中的 滤镜(T) → 扭曲 → 波纹... 命令，弹出 波纹 对话框，设置参数如图 11.3.7 所示。

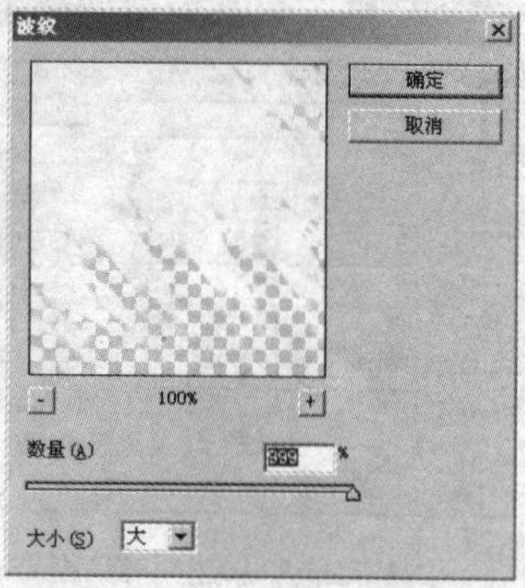

图 11.3.7　“波纹”对话框

（9）单击 确定 按钮，应用波纹滤镜后的效果如图 11.3.8 所示。

（10）按“Ctrl+F”键，两次可重复执行波纹滤镜，效果如图 11.3.9 所示。

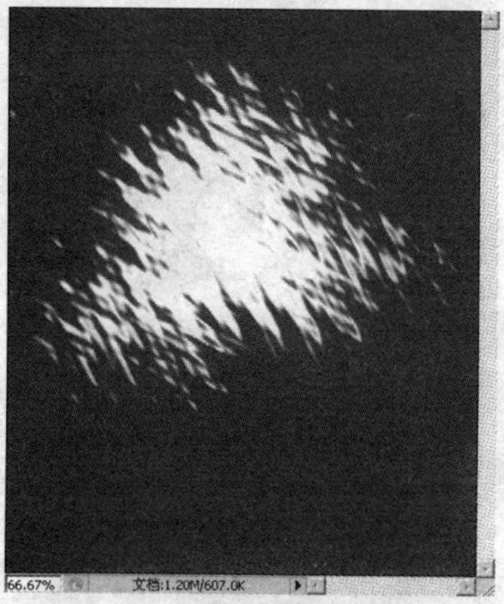

图 11.3.8　应用波纹滤镜效果

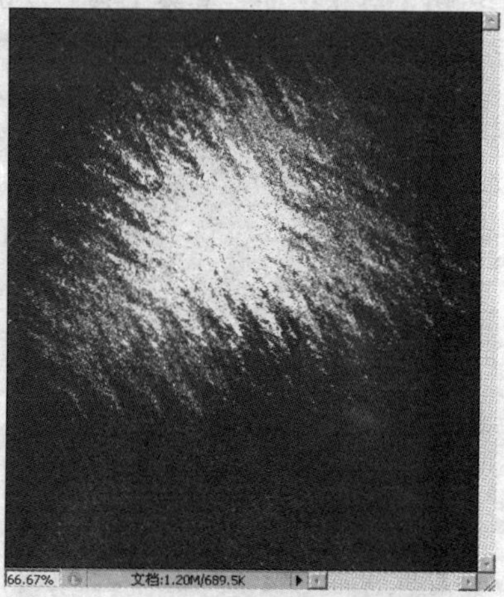

图 11.3.9　重复执行波纹滤镜效果

（11）复制图层 1 为图层 1 副本，选择图层 1，然后选择菜单栏中的 滤镜(T) → 扭曲 → 波浪... 命令，弹出 波浪 对话框，设置参数如图 11.3.10 所示。

（12）单击 确定 按钮，应用波浪滤镜效果如图 11.3.11 所示。

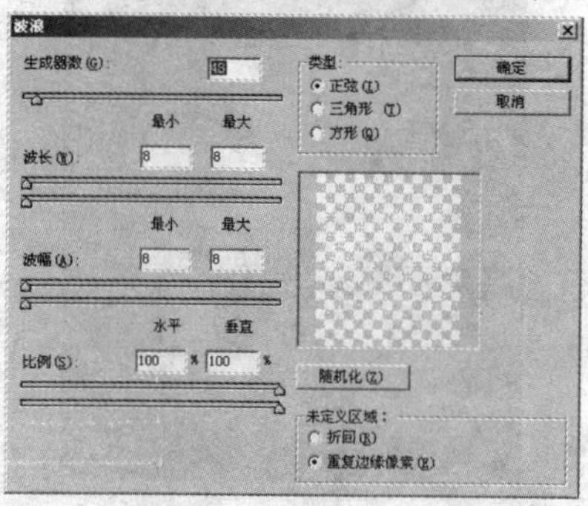

图 11.3.10　“波浪”对话框

图 11.3.11　应用波浪滤镜效果

（13）选择菜单栏中的滤镜(T)→模糊→动感模糊...命令，弹出动感模糊对话框，设置参数如图 11.3.12 所示。

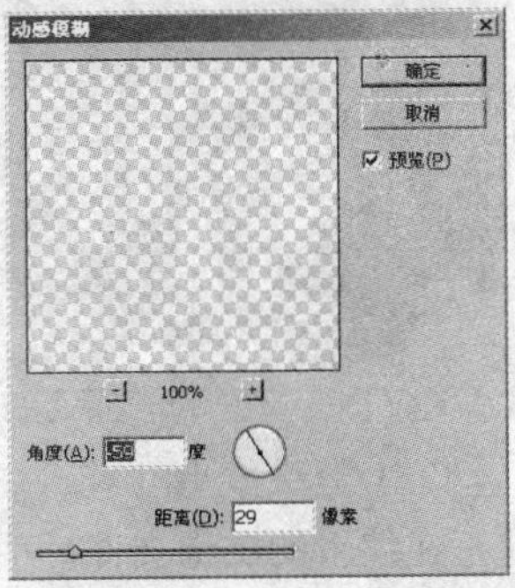

图 11.3.12 “动感模糊”对话框

（14）单击确定按钮，应用动感模糊效果如图 11.3.13 所示。

（15）选择图层 1 副本，选择菜单栏中的滤镜(T)→模糊→径向模糊...命令，弹出径向模糊对话框，设置参数如图 11.3.14 所示。

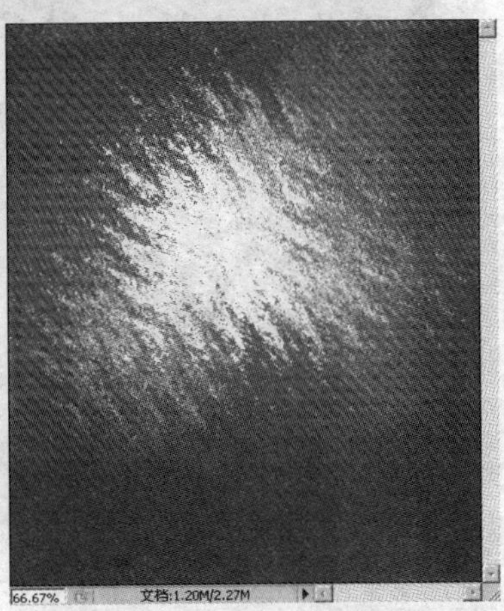

图 11.3.13 应用动感模糊滤镜效果

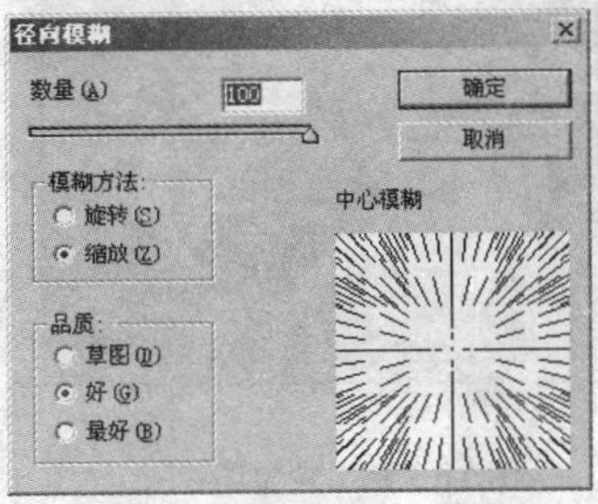

图 11.3.14 “径向模糊”对话框

（16）单击确定按钮，应用径向模糊滤镜效果如图 11.3.15 所示。

（17）按“Ctrl+T”键可为图像添加变换框，用鼠标拖动变换框上的控制点，将图像适当放大一些，并移至图像的右下角，如图 11.3.16 所示。

图 11.3.15 应用径向模糊滤镜效果

图 11.3.16 调整图像

（18）打开一幅数码相机图像文件，如图 11.3.17 所示。

图 11.3.17　打开的图像

（19）使用移动工具将其移至当前正在编辑的图像文件，可生成图层 2，调整图像的大小与位置，如图 11.3.18 所示。

（20）单击工具箱中的“横排文字工具”按钮 T，在属性栏中设置字体与字号，在图像中输入文字，如图 11.3.19 所示。

图 11.3.18　调整图像

图 11.3.19　输入文字

（21）使用文字工具选择“我形”两个文字，将其颜色改变为红色，如图 11.3.20 所示。

（22）选择菜单栏中的 图层(L) → 图层样式(Y) → 描边(K)... 命令，弹出**图层样式**对话框，设置描边颜色为橘黄色，设置其他参数如图 11.3.21 所示。

图 11.3.20　改变文字的颜色

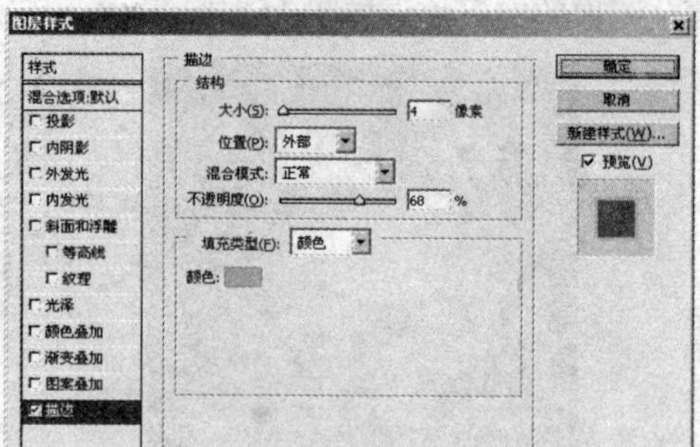

图 11.3.21　“图层样式”对话框

（23）在**图层样式**对话框左侧选中☑投影复选框，设置投影的颜色为黑色，设置其他参数如图 11.3.22 所示。

（24）单击 确定 按钮，添加图层样式后的效果如图 11.3.23 所示。

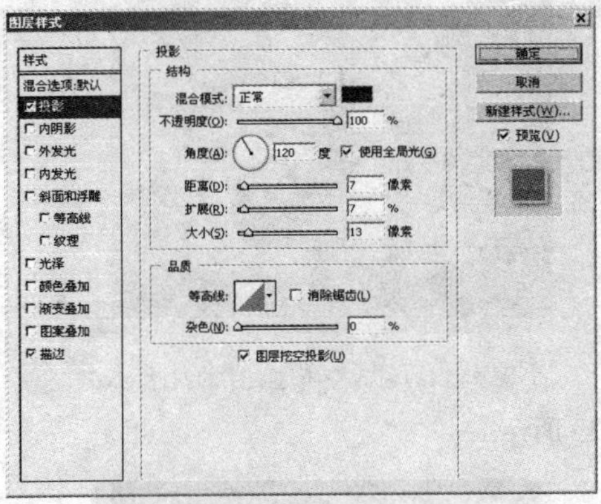

图 11.3.22　投影选项设置

图 11.3.23　添加图层样式效果

（25）按“Ctrl+T”键为文字添加变换框，在相应的属性栏中设置水平斜切为 15，按回车键确认变换操作，如图 11.3.24 所示。

（26）单击工具箱中的“钢笔工具”按钮，在属性栏中单击“路径”按钮，在图像中绘制如图 11.3.25 所示的路径。

图 11.3.24　倾斜文字

图 11.3.25　绘制路径

（27）单击工具箱中的“横排文字工具”按钮 T，在属性栏中设置字体与字号，在路径上单击，并沿路径输入所需的文字，如图 11.3.26 所示。

（28）在 路径 × 面板中隐藏路径，使用文字工具选择“数”文字，将其颜色改变为红色，并改变其字体，效果如图 11.3.27 所示。

（29）设置前景色为白色，单击工具箱中的“横排文字工具”按钮 T，在属性栏中设置字体与字号，在图像中输入文字，如图 11.3.28 所示。

图 11.3.26　输入文字

图 11.3.27　改变所选文字的属性

（30）为输入的文字添加投影效果，如图 11.3.29 所示。

图 11.3.28　输入文字

图 11.3.29　添加投影效果

（31）设置前景色为黄色，单击工具箱中的“直排文字工具”按钮 T，在属性栏中设置字体与字号，在图像中输入黄色的文字，如图 11.3.30 所示。

（32）为输入的黄色文字添加投影效果，如图 11.3.31 所示。

图 11.3.30　输入直排文字

图 11.3.31　添加投影

（33）设置前景色为橘红色，单击工具箱中的“横排文字工具”按钮T，在属性栏中设置字体与字号，在图像的底部输入所需的广告词与网址字样，如图 11.3.32 所示。

（34）设置前景色为黄色，单击工具箱中的“横排文字工具”按钮T，在图像的左上角输入字母，如图 11.3.33 所示。

图 11.3.32　输入的文字

图 11.3.33　输入的字母

（35）至此，杂志广告制作完成，最终效果如图 11.3.1 所示。

实例 4　光盘封套设计

1. 实例说明

本例将设计如图 11.4.1 所示的光盘封套。在制作过程中，要掌握图层混合模式与图层样式的灵活运用。使用画笔工具、动感模糊滤镜、多边形套索工具以及羽化功能制作图像的背景效果，使用文本工具来添加封套上的相关信息。

图 11.4.1　效果图

2. 创作步骤

（1）按“Ctrl+N”键，弹出新建对话框，设置参数如图 11.4.2 所示。

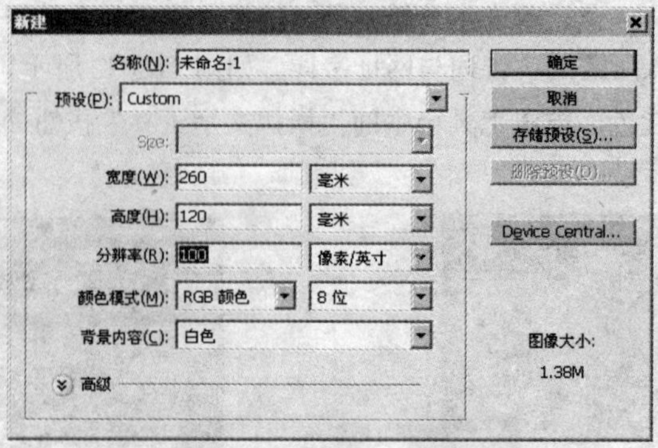

图 11.4.2　“新建”对话框

（2）单击确定按钮，可新建一个图像文件。

（3）按“Ctrl+R”键打开标尺，沿垂直标尺拖曳出 3 条辅助线，将其移至适当位置，如图 11.4.3 所示。

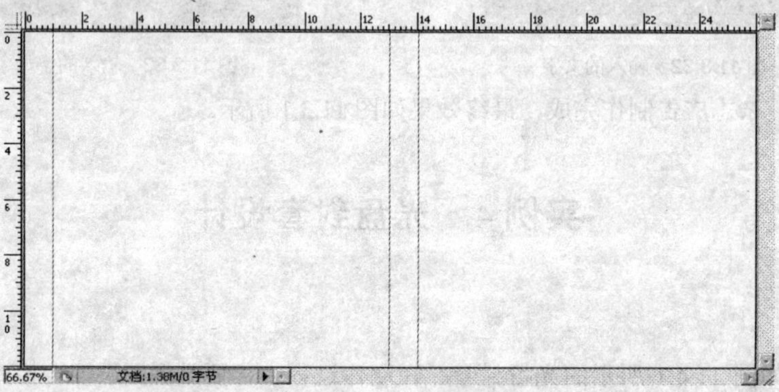

图 11.4.3　创建辅助线

（4）新建图层 1，设置前景色为白色，背景色为绿色，单击工具箱中的“渐变工具”按钮，在属性栏中设置渐变颜色为前景色到背景色的渐变，设置渐变方式为线性，在图像中从左上向右下拖动鼠标填充渐变，效果如图 11.4.4 所示。

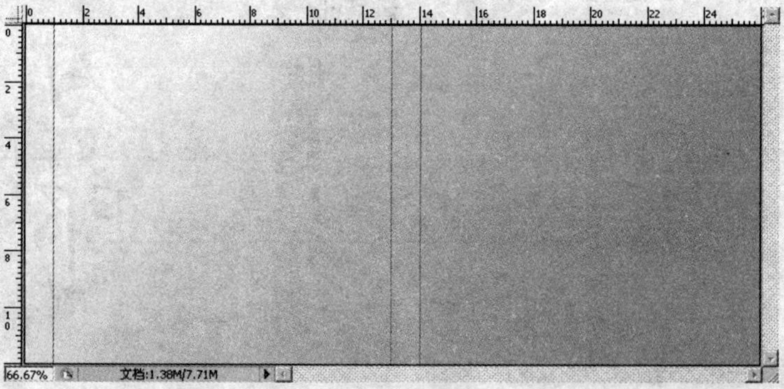

图 11.4.4　填充渐变

（5）新建图层 2，设置前景色为淡红色，背景色为深红色，单击工具箱中的“画笔工具”按钮，不断切换前景色与背景色，在图像中拖动鼠标绘制直线，如图 11.4.5 所示。

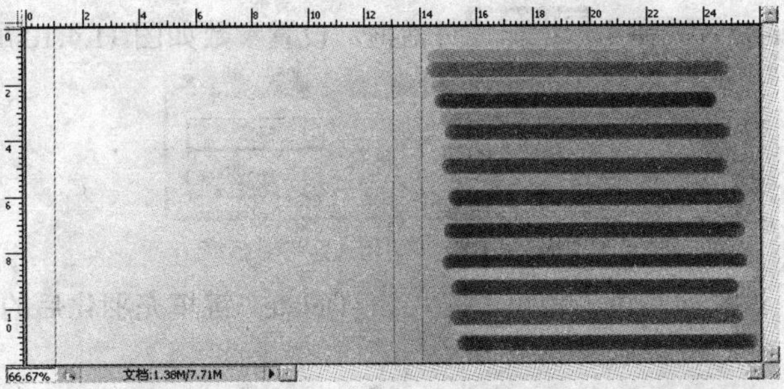

图 11.4.5　使用画笔工具绘制

（6）选择菜单栏中的滤镜(T)→模糊→动感模糊...命令，弹出动感模糊对话框，设置参数如图 11.4.6 所示。

（7）单击确定按钮，应用动感模糊滤镜后的效果如图 11.4.7 所示。

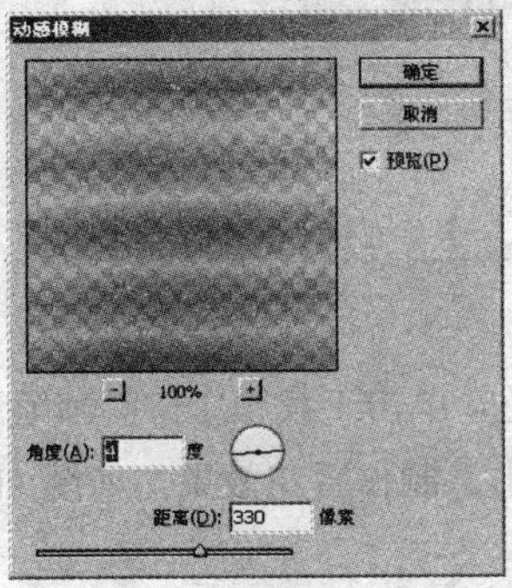

图 11.4.6　“动感模糊”对话框

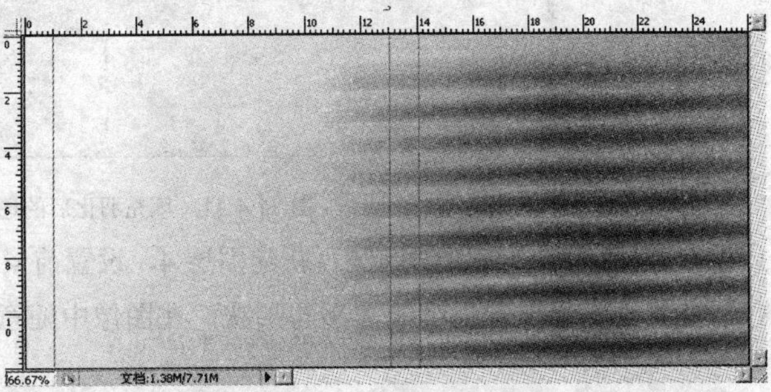

图 11.4.7　应用动感模糊滤镜效果

（8）在图层面板中将图层 2 的混合模式设置为线性减淡，效果如图 11.4.8 所示。

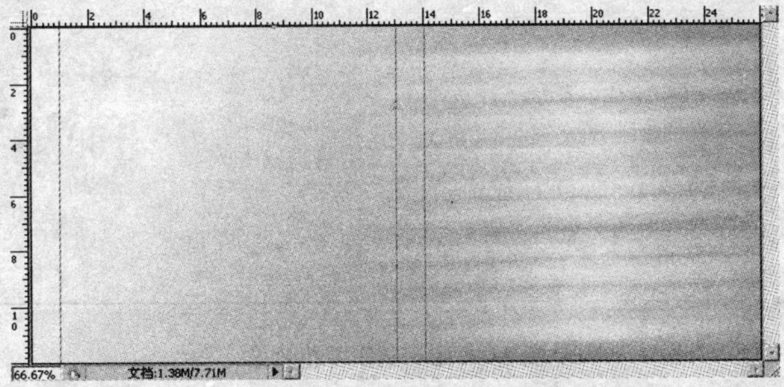

图 11.4.8　改变图层混合模式效果

（9）单击工具箱中的“多边形套索工具”按钮，在图像中拖动鼠标绘制选区，效果如图 11.4.9 所示。

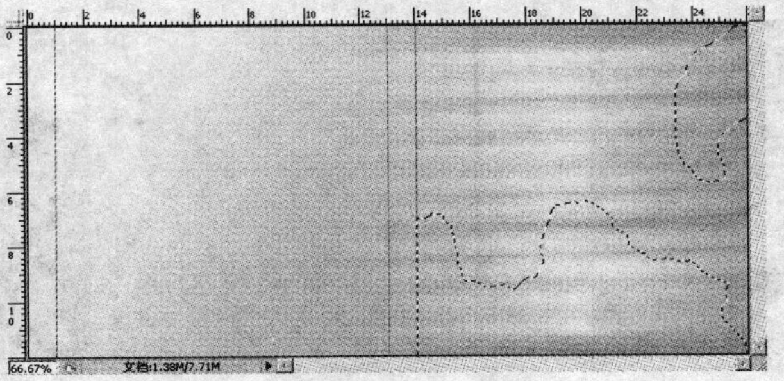

图 11.4.9　绘制选区

（10）按“Ctrl+Alt+D”键弹出羽化选区对话框，设置参数如图 11.4.10 所示。

图 11.4.10　“羽化选区”对话框

（11）新建图层 3，设置前景色为白色，按“Alt+Delete”键填充羽化后的选区，效果如图 11.4.11 所示。

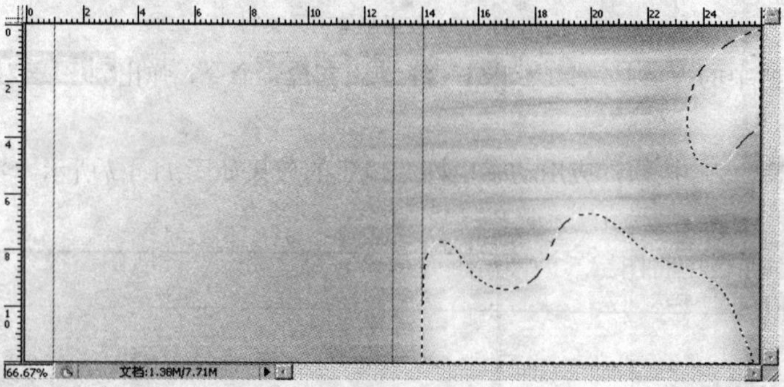

图 11.4.11　填充羽化后的选区

（12）按“Ctrl+D”键取消选区，新建图层 4，设置前景色为白色，单击工具箱中的“画笔工具”按钮，在属性栏中设置画笔的大小与形状，在图像中随意多次单击，制作雪花效果，如图 11.4.12 所示。

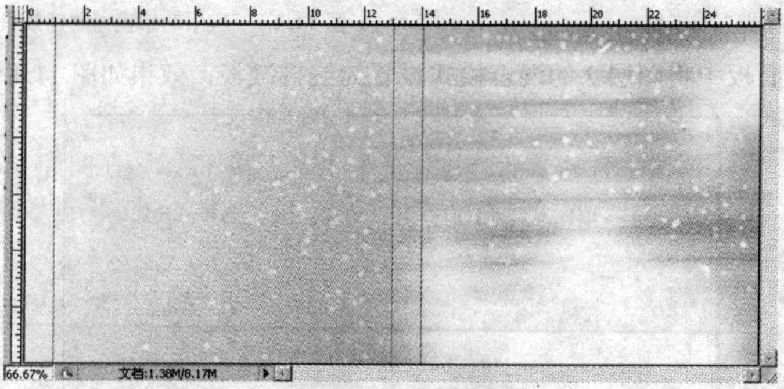

图 11.4.12　制作雪花效果

（13）按“Ctrl+O”键打开一幅图像文件，如图 11.4.13 所示。

（14）使用移动工具将打开的图像移至当前正在编辑的图像中，可生成图层 5，调整图像的大小与位置，如图 11.4.14 所示。

图 11.4.13　打开的图像

图 11.4.14　调整图像

（15）在图层面板底部单击“添加图层蒙版”按钮，可为图层 5 中的图像添加矢量蒙版，单击工具箱中的“渐变工具”按钮，在添加蒙版的图像上拖动鼠标，可为蒙版填充渐变，效果如图 11.4.15 所示。

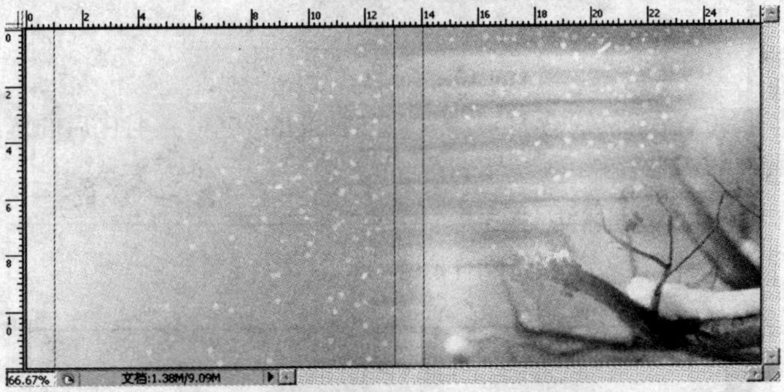

图 11.4.15 为蒙版填充渐变

（16）在图层面板中将图层 5 的图层混合模式设置为亮度，此时的图像效果如图 11.4.16 所示。

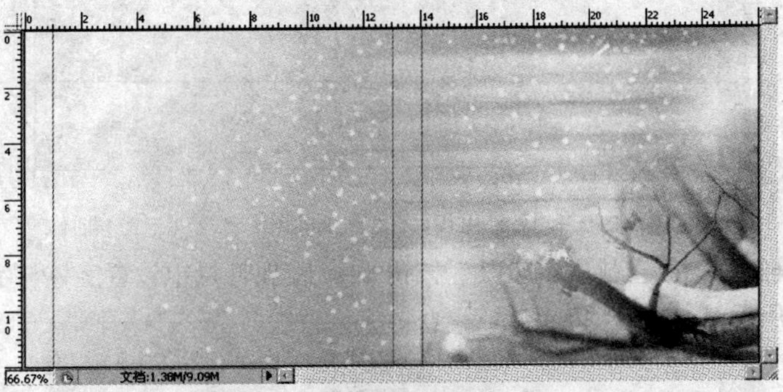

图 11.4.16 改变图层混合模式

（17）新建图层 6，单击工具箱中的“矩形选框工具”按钮，在图像中拖动鼠标绘制矩形选区，设置前景色为（C：50；M：40；Y：100；K：0），按“Alt+Delete”键填充选区，如图 11.4.17 所示。

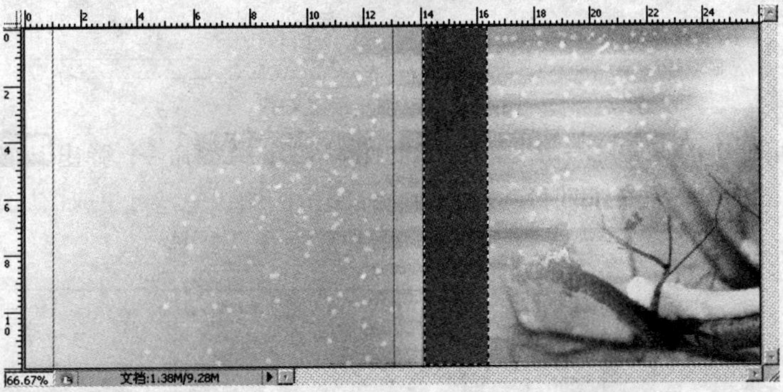

图 11.4.17 绘制选区并填充

（18）新建图层 7，再使用矩形选框工具绘制选区，并将其填充为（C：60；M：50；Y：100；K：0），如图 11.4.18 所示。

（19）取消选区，复制图层 7 为图层 7 副本，使用移动工具将图层 7 副本中的图像向左移动，如图 11.4.19 所示。

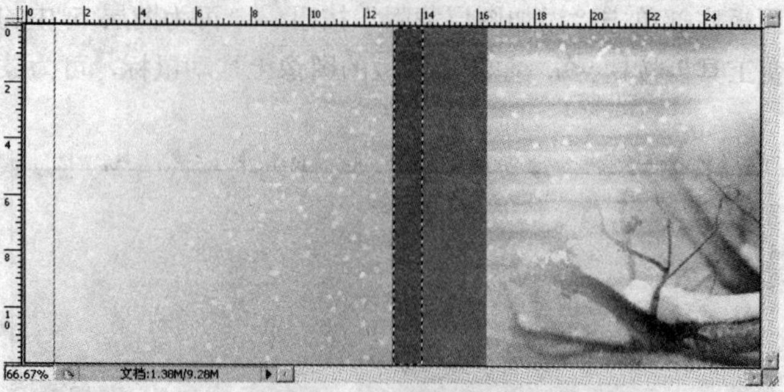

图 11.4.18　填充选区

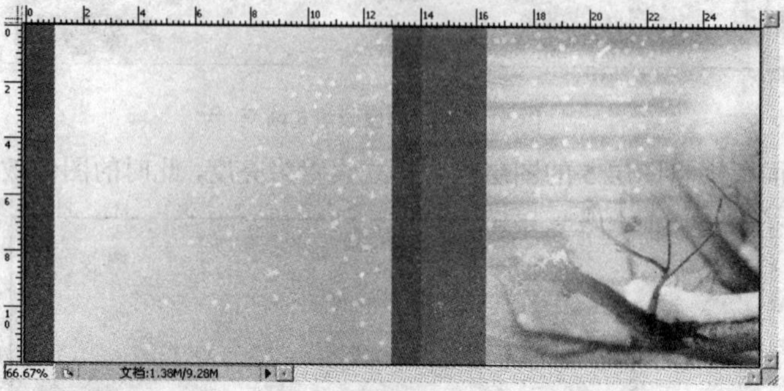

图 11.4.19　移动复制的图像

（20）单击工具箱中的“直排文字工具”按钮 T，在属性栏中设置字体与字号，在图像中输入文字，如图 11.4.20 所示。

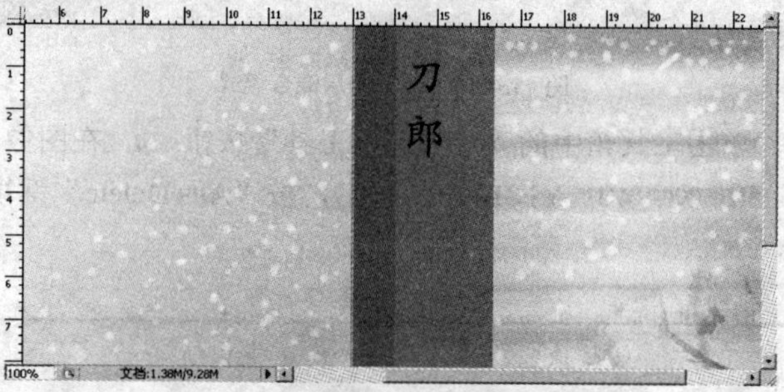

图 11.4.20　输入直排文字

（21）选择菜单栏中的 图层(L) → 图层样式(Y) → 描边(K)... 命令，弹出 图层样式 对话框，设置描边颜色为白色，设置其他参数如图 11.4.21 所示。

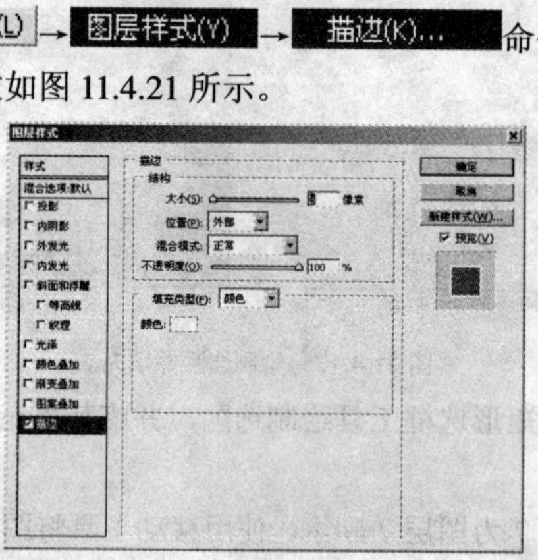

图 11.4.21　“图层样式”对话框

（22）单击 确定 按钮，可为输入的文字描边，效果如图 11.4.22 所示。

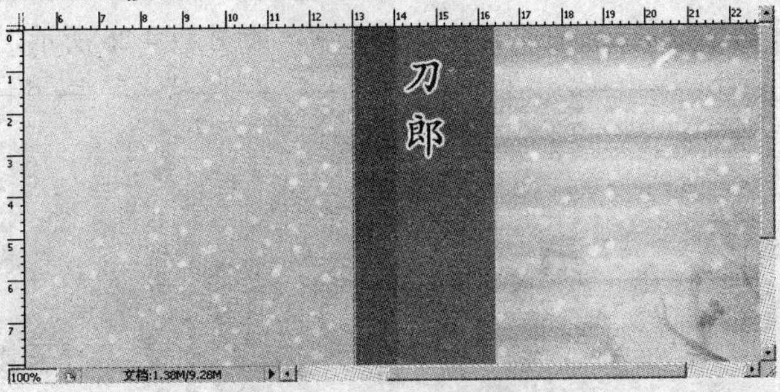

图 11.4.22　描边效果

（23）单击工具箱中的“直排文字工具”按钮，在属性栏中设置字体与字号，在图像中输入文字，如图 11.4.23 所示。

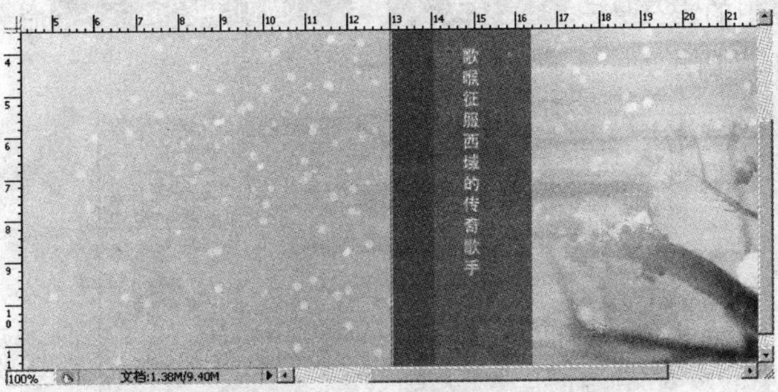

图 11.4.23　输入的文字

（24）新建图层 8，单击工具箱中的“直线工具”按钮，按住“Shift”键拖动鼠标在图像中绘制直线，如图 11.4.24 所示。

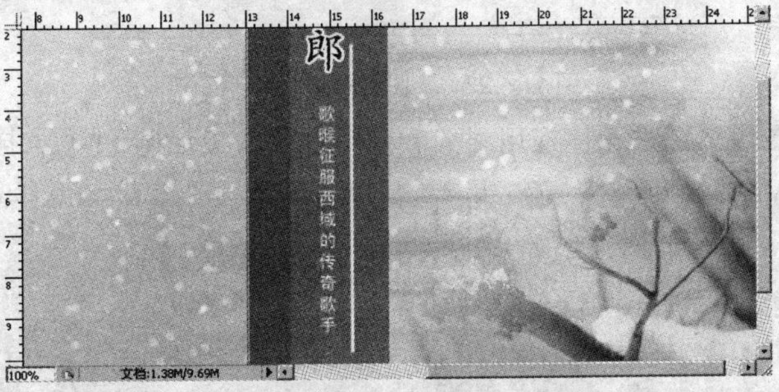

图 11.4.24　绘制白色直线

（25）使用直排文字工具在图像中输入黑色的文字，如图 11.4.25 所示。

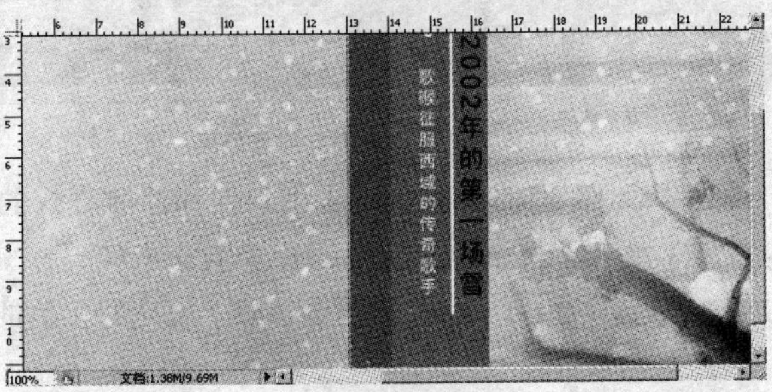

图 11.4.25　输入黑色文字

（26）设置前景色为（C：60；M：50；Y：100；K：0），单击工具箱中的“直排文字工具”按钮T，在属性栏中设置字体与字号，在图像中输入文字，如图 11.4.26 所示。

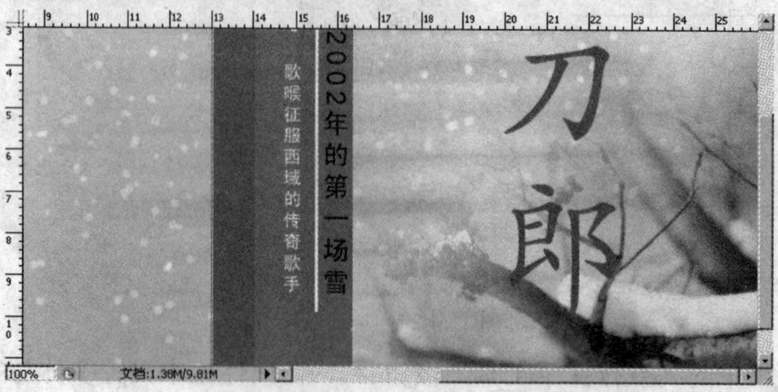

图 11.4.26　输入黄绿色的文字

（27）选择菜单栏中的 图层(L) → 图层样式(Y) → 斜面和浮雕(B)... 命令，弹出 图层样式 对话框，设置参数如图 11.4.27 所示。

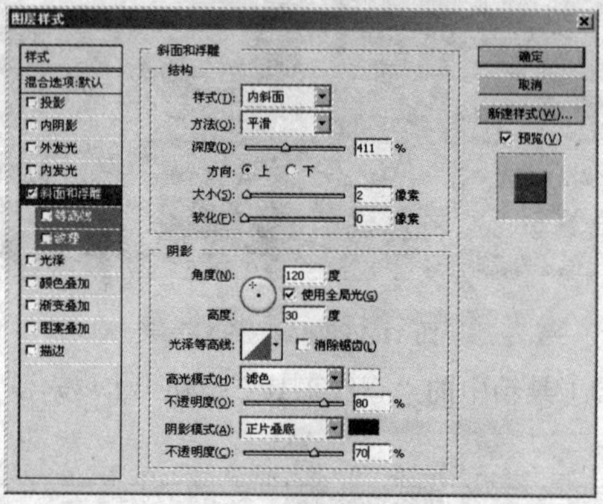

图 11.4.27　“图层样式”对话框

（28）单击 确定 按钮，应用斜面和浮雕样式效果如图 11.4.28 所示。

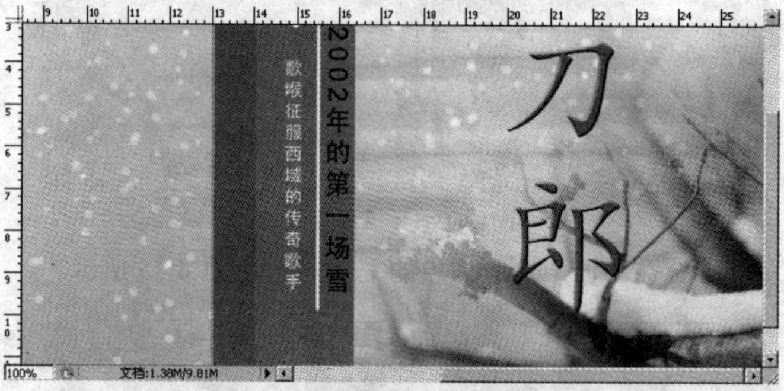

图 11.4.28　应用斜面和浮雕效果

（29）新建图层 9，按住“Ctrl”键的同时单击应用斜面和浮雕样式的文字图层的缩览图，载入其选区，按“Ctrl+Alt+D”键弹出 羽化选区 对话框，设置羽化半径为 5，单击 确定 按钮，可羽化选区，设置前景色为白色，按“Alt+Delete”键重复 4 次，填充羽化后的选区，效果如图 11.4.29 所示。

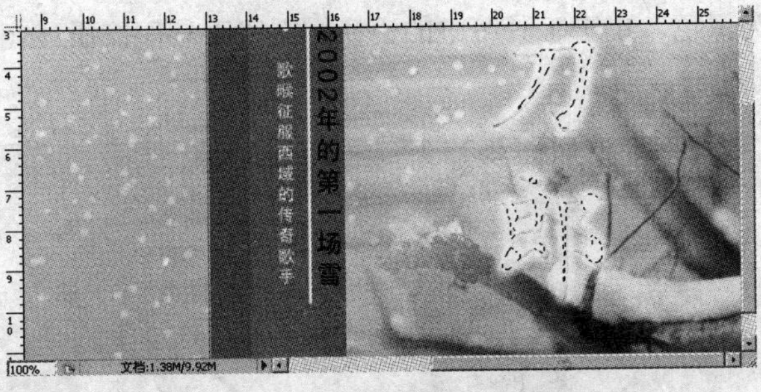

图 11.4.29　填充羽化后的选区

（30）按“Ctrl+D”键取消选区，将图层 9 移至应用斜面和浮雕样式的文字图层的下方，效果如图 11.4.30 所示。

图 11.4.30　调整图层顺序

（31）单击工具箱中的“横排文字工具”按钮 T，在属性栏中设置字体与字号，在图像中输入文字，选择菜单栏中的 图层(L) → 图层样式(Y) → 描边(K)... 命令，弹出 图层样式 对话框，设置描边颜色为（C：60；M：50；Y：100；K：0），设置其他参数如图 11.4.31 所示。

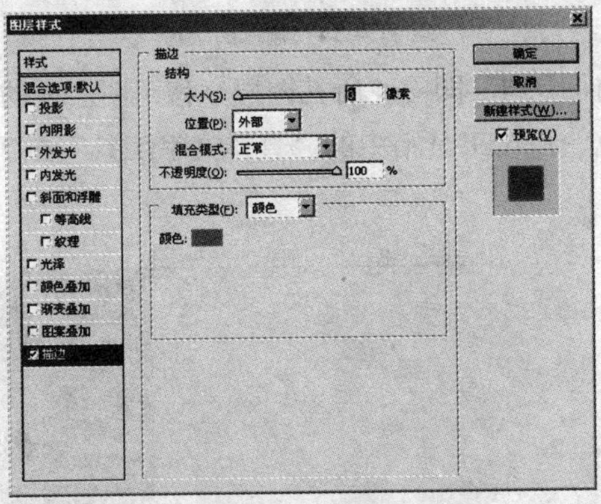

图 11.4.31　“图层样式”对话框

（32）单击 确定 按钮，描边后的文字效果如图 11.4.32 所示。

图 11.4.32　为文字描边后的效果

（33）设置前景色为黑色，单击工具箱中的“横排文字工具”按钮 T，在图像中输入文字，如图 11.4.33 所示。

图 11.4.33　输入文字

（34）单击工具箱中的“横排文字工具”按钮 T，在属性栏中设置字体与字号，在图像中输入如图 11.4.34 所示的字母。

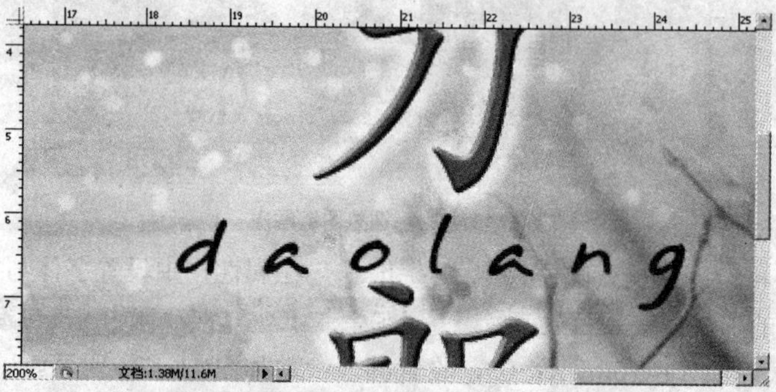

图 11.4.34　输入的字母

（35）在 图层 × 面板中将图层 4（即雪花所在图层）移至图层 9 的上方。

（36）设置前景色为白色，单击工具箱中的“直排文字工具”按钮 T，在图像中输入文字，如图 11.4.35 所示。

图 11.4.35　输入文字

（37）复制输入的白色文字，使用移动工具将其移至图像左侧的深绿色矩形条上，如图 11.4.36 所示。

图 11.4.36　复制文字并排放位置

（38）按“Ctrl+O”键打开一幅吉他图像文件，如图 11.4.37 所示。

（39）单击工具箱中的“魔棒工具”按钮，在吉他图像中的白色区域单击，可创建该区域的选区，反选选区，可选择吉他图像，使用移动工具将其移至光盘封套设计图像中，可生成图层 10，调整图像的大小与位置，如图 11.4.38 所示。

图 11.4.37　打开的图像

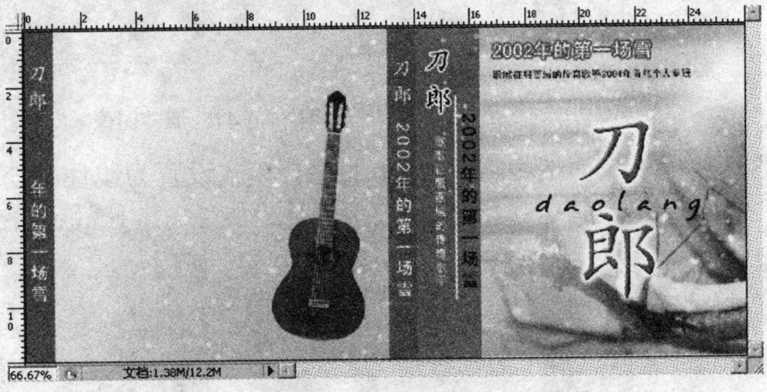

图 11.4.38　调整图像

（40）单击工具箱中的“钢笔工具”按钮，在图像中创建封闭的路径，如图 11.4.39 所示。

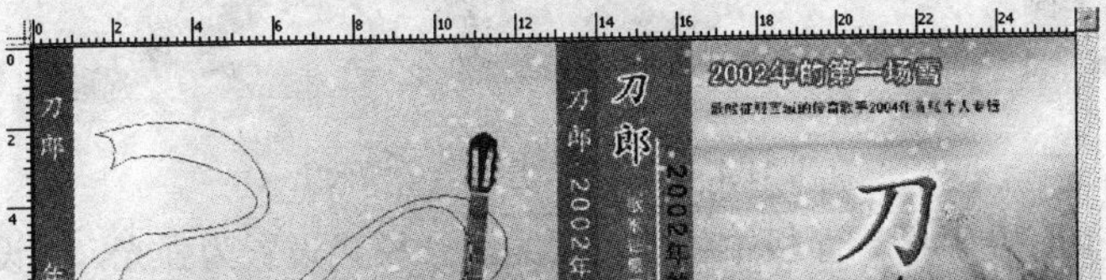

图 11.4.39　创建封闭的路径

（41）在路径面板底部单击“将路径作为选区载入”按钮，可将路径转换为选区，设置前景色为淡红色，背景色为深绿色，新建图层 11，单击工具箱中的“渐变工具”按钮，在属性栏中设置渐变颜色为前景色到背景色的渐变，设置渐变方式为对称，在选区中从上向下拖动鼠标，填充选区的渐变，效果如图 11.4.40 所示。

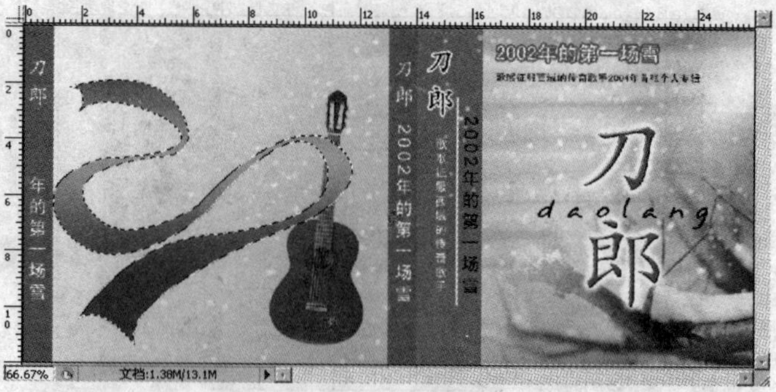

图 11.4.40　填充选区

（42）取消选区，调整图层 11 中图像的大小与位置，如图 11.4.41 所示。

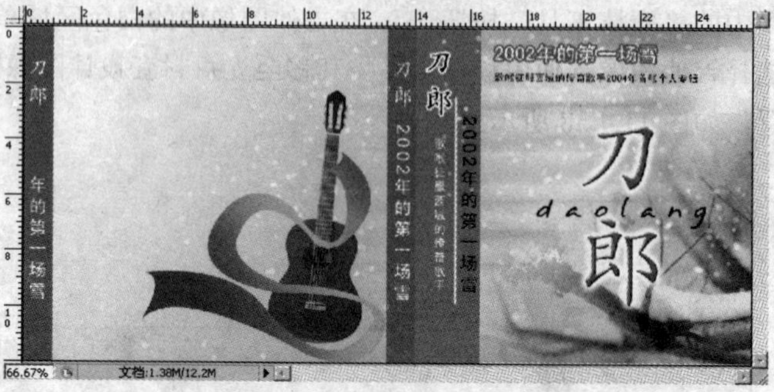

图 11.4.41　调整图像

（43）在 图层× 面板中将图层 11 的混合模式设置为线性减淡，效果如图 11.4.42 所示。

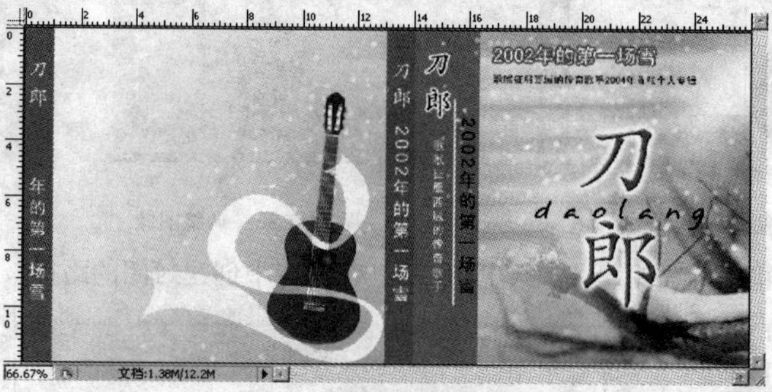

图 11.4.42　改变图层混合模式效果

（44）选择图层 10，在 图层× 面板中将该图层的混合模式设置为强光，并设置不透明度为 40%，效果如图 11.4.43 所示。

图 11.4.43　设置图层模式

（45）单击工具箱中的“横排文字工具”按钮T，在属性栏中设置字体与字号，在图像中的左上角输入歌词名称字样，如图 11.4.44 所示。

（46）再使用文字工具在歌词名称的右侧输入作词、作曲人的名称，如图 11.4.45 所示。

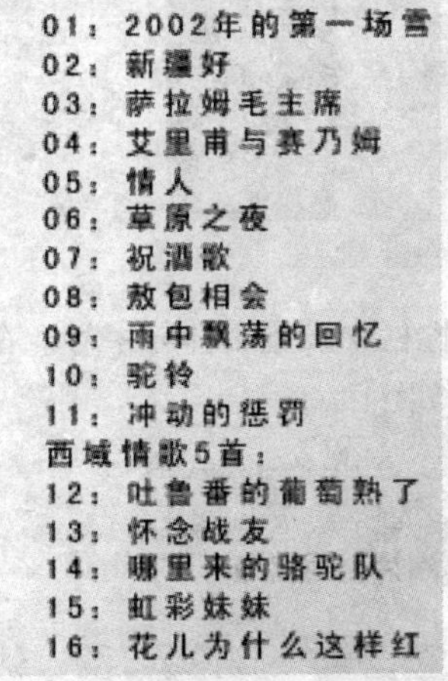

图 11.4.44 输入歌词名称

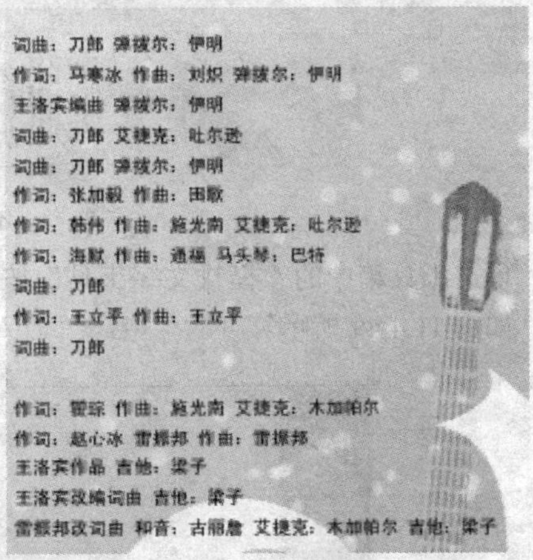

图 11.4.45 输入作词、作曲人的名称

（47）新建图层 12，单击工具箱中的“直线工具”按钮，在属性栏中设置直线的粗细，在图像中绘制两条直线，如图 11.4.46 所示。

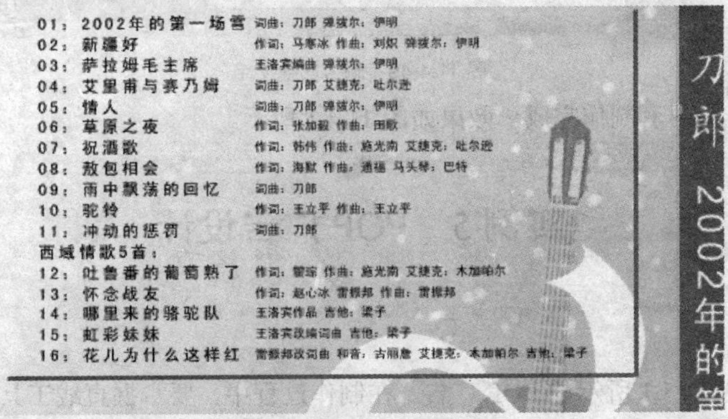

图 11.4.46 绘制直线

（48）单击工具箱中的“横排文字工具”按钮T，在图像中输入音像公司名称字样，如图 11.4.47 所示。

图 11.4.47 输入音像公司名称

（49）按“Ctrl+O”键打开一幅条形码图像，使用移动工具将其移至当前正在编辑的图像文件中，可生成图层 13，调整图像的大小，如图 11.4.48 所示。

图 11.4.48　调整图像

（50）单击工具箱中的“横排文字工具”按钮，在属性栏中设置字体与字号，在图像中输入其他文字，如图 11.4.49 所示。

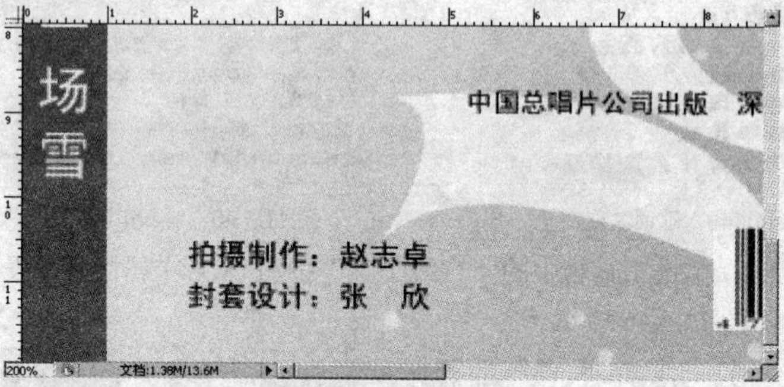

图 11.4.49　输入其他文字

（51）至此，光盘封套制作完成，效果如图 11.4.1 所示。

实例 5　POP 广告设计

1．实例说明

本例将设计如图 11.5.1 所示的 POP 广告。在制作过程中，要掌握直线工具、选框工具的灵活运用。使用直线工具、渐变工具、钢笔工具制作图像的背景效果。

图 11.5.1　效果图

2. 创作步骤

（1）按“Ctrl+N”键，弹出**新建**对话框，设置参数如图 11.5.2 所示。

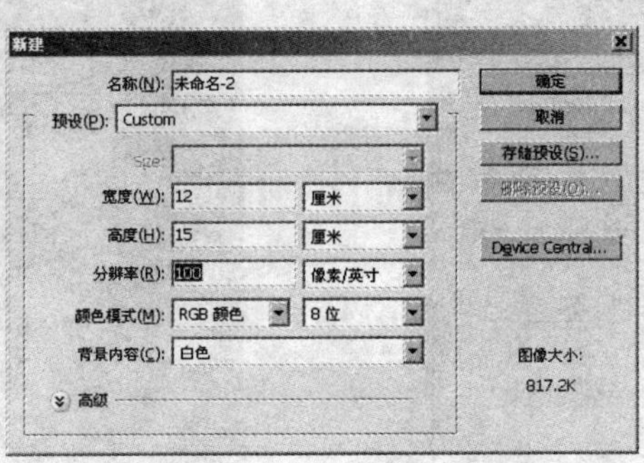

图 11.5.2　“新建”对话框

（2）单击 确定 按钮，可新建一个图像文件。

（3）设置前景色为红色，背景色为黄色，新建图层 1，单击工具箱中的“渐变工具”按钮，在属性栏中设置参数如图 11.5.3 所示。

图 11.5.3　渐变工具属性栏

（4）在图像中从上向下拖动鼠标，填充红色到黄色的渐变，效果如图 11.5.4 所示。

（5）单击工具箱中的“钢笔工具”按钮，在图像中拖动鼠标绘制封闭的路径，如图 11.5.5 所示。

图 11.5.4　填充渐变

图 11.5.5　绘制路径

（6）在 路径 面板底部单击“将路径作为选区载入”按钮，可将路径转换为选区，按“Delete”键删除选区内的图像，如图 11.5.6 所示。

（7）按“Ctrl+D”键取消选区，新建图层 2，设置前景色为黄色，单击工具箱中的“直线工具”按钮，在属性栏中设置线的粗细，在图像的右侧拖动鼠标创建直线，如图 11.5.7 所示。

（8）选择图层 2，打开 动作 面板，在面板底部单击“创建新动作”按钮，再单击“开始记录”按钮，返回到 图层 面板，复制图层 2 得到图层 2 副本，按键盘上的方向键“←”10 次，可将直线向左移动 10 像素。

图 11.5.6　删除选区内的图像

图 11.5.7　绘制黄色直线

（9）在动作面板底部单击“停止记录”按钮，再单击“播放选定的动作”按钮多次，可执行所做的动作，效果如图 11.5.8 所示，完成后将图层 2 的所有副本图层都与图层 2 合并，得到图层 2。

（10）选择图层 2，在图层面板底部单击“添加图层蒙版”按钮，可为该图层中的图像添加蒙版，单击工具箱中的“渐变工具”按钮，在图像中从上向下拖动鼠标，可为蒙版填充渐变效果，如图 11.5.9 所示。

图 11.5.8　执行动作操作后的效果

图 11.5.9　为蒙版填充渐变

（11）新建图层 3，设置前景色为白色，单击工具箱中的“画笔工具”按钮，在属性栏中设置画笔的大小与形状，在图像中单击多次，制作白点（即星星）效果，如图 11.5.10 所示。

（12）新建图层 4，单击工具箱中的“椭圆选框工具”按钮，按住“Shift”键的同时在图像中拖动鼠标绘制正圆选区，如图 11.5.11 所示。

（13）设置前景色为黄色，按“Alt+Delete”键填充选区，如图 11.5.12 所示。

图 11.5.10 绘制白点效果

图 11.5.11 绘制正圆选区

（14）保持选区状态，按“Ctrl+Alt+D”键弹出羽化选区对话框，设置参数如图 11.5.13 所示。

图 11.5.12 填充选区

图 11.5.13 “羽化选区”对话框

（15）单击确定按钮，羽化选区，在图层 4 之下新建图层 5，设置前景色为黄色，按“Alt+Delete”键填充羽化选区，按“Ctrl+D”键取消选区，如图 11.5.14 所示。

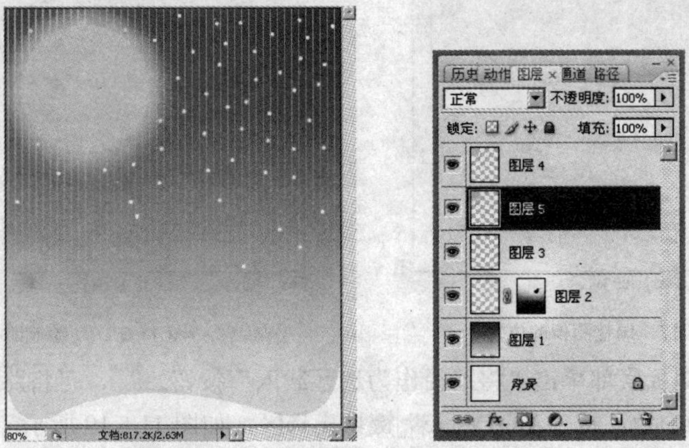

图 11.5.14 填充羽化选区

（16）新建图层 6，单击工具箱中的“套索工具”按钮，在图像中拖动鼠标绘制如图 11.5.15

所示的选区。

（17）设置前景色为（C：20；M：15；Y：90；K：0），按“Alt+Delete”键填充选区，如图 11.5.16 所示。

图 11.5.15　绘制选区

图 11.5.16　填充选区

（18）取消选区，将图层 6 的不透明度设置为 60%，按住“Shift”键的同时选择图层 4、图层 5 和图层 6，使用移动工具将所选图层中的图像移至图像的左上角，如图 11.5.17 所示。

（19）单击工具箱中的“钢笔工具”按钮，在图像中拖动鼠标绘制封闭的路径，如图 11.5.18 所示。

图 11.5.17　调整图像的位置

图 11.5.18　绘制路径

（20）在 路径× 面板底部单击“将路径作为选区载入”按钮，可将路径转换为选区，新建图层 7，设置前景色为白色，按“Alt+Delete”键填充选区，如图 11.5.19 所示。

（21）取消选区，选择菜单栏中的 图层(L) → 图层样式(Y) → 内阴影(I)... 命令，弹出 图层样式 对话框，设置参数如图 11.5.20 所示。

图 11.5.19 填充选区

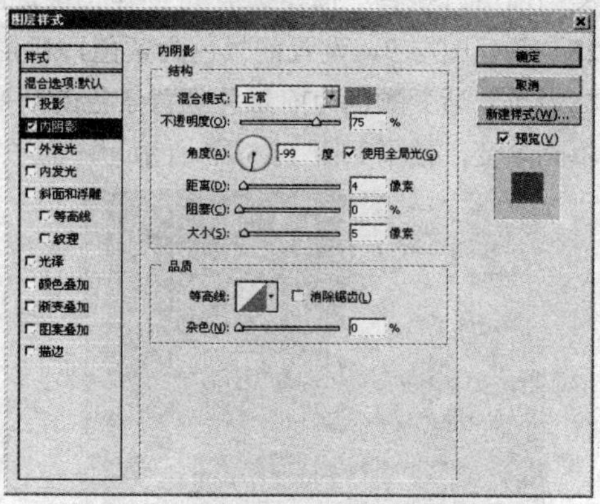

图 11.5.20 “图层样式”对话框

（22）单击 确定 按钮，为图像添加内阴影效果，如图 11.5.21 所示。

（23）按“Ctrl+O”键打开一幅礼品图像文件，如图 11.5.22 所示。

图 11.5.21 添加内阴影效果

图 11.5.22 打开的图像

（24）使用魔棒工具在礼品图像中的白色区域单击，可创建该区域的选区，按“Shift+Ctrl+I”键反选选区，可选择礼品图像区域的选区，使用移动工具将所选区域的图像移至 POP 广告图像文件中，可生成图层 8，调整图像的大小与位置，如图 11.5.23 所示。

图 11.5.23 调整图像

（25）单击工具箱中“横排文字蒙版工具”按钮，在图像中输入文字“辉煌”，在属性栏中单击“提交当前所有编辑”按钮，可创建文字选区，如图 11.5.24 所示。

（26）新建图层 9，设置前景色为紫色，背景色为黄色，单击工具箱中的“渐变工具”按钮，在属性栏中设置渐变颜色为前景色到背景色的渐变，设置渐变方式为线性，在文字选区内从上向下拖动鼠标填充渐变，效果如图 11.5.25 所示。

图 11.5.24　创建文字选区

图 11.5.25　填充渐变

（27）选择菜单栏中的编辑(E)→描边(S)...命令，弹出描边对话框，设置参数如图 11.5.26 所示。

（28）单击确定按钮，描边效果如图 11.5.27 所示。

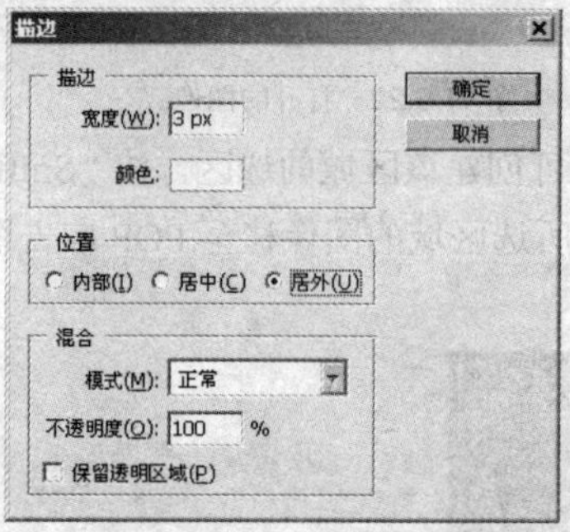

图 11.5.26　“描边”对话框

图 11.5.27　描边效果

（29）按“Ctrl+D”键取消选区，单击工具箱中的“横排文字工具”按钮，在属性栏中设置字体与字号，如图 11.5.28 所示。

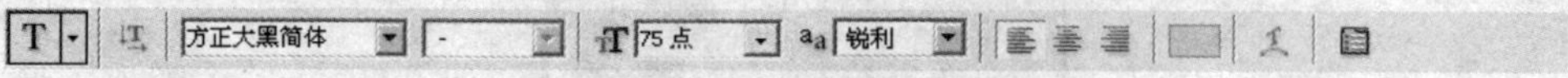

图 11.5.28　文字工具属性栏

（30）在图像中输入数字“3”，如图 11.5.29 所示。

（31）选择菜单栏中的图层(L)→图层样式(Y)→斜面和浮雕(B)...命令，弹出图层样式对话框，设置参数如图 11.5.30 所示。

图 11.5.29　输入数字

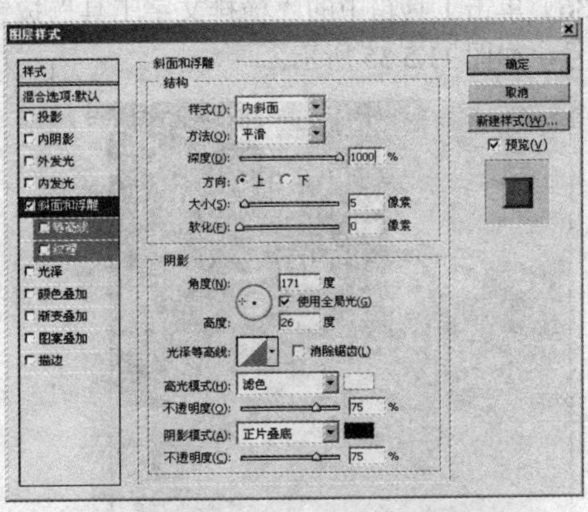

图 11.5.30　“图层样式”对话框

（32）单击 确定 按钮，可为文字添加图层样式效果，如图 11.5.31 所示。

（33）单击工具箱中的“横排文字工具”按钮 T，在属性栏中设置字体与字号，在图像中输入文字“周年”，如图 11.5.32 所示。

图 11.5.31　添加图层样式效果

图 11.5.32　输入文字

（34）选择菜单栏中的 图层(L) → 图层样式(Y) → 描边(K)... 命令，弹出 图层样式 对话框，设置参数如图 11.5.33 所示。

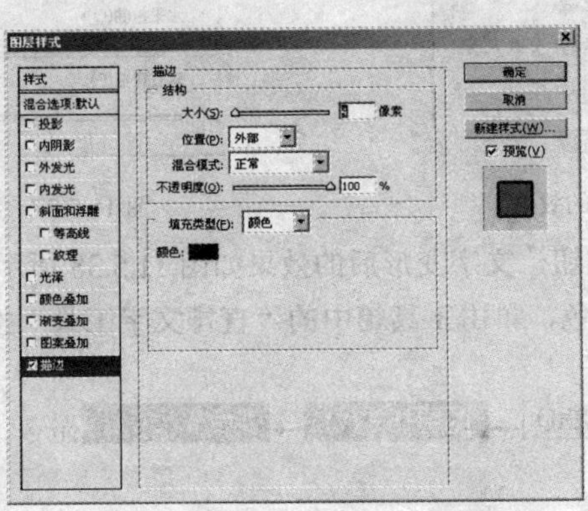

图 11.5.33　“图层样式”对话框

（35）单击 确定 按钮，应用描边样式后的效果如图 11.5.34 所示。

（36）单击工具箱中的“横排文字工具”按钮 T，在图像中输入文字，并改变文字的颜色、字体、字号，如图 11.5.35 所示。

图 11.5.34　应用描边后的效果

图 11.5.35　输入文字并改变其属性

（37）选择菜单栏中的 图层(L) → 图层样式(Y) → 描边(K)... 命令，弹出 图层样式 对话框，设置描边颜色为白色，设置描边粗细为 4，单击 确定 按钮，描边后的效果如图 11.5.36 所示。

（38）在文字工具属性栏中单击“创建文字变形”按钮，弹出 变形文字 对话框，设置参数如图 11.5.37 所示。

图 11.5.36　描边后的效果

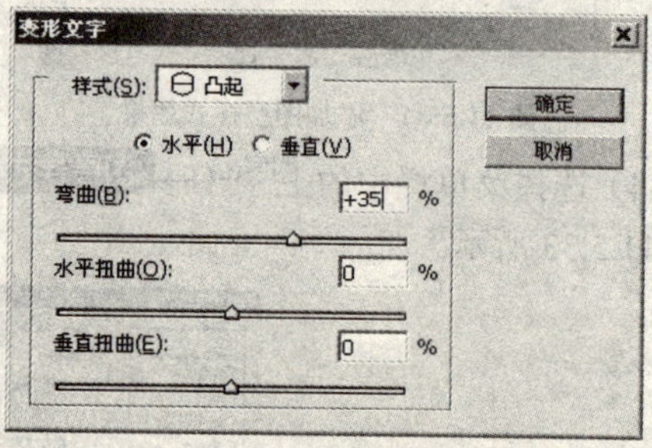

图 11.5.37　“变形文字”对话框

（39）单击 确定 按钮，文字变形后的效果如图 11.5.38 所示。

（40）设置前景色为深红色，单击工具箱中的“直排文字工具”按钮 T，在属性栏中设置字体与字号，在图像中输入文字。

（41）选择菜单栏中的 图层(L) → 图层样式(Y) → 外发光(O)... 命令，弹出 图层样式 对话框，设置参数如图 11.5.39 所示。

图 11.5.38 文字变形效果

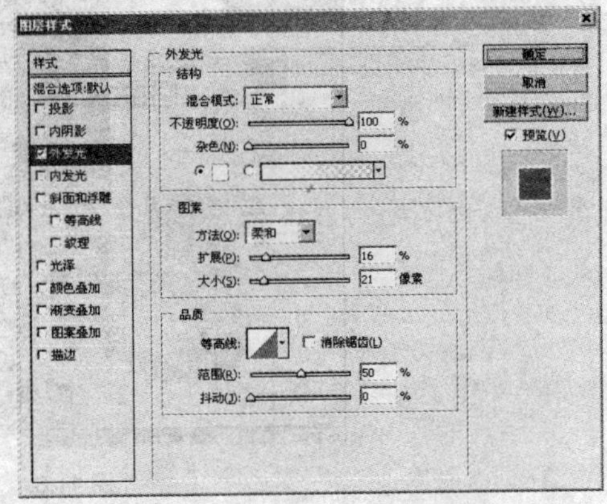

图 11.5.39 “图层样式”对话框

（42）单击确定按钮，应用外发光样式后的效果如图 11.5.40 所示。

（43）单击工具箱中的“直排文字工具”按钮，输入“贝贝家服装城”，并在属性栏中设置其字体、大小、颜色。

（44）新建图层 10，单击工具箱中的“矩形选框工具”按钮，在图像的上部拖动鼠标绘制矩形选区，如图 11.5.41 所示。

图 11.5.40 应用外发光效果

图 11.5.41 绘制选区

（45）设置前景色为深红色，按“Alt+Delete”键填充选区，完成后取消选区。至此，POP 广告制作完成，效果如图 11.5.1 所示。

实例 6 画册编排设计

1．实例说明

本例将设计如图 11.6.1 所示的画册。在制作过程中，要掌握图层混合模式与变换功能应用。使用多边形工具、椭圆工具、椭圆选框工具、矩形选框工具制作画册的背景效果。使用文字工具在图像中添加产品的说明信息。

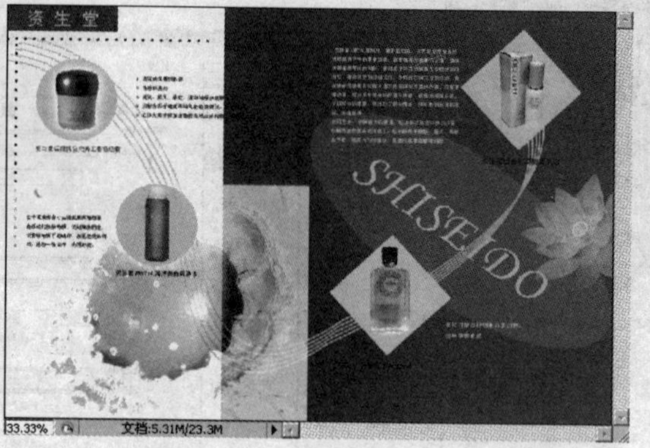

图 11.6.1　效果图

2．创作步骤

（1）按“Ctrl+N”键，弹出新建对话框，设置参数如图 11.6.2 所示。

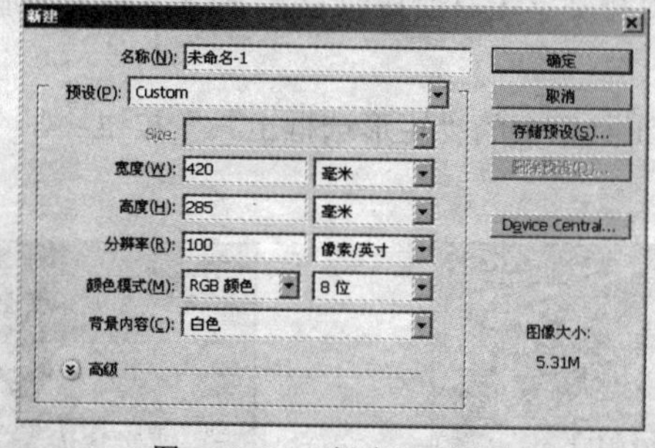

图 11.6.2　“新建”对话框

（2）单击确定按钮，可新建一个图像文件。

（3）按“Ctrl+R”键打开标尺，沿垂直标尺拖曳出一条辅助线，如图 11.6.3 所示。

（4）新建图层 1，单击工具箱中的“矩形选框工具”按钮，在图像中创建选区，设置前景色为红色（C：30；M：100；Y：30；K：0），按“Alt+Delete”键填充选区，如图 11.6.4 所示。

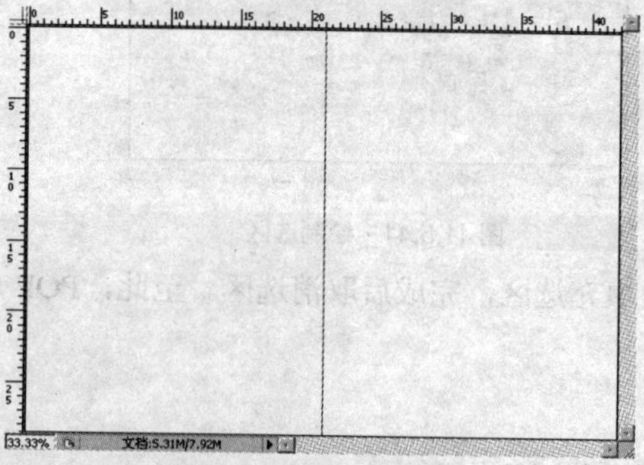

图 11.6.3　创建辅助线

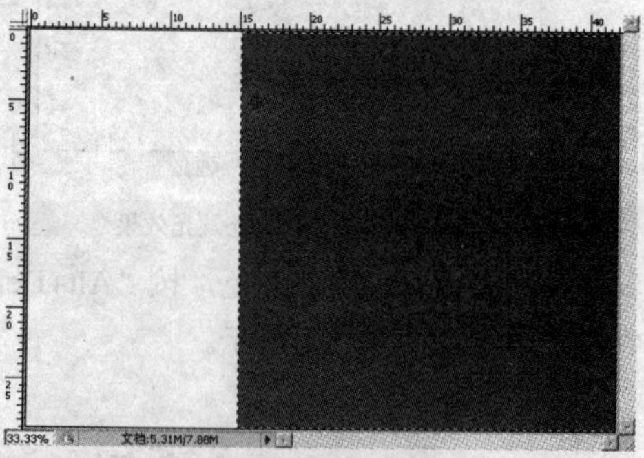

图 11.6.4　创建并填充选区

（5）按“Ctrl+D”键取消选区，新建图层 2，单击工具箱中的“矩形选框工具”按钮，在图像的左上角创建选区，并将其填充为红色，如图 11.6.5 所示。

（6）取消选区，新建图层 3，单击工具箱中的“直线工具”按钮，在属性栏中单击“路径”按钮，在图像中拖动鼠标创建路径，如图 11.6.6 所示。

图 11.6.5　填充选区

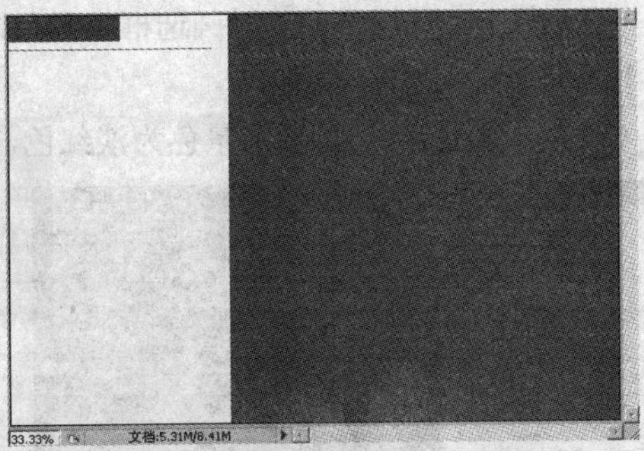

图 11.6.6　创建路径

（7）设置前景色为黑色，单击工具箱中的“画笔工具”按钮，在属性栏中单击“切换画笔面板”按钮，可打开画笔面板，设置参数如图 11.6.7 所示。

（8）在路径面板底部单击“用画笔描边路径”按钮，可为直线路径描边，然后隐藏路径，描边后的效果如图 11.6.8 所示。

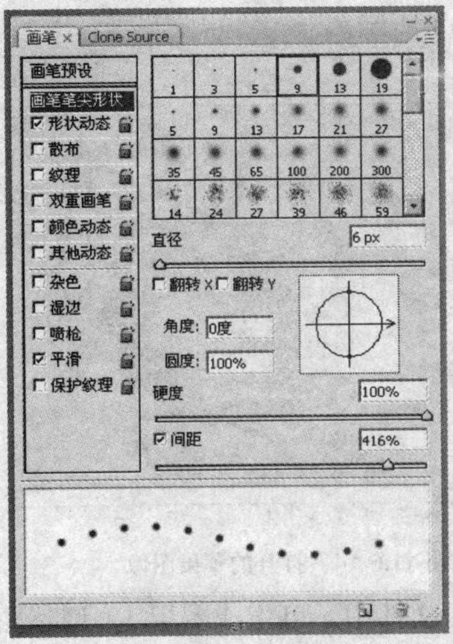

图 11.6.7　画笔面板

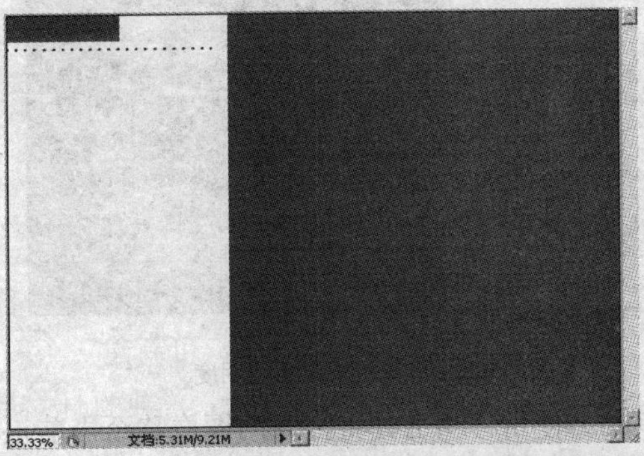

图 11.6.8　为路径描边

（9）复制图层 3 得到图层 3 副本，选择菜单栏中的编辑(E)→变换→旋转 90 度(顺时针)(9)命令，可旋转复制的图像，使用移动工具将其移至图像的左边，效果如图 11.6.9 所示。

（10）单击工具箱中的“横排文字工具”按钮，在属性栏中设置字体与字号，在图像中输入文字，如图 11.6.10 所示。

图 11.6.9　旋转复制的图像

图 11.6.10　输入文字

（11）单击工具箱中的“椭圆选框工具”按钮，在图像中创建选区，并将其旋转一定的角度，如图 11.6.11 所示。

（12）新建图层 4，设置前景色为淡红色，按“Alt+Delete”键填充选区，效果如图 11.6.12 所示。

图 11.6.11　绘制选区并旋转

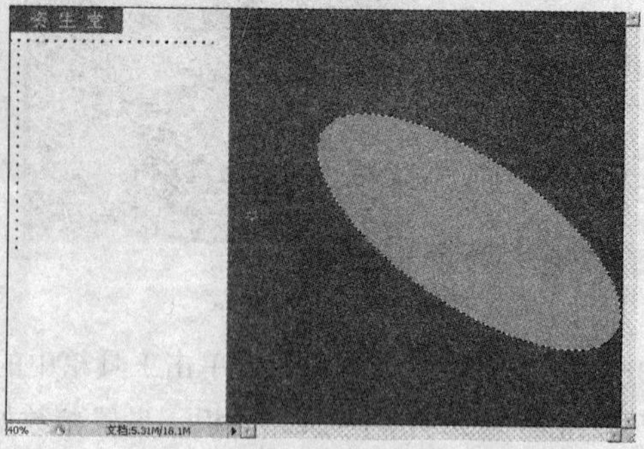

图 11.6.12　填充选区

（13）按“Ctrl+D”键取消选区，将图层 4 的不透明度设置为 30%，效果如图 11.6.13 所示。

（14）按“Ctrl+O”键打开一幅苹果图像文件，如图 11.6.14 所示。

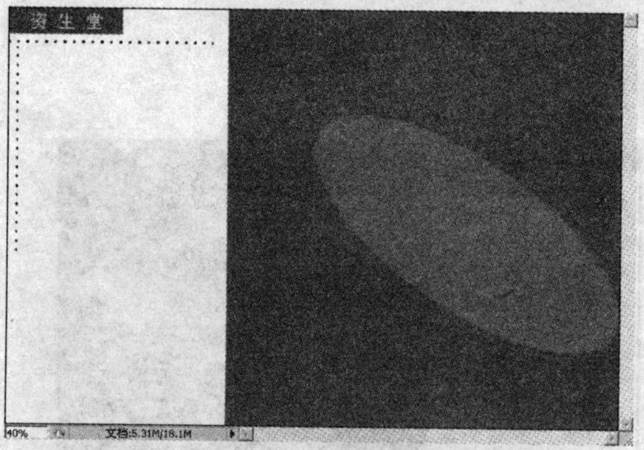

图 11.6.13　设置图层不透明度

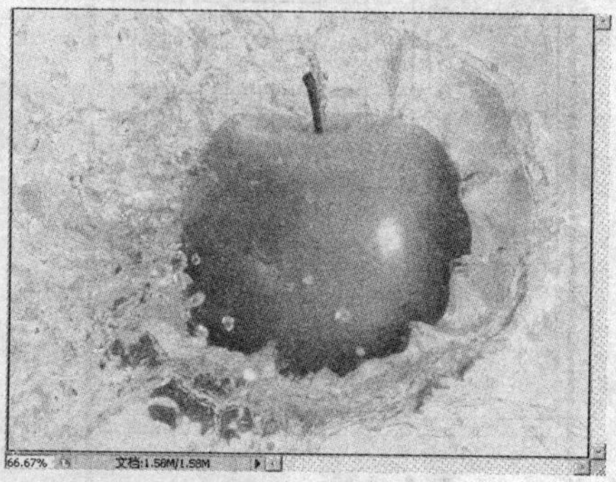

图 11.6.14　打开的苹果图像

（15）使用移动工具将打开的图像移至当前正在编辑的图像文件中，可生成图层 5，调整图像的大小与位置，如图 11.6.15 所示。

（16）将图层 5 的混合模式设置为点光，此时的图像效果如图 11.6.16 所示。

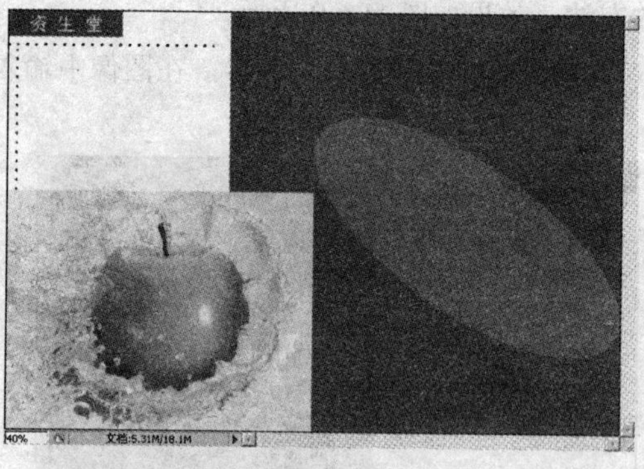

图 11.6.15　调整图像

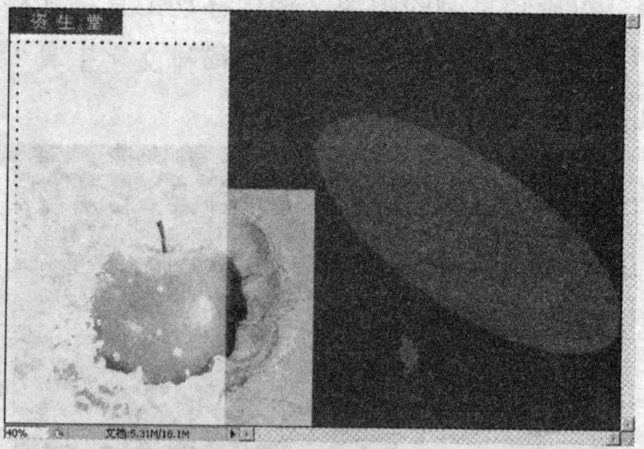

图 11.6.16　改变图层混合模式

（17）新建图层 6，单击工具箱中的“多边形工具”按钮，在属性栏中设置参数，如图 11.6.17 所示。

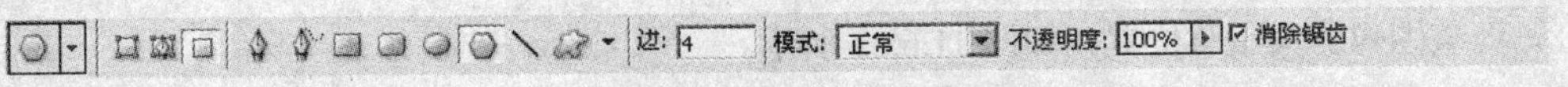

图 11.6.17　多边形工具属性栏

（18）设置前景色为淡红色，按住鼠标左键拖动，在图像中创建多边形，如图 11.6.18 所示。

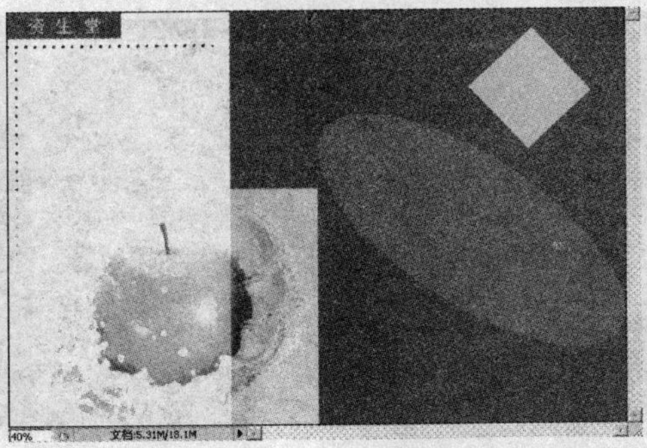

图 11.6.18　创建多边形图像

（19）按“Ctrl+O”键打开一幅化妆品图像文件，使用移动工具将其移至当前正在编辑的图像文件中，可生成图层 7，调整图像的大小与位置，如图 11.6.19 所示。

（20）设置前景色为黑色，单击工具箱中的“横排文字工具”按钮 T，在属性栏中设置字体与字号，在图像中输入化妆品名称字样，如图 11.6.20 所示。

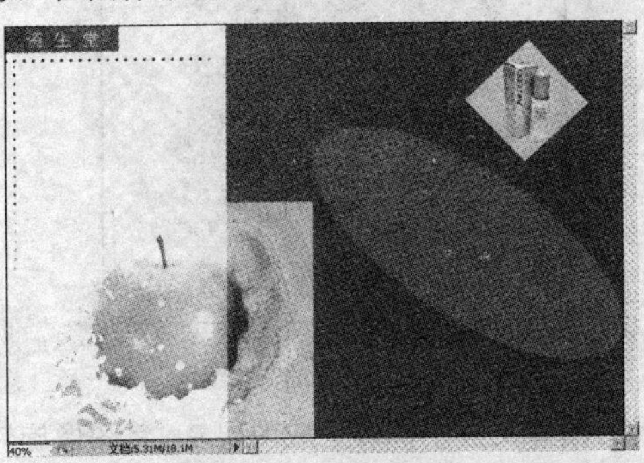

图 11.6.19　调整图像

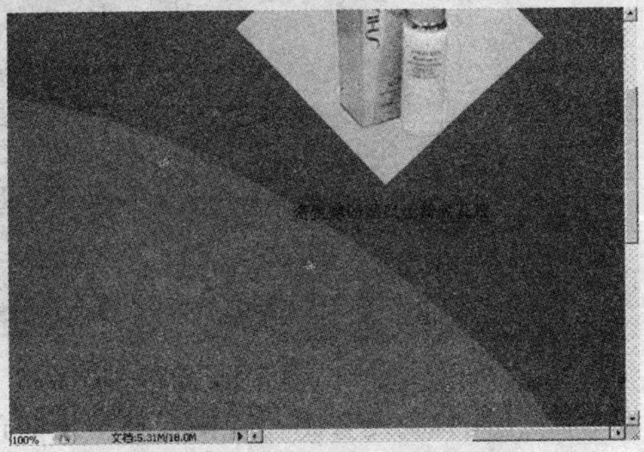

图 11.6.20　输入化妆品名称

（21）设置前景色为白色，再使用文字工具在图像中输入化妆品的说明文字，如图 11.6.21 所示。

（22）复制图层 6 为图层 6 副本，使用移动工具将图层 6 副本中的图像移至适当位置，如图 11.6.22 所示。

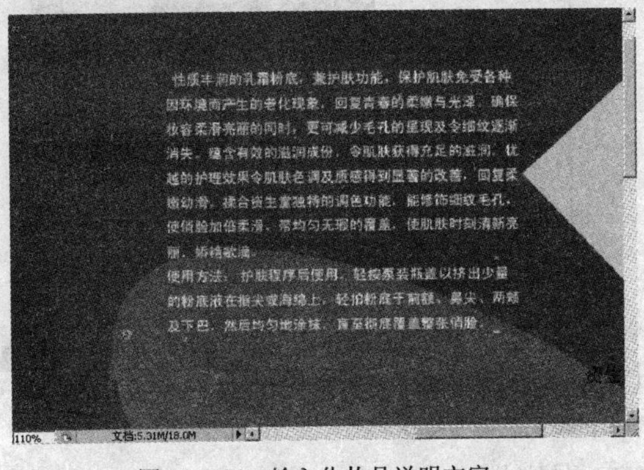

图 11.6.21　输入化妆品说明文字

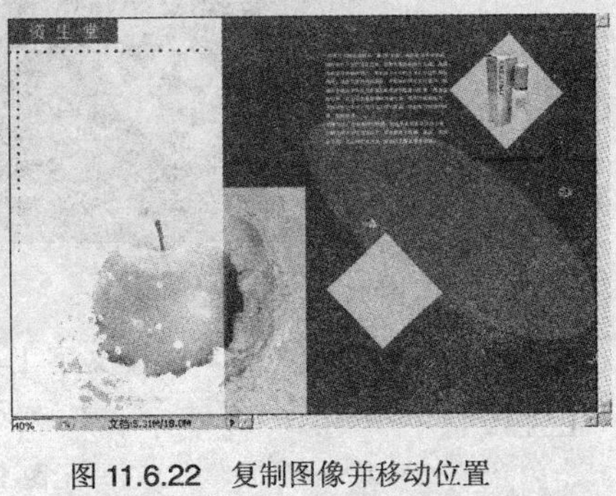

图 11.6.22　复制图像并移动位置

（23）打开一幅化妆品 1 图像文件，使用移动工具将其移至当前正在编辑的图像文件中，可生成图层 8，调整图像的大小与位置，如图 11.6.23 所示。

（24）设置前景色为黑色，单击工具箱中的“横排文字工具”按钮 T，在图像中输入化妆品 1 的名称，如图 11.6.24 所示。

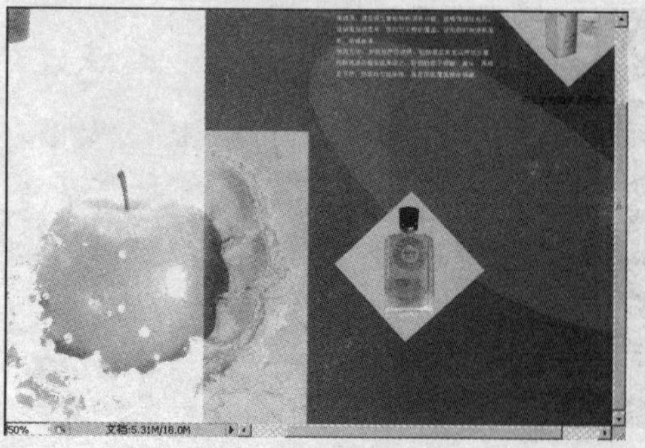

图 11.6.23　调整图像

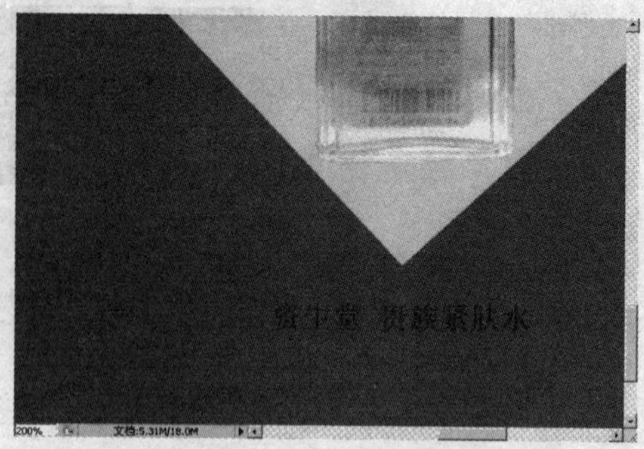

图 11.6.24　输入化妆品名称

（25）设置前景色为白色，使用文字工具在图像中输入化妆品说明文字，如图 11.6.25 所示。

（26）打开一幅荷花图像文件，如图 11.6.26 所示。

图 11.6.25　输入化妆品说明文字

图 11.6.26　打开的荷花图像

（27）使用移动工具将荷花图像移至当前正在编辑的图像文件中，可生成图层 9，将图像旋转一定的角度，并调整大小与位置，如图 11.6.27 所示。

（28）将图层 9 的混合模式设置为亮度，如图 11.6.28 所示。

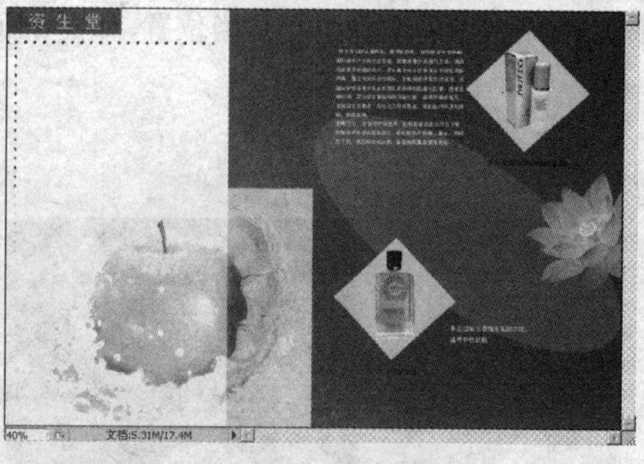

图 11.6.27　调整图像

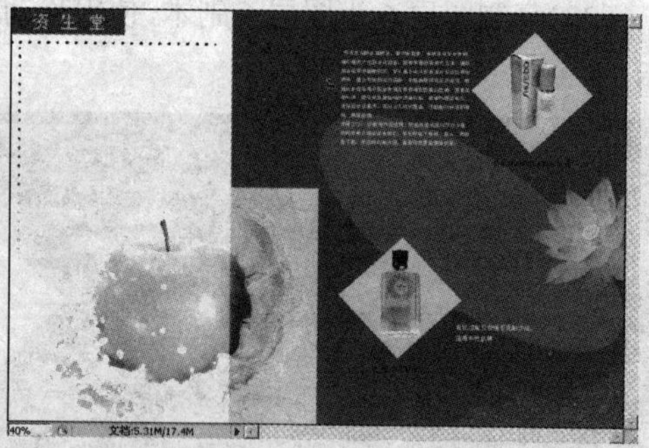

图 11.6.28　调整图像的模式

（29）单击工具箱中的“横排文字工具”按钮 T，在属性栏中设置参数如图 11.6.29 所示。

图 11.6.29　文字工具属性栏

（30）在图像中输入字母，如图 11.6.30 所示。

（31）按“Ctrl+T”键为字母添加变换框，用鼠标拖动变换框上的控制点，可旋转字母，至适当位置后，按回车键确认变换操作，如图 11.6.31 所示。

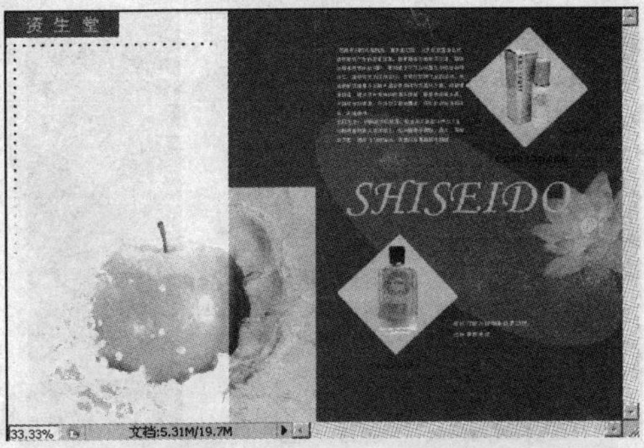

图 11.6.30　输入字母

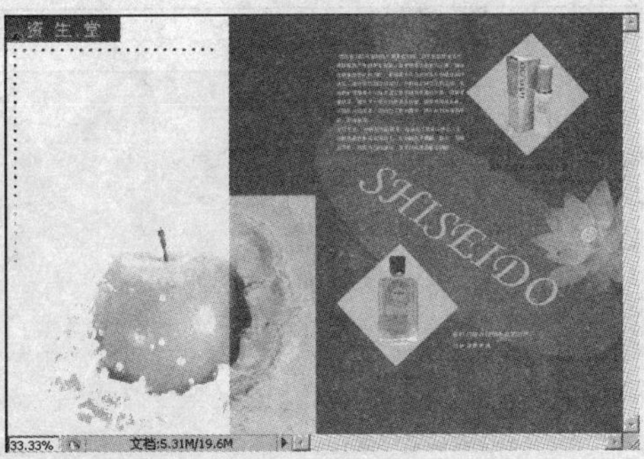

图 11.6.31　变换图像

（32）新建图层 10，单击工具箱中的“椭圆工具”按钮，在属性栏中单击“填充像素”按钮，在图像中拖动鼠标创建椭圆图像，如图 11.6.32 所示。

（33）打开一幅化妆品 2 图像文件，使用移动工具将其移至当前正在编辑的图像文件中，可生成图层 11，调整图像的大小与位置，如图 11.6.33 所示。

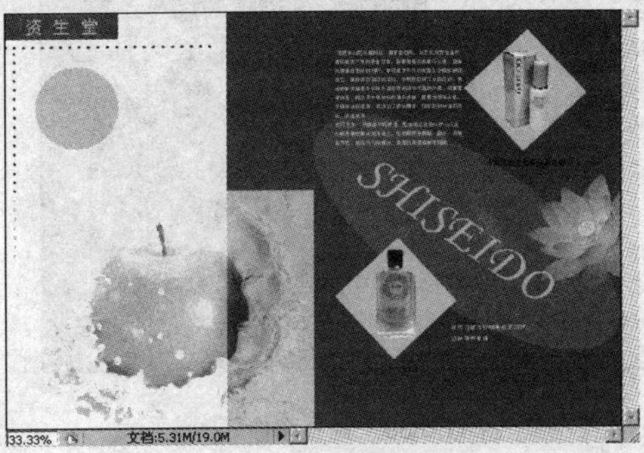

图 11.6.32　创建椭圆图像

图 11.6.33　调整图像

（34）在图层 11 上单击鼠标左键，弹出**图层样式**对话框，在左侧选中☑外发光复选框，在对话框右侧设置该选项的参数，如图 11.6.34 所示。

（35）单击 确定 按钮，可为图像添加外发光效果，如图 11.6.35 所示。

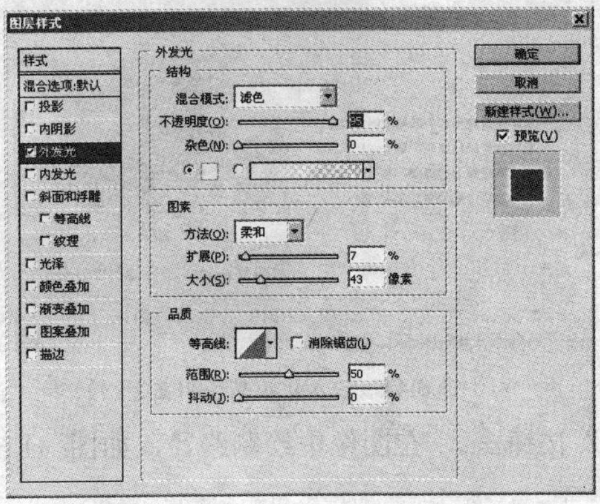

图 11.6.34　“图层样式”对话框

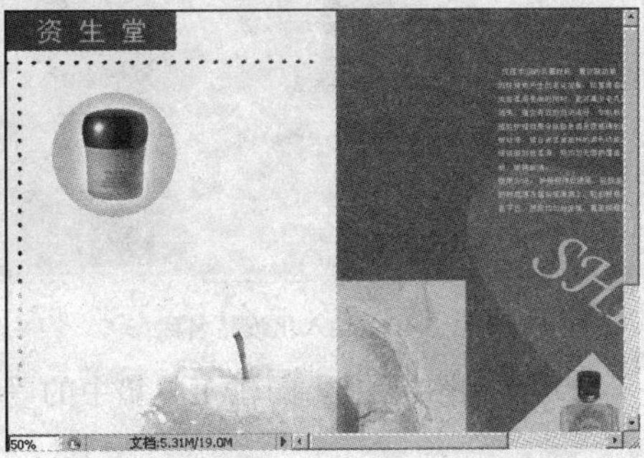

图 11.6.35　添加外发光效果

（36）单击工具箱中的“横排文字工具”按钮 T，在图像中输入化妆品名称字样，如图 11.6.36

所示。

（37）使用文字工具在图像中输入文字，如图 11.6.37 所示。

图 11.6.36　输入化妆品名称

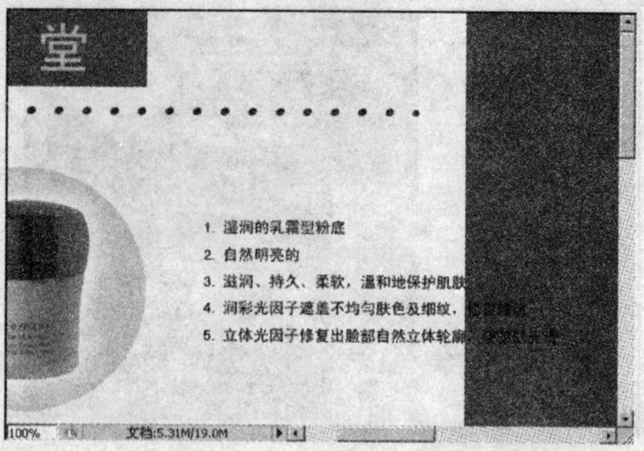

图 11.6.37　输入商品的说明

（38）复制图层 10 为图层 10 副本，使用移动工具将复制的图像移至适当位置，如图 11.6.38 所示。

（39）打开一幅化妆品 3 图像文件，使用移动工具将其移至当前正在编辑的图像文件中，可生成图层 12，调整图像的大小与位置，如图 11.6.39 所示。

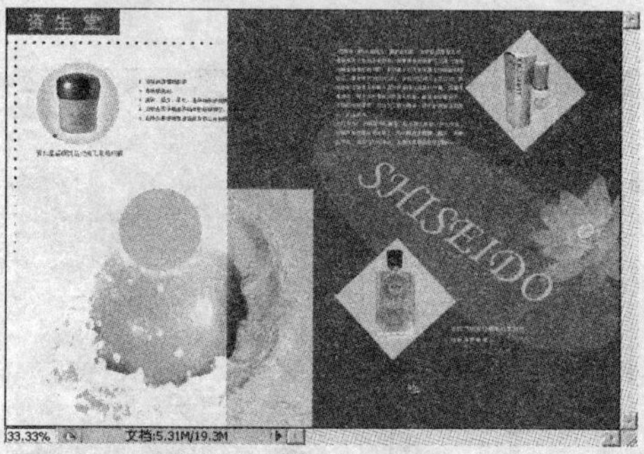

图 11.6.38　复制图像并移动

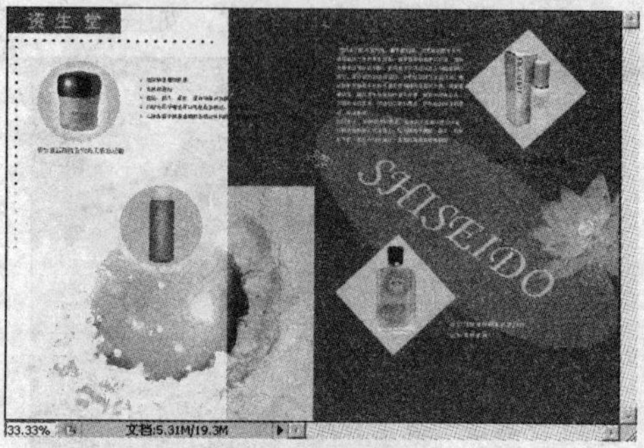

图 11.6.39　调整图像

（40）单击工具箱中的“横排文字工具”按钮 T，在图像中输入化妆品的名称，如图 11.6.40 所示。

（41）使用文字工具在图像中输入化妆品说明文字，如图 11.6.41 所示。

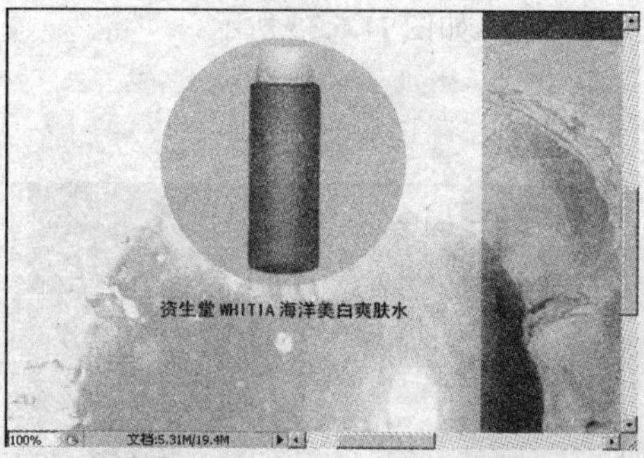

图 11.6.40　输入化妆品名称

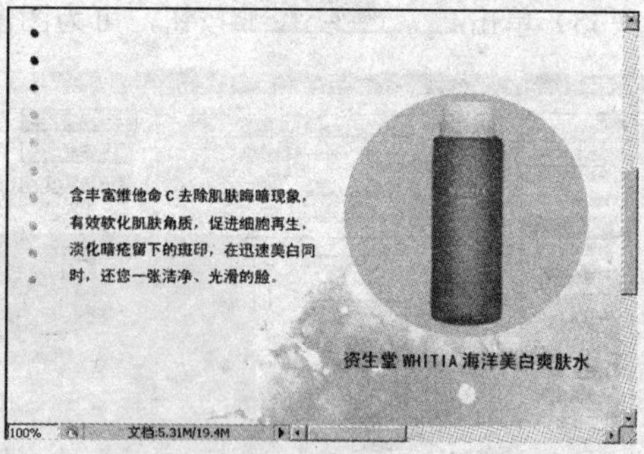

图 11.6.41　输入化妆品说明文字

（42）新建图层 13，单击工具箱中的“钢笔工具”按钮，在图像中绘制路径，如图 11.6.42 所示。

（43）设置前景色为淡红色，在画笔工具属性栏中设置好画笔的大小，在 路径 面板底部单击“用画笔描边路径”按钮，可对路径进行描边，在路径面板中隐藏路径，如图 11.6.43 所示。

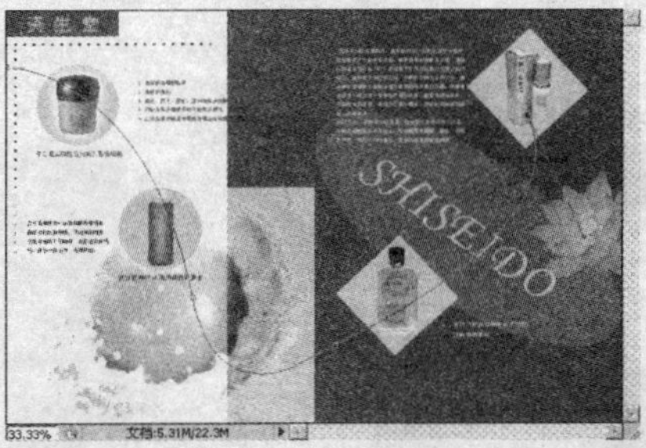

图 11.6.42　绘制路径

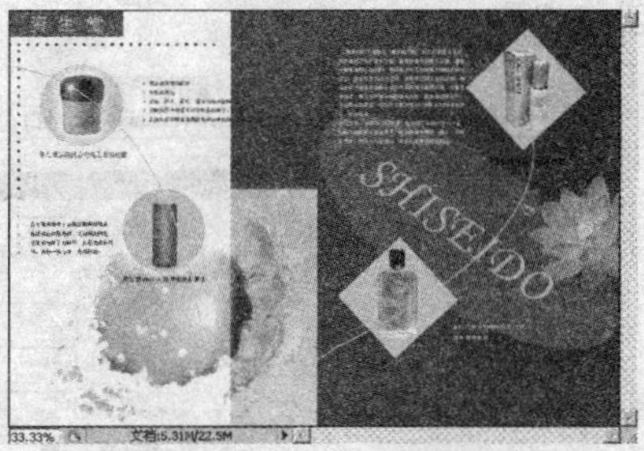

图 11.6.43　描边路径

（44）复制图层 13 为图层 13 副本，按“Ctrl+T”键可为复制的图像添加变换框，按键盘上的方向键“→”、“↓”分别两次，可移动图像，如图 11.6.44 所示。

（45）按回车键确认变换操作，按“Shift+Alt+Ctrl+T”键多次可复制并移动出多个曲线图像，如图 11.6.45 所示。

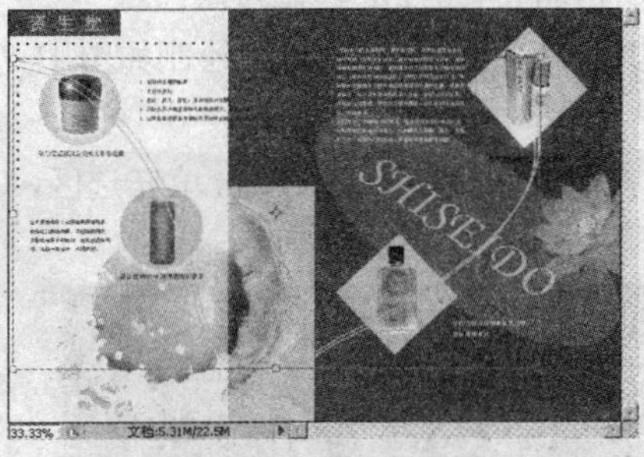

图 11.6.44　复制图像并移动

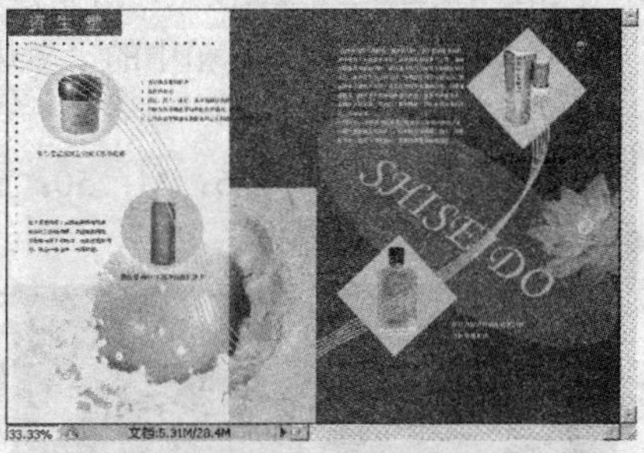

图 11.6.45　复制并移动曲线

（46）合并图层 13 及其多个副本为图层 13，并将图像 13 移至图层 1 的上方。至此，画册编排设计完毕，效果如图 11.6.1 所示。

实例 7　报纸广告设计

1. 实例说明

本例将设计如图 11.7.1 所示的报纸广告。在制作过程中，要掌握滤镜功能以及变换功能的灵活运用。使用高斯模糊、径向模糊、凸出滤镜制作图像的背景与光线，使用变换功能与图层样式效果制作汽车效果。

图 11.7.1　效果图

2. 创作步骤

（1）按“Ctrl+N”键，弹出新建对话框，设置参数如图 11.7.2 所示。

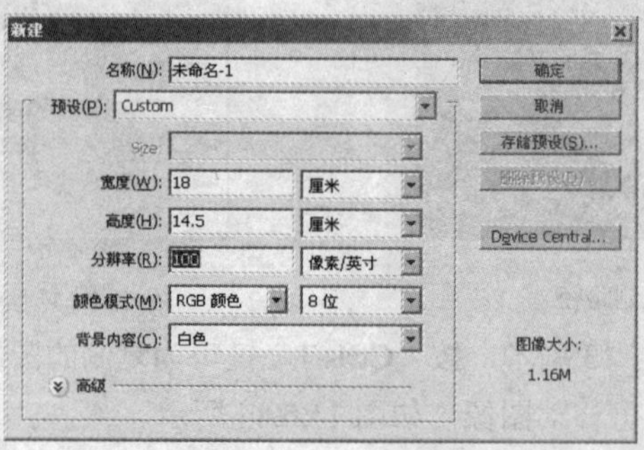

图 11.7.2　“新建”对话框

（2）单击确定按钮，可新建一个图像文件，将背景图层填充为黑色。

（3）新建图层 1，单击工具箱中的“多边形套索工具”按钮，在图像中绘制如图 11.7.3 所示的选区。

（4）设置前景色为（C：85；M：50；Y：0；K：0），按“Alt+Delete”键填充选区，效果如图 11.7.4 所示。

图 11.7.3　绘制选区

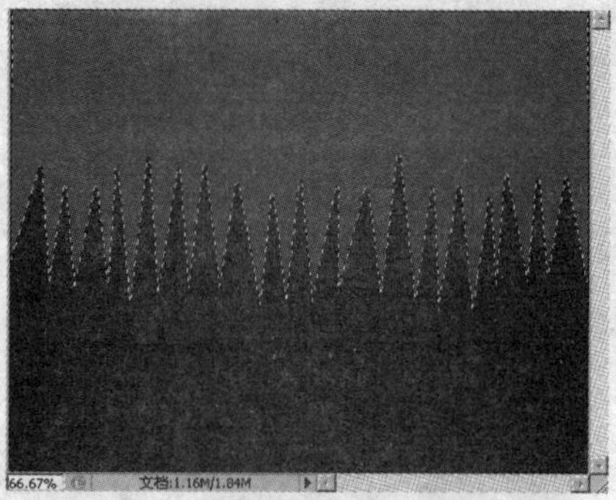

图 11.7.4　填充选区

（5）按“Ctrl+D”键取消选区，选择菜单栏中的滤镜(T)→模糊→高斯模糊...命令，弹出高斯模糊对话框，设置参数如图 11.7.5 所示。

（6）单击确定按钮，应用高斯模糊滤镜效果如图 11.7.6 所示。

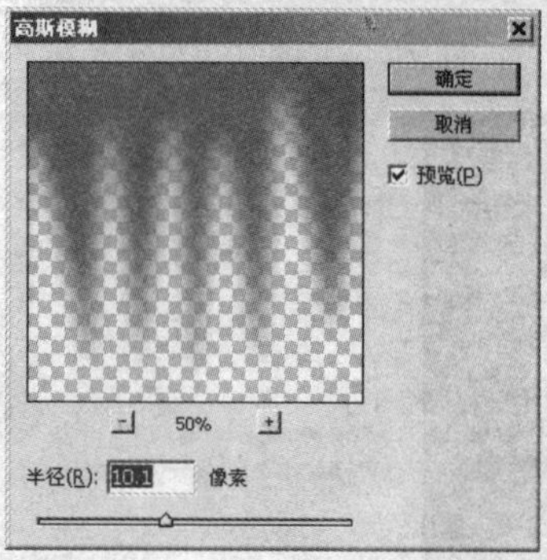

图 11.7.5　“高斯模糊”对话框

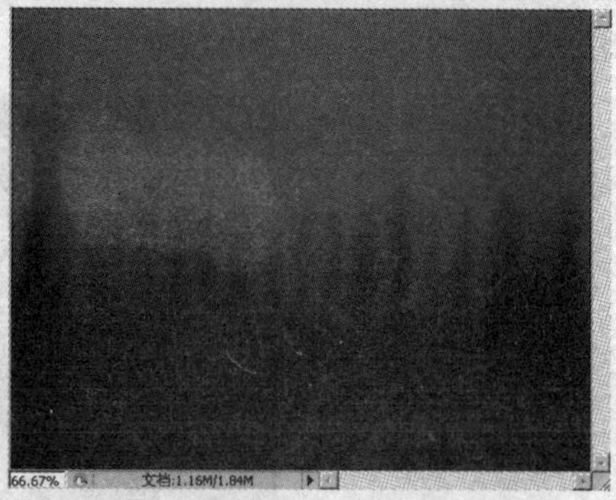

图 11.7.6　应用高斯模糊滤镜效果

（7）选择菜单栏中的图像(I)→旋转画布(E)→90 度(顺时针)(9)命令，可将整个图像顺时针旋转 90°，如图 11.7.7 所示。

（8）选择菜单栏中的 滤镜(T) → 风格化 → 风... 命令，弹出 风 对话框，设置如图 11.7.8 所示。

图 11.7.7　旋转画布

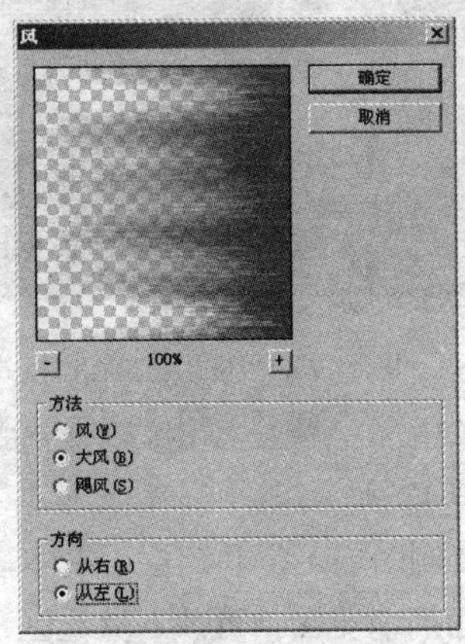

图 11.7.8　“风”对话框

（9）单击 确定 按钮完成风滤镜操作，再按“Ctrl+F”键两次，可重复执行风滤镜，效果如图 11.7.9 所示。

（10）选择菜单栏中的 图像(I) → 旋转画布(E) → 90 度(逆时针)(0) 命令，可将整个图像逆时针旋转 90°，使图像恢复原状。

（11）选择菜单栏中的 滤镜(T) → 扭曲 → 极坐标... 命令，弹出 极坐标 对话框，设置参数如图 11.7.10 所示。

图 11.7.9　执行风滤镜效果

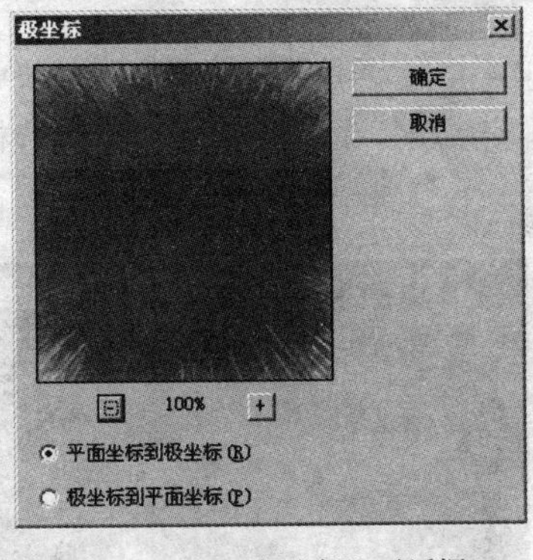

图 11.7.10　“极坐标”对话框

（12）单击 确定 按钮，应用极坐标滤镜效果如图 11.7.11 所示。

（13）选择菜单栏中的 滤镜(T) → 模糊 → 径向模糊... 命令，弹出 径向模糊 对话框，设置参数如图 11.7.12 所示。

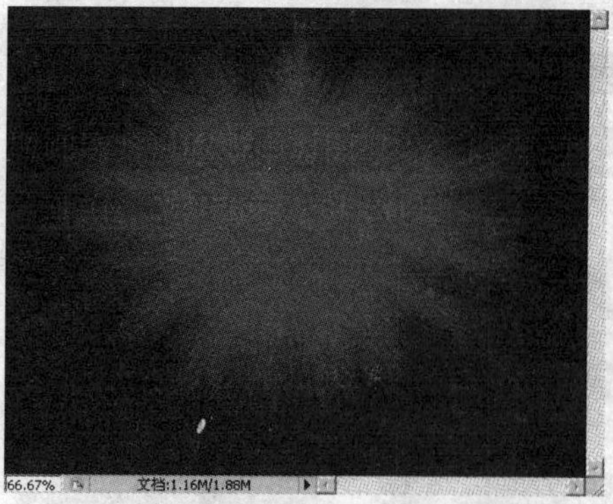

图 11.7.11　应用极坐标滤镜效果

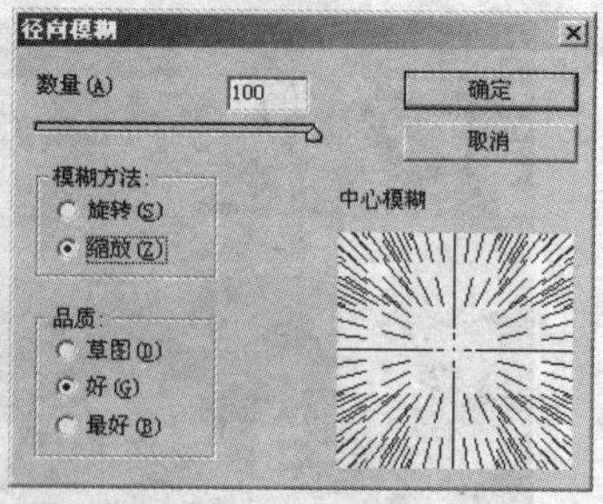

图 11.7.12　“径向模糊”对话框

(14) 单击 确定 按钮可完成径向模糊操作，按“Ctrl+F”键，再次执行径向模糊滤镜，效果如图 11.7.13 所示。

(15) 复制图层 1 得到图层 1 副本，确认图层 1 副本为当前所选图层，按住“Ctrl”键的同时单击图层 1 前面的缩览图，可载入其选区，设置前景色为白色，按“Alt+Delete”键填充选区，效果如图 11.7.14 所示。

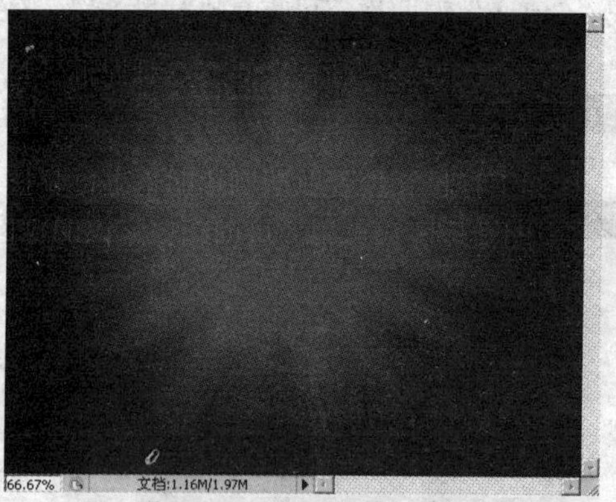

图 11.7.13　应用径向模糊滤镜效果

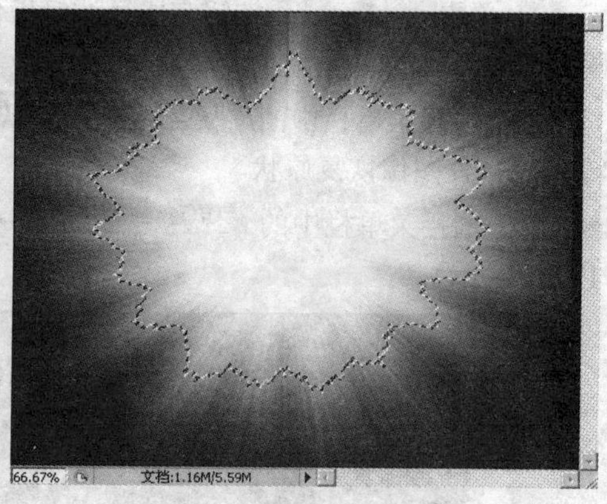

图 11.7.14　填充选区

(16) 取消选区，将图层 1 副本的混合模式设置为叠加，不透明度设置为 80%，效果如图 11.7.15 所示。

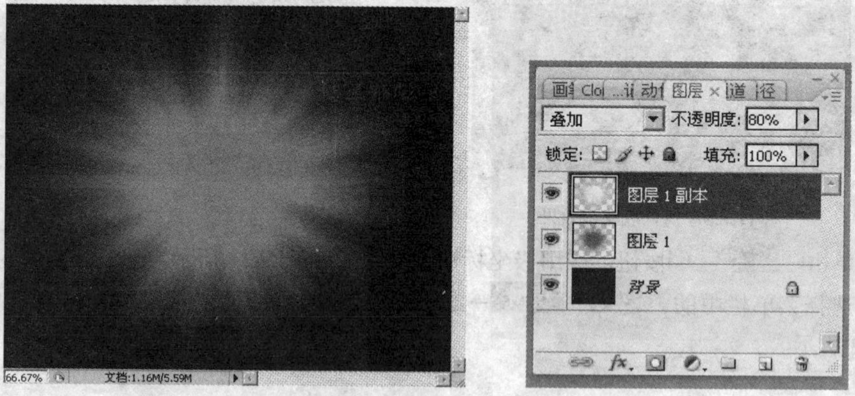

图 11.7.15　改变图层属性后的效果

（17）按“Ctrl+O”键打开一幅汽车图像文件，如图 11.7.16 所示。

图 11.7.16　打开的汽车图像

（18）单击工具箱中的“魔棒工具”按钮，在图像中的绿色区域单击，可创建该区域的选区，按“Ctrl+Shift+I”键反选选区，选中图像中的汽车，使用移动工具将其移至前面制作的报纸广告图像文件中，可生成图层 2，调整图像的大小位置，如图 11.7.17 所示。

（19）选择菜单栏中的 图层(L) → 图层样式(Y) → 投影(D)... 命令，弹出 图层样式 对话框，设置参数如图 11.7.18 所示。

（20）单击 确定 按钮，添加投影样式后的效果如图 11.7.19 所示。

图 11.7.17　调整图像

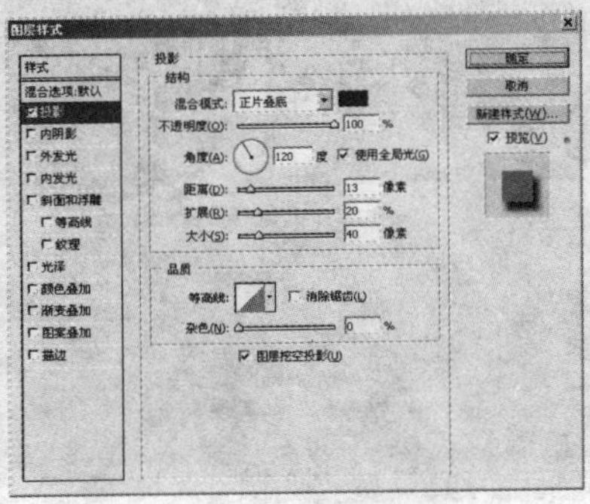

图 11.7.18　“图层样式”对话框

（21）新建图层 3，单击工具箱中的“矩形选框工具”按钮，在图像中拖动鼠标绘制如图 11.7.20 所示的选区。

图 11.7.19　添加投影效果

图 11.7.20　绘制选区

（22）设置前景色为橘红色，按“Alt+Delete”键填充选区，效果如图 11.7.21 所示。

(23) 选择菜单栏中的 滤镜(T) → 风格化 → 凸出... 命令，弹出 凸出 对话框，设置参数如图 11.7.22 所示。

图 11.7.21　填充选区

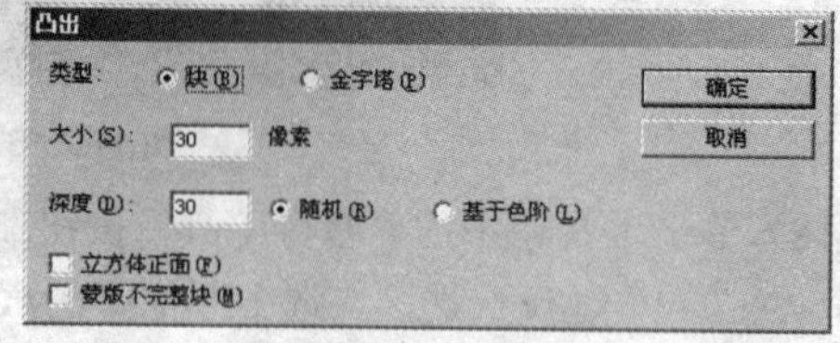

图 11.7.22　"凸出"对话框

(24) 单击 确定 按钮，应用凸出滤镜效果如图 11.7.23 所示。

(25) 选择图层 3，在 图层 面板底部单击"添加图层蒙版"按钮，可为该图层添加图层蒙版，在工具箱中单击"渐变工具"按钮，在图像中从左下向右上拖动鼠标，可为蒙版填充渐变，效果如图 11.7.24 所示。

图 11.7.23　应用凸出滤镜效果

图 11.7.24　为蒙版填充渐变

(26) 将图层 3 移至图层 1 副本的下方，单击工具箱中的"横排文字工具"按钮 T，在属性栏中设置字体与字号，在图像中输入文字，如图 11.7.25 所示。

(27) 在文字工具属性栏中单击"创建文字变形"按钮，弹出 变形文字 对话框，设置参数如图 11.7.26 所示。

图 11.7.25　输入文字

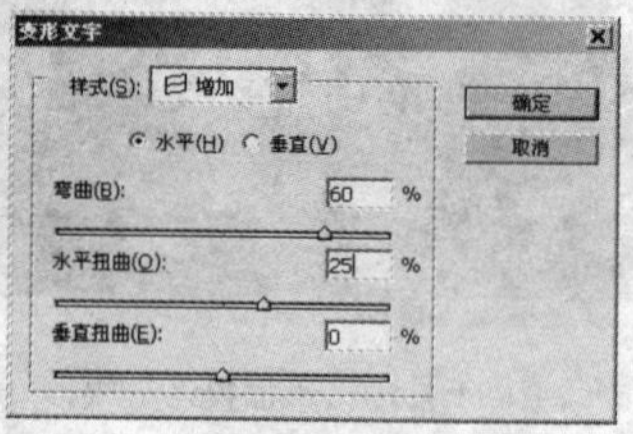

图 11.7.26　"变形文字"对话框

（28）单击 确定 按钮，变形文字效果如图 11.7.27 所示。

图 11.7.27　变形后的文字

（29）打开一幅标志图像文件，使用移动工具将其移至当前正在编辑的图像中，可生成图层 4，调整图像的大小，并将其放置在图像的左上角处，如图 11.7.28 所示。

（30）单击工具箱中的“横排文字工具”按钮，在属性栏中设置字体与字号，在图像中输入汽车型号字样，如图 11.7.29 所示。

图 11.7.28　调整图像

图 11.7.29　输入汽车型号

（31）设置前景色为黑色，使用文字工具在图像的左下角输入文字，如图 11.7.30 所示。

（32）新建图层 5，单击工具箱中的“直线工具”按钮，在属性栏中单击“填充像素”按钮，设置粗细为 3，在图像中绘制白色的直线，如图 11.7.31 所示。

图 11.7.30　输入文字

图 11.7.31　绘制直线

（33）单击工具箱中的“横排文字工具”按钮 T，在属性栏中设置字体与字号，在图像中输入经销商名称，如图 11.7.32 所示。

（34）再使用文字工具在图像中输入其他文字说明，如图 11.7.33 所示。

图 11.7.32　输入经销商名称

图 11.7.33　输入其他文字

（35）至此，报纸广告制作完成，最终效果如图 11.7.1 所示。

实例 8　名片设计

1. 实例说明

本例将设计如图 11.8.1 所示的名片。在制作过程中，要掌握路径功能的灵活应用。使用多边形套索工具、直线工具制作名片的装饰图形。使用钢笔工具与路径功能制作标志。

图 11.8.1　效果图

2. 创作步骤

（1）按“Ctrl+N”键，弹出 新建 对话框，设置参数如图 11.8.2 所示。

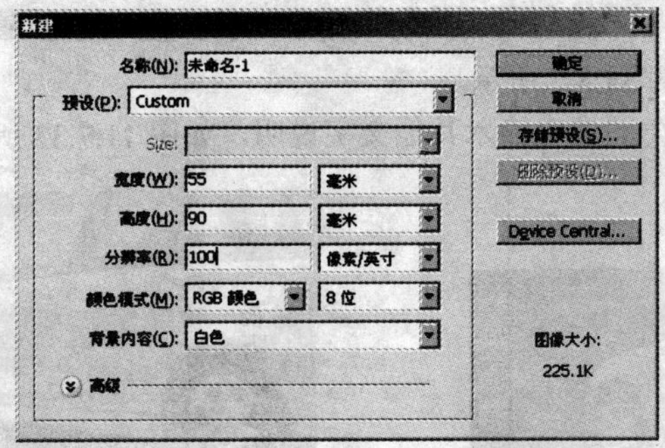

图 11.8.2　“新建”对话框

（2）单击确定按钮，可新建一个图像文件。

（3）新建图层 1，设置前景色为绿色（C：70；M：40；Y：100；K：0），单击工具箱中的“多边形套索工具”按钮，在图像的左下角绘制选区，如图 11.8.3 所示。

（4）按“Alt+Delete”键填充选区，效果如图 11.8.4 所示。

（5）按“Ctrl+D”键取消选区，新建图层 2，单击工具箱中的“多边形套索工具”按钮，在图像的右侧拖动鼠标绘制选区，并将其填充为绿色，如图 11.8.5 所示。

图 11.8.3　绘制选区

图 11.8.4　填充选区

（6）按“Ctrl+D”键取消选区，新建图层 3，设置前景色为 40%的灰色，单击工具箱中的“多边形套索工具”按钮，在图像的右侧绘制多边形选区，将其填充为灰色，如图 11.8.6 所示。

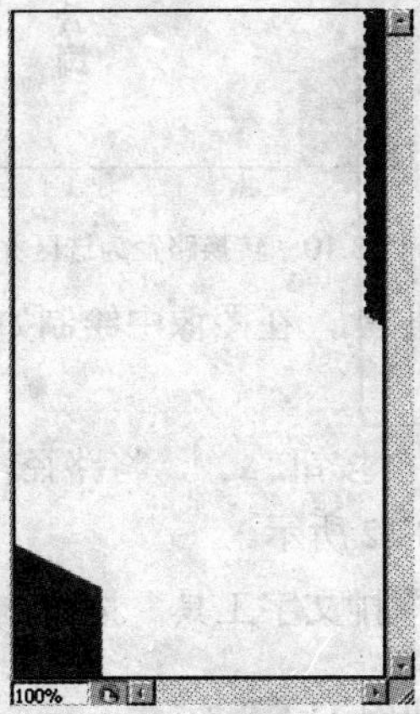
图 11.8.5　绘制选区并填充

图 11.8.6　制作灰色色块

（7）设置前景色为黑色，单击工具箱中的“直排文字工具”按钮，在属性栏中设置字体与字号，在图像中输入文字，如图 11.8.7 所示。

图 11.8.7 输入公司名称字样

（8）单击工具箱中的“钢笔工具”按钮，在属性栏中设置参数如图 11.8.8 所示。

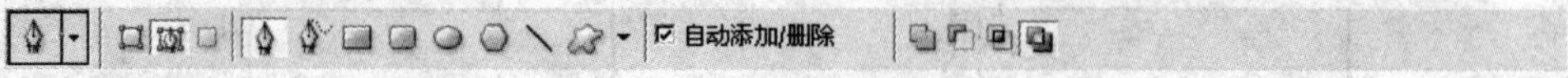

图 11.8.8 钢笔工具属性栏

（9）在图像中绘制封闭的路径，如图 11.8.9 所示。

（10）在 路径× 面板底部单击“将路径作为选区载入”按钮，可将绘制的路径转换为选区，新建图层 4，设置前景色为灰色，按“Alt+Delete”键填充选区，如图 11.8.10 所示。

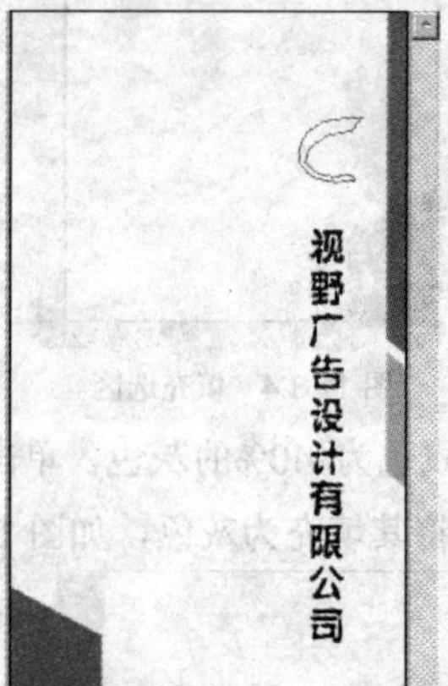

图 11.8.9 绘制封闭的路径

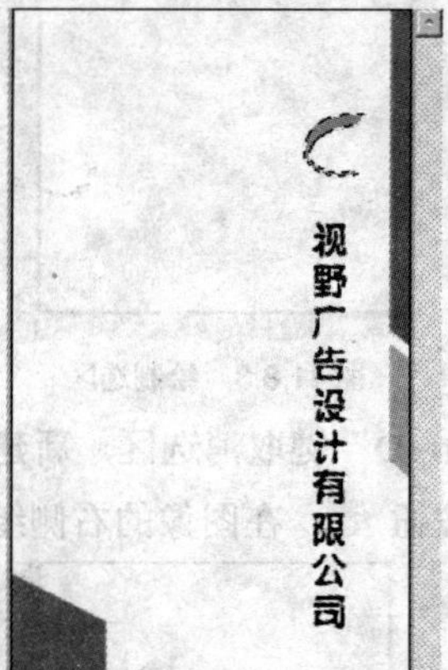

图 11.8.10 转换路径为选区并填充

（11）新建图层 5，单击工具箱中的“钢笔工具”按钮，在图像中绘制如图 11.8.11 所示的封闭路径。

（12）在 路径× 面板底部单击“将路径作为选区载入”按钮，将路径转换为选区，设置前景色为绿色，按“Alt+Delete”键填充选区，效果如图 11.8.12 所示。

（13）按“Ctrl+D”键取消选区，单击工具箱中的“横排文字工具”按钮，在属性栏中设置字体与字号，在制作的标志左边输入文字，如图 11.8.13 所示。

图 11.8.11　绘制路径

图 11.8.12　填充选区

（14）设置前景色为 50%的灰色，单击工具箱中的“横排文字工具”按钮 T，在属性栏中设置字体与字号，在图像中输入姓名字样，如图 11.8.14 所示。

图 11.8.13　输入文字

图 11.8.14　输入姓名字样

（15）使用文字工具在姓名右侧输入职称字样，如图 11.8.15 所示。

（16）单击工具箱中的“横排文字工具”按钮 T，在属性栏中设置字体与字号，在图像中输入地址、电话等联系方式字样，如图 11.8.16 所示。

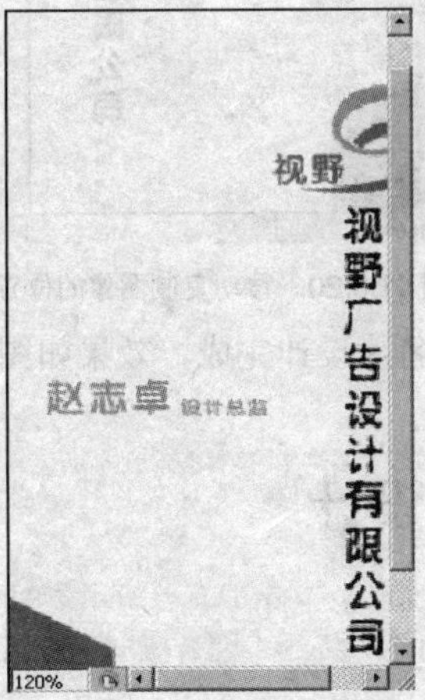

图 11.8.15　输入职称

图 11.8.16　输入联系方式字样

（17）按“Ctrl+T”键可为文字添加变换框，拖动变换框上的控制点旋转文字，至适当位置后，按回车键确认变换操作，如图 11.8.17 所示。

（18）设置前景色为黑色，使用文字在图像中输入文字，如图 11.8.18 所示。

图 11.8.17　旋转文字

图 11.8.18　输入文字

（19）新建图层 6，设置前景色为绿色，单击工具箱中的“直线工具”按钮，按住“Shift”键的同时在图像中拖动鼠标绘制直线，如图 11.8.19 所示。

（20）将图层 6 复制两个副本，并使用移动工具将复制的图像移至适当位置，如图 11.8.20 所示。

图 11.8.19　绘制直线

图 11.8.20　移动复制图像的位置

（21）使用文字工具在图像中输入其他文字。至此，名片设计完成，效果如图 11.8.1 所示。

实例 9　宣传页设计

1．实例说明

本例将设计如图 11.9.1 所示宣传页。在制作过程中，使用椭圆选框工具、图层样式、自定义形状工具以及镜头光晕等。

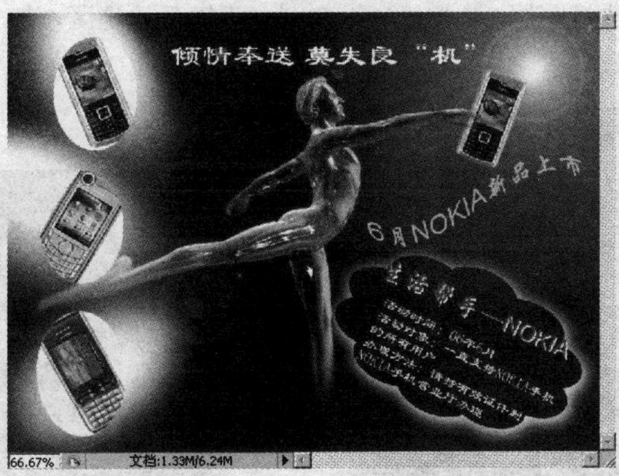

图 11.9.1　效果图

2. 创作步骤

（1）新建一个图像文件，设置前景色为黑色，按"Alt+Delete"键填充背景。

（2）按"Ctrl+O"键打开一幅图像，使用移动工具将其移至新建的图像中，可生成图层 1，调整图像的大小与位置，如图 11.9.2 所示。

（3）使用涂抹工具与橡皮擦工具修饰图像，效果如图 11.9.3 所示。

图 11.9.2　调整图像的位置

图 11.9.3　修饰图像效果

（4）打开一幅手机图片，使用移动工具将其移至正在编辑的图像中，可生成图层 2，按"Ctrl+T"键调整该图像的大小与位置，如图 11.9.4 所示。

（5）单击工具箱中的"椭圆选框工具"按钮，在手机上绘制选区，如图 11.9.5 所示。

图 11.9.4　调整图片

图 11.9.5　绘制选区

（6）新建图层 3，将图层 3 移至图层 2 的下方，选择图层 3，将其填充为白色，如图 11.9.6 所示。

（7）保持选区状态，选择图层 2，按“Ctrl+Shift+I”键反选选区，按“Delete”键删除选区内的图像，效果如图 11.9.7 所示。

图 11.9.6　将选区填充为白色

图 11.9.7　删除选区内的图像

（8）新建图层 4，将其移至图层 3 之下，按住“Ctrl”键的同时单击图层 3，载入其选区，将选区羽化 30 像素，设置前景色为白色，按 3 次“Alt+Delete”键填充羽化的选区，效果如图 11.9.8 所示。

（9）取消选区，确认图层 4 为当前可编辑图层，按“Ctrl+T”键调整图像的旋转角度，如图 11.9.9 所示。

图 11.9.8　填充羽化选区

图 11.9.9　调整填充后的图像方向

（10）根据步骤（4）～（9）的操作，打开另外两幅手机图片，将其制作成如图 11.9.10 所示的效果。

图 11.9.10　制作的另外两幅手机效果

（11）再次打开第一次打开的手机图片，将其移至当前正在编辑的图像中，并调整图像的大小与位置，如图 11.9.11 所示。

图 11.9.11 调整图片的大小与位置

（12）选择背景图层，然后选择菜单栏中的 滤镜(T) → 渲染 → 镜头光晕... 命令，弹出 镜头光晕 对话框，设置参数如图 11.9.12 所示。

（13）单击 确定 按钮，效果如图 11.9.13 所示。

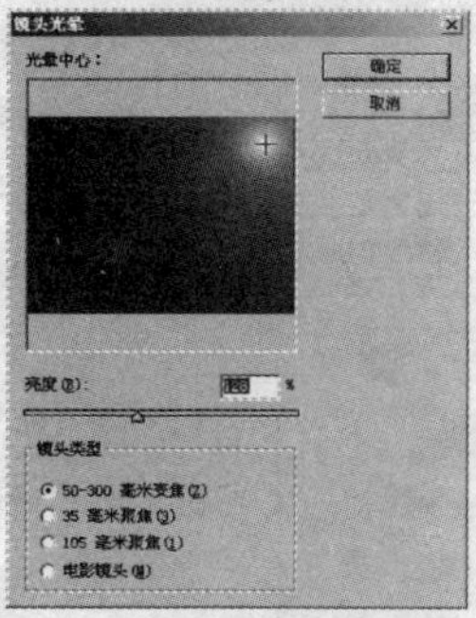

图 11.9.12 “镜头光晕”对话框

图 11.9.13 应用镜头光晕滤镜的效果

（14）单击工具箱中的“横排文字工具”按钮 T，在属性栏中设置字体与字号，在图像中输入文字，如图 11.9.14 所示。

图 11.9.14 输入文字

（15）再使用文字工具在图像中输入文字，并对其进行变形处理，效果如图 11.9.15 所示。

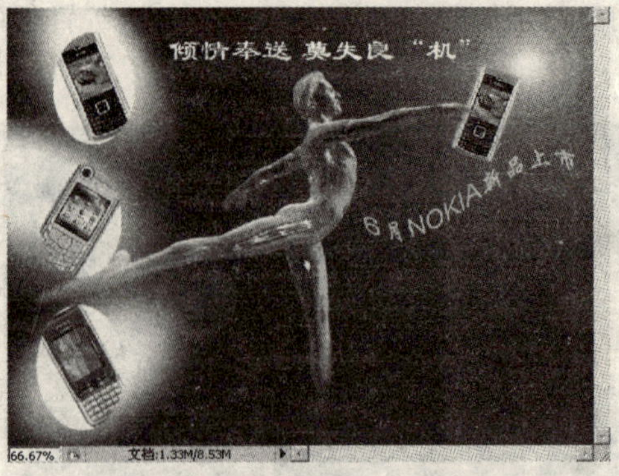

图 11.9.15　输入文字并进行变形处理

（16）单击工具箱中的“自定形状工具”按钮，在属性栏中设置参数如图 11.9.16 所示。

图 11.9.16　自定形状工具属性栏

（17）在图像中拖动鼠标绘制所选的形状，并将路径转换为选区，确定背景图层为当前可编辑图层，按“Ctrl+C”键复制，再按“Ctrl+V”键粘贴，可自动在背景图层之上生成一个新图层。

（18）在新图层上双击鼠标左键，弹出图层样式对话框，在对话框左侧选中☑投影复选框，然后在对话框右侧设置该选项的参数如图 11.9.17 所示。

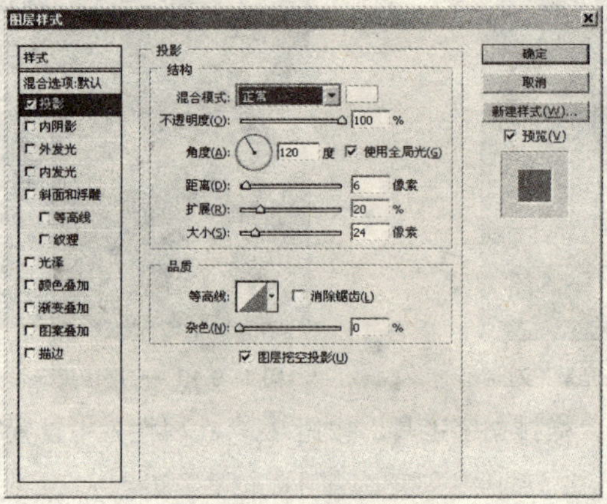

图 11.9.17　设置投影选项

（19）单击 确定 按钮，效果如图 11.9.18 所示。

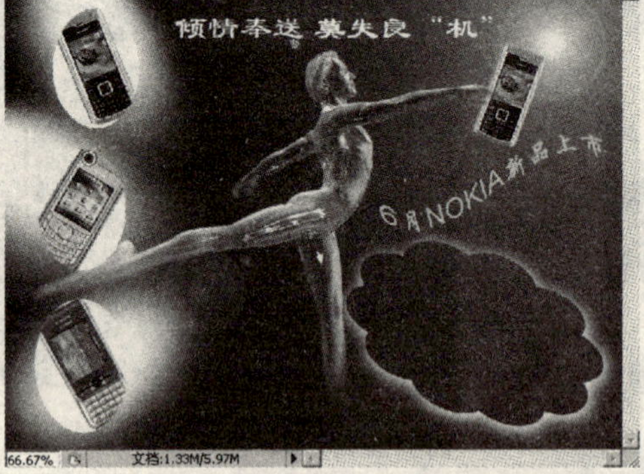

图 11.9.18　添加投影后的效果

（20）单击工具箱中的“横排文字工具”按钮T，在属性栏中设置好字体属性，设置字体颜色为红色，在图像中输入文字。

（21）在文字图层上双击鼠标左键，在弹出的图层样式对话框左侧选中☑投影复选框，然后在对话框右侧设置该选项的参数，如图 11.9.19 所示。

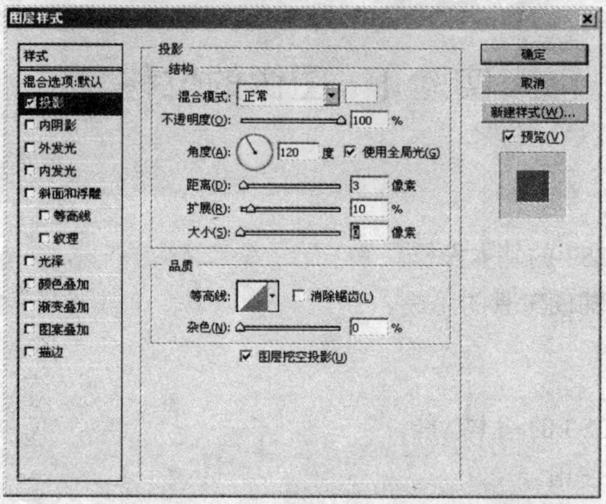

图 11.9.19　为文字添加阴影

（22）单击确定按钮，为文字添加阴影后的效果如图 11.9.20 所示。

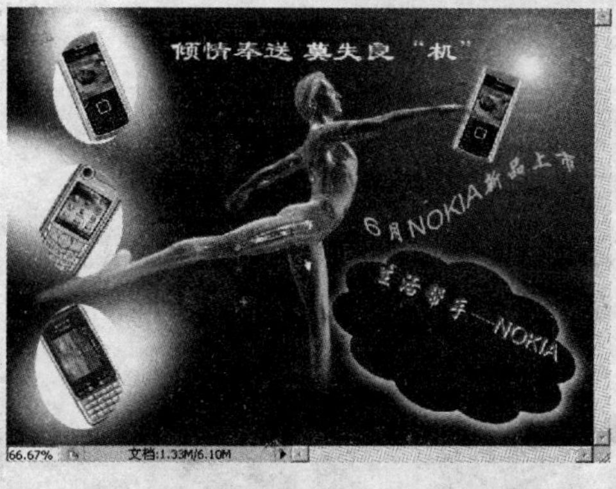

图 11.9.20　添加阴影后的文字效果

（23）使用文字工具在图像中输入其他文字，并将其旋转排放在适当位置，至此，宣传页制作完成，效果如图 11.9.1 所示。

第十二章 上机实验

实验 1 图像的位移

1. 目的和要求

（1）掌握 Photoshop CS3 的基本操作。

（2）掌握置入命令与辅助工具的用途。

2. 上机准备

（1）复习 Photoshop CS3 的基本功能。

（2）复习置入命令的使用。

（3）复习辅助工具的应用方法。

3. 实验内容

制作如图 12.1.1 所示的图像位移效果。

图 12.1.1 图像的位移

4. 上机操作

（1）选择菜单栏中的 文件(F) → 新建(N)... 命令，弹出 新建 对话框，设置新建图像的大小、颜色模式与分辨率，单击 确定 按钮，即可新建一个图像文件。

（2）按“Ctrl+R”键显示标尺，按“Ctrl+H”键显示网格。使用渐变工具在图像中从左上向右下拖动鼠标，填充从橙色到黄色再到橙色的渐变，效果如图 12.1.2 所示。

（3）选择菜单栏中的 文件(F) → 置入(L)... 命令，可弹出 置入 对话框，从中选择需要置入的图片，单击 置入(P) 按钮，即可将所选的图片置入到图像中，如图 12.1.3 所示。

（4）在置入的图片上双击鼠标左键，确认置入操作，单击工具箱中的“矩形选框工具”按钮，沿网格线在置入的图片上绘制选区，再使用移动工具移动选区内的图像，如图 12.1.4 所示。

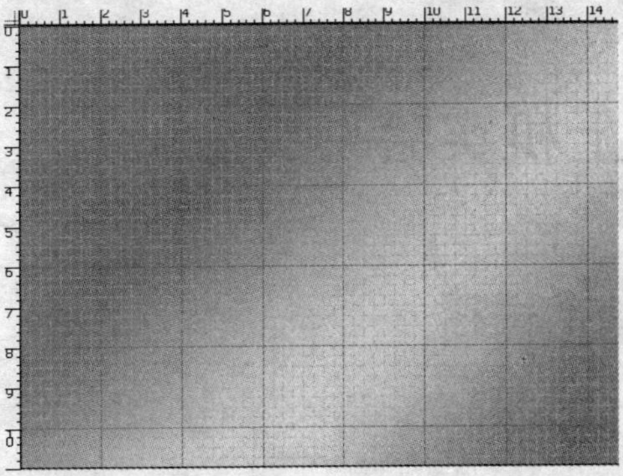

图 12.1.2　填充渐变后的效果

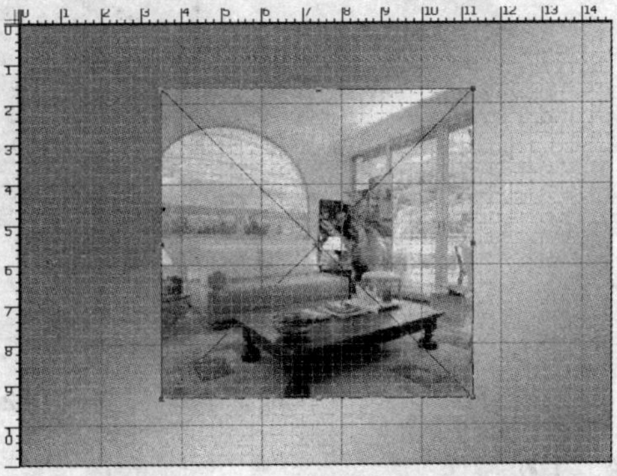

图 12.1.3　置入图片

（5）继续使用矩形选框工具沿网格线创建选区，再使用移动工具移动选区内的图像，按照此方法制作整个图像的位移效果，如图 12.1.5 所示。

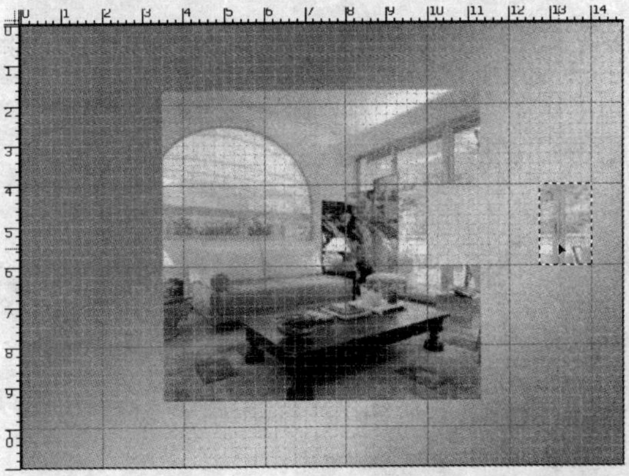

图 12.1.4　移动选区内的图像

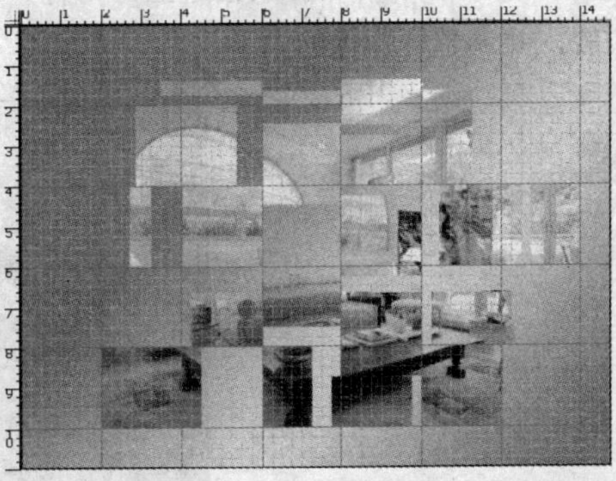

图 12.1.5　制作图像的位移效果

（6）按“Ctrl+R”与“Ctrl+H”键隐藏显示标尺与网格，再为位移后的图像添加投影样式，效果如图 12.1.1 所示。

实验 2　选区效果

1. 目的和要求

（1）掌握选区的创建。

（2）掌握选区的作用。

2. 上机准备

（1）复习选区的创建与编辑方法。

（2）复习矩形选区的使用方法。

（3）复习描边功能的设置。

3. 实验内容

制作如图 12.2.1 所示的效果。

图 12.2.1　选区效果

4．上机操作

（1）打开一幅图像文件，使用矩形选框工具在图像中绘制矩形选区，然后对选区进行变换，设置不同的前景颜色，再为其使用描边命令，对变换后的选区进行描边，这样重复多次，效果如图 12.2.2 所示。

（2）按“Ctrl+D”键取消选区，再打开一幅图像文件，使用移动工具将其移动到描边图像的中心位置，并调整好图像的大小。

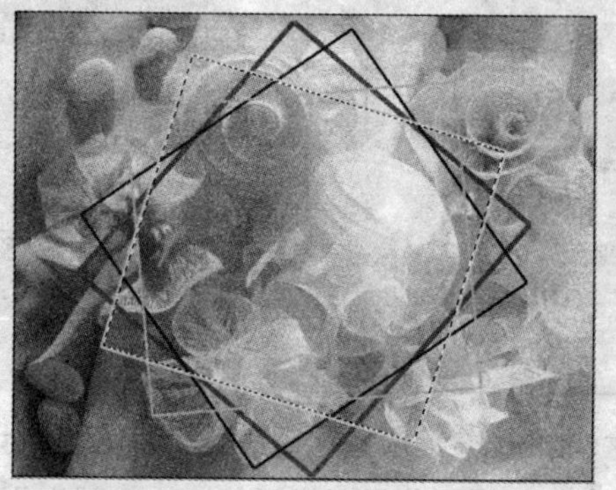

图 12.2.2　变换选区并描边

实验 3　为照片上色

1．目的和要求

（1）掌握图像色彩与色调的调整。

（2）掌握为黑白照片上色的技巧。

（3）掌握照片滤镜命令的功能。

2．上机准备

（1）复习色彩平衡命令的功能。

（2）复习色相/饱和度的作用。

（3）复习照片滤镜命令的调整方法。

3．实验内容

制作如图 12.3.1 所示的彩色图像效果。

图 12.3.1　照片上色效果

4．操作步骤

（1）打开一幅黑白图像文件，如图 12.3.2 所示。

（2）选择菜单栏中的 图像(I) → 调整(A) → 色相/饱和度(H)... 命令，弹出 色相/饱和度 对话框，设置参数如图 12.3.3 所示。

图 12.3.2　打开的图像

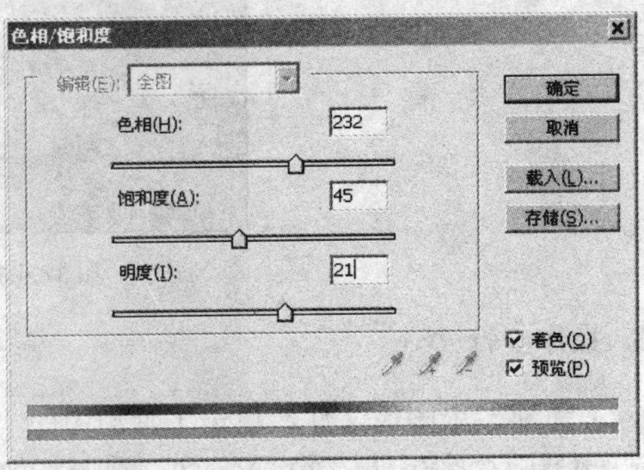

图 12.3.3　“色相/饱和度”对话框

（3）单击 确定 按钮，调整后的图像效果如图 12.3.4 所示。

（4）选择菜单栏中的 图像(I) → 调整(A) → 照片滤镜(F)... 命令，弹出 照片滤镜 对话框，设置颜色为蓝色，设置其他参数如图 12.3.5 所示。

图 12.3.4　对图像进行色相/饱和度调整

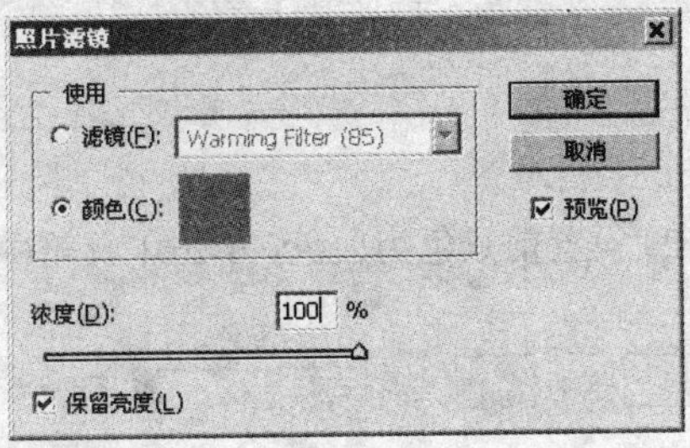

图 12.3.5　“照片滤镜”对话框

（5）单击 确定 按钮，照片上色效果如图 12.3.1 所示。

实验 4　绘制鸡蛋

1. 目的和要求

（1）掌握渐变工具的使用方法。

（2）掌握加深工具的使用技巧。

（3）掌握画笔工具的绘图技巧。

2. 上机准备

（1）复习绘图工具的功能与绘制。

（2）复习渐变功能的应用。

3. 实验内容

制作如图 12.4.1 所示的鸡蛋。

图 12.4.1　绘制鸡蛋

4. 操作步骤

（1）新建一个图像文件，单击工具箱中的“椭圆选框工具”按钮，在图像中创建椭圆选区，设置前景色为（C：20；M：30；Y：50；K：0），新建图层 1，按“Alt+Delete”键填充选区，如图 12.4.2 所示。

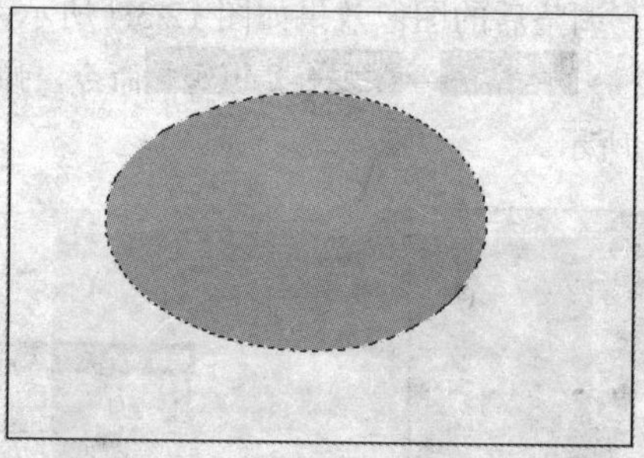

图 12.4.2　填充椭圆选区

（2）设置前景色为白色，单击工具箱中的“画笔工具”按钮，设置属性栏中的参数如图 12.4.3 所示。

图 12.4.3　画笔工具属性栏

（3）在椭圆图形上制作出高光效果，取消选区，再单击工具箱中的“加深工具”按钮，在椭圆图形边缘涂沫，加深边缘，如图 12.4.4 所示。

（4）为图层 1 中的图形添加投影效果，如图 12.4.5 所示。

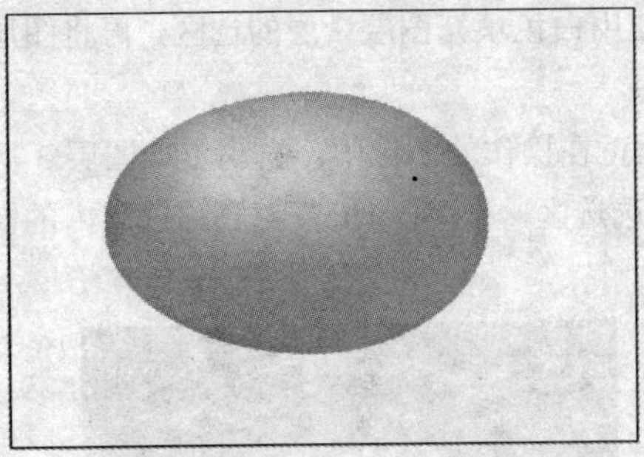

图 12.4.4　制作高光效果及加深边缘

图 12.4.5　添加投影效果

（5）使背景图层为当前图层，单击工具箱中的“渐变工具”按钮，在属性栏中设置渐变颜色为白色到桔红色到渐变，其他参数设置如图 12.4.6 所示，在背景层上从中心向右边拖动鼠标填充径向渐变效果。最终效果如图 12.4.1 所示。

图 12.4.6　渐变工具属性栏

实验 5　制作光盘效果

1. 目的和要求

（1）掌握图层的概念。

（2）掌握图层的使用。

2. 上机准备

（1）复习图层的创建方法。

（2）复习调整图层位置的方法。

3. 实验内容

制作如图 12.5.1 所示的光盘效果。

图 12.5.1　光盘效果

4. 操作步骤

（1）打开一幅图像文件，新建图层 1 层，使用椭圆选框工具在图像中创建正圆选区，用深红色填充选区后，将选区扩展 3 个像素，新建图层 2 层，使用白色填充图层 2 层的选区，再将图层 2 层移至图层 1 层的下面，如图 12.5.2 所示。

（2）打开一幅图像文件，使用移动工具将其移至正在操作的图像中，自动生成图层 3 层，按住 “Ctrl” 键的同时单击图层 1，载入图层 1 的选区，反选选区，按 “Delete” 键删除选区内的图像，效果如图 12.5.3 所示。

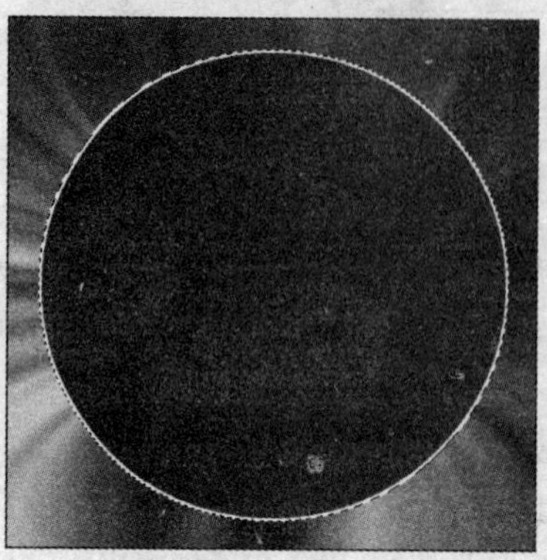

图 12.5.2　移动图层顺序效果

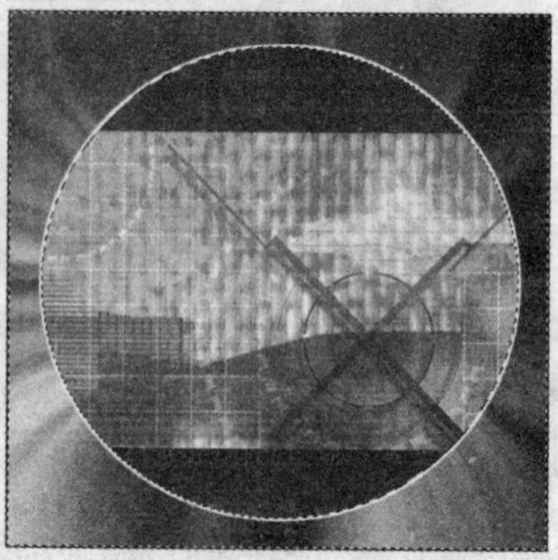

图 12.5.3　删除选区内的图像

（3）取消选区，将除背景层以外的其他图层合并为图层 1 层，使用椭圆选框工具在图像中心绘制正圆选区，将其填充为白色，然后将选区向左上方向稍微移动一些，按 “Delete” 键删除选区内的图像，效果如图 12.5.4 所示。

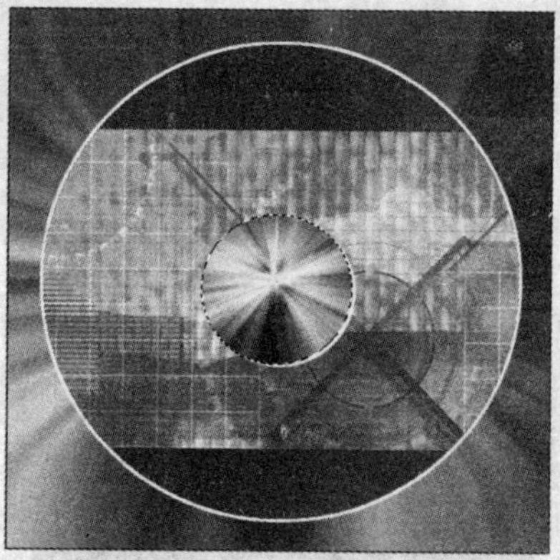

图 12.5.4　删除选区内的图像

（4）使用文字工具，在属性栏中设置好相关参数后，在图像中输入文字，最终效果如图 12.5.1 所示。

实验 6　制作质感文字

1. 目的和要求

（1）掌握文字工具的使用。

（2）掌握质感文字特效的制作。

2. 上机准备

（1）复习文字的输入方法。

（2）复习文字变形功能的应用。

3. 实验内容

制作如图 12.6.1 所示的文字效果。

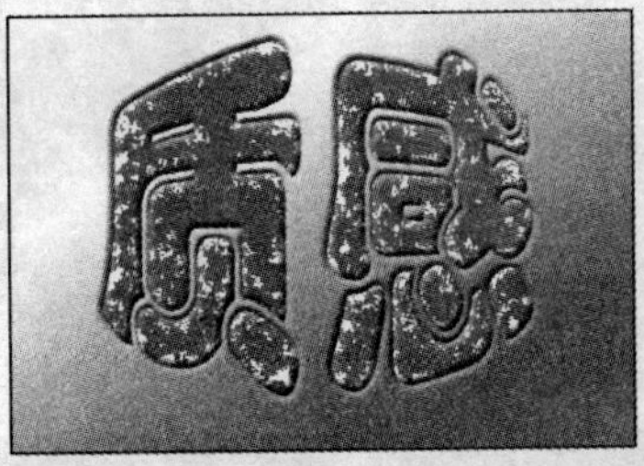

图 12.6.1　文字效果

4. 操作步骤

（1）新建一幅图像，单击工具箱中的“横排文字工具”按钮，在属性栏中设置好字体与字号后，在图像中输入文字，如图 12.6.2 所示。

（2）在文字工具属性栏中单击“创建变形文本”按钮，从弹出的变形文字对话框中设置文字变形的样式，单击确定按钮，效果如图 12.6.3 所示。

图 12.6.2　输入文字

图 12.6.3　变形后的文字

（3）在文字图层上单击鼠标右键，从弹出的快捷菜单中选择栅格化文字命令，将文字图层转换为普通图层，对文字使用喷溅滤镜进行处理，效果如图 12.6.4 所示。

（4）为文字添加斜面和浮雕样式，效果如图 12.6.5 所示。

图 12.6.4　使用喷溅滤镜后的效果

图 12.6.5　添加斜面和浮雕效果

（5）确认背景层为当前图层，设置前景色为白色，背景色为黄色，使用渐变工具在图像中从左上向右下拖动鼠标填充白色到黄色的渐变效果，如图 12.6.1 所示。

实验 7　制作扩散效果

1．目的和要求

（1）掌握通道的概念。

（2）掌握通道的创建及功能。

2．上机准备

（1）复习通道的建立方法。

（2）复习通道的使用方法与技巧。

3．实验内容

制作如图 12.7.1 所示的扩散效果。

图 12.7.1　扩散效果

4．操作步骤

（1）新建图像文件，在 通道 面板中，创建 Alpha 1 通道，对 Alpha 1 通道应用云彩滤镜，再对其应用极坐标滤镜，效果如图 12.7.2 所示。

（2）使用径向模糊滤镜，按“Ctrl+T”键调整图像的大小，使旋涡充满整个画布。

（3）按住“Ctrl”键的同时单击 Alpha 1 通道，载入其选区，返回到 RGB 通道，设置前景色为蓝色，按“Alt+Delete”键填充选区，效果如图 12.7.3 所示。

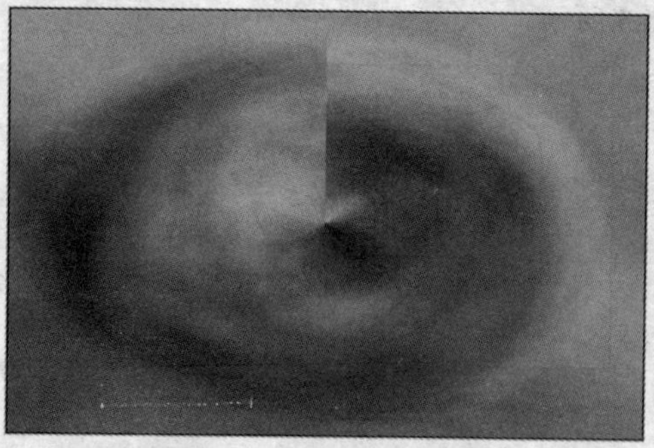

图 12.7.2　应用极坐标滤镜效果

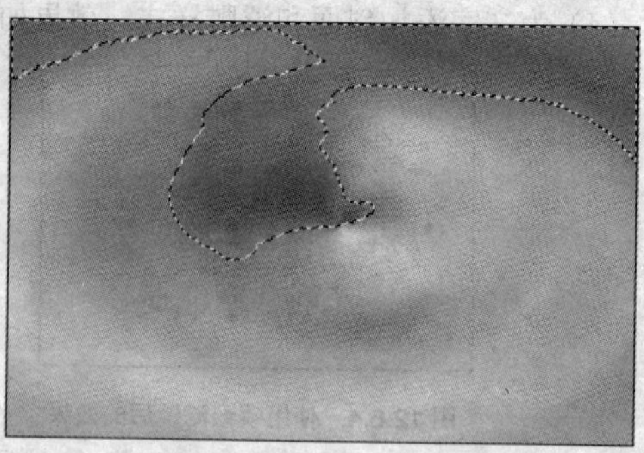

图 12.7.3　载入通道选区并填充

（4）取消选区，在 通道 面板中创建 Alpha 2 通道，设置前景色为白色，应用添加杂色滤镜，然后再使用径向模糊滤镜，效果如图 12.7.4 所示。

（5）使用椭圆选框工具在 Alpha 2 通道中心创建椭圆选区，再羽化选区，并使用白色填充羽化的选区，如图 12.7.5 所示。

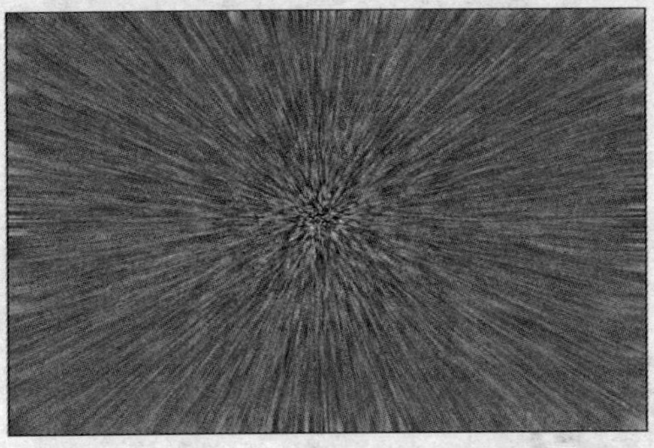

图 12.7.4　对通道添加杂色并应用径向模糊滤镜

图 12.7.5　填充羽化选区效果

（6）取消选区，按住“Ctrl”键的同时单击 Alpha 2 通道，载入 Alpha 2 通道的选区，返回到 RGB 通道，按“Delete”键填充选区内的图像，再取消选区，最终的扩散效果制作完成，如图 12.7.1 所示。

实验 8　描边效果

1. 目的和要求

（1）掌握路径面板的使用。

（2）掌握描边文字的制作方法。

2. 上机准备

（1）复习路径的功能。

（2）复习路径的建立方法。

3. 实验内容

制作如图 12.8.1 所示的描边。

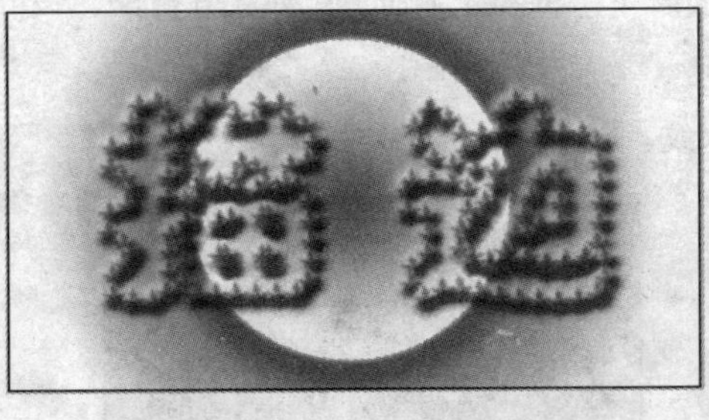

图 12.8.1　描边效果

4. 操作步骤

（1）新建一个图像文件，新建图层 1，使用横排文字蒙版工具在图像中创建文字选区，在 路径× 面板底部单击“从选区生成路径”按钮，即可将选区转换为路径，如图 12.8.2 所示。

（2）单击工具箱中的画笔工具按钮，在 画笔× 面板中设置好参数后，在 路径× 面板底部单击“用画笔描边路径”按钮，即可用设置好的画笔为路径描边，效果如图 12.8.3 所示。

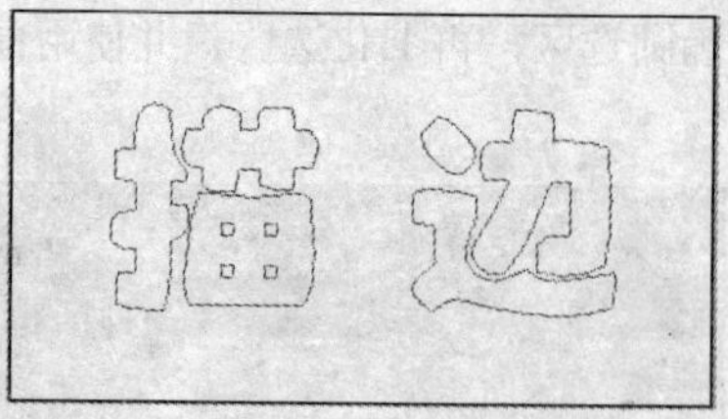

图 12.8.2　转换选区为路径

图 12.8.3　描边后的效果

（3）隐藏路径，为描边后的文字添加斜面和浮雕样式，效果如图 12.8.4 所示。

图 12.8.4　添加斜面和浮雕样式效果

（4）确认背景层为当前图层，使用渐变工具为其填充渐变效果，如图 12.8.1 所示。

实验 9　制作水纹效果

1．目的和要求

（1）掌握基本滤镜使用技巧。

（2）掌握水纹的制作方法。

2．上机准备

（1）复习云彩滤镜的功能与用法。

（2）复习模糊滤镜的功能。

（3）复习基底凸现滤镜的用法。

（4）复习铬黄滤镜的使用方法。

3．实验内容

制作如图 12.9.1 所示的水纹。

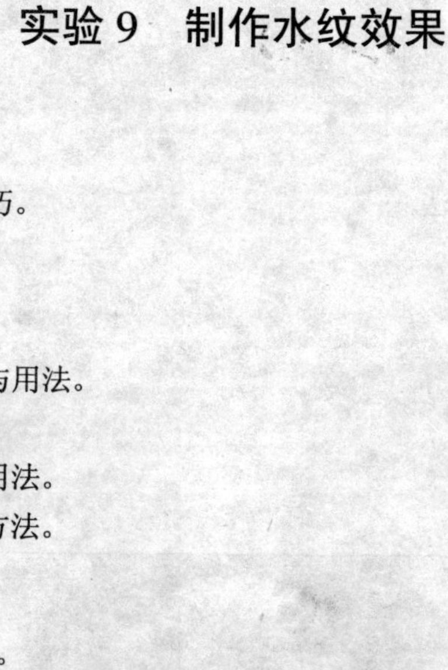

图 12.9.1　制作水纹效果

4．操作步骤

（1）新建一个图像文件，将前景色与背景色设置为默认的黑色与白色。

（2）选择菜单栏中的滤镜(T)→渲染→云彩命令，可为图像添加云彩滤镜，效果如图 12.9.2 所示。

（3）选择菜单栏中的滤镜(T)→模糊→径向模糊...命令，弹出径向模糊对话框，设置参数如图 12.9.3 所示。

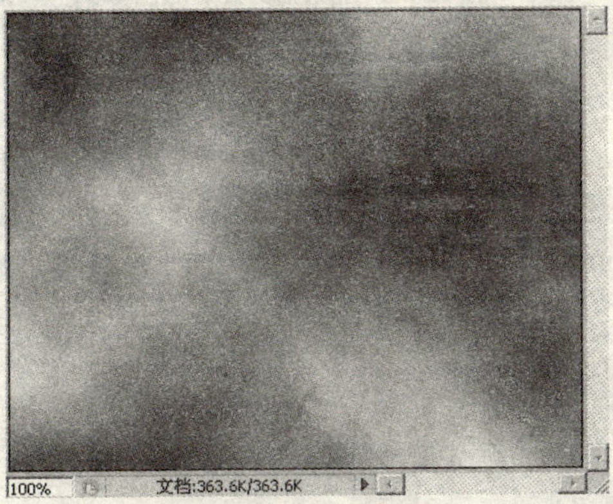

图 12.9.2　应用云彩滤镜效果

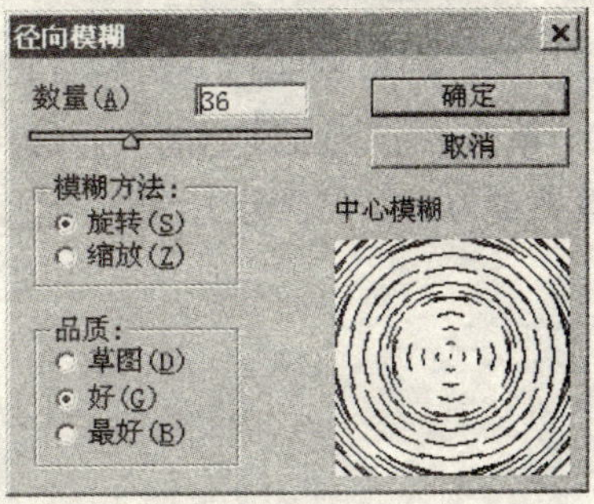

图 12.9.3　“径向模糊”对话框

（4）单击确定按钮，应用径向模糊滤镜后的效果如图 12.9.4 所示。

（5）选择菜单栏中的滤镜(T)→模糊→高斯模糊...命令，弹出高斯模糊对话框，设置半径(R):为 2，单击确定按钮，对图像进行高斯模糊处理。

（6）选择菜单栏中的滤镜(T)→素描→基底凸现...命令，弹出基底凸现对话框，设置细节(D)为 13，平滑度(S)为 10，在光照(L):下拉列表中选择下选项，单击确定按钮，图像效果如图 12.9.5 所示。

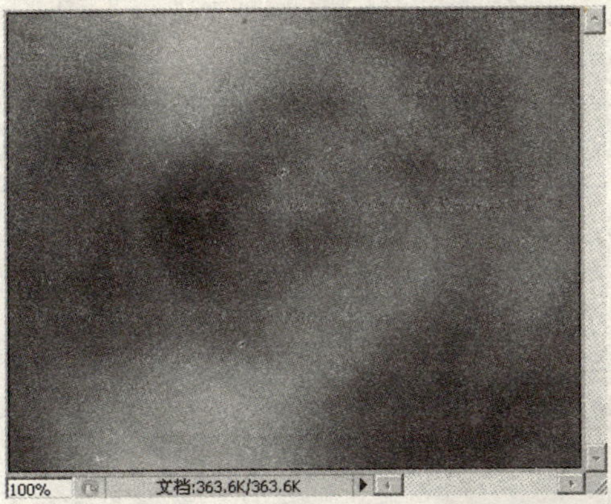

图 12.9.4　应用径向模糊后的效果

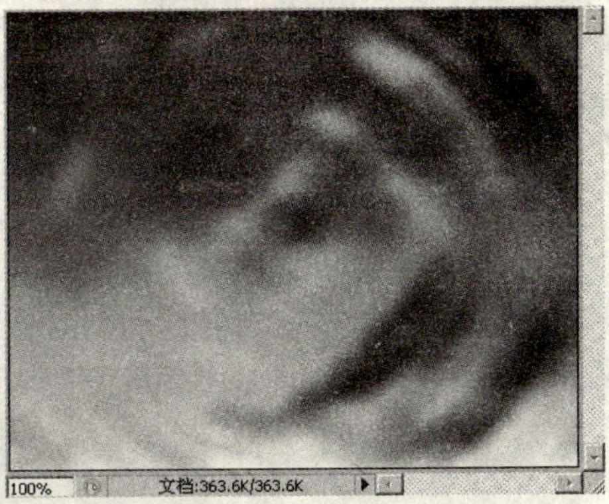

图 12.9.5　应用基底凸现滤镜效果

（7）选择菜单栏中的滤镜(T)→素描→铬黄...命令，弹出铬黄渐变对话框，设置细节(D)为 5，平滑度(S)为 10，单击确定按钮，图像效果如图 12.9.6 所示。

（8）选择菜单栏中的图像(I)→调整(A)→色相/饱和度(H)...命令，弹出色相/饱和度对话框，设置参数如图 12.9.7 所示。

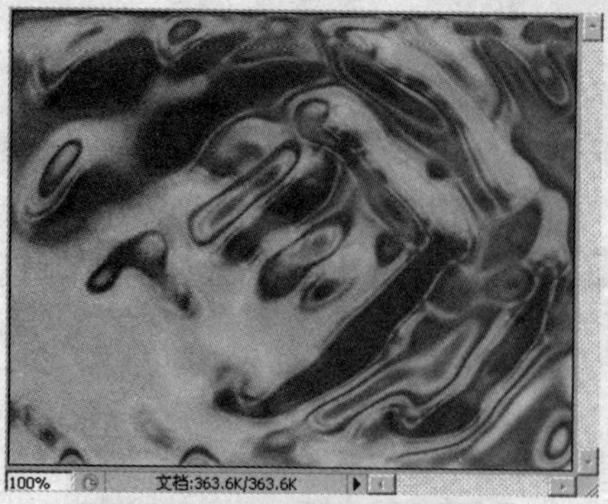

图 12.9.6　应用铬黄渐变滤镜效果

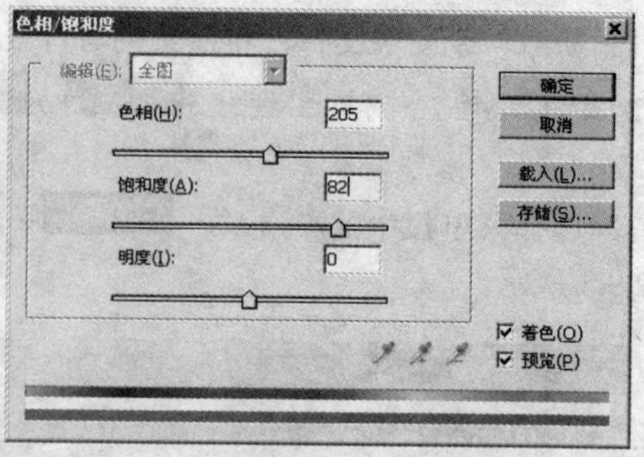

图 12.9.7　“色相/饱和度”对话框

（9）单击确定按钮，选择菜单栏中的滤镜(T)→扭曲→水波...命令，弹出水波对话框，设置数量为 21，起伏为 7，样式为水池波纹，单击确定按钮，制作的水纹效果如图 12.9.1 所示。